名校名师精品系列教材

U0733456

Introduction to Computer

计算机导论

张珏 陈承欢 ◉ 编著

人民邮电出版社

北　京

图书在版编目（ＣＩＰ）数据

计算机导论 / 张珏，陈承欢编著. -- 北京 : 人民
邮电出版社，2025.1
名校名师精品系列教材
ISBN 978-7-115-63552-5

Ⅰ. ①计⋯ Ⅱ. ①张⋯ ②陈⋯ Ⅲ. ①电子计算机－
高等职业教育－教材 Ⅳ. ①TP3

中国国家版本馆 CIP 数据核字(2024)第 016161 号

内 容 提 要

　　本书通过不断调整与优化，形成了结构合理、循序渐进、容量适度的 10 个教学单元：计算机基础
知识、计算机硬件基础、计算机软件基础、程序设计与数据结构基础、数据库技术基础、计算机网络
技术基础、软件工程基础、计算机信息系统安全基础、计算机职业道德、新一代信息技术基础。本书
每个教学单元合理设置了 4 个教学环节，即分析思考、学习领会、操作训练、练习测试，注重教、学、
练相结合。本书融入了信息技术发展的新知识、新技术和新产品，内容组织力求概念准确、语言精练、
易教易学，体现应用性和实践性。

　　本书可以作为职业院校"计算机导论"课程的教材，也可以作为计算机知识的培训用书及自学参
考书。

◆ 编　　著　张　珏　陈承欢
　　责任编辑　初美呈
　　责任印制　王　郁　焦志炜

◆ 人民邮电出版社出版发行　　北京市丰台区成寿寺路 11 号
　　邮编　100164　　电子邮件　315@ptpress.com.cn
　　网址　https://www.ptpress.com.cn
　　三河市祥达印刷包装有限公司印刷

◆ 开本：787×1092　1/16
　　印张：19.75　　　　　　　　2025 年 1 月第 1 版
　　字数：530 千字　　　　　　2025 年 1 月河北第 1 次印刷

定价：79.80 元

读者服务热线：(010)81055256　印装质量热线：(010)81055316
反盗版热线：(010)81055315
广告经营许可证：京东市监广登字 20170147 号

前言

随着计算机科学技术的迅速发展，云计算、大数据、物联网、人工智能、移动互联网等技术、产品不断融入社会生产、工作、生活等诸多方面，计算机对人类的生产活动和社会活动产生了极其重要的影响。计算机技术在不断地提高人们的生活质量，改变人们生活、学习、工作的方式，促进信息资源的共享，并且呈现明显的高效性、综合化、多样性趋势，不断地推动人类社会发展与进步。

当今社会，计算机已经成为人们生活、学习、工作不可或缺的一部分，掌握计算机相关知识已经成为个人素养的重要组成部分，作为现代生活的一员，个人应努力提高自身的计算机操作水平和信息素养，更好地顺应时代发展趋势，促进计算机技术更好地发展。

本书的主要特色和创新如下。

1. 明确教学目标

本书通过对计算机基础理论知识和应用情况的介绍，帮助读者理解计算机的基本概念，了解计算机科学技术的应用领域，让读者充分感受到计算机科学的博大精深和广阔前景，培养和激发读者的学习兴趣。

2. 优化组织结构

本书通过不断调整与优化组织结构，形成了结构合理、循序渐进、容量适度的 10 个教学单元，教学内容以必要、够用为度，涵盖"计算机导论"课程所要求的知识点，力求广而不泛，精而不难。

3. 创新教学环节

本书每个教学单元合理设置了 4 个教学环节，即分析思考、学习领会、操作训练、练习测试，注重教、学、练相结合，避免了单调的理论知识学习，增加了必要的动手操作。

4. 体现技术更新

计算机科学是一个知识更新快，新方法、新技术、新产品不断涌现的学科领域。本书融入了信息技术发展的新成就，尤其吸纳了计算机硬件、操作系统、数据库技术、计算机网络、计算机安全、云计算、大数据、物联网、人工智能等领域的新知识、新应用、新成果，保证教学内容与技术发展同步。

5. 突出知识应用

本书在介绍基础理论知识时以应用为目的，简化复杂原理的阐述，体现应用性和实践性；操作训练与知识学习紧密结合，让读者通过操作训练快速理解相关知识和掌握相关技能；同时强调分析思考，让读者逐步具备主动获取知识的能力。

本书由张珏副教授、陈承欢教授编著，侯伟、颜谦和、吴献文、颜珍平、肖素华、林保康、张军、张丽芳等多位老师参与了部分单元的编写工作。

由于计算机科学技术发展迅速，加上编者水平有限，书中难免存在不妥之处，敬请读者批评指正。

编者

2023 年 11 月

目录

单元1

计算机基础知识 ·············· 1
分析思考 ······················· 1
学习领会 ······················· 2
  1.1 概述 ························ 2
    1.1.1 计算机的概念 ············· 2
    1.1.2 计算机的发展简史 ········· 2
    1.1.3 计算机的发展趋势 ········· 4
    1.1.4 计算机与现代计算机的特点 ··· 6
    1.1.5 计算机的分类 ············· 7
    1.1.6 计算机的应用领域 ········· 8
    1.1.7 计算机硬件系统的基本组成 ··· 9
    1.1.8 计算机的基本工作原理 ····· 10
  1.2 计算机中数据的表示与编码 ····· 12
    1.2.1 数制及其转换 ············· 12
    1.2.2 数据单位 ················· 16
    1.2.3 计算机中数值型数据的表示
       方法 ···················· 17
    1.2.4 计算机中字符型数据的表示
       方法 ···················· 18
    1.2.5 计算机中汉字的表示方法 ····· 21
    1.2.6 计算机中的静态图像 ········· 23
    1.2.7 计算机中动态数据及编码 ····· 24
    1.2.8 计算机中二进制数的基本
       运算 ···················· 24
  1.3 计算机多媒体基础 ·············· 27
    1.3.1 多媒体概述 ················ 28
    1.3.2 多媒体关键技术 ············ 29
    1.3.3 多媒体技术的主要特性 ······ 30
  操作训练 ······················ 31

【操作训练1-1】区分汉字的不同
        编码 ··········· 31
【操作训练1-2】二进制数的逻辑
        运算 ··········· 31
【操作训练1-3】使用"计算器"进行
        数制转换 ········ 31
练习测试 ······················32

单元2

计算机硬件基础 ·············· 34
分析思考 ······················34
学习领会 ······················35
  2.1 计算机的体系结构 ············ 35
    2.1.1 冯·诺依曼结构与哈佛
       结构 ···················· 35
    2.1.2 计算机体系结构的发展 ······· 36
  2.2 微型计算机主机的基本组成 ······ 37
  2.3 计算机输入/输出设备 ·········· 44
    2.3.1 输入/输出设备 ············· 44
    2.3.2 计算机的输入设备 ·········· 45
    2.3.3 计算机的输出设备 ·········· 46
  2.4 微型计算机的各种硬件接口与
    端口 ························ 47
    2.4.1 微型计算机的硬件接口 ······ 47
    2.4.2 微型计算机的端口 ·········· 50
  2.5 微型计算机的主要性能指标 ·······52
操作训练 ······················53
【操作训练2-1】按正确顺序开机与
        关机 ··········· 53
【操作训练2-2】熟悉计算机基本操作
        规范与正确使用
        计算机 ·········· 54

【操作训练 2-3】熟悉笔记本计算机使用
　　的注意事项·········· 54
练习测试 ··················· 55

【操作训练 3-5】使用 ACDSee 浏览
　　图片 ·········· 80
练习测试 ··················· 82

单元 3

计算机软件基础 ·············· 57

分析思考 ··················· 57
学习领会 ··················· 57
3.1　计算机软件概述 ·········· 57
3.2　计算机软件的类型 ·········59
3.2.1　系统软件 ········· 59
3.2.2　应用软件 ········· 60
3.3　操作系统概述 ·········· 61
3.3.1　操作系统的基本概念 ········· 61
3.3.2　操作系统的基本功能 ········· 61
3.3.3　操作系统的类型 ········· 62
3.3.4　典型操作系统介绍 ········· 64
3.3.5　国产操作系统的发展与
　　　现状 ········· 65
3.4　Windows 操作系统的使用 ········68
3.4.1　硬盘分区和磁盘格式化 ········· 68
3.4.2　文件夹与文件 ········· 68
3.4.3　路径 ········· 70
3.5　常用应用软件 ··········· 70
3.5.1　常用应用软件概述 ········· 70
3.5.2　常用应用软件简介 ········· 71
操作训练 ··················· 76
【操作训练 3-1】启动与退出
　　Windows 10 ········· 76
【操作训练 3-2】"计算机"窗口功能
　　区及菜单的基本
　　操作 ········· 77
【操作训练 3-3】启动和退出 WPS ····· 79
【操作训练 3-4】WPS 输出 PDF 格式的
　　文档 ········· 80

单元 4

程序设计与数据结构基础 ····· 84

分析思考 ··················· 84
学习领会 ··················· 85
4.1　算法初步 ··············· 85
4.1.1　算法的概念 ········· 85
4.1.2　算法的特性 ········· 87
4.1.3　比较算法和程序 ········· 87
4.1.4　算法的描述方法 ········· 88
4.1.5　算法优劣的评价标准 ········· 90
4.1.6　经典算法简介 ········· 91
4.2　程序设计基础 ··········· 92
4.2.1　程序设计概述 ········· 92
4.2.2　程序设计语言概述 ········· 92
4.2.3　程序设计语言的基本类型 ········· 92
4.2.4　常见的高级程序设计语言 ········· 94
4.2.5　程序设计的基本过程 ········· 95
4.2.6　程序设计的基本方法 ········· 96
4.2.7　良好的程序设计风格 ········· 97
4.2.8　程序设计质量评价 ········· 97
4.3　Python 语言程序设计 ·········· 98
4.3.1　Python 程序的运行 ········· 98
4.3.2　Python 的基础语法 ········· 99
4.3.3　Python 3 的基本数据类型 ····· 100
4.3.4　Python 运算符及其应用 ····· 101
4.3.5　Python 程序流程控制 ····· 104
4.4　数据和数据结构概述 ··········· 107
4.4.1　数据结构的基本概念 ········· 108
4.4.2　数据的基本运算 ········· 109
4.5　典型的数据结构 ············· 109
操作训练 ··················111

【操作训练 4-1】使用 IDLE 编写简单的
　　　　　　Python 程序 ……111
【操作训练 4-2】计算并输出购买商品的
　　　　　　实付总额 ……112
【操作训练 4-3】用户登录时判断密码是
　　　　　　否正确 ……113
练习测试 ……113

单元 5

数据库技术基础 ……115

分析思考 ……115
学习领会 ……120
　5.1　数据库技术概述 ……120
　　5.1.1　数据库技术的相关概念 ……120
　　5.1.2　数据管理技术的发展 ……122
　　5.1.3　数据模型 ……124
　5.2　数据库系统 ……126
　　5.2.1　数据库系统的发展阶段 ……126
　　5.2.2　数据库系统的组成结构 ……126
　　5.2.3　数据库系统的三级模式
　　　　　结构 ……128
　　5.2.4　几种新型的数据库系统 ……130
　5.3　数据库管理系统 ……133
　　5.3.1　数据库管理系统的功能 ……133
　　5.3.2　常用的数据库管理系统产品
　　　　　介绍 ……134
　　5.3.3　国产数据库管理系统简介 ……136
　5.4　关系数据库 ……137
　　5.4.1　关系的基本运算 ……137
　　5.4.2　关系数据库概述 ……138
　　5.4.3　关系数据库的相关概念 ……139
　　5.4.4　关系模型的规范化与范式 ……141
　5.5　结构查询语言 ……143
　　5.5.1　数据表的概念 ……143
　　5.5.2　结构查询语言的概念 ……143
　　5.5.3　结构查询语言的特点 ……144

　　5.5.4　结构查询语言的类型与
　　　　　功能 ……144
　5.6　非关系数据库 ……146
　　5.6.1　非关系数据库的优缺点 ……147
　　5.6.2　非关系数据库的类型 ……147
　5.7　数据库设计基础 ……147
　　5.7.1　数据库设计的基本原则 ……148
　　5.7.2　数据库设计的基本步骤 ……148
操作训练 ……149
　【操作训练 5-1】从数据表中获取指定的
　　　　　　数据 ……149
　【操作训练 5-2】设计人力资源管理系统
　　　　　　的数据库 ……150
练习测试 ……153

单元 6

计算机网络技术基础 ……156

分析思考 ……156
学习领会 ……157
　6.1　计算机网络概述 ……157
　　6.1.1　计算机网络的概念 ……157
　　6.1.2　计算机网络的常用术语 ……158
　　6.1.3　计算机网络的性能参数 ……161
　　6.1.4　计算机网络的主要功能 ……162
　　6.1.5　计算机网络的典型应用 ……162
　　6.1.6　计算机网络的传输介质 ……163
　6.2　计算机网络的类型 ……165
　6.3　计算机网络的拓扑结构 ……167
　6.4　计算机网络体系结构与协议 ……172
　　6.4.1　网络协议的概念 ……172
　　6.4.2　计算机网络的分层结构 ……173
　　6.4.3　TCP/IP ……176
　6.5　局域网基础知识 ……177
　　6.5.1　局域网的基本概念 ……177
　　6.5.2　局域网的主要特点 ……177
　　6.5.3　局域网的基本组成 ……178

6.5.4 局域网的常见技术 ·············179

6.6 计算机网络的基本组成与常用的
网络设备 ··············181

6.7 互联网基础知识 ··············185
6.7.1 互联网的基本概念 ···········185
6.7.2 互联网在我国的发展历程 ······185
6.7.3 互联网的常用服务 ···········186
6.7.4 互联网的主要应用 ···········188
6.7.5 IP 地址与 DNS ·············188
6.7.6 接入互联网的方式 ···········195
6.7.7 浏览器简介与使用 ···········197
6.7.8 搜索引擎简介 ··············199

6.8 虚拟专用网络 ··············200
6.8.1 VPN 技术的出现背景 ········200
6.8.2 什么是 VPN 技术 ··········201
6.8.3 VPN 的主要优势 ··········201
6.8.4 VPN 的关键技术 ··········202

操作训练 ··············202
【操作训练 6-1】制作合格的网线 ····202
【操作训练 6-2】通过手机配置无线
路由器 ···········204
【操作训练 6-3】通过 Wi-Fi 接入
互联网 ···········206

练习测试 ··············207

单元 7

软件工程基础 ··············209

分析思考 ··············209
学习领会 ··············211
7.1 软件工程的概念 ··············211
7.1.1 软件工程的概念 ···········211
7.1.2 软件生命周期 ·············211
7.2 软件体系结构的模型 ··········212
7.3 软件开发模型 ··············213
7.4 软件开发方法 ··············216

7.4.1 生命周期法 ··············217
7.4.2 原型法 ··············217
7.4.3 结构化方法 ··············217
7.4.4 模块化方法 ··············217
7.4.5 面向对象方法 ·············217
7.4.6 可视化方法 ··············218

7.5 软件过程和项目管理 ·········218
7.5.1 软件过程 ··············218
7.5.2 软件工程过程 ·············219
7.5.3 项目管理 ··············219

7.6 软件测试 ··············220
7.6.1 软件测试的概念 ···········220
7.6.2 软件测试的目的和原则 ······220
7.6.3 软件测试流程 ·············222

操作训练 ··············223
【操作训练 7-1】认知软件系统用户登录
模块的 UML 图 ·····223
【操作训练 7-2】对 Windows 操作系统
自带的计算器的功能和
界面进行测试 ·······225

练习测试 ··············227

单元 8

计算机信息系统安全
基础 ··············229

分析思考 ··············229
学习领会 ··············230
8.1 计算机安全基础 ··············230
8.1.1 基本概念界定 ·············230
8.1.2 计算机信息系统安全涉及的
内容 ··············233
8.1.3 计算机信息系统安全面临的主要
潜在威胁 ···········234
8.1.4 影响计算机信息安全的主要
因素 ··············237

8.1.5 计算机网络攻击的常用手段及
方式 ……………… 237
8.1.6 常用的安全防御技术 ……… 239
8.2 计算机病毒及其防治 ……… 242
8.2.1 计算机病毒的概念 ……… 242
8.2.2 计算机病毒的特征 ……… 242
8.2.3 计算机病毒的传播途径 …… 243
8.2.4 计算机病毒的危害 ……… 243
8.2.5 网络反病毒技术 ……… 244
8.2.6 计算机病毒的查杀与防治 … 245
8.3 反黑客技术基础 ……………… 246
8.3.1 计算机黑客的概念 ……… 246
8.3.2 计算机黑客的主要攻击
方式 ……………… 246
8.3.3 计算机黑客攻击的防范 …… 248
8.4 防火墙技术基础 ……………… 249
8.4.1 防火墙的基本概念 ……… 250
8.4.2 防火墙的功能 ……… 250
8.4.3 防火墙的应用场景 ……… 252
8.5 入侵检测技术基础 ……………… 253
8.5.1 入侵检测的概念 ……… 253
8.5.2 入侵检测系统的功能 …… 253
8.5.3 入侵检测过程 ……… 254
8.6 数据加密技术基础 ……………… 254
8.6.1 数据加密概述 ……… 254
8.6.2 密钥的类型 ……… 255
8.7 安全认证技术基础 ……………… 256
8.7.1 消息鉴别 ……… 256
8.7.2 数字签名 ……… 256
8.7.3 PKI ……… 256
操作训练 …………………………… 257
【操作训练8-1】优化账户密码 …… 257
【操作训练8-2】防治计算机病毒 …… 257
【操作训练8-3】有效防范网络
攻击 ……… 258
练习测试 …………………………… 258

单元 9

计算机职业道德 ………… 260

分析思考 …………………………… 260
学习领会 …………………………… 261
9.1 计算机职业道德概述 ……… 261
9.1.1 职业道德的基本范畴 …… 261
9.1.2 计算机职业道德的基本
概念 ……… 262
9.1.3 计算机职业道德教育的
重要性 ……… 262
9.1.4 计算机协会道德与职业行为
准则 ……… 263
9.1.5 计算机从业人员的职业道德
准则 ……… 264
9.1.6 网络道德建设 ……… 265
9.1.7 计算机用户的基本道德
规范 ……… 266
9.2 知识产权 …………………………… 267
9.2.1 知识产权的概念 ……… 267
9.2.2 软件知识产权 ……… 268
9.2.3 软件盗版 ……… 268
9.3 安全与隐私 ……………………… 269
9.3.1 隐私权和网络隐私权 …… 269
9.3.2 侵害他人隐私权的常见
行为 ……… 270
9.3.3 侵犯网络隐私权的行为 … 270
9.3.4 个人信息安全的基本原则 … 270
9.3.5 个人信息的合法处理 …… 272
9.3.6 避免在网络上泄露隐私的
方法 ……… 272
9.4 计算机犯罪概述 ……………… 273
9.4.1 计算机犯罪的概念 ……… 273
9.4.2 计算机犯罪的基本类型 … 273
9.4.3 计算机犯罪的主要特点 … 274

操作训练···············275

【操作训练9-1】识别盗版软件·······275

【操作训练9-2】网络犯罪危机预防与

应对·······275

练习测试···········276

单元 10

新一代信息技术基础 ······· 277

分析思考···········277

学习领会···········278

10.1 云计算技术基础·······278

10.1.1 云计算的基本概念·······278

10.1.2 云计算的主要特点·······280

10.1.3 云计算的服务类型·······281

10.1.4 主流云服务商及其产品·······283

10.1.5 云计算的部署模式·······284

10.2 大数据技术基础·······285

10.2.1 大数据的基本概念·······285

10.2.2 大数据的基本特征·······285

10.2.3 大数据的关键技术·······286

10.2.4 大数据技术的典型应用

领域·······288

10.3 物联网技术基础·············289

10.3.1 物联网的发展·······289

10.3.2 物联网的概念·······290

10.3.3 物联网的主要特征·······290

10.3.4 物联网系统的体系结构·······291

10.3.5 物联网的相关技术·······292

10.3.6 物联网技术的应用领域与常用

应用场景·······294

10.4 人工智能技术基础·············297

10.4.1 人工智能的概念·······297

10.4.2 人工智能的发展趋势·······298

10.4.3 人工智能的主要研究

方向·······299

10.4.4 人工智能技术的应用

领域·······300

操作训练·············300

【操作训练10-1】大数据在营销领域的

应用·······300

【操作训练10-2】典型物联网应用系统的

安装与配置·······301

练习测试·············304

参考文献 ············306

单元 1
计算机基础知识

01

计算机是一种用于高速计算的电子设备，既可以进行数值计算，又可以进行逻辑计算，还具有存储功能，是能够按照程序运行，自动、高速处理海量数据的现代化智能电子设备。电子计算机是 20 世纪最先进的科学技术发明之一，对人类的生产活动和社会活动产生了极其重要的影响，并以强大的生命力飞速发展。

分析思考

1. 计算机与微型计算机有区别吗？

对比以下计算机和微型计算机的相关内容，正确区分计算机与微型计算机。

计算机	微型计算机
计算机是一种能够按照事先存储的程序，自动、高速运算大量数值和处理数据的智能电子设备，是一种存储和处理数据的工具。 按照计算机规模，并考虑其运算速度、存储能力等因素，将计算机分为： ① 巨型计算机； ② 大型计算机； ③ 小型计算机； ④ 微型计算机。	微型计算机是以微处理器（Microprocessor）为基础，由大规模集成电路组成的、体积较小的电子计算机。人们日常工作、生活中常用的计算机，是实现办公自动化、提高工作效率必不可少的工具。 微型计算机简称：微型机、微机。 微型计算机的俗称如下： ① 个人计算机或 PC（Personal Computer）； ② 微机或电脑。

2. 微型计算机与电脑是一回事吗？

我们日常的工作和生活中所接触到的"电脑"是微型计算机的俗称。由于具有体积小、价格低、功能全和可靠性高等特点，目前，电脑在政府机关、企事业单位、学校、商场、超市、银行等场合的行政管理、人事管理、财务管理、生产管理、物资管理等诸多方面起着重要的作用。

本书中所说的"计算机"，若没有特别说明，都是指微型计算机，其具备人脑的某些功能，因此也俗称为"电脑"。由于习惯叫法，本书许多场合也将其称为电脑，等同于微型计算机。

3. 区分计算机的硬件系统与软件系统

完整的计算机系统包括硬件系统和软件系统两大部分，我们平时讲到的"计算机"一词，都是指含有硬件系统和软件系统的计算机系统。对比以下计算机的硬件系统与软件系统的相关内容，正确区分计算机的硬件系统与软件系统。

硬件系统	软件系统
硬件系统是指看得到、摸得着的物理设备，即由机械、电子元件构成的具有输入、存储、计算、控制和输出功能的实物部件。	软件系统广义上是指系统中的程序以及开发、使用和维护程序所需的所有文件的集合，用来管理和控制硬件设备。

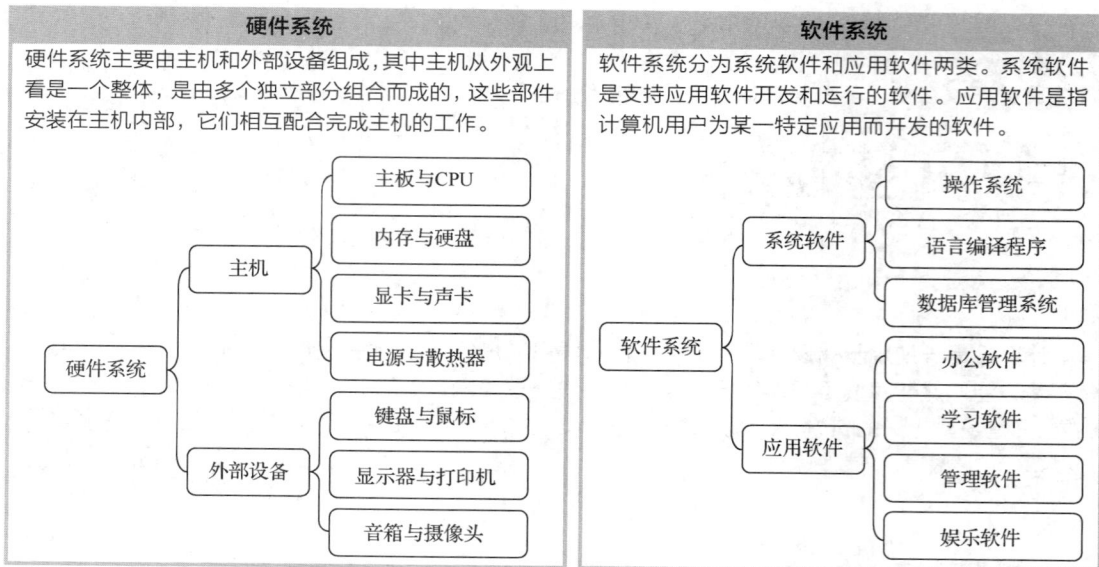

硬件系统	软件系统
硬件系统主要由主机和外部设备组成，其中主机从外观上看是一个整体，是由多个独立部分组合而成的，这些部件安装在主机内部，它们相互配合完成主机的工作。	软件系统分为系统软件和应用软件两类。系统软件是支持应用软件开发和运行的软件。应用软件是指计算机用户为某一特定应用而开发的软件。

硬件系统
- 主机
  - 主板与CPU
  - 内存与硬盘
  - 显卡与声卡
  - 电源与散热器
- 外部设备
  - 键盘与鼠标
  - 显示器与打印机
  - 音箱与摄像头

软件系统
- 系统软件
  - 操作系统
  - 语言编译程序
  - 数据库管理系统
- 应用软件
  - 办公软件
  - 学习软件
  - 管理软件
  - 娱乐软件

学习领会

1.1 概述

计算机从诞生到现在不过半个多世纪，但是它的发展速度是惊人的，它把人类的计算速度提高了很多倍。计算机的发展先后经历了以电子管、晶体管、集成电路、大规模集成电路和超大规模集成电路为主要器件的 4 个发展时期。预计在不久的将来，将诞生以超导器件、电子仿真、集成光路等技术支撑的第 5 代计算机。

1.1.1 计算机的概念

计算机是一种能够按照事先存储的程序，自动、高速运算大量数值和处理数据的智能电子设备。计算机是一种存储和处理数据的工具，如今已被广泛应用于日常生活、教育文化、工农业生产、商贸流通、科学研究、军事技术、金融证券等各个领域，计算机技术的高速发展极大地推动了经济的增长乃至整个社会的进步。微型计算机是实现办公自动化、提高工作效率必不可少的工具。

1.1.2 计算机的发展简史

1946 年 2 月 15 日，世界上第一台通用电子数字计算机"埃尼阿克"（Electronic Numerical Integrator And Computer，ENIAC）在美国宾夕法尼亚大学宣告研制成功。"埃尼阿克"的研制成功，是计算机发展史上的一座里程碑，是人类在发展计算技术的历程中，到达的一个新的起点。

根据计算机所采用的主要电子元件的不同，一般把计算机的发展分为 4 个阶段，习惯上称为 4 代。

1. 第 1 代计算机

第 1 代计算机即电子管计算机（1946—1959 年）。硬件方面，逻辑元件采用真空电子管，内部存储器（内存）采用汞延迟线、阴极射线示波管静电存储器、磁鼓、磁芯，外部存储器（外存）采用纸带、卡片和磁带等。软件方面，开始时只有机器语言，20 世纪 50 年代中期出现了汇编语言。

其特点是体积庞大、功耗高、可靠性差、运算速度慢（一般为每秒数千次至数万次）、价格昂贵、维护困难，但为以后的计算机发展奠定了基础。应用领域以军事和科学计算领域为主。代表机型有 IBM 公司的 IBM 650。

2. 第 2 代计算机

第 2 代计算机即晶体管计算机（1959—1965 年）。硬件方面，逻辑元件采用晶体管，内存采用磁芯，外存采用磁盘。软件方面出现了以批处理为主的操作系统、计算机高级语言（如 ALGOL 语言、Fortran 语言、COBOL 语言等）及其编译程序，输入和输出方式有了很大改进。

相较于第 1 代计算机，其特点是体积缩小、功耗降低、重量减轻、价格降低、可靠性提高、运算速度提高（一般为每秒数十万次，最高可达每秒 300 万次），性能有很大的提高。应用领域已由科学计算扩展到数据处理及事务处理领域，并开始进入工业控制领域。代表机型有控制数据公司（CDC）的大型计算机系统 CDC 6600。

3. 第 3 代计算机

第 3 代计算机即集成电路计算机（1965—1971 年）。硬件方面，逻辑元件采用中规模集成电路（Medium Scale Integrated Circuit，MSI）、小规模集成电路（Small Scale Integrated Circuit，SSI），内存采用半导体存储器。软件方面，操作系统得到发展与完善，高级语言发展到多种，广泛引入多道程序、并行处理、虚拟存储系统，出现了分时操作系统以及结构化、规模化程序设计方法。

相较于第 2 代计算机，其特点是功耗、体积、价格进一步下降，运算速度更快（一般为每秒数百万次至数千万次），而且可靠性有了显著提高，产品走向了通用化、系列化和标准化。应用领域除了科学计算领域，已开始进入文字处理、图形图像处理和过程控制领域。代表机型为 IBM 公司的 IBM 360。

4. 第 4 代计算机

第 4 代计算机即大规模和超大规模集成电路计算机（1971 年至今）。硬件方面，逻辑元件采用大规模集成电路（Large Scale Integrated Circuit，LSI）和超大规模集成电路（Very Large Scale Integrated Circuit，VLSI）。20 世纪 70 年代初，计算机使用大容量的半导体存储器作为内存，在体系结构方面进一步发展了并行处理、多机系统、分布式计算机系统。1971 年，内含 2300 个晶体管的 Intel 4004 芯片问世，开启了现代计算机的篇章，微型计算机开始迅速发展，并走向社会各个领域和平常家庭。软件方面，操作系统不断发展和完善，各种高级语言进一步发展，出现了数据库管理系统、网络管理系统和面向对象语言等。1971 年，世界上第一台微处理器在美国硅谷诞生，开创了微型计算机的新时代。这一时期的计算机已被广泛应用于科学计算、数据处理、事务管理、过程控制、计算机辅助系统以及人工智能等各个方面。

20 世纪 80 年代开始，有些国家提出了研制第 5 代计算机的计划，研究的目标是能够打破以往计算机固有的体系结构，使计算机能够具有像人一样的思维、推理和判断能力，向智能化发展，实现接近人的思维方式。新一代计算机是人类追求的一种更接近人的人工智能计算机，它能理解人的语言，以及文字和图形。人无须编写程序，靠讲话就能对计算机下达命令，驱使它工作。新一代计算机是把信息采集、存储、处理、通信和人工智能结合在一起的智能计算机系统，它不仅能进行一般的信息处理，而且能面向知识处理，具有形式化推理、联想、学习和解释的能力，将帮助人类开拓未知的领域和获得新的知识。

由于各种因素的制约，研制第 5 代计算机的目标没有完全实现，因此目前使用的计算机仍属于第 4 代计算机，但这一时期研究人员在智能计算机领域完成的大量基础性研究工作，促进了人工智能理论和智能机器人技术的发展。

1.1.3　计算机的发展趋势

计算机技术是世界上发展最快的科学技术之一，产品不断升级换代。当前计算机正朝着多极化、巨型化、微型化、网络化、智能化、多媒体化等方向发展，计算机本身的性能越来越优良，应用范围也越来越广泛，从而使计算机成为人们工作、学习和生活中必不可少的工具。

1. 计算机的发展方向

（1）多极化

自计算机问世以来，人们对计算机的要求不断提高，计算机的发展也由此出现了多极化的特点。巨型计算机、大型计算机、小型计算机、微型计算机各有自己的应用领域，形成了一种多极化的形势。例如，在个人计算机领域，人们追求更小、更轻薄。因此，笔记本计算机的尺寸不断减小，重量不断减轻，内部电路的集成度越来越高。然而，对于需要高速运算能力的企业、研究院所而言，计算机的高速处理能力成为首要考虑因素，这也是一些大型计算机存在的主要原因。计算机技术的多极化发展，提高了计算机在不同领域的适用性，对计算技术的发展有着较为积极的影响。

（2）巨型化

巨型计算机具备计算速度快、存储量大、功能强大的特点。巨型计算机主要应用于科学研究、工程设计、生产制造、商业决策等领域，研制巨型计算机的技术水平是衡量一个国家科学技术和工业发展水平的重要标志。

（3）微型化

计算机的微型化已成为计算机发展的重要方向，各种笔记本计算机和个人数字助理（Personal Digital Assistant，PDA）的大量面世和使用，是计算机微型化的一个标志。方便、快捷、小巧的笔记本计算机和 PDA 等微型计算机的普遍使用都是目前发展要求的体现。这些设备性能多样化，价格低廉，越来越受到广大人民的喜爱和追求。

（4）网络化

网络化是计算机发展的又一个重要趋势。计算机网络化是指利用现代通信技术和计算机技术把不同地方的计算机连接起来，共同构建成一个大规模、多功能，并且可以相互传递信息的网络。计算机网络化的实现，使网络中的资源共享变成现实，大大地提高了信息中资源的整合程度，提高了资源的使用效率，也为实现全球化做出了积极贡献。

目前，网络已经在全球范围内迅速普及，几乎所有的家庭或者办公室内都配有连接网络的计算机。

（5）智能化

智能化使计算机具有模拟人的感觉和思维过程的能力，使计算机成为智能计算机。这也是目前正在研制的新一代计算机要实现的目标。智能化的研究包括模式识别、图像识别、自然语言的生成和理解、博弈、定理自动证明、自动程序设计、专家系统、学习系统和智能机器人等。目前，已研制出的多种具有人的部分智能的机器人，可以代替人在一些工作岗位上工作。有人预测，家庭智能化的机器人将是继计算机之后下一个普及的家庭信息化产品。

时至今日，计算机智能化特点已经得到充分体现，借助相关软件，计算机可以实现对人类简单思维的模拟，以及对外部信息的整合、处理，从而做出正确的判断。目前，计算机智能还处于起步阶段，即便是类人形机器人的出现，也只实现了在外观上对人类的模拟，而并未实现完全意义上的智能化。然而，即便是简单的智能计算机，也是计算机技术发展过程中的一大进步，对今后计算机智能化的发展有着重要的指导意义。

（6）多媒体化

多媒体计算机的出现为计算机技术的发展翻开了新的一页，是当前计算机领域中最引人注目的高新技术之一。多媒体技术并不能简单地理解为多种媒体相结合的技术，应该是多种媒体技术的融合应用。

多媒体计算机就是利用计算机技术、通信技术和大众传播技术，综合处理多种媒体信息的计算机。这些信息包括文本、视频、图像、图形、声音、文字等。多媒体技术使多种信息建立了有机联系，并集成为一个具有人机交互性的系统。多媒体计算机将真正改善人机界面，使计算机朝着人类接收和处理信息的最自然的方式发展。

2. 未来新一代计算机

未来计算机的新技术可以从电子计算机的产生及发展方向来预测，目前计算机技术的发展都是以电子技术的发展为基础的，集成电路芯片是计算机的核心部件。随着高新技术的研究和发展，相信计算机技术也将拓展到其他新兴的技术领域，计算机新技术的开发和利用必将成为未来计算机发展的新趋势。从目前计算机的研究情况可以推测，未来人们有可能在量子计算机、神经网络计算机、生物计算机、光计算机、纳米计算机等方面的研究领域上取得重大的突破。

计算机技术的未来发展将是多样化、全面化、智能化的，计算机技术的大发展会成为人们生产、生活的重要部分，未来计算机技术的发展将会给人类带来翻天覆地的变化和影响，为共同推动人类社会的进步作出贡献。

（1）量子计算机

量子计算机是一种遵循量子力学规律进行高速数学和逻辑运算、存储及处理量子信息的新型计算机。当计算机中处理和计算的是量子信息，运行的是量子算法时，它就是量子计算机。在计算机领域应用量子技术是史无前例的。量子计算机的存储量远远大于普通计算机的存储量，计算速度也比个人计算机的快得多。

（2）神经网络计算机

可以把生物大脑神经网络看作一个大规模并行处理的、紧密耦合的、能自行重组的计算网络，神经网络计算机是一种模仿人脑神经脉络所构建的计算机网络系统。科学家从大脑工作的模型中抽象出计算机设计模型，用许多处理机模仿人脑的神经元结构，将信息存储在神经元之间的联络网中，并采用大量的并行分布式网络，这一切构成了神经网络计算机。

人脑总体运行速度是远远高于计算机功能所能达到的速度的，在这个前提下，神经网络计算机被看作一个庞大的机器，处理着数量多且繁杂的信息。在这个过程中，神经网络计算机通过对信息进行判断和处理，进而得出有效的结论。就算神经元节点发生断裂，计算机还可以重新组建信息，保证机内信息不被泄露或丢失。

（3）生物计算机

生物计算机是处理信息时利用分子计算的新型计算机，该类计算机的运行主要利用分子晶体吸收以电荷形式存在的信息，并以有效的方式对其进行组织排列。生物计算机是以生物芯片取代在半导体硅片上集成的数以万计的晶体管制成的计算机。生物计算机的体积小、耗能低、存储信息量大、运算速度极快。但是，生物计算机也有自身难以克服的缺点，其中最主要的便是从中提取信息困难，这也导致了生物计算机在目前的技术条件下普及程度并不高。

（4）光计算机

光计算机是指用光子代替半导体芯片中的电子，以光互连来代替导线制成数字计算机，实现高速处理大容量信息，它运算速度极高、耗电极低。光计算机是"光"导计算机，光在光介质中以许多波长不同或波长相同而振动方向不同的光波传输，不存在寄生电阻、电容、电感和电子相互作用问题，且光器件无电位差。因此，光计算机的信息在传输中畸变或失真小，可在同一条狭窄的通道中传输数量多得难以置信的数据。

（5）纳米计算机

作为一种新兴技术，纳米技术的诞生也为计算机未来的发展提供了新的技术导向。纳米是一种长度单位，1nm 就是十亿分之一米，比单个细菌的长度还要小。纳米技术从被研发之初就受到了全世界科学研究者们的高度关注。从 20 世纪 80 年代到现在，纳米技术的应用领域越来越广泛。纳米计算机是用纳米技术研发的新型高性能计算机，纳米管元件尺寸范围在几纳米到几十纳米，且质地坚固，有着极强的导电性，能代替硅芯片制造计算机。

1.1.4 计算机与现代计算机的特点

1. 运算速度快

运算速度是指计算机每秒能执行的指令数，常用单位是 MIPS，即每秒执行百万条指令。当今大型计算机系统的运算速度已达到每秒万亿次，微型计算机的运算速度也可达每秒亿次以上，使大量复杂的科学计算问题得以解决，例如，卫星轨道的设计、大型水坝的计算、24 h 天气预报的计算等。

2. 计算精度高

科学技术的发展特别是尖端科学技术的发展，需要高精度的计算。计算机控制的导弹之所以能准确地击中预定的目标，与计算机的精确计算是分不开的。一般计算机可以有十几位甚至几十位（二进制）有效数字，计算精度可由千分之几到百万分之几，是任何普通计算工具所望尘莫及的。

3. 存储容量大

计算机中的存储器可以存储大量的信息，这些信息不仅包括各类数据信息，还包括加工这些数据的程序。

4. 逻辑运算能力和判断能力强

计算机不仅能进行精确计算，还具有逻辑运算功能，能够进行各种基本的比较和判断，并且根据判断的结果自动决定下一步该做什么。有了这种能力，计算机才能求解各种复杂的计算问题，进行各种过程控制和完成各类数据处理任务。

计算机还具有对文字、符号、数字等进行逻辑推理和判断的能力。人工智能的出现将进一步增强其推理、判断、思维、学习、记忆与积累的能力，从而使其可以代替人脑进行更多的工作。

5. 自动控制能力强

由于计算机具有存储记忆能力和逻辑判断能力，因此人们可以将预先设计好的运行步骤和程序组存入计算机内存。在程序的控制下，计算机可以严格地按程序规定的步骤连续、自动工作，整个过程不需要人工干预。

6. 可靠性高

随着科学技术的不断发展，电子器件的可靠性也越来越高。计算机的设计过程通过采用新的结构以使其具有更高的可靠性。

1.1.5　计算机的分类

较为普遍的计算机分类是按照计算机的运算速度、字长、存储容量等综合性能指标，将计算机分为巨型机、大型机、小型机、微型机等。但是，随着技术的进步，各种型号的计算机性能指标都在不断地改进和提高，以至于过去一台大型机的性能可能还不如目前一台微型机的性能。按照巨、大、小、微的标准来划分计算机的类型有时间的局限性，因此计算机的类别划分很难有一个精确的标准。目前常用的计算机类型有个人计算机、服务器、大型计算机、超级计算机、嵌入式计算机和移动设备。除此之外，量子计算机也是当下的热门话题。

1．个人计算机

个人计算机是指大小、性能以及价格等多个方面适合个人使用，并由最终用户直接操控的计算机的统称。从台式计算机、笔记本计算机到上网本和平板计算机，以及"超极本"等都属于个人计算机的范畴。工作站是一种高端的通用微型计算机，是为了单用户使用并提供比个人计算机更强大的性能，尤其是提供在图形处理、并行任务处理方面的能力。工作站通常配有高分辨率显示屏、多屏显示器，以及容量很大的内存和外存。另外，连接到服务器的终端也可称为工作站。

2．服务器

服务器通常是指具有较强计算能力，能够提供给多个用户使用的计算机。服务器是网络环境中的高性能计算机，它能够侦听网络上的其他计算机（客户端）提交的服务请求，并提供相应的服务。服务器的高性能主要体现在高速的运算能力、长时间的可靠运行能力、强大的外部数据吞吐能力等方面。服务器的硬件构成与个人计算机的基本相似，包括处理器、硬盘、内存、系统总线等，因为服务器是针对具体的网络应用与服务特别制定的，所以与个人计算机相比，服务器在处理能力、稳定性、可靠性、安全性、可扩展性、可管理性等方面都有很大的提升。

3．大型计算机

大型计算机简称"大型机"，其体积庞大，价格昂贵，能够同时为众多用户处理数据。大多数情况下，大型机指的是从 IBM System/360 开始的一系列计算机及与其兼容或同等级的计算机，拥有较高的可靠性、安全性、向后兼容性和极其高效的数据输入与输出性能。大型机主要用于大量数据和关键项目的计算，例如，银行金融交易及数据处理、人口普查、企业资源规划等。

4．超级计算机

超级计算机是计算机中功能最强、运算速度最快、存储容量最大的一类计算机。它的基本组件与个人计算机的无太大差异，但其规模更大、性能更强，是一种超大型计算机。超级计算机具有很强的计算和处理数据的能力，主要特点表现为高速度和大容量，配有多种外部设备及丰富的、高性能的软件系统。现有的超级计算机运算速度大都可以达到每秒 1 兆（Trillion，万亿）次以上。2016 年 6 月 20 日，我国的"神威·太湖之光"超级计算机超越蝉联榜首长达 6 年的"天河二号"超级计算机，成为全球运算速度最快的超级计算机。"神威·太湖之光"的机身安放在国家超级计算无锡中心的一间约 1000 m^2 的房间内，它由 40 个运算机柜和 8 个网络机柜组成，里面放有40960 块高性能处理器，其峰值运算速度为 12.5 亿亿次/秒，持续性能为 9.3 亿亿次/秒，约是"天河二号"的 3 倍。

5．嵌入式计算机

嵌入式计算机是指嵌入某些产品中的微型计算机，用来执行与产品有关的特定功能或任务。洗衣机、电视机，甚至电子钟表中都包含嵌入式计算机。现代化的汽车中有数十块甚至数百块微处理器，它们都属于嵌入式计算机，这些微处理器配合相应的软件系统被用来控制汽车以完成多重任务，如防抱死装置（Antilock Braking System，ABS）、点火、播放车载多媒体等。

6. 移动设备

诸如 iPhone、iPod、iPad、Kindle 之类的移动设备，含有许多计算机的特性：可以接收输入数据、产生输出数据、处理数据、存储数据等。

事实上，高端的个人计算机在性能上与服务器相当，一些个人计算机的尺寸已接近移动电话甚至更小。此外，新的技术发展也在影响着分类。例如，小型的平板设备被认为是移动设备，因为它们只比移动电话大一点儿，运行着移动操作系统，并且主要用于互联网（Internet）访问与多媒体内容播放；另外，运行着桌面操作系统的平板计算机常常也被认为是个人计算机。近年来，越来越多的新兴计算机设备面世，也催生了新的计算机产品的诞生，例如，智能手表、智能眼镜、健身追踪器等，这些可以被分类为可穿戴式计算机。

1.1.6　计算机的应用领域

计算机被广泛应用于工作、生活等各个领域，其应用领域可以概括为以下几个方面。

1. 科学计算

科学计算又称为数值计算，指利用计算机来计算科学研究和工程技术中提出的数学问题，如大型工程设计、人造卫星运行轨道计算、天气预报、地震预测、火箭发射等。利用计算机的高速计算、大存储容量和连续运算的能力，可以解决人工难以解决的各种科学计算问题，并且可以大大缩短计算周期，节省人力和物力。

2. 数据处理

数据处理是目前计算机应用非常广泛的领域，其特点是处理的数据量大但计算并不复杂，其任务是对大量的数据进行分析和处理，例如，人口统计、工资管理、成本核算、档案管理、图书检索、库存管理等，形成有用的信息。数据处理被广泛应用于办公自动化、事务处理、情报检索、企业管理和知识系统等领域。

3. 过程控制

过程控制也称为实时控制，指计算机及时采集监测数据，按最佳方法迅速地对控制对象进行自动控制和调节。计算机被广泛应用于石油化工、电力、冶金、机械加工、通信等领域中的生产过程控制，例如，数控机床、高炉炼钢、生产线等方面的自动控制。

4. 辅助设计

计算机辅助设计（Computer-Aided Design，CAD）是工程设计人员借助计算机及图形设备进行设计的一项专门技术。在工程和产品设计中，计算机可以帮助设计人员担负计算、信息存储和制图等工作，不仅可以减轻设计人员的劳动、缩短设计周期，而且增强了设计质量和设计过程的自动化程度。目前，计算机辅助设计已被广泛应用于机械设计、电路设计、建筑设计、服装设计等各个方面。

5. 辅助制造

计算机辅助制造（Computer-Aided Manufacturing，CAM）技术主要包括生产设备的数字控制与编程、零件加工产品装配过程的建模与仿真、生产过程的信息采集与处理、产品质量信息的采集与处理等知识的综合。

6. 辅助教学

计算机辅助教学（Computer-Aided Instruction，CAI）是利用计算机进行辅助教学的一项专门技术，它利用图、文、声、像等多媒体方式使教学过程形象化，使教学内容图文并茂，从而大大提高教学效果。教师也可以利用计算机给学生提供多样化的教学方法和丰富的学习资料,通过人机交互方式帮助学生自学、自测,使教学更加灵活和方便,有效地激发学生的学习兴趣,有利于实现因材施教。

7. 人工智能

人工智能（Artificial Intelligence，AI）主要研究如何利用计算机"模仿"人的智能,使计算机具有识别语言、文字、图形和进行推理、学习以及适应环境的能力。

新一代计算机的开发将成为人工智能研究成果的集中体现,具有某一方面专门知识的专家系统和具有一定"思维"能力的机器人的大量出现,是人工智能研究不断取得进展的标志。例如,应用在医疗工作中的医学专家系统,能模拟医生分析病情,为病人开出药方,提供病情咨询等。又如,机器制造业中采用的智能机器人,可以完成各种复杂加工,承担有害与危险作业。

8. 网络通信

计算机技术与现代通信技术的结合构成了计算机网络。利用计算机网络,使不同区域的计算机之间实现各种软件、硬件资源的共享,通过计算机网络,可以收发电子邮件、搜索资料、共享资源等。

9. 多媒体应用

现代计算机可以将文本、图形、图像、音频、视频、动画等各种媒体综合起来,构成一种全新的概念——"多媒体"（Multimedia）,使人们面对的是有声有色、图文并茂的信息环境。

10. 电子商务

电子商务代表着一种现代的商务模式,即通过互联网和万维网（World Wide Web，WWW）传输电子信息而进行的各种商务活动。

1.1.7　计算机硬件系统的基本组成

计算机从原理上由控制器、运算器、存储器、输入设备和输出设备 5 个基本部分组成,这 5 个部分也称计算机的五大部件。人们通常把运算器、控制器和内存合称为计算机主机,把运算器、控制器做在一个大规模集成电路块上,称为中央处理器（Central Processing Unit，CPU）。微型计算机的 CPU 习惯上被称为微处理器,是微型计算机的核心。计算机硬件系统的基本组成如图 1-1所示。

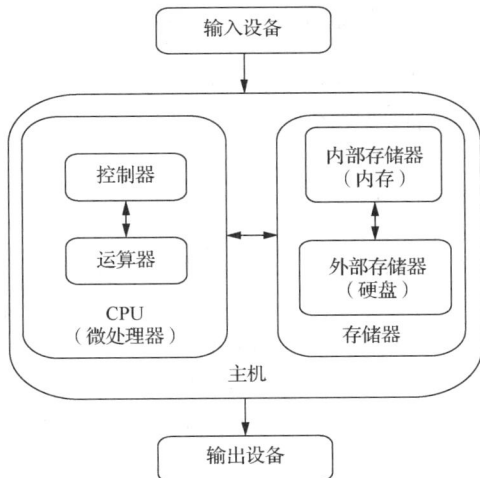

图 1-1　计算机硬件系统的基本组成

1．控制器

控制器主要由指令寄存器、译码器、程序计数器和操作控制器等组成，控制器用来控制计算机各部件协调工作，并使整个处理过程有条不紊地进行。它的基本功能就是从内存中取出指令和执行指令，即控制器按程序计数器提供的指令地址从内存中取出该指令进行译码，然后根据该指令功能向有关部件发出控制命令，执行该指令。另外，控制器在工作过程中还要接收各部件反馈回来的信息。

2．运算器

运算器又称算术逻辑部件（Arithmetic and Logic Unit，ALU），是计算机对数据进行运算和处理的部件，它的主要功能是对二进制数进行加、减、乘、除等算术运算和与、或、非等基本逻辑运算，实现逻辑判断。运算器在控制器的控制下实现其功能，运算结果由控制器指挥送到内存中。

3．存储器

存储器具有记忆功能，用来保存信息，如数据、指令和运算结果等。存储器分为两种：内存与外存。

（1）内存

内存也称主存储器（简称主存），它直接与 CPU 相连接，存储容量较小，但速度快，用来存放当前运行程序的指令和数据，并直接与 CPU 交换信息。内存由许多存储单元组成，每个单元能存放一个二进制数，或一条由二进制数表示的指令。

（2）外存

外存又称辅助存储器（简称辅存），它是内存的扩充。外存存储容量大、价格低，但存储速度较慢，一般用来存放大量暂时不用的程序、数据和中间结果，需要时可成批地和内存进行信息交换。外存只能与内存交换信息，不能被计算机系统的其他部件直接访问。常用的外存有硬盘、移动硬盘、U 盘、光盘等。

4．输入设备

输入设备用于将程序和数据输入计算机，常用的输入设备有键盘、鼠标器、扫描仪、光驱等。

5．输出设备

输出设备用于将计算机处理的结果（如数字、字母、符号和图形）显示或打印出来，常用的输出设备有显示器、打印机、绘图仪等。

1.1.8　计算机的基本工作原理

以计算"6+4"为例说明微型计算机的工作原理。

如果我们用心算，其计算过程描述如下。

① 将数字"6"通过眼睛存入"大脑"。

② 将运算符"+"通过眼睛存入"大脑"。

③ 将数字"4"通过眼睛存入"大脑"。

④ 大脑完成"6+4"的计算，将最终结果"10"暂存"大脑"。

⑤ 将最终计算结果"10"通过"嘴"说出来，通过"手"写在纸上。

整个计算过程可简述为"数据存储"→"数据运算"→"结果输出"3 个阶段。在这个计算过程中，"眼睛"起到了"输入"的作用，"嘴"和"手"则起到"输出"的作用，"大脑"完成了"记忆数据""数据运算"的工作，并在整个计算过程中，"控制"着眼睛和手的工作。

如果编写程序，由计算机完成"6+4"的运算，其运算步骤如下。

① 通过键盘输入"6""+""4"。

② 控制器命令存储器存储输入的数据 "6" "+" "4"。

③ 存储器中的数据进入运算器。

④ 运算器进行 "6+4" 的运算。

⑤ 运算器将运算结果 "10" 存回存储器。

⑥ 控制器发出输出指令。

⑦ 存储器将结果 "10" 输出到显示设备上。

现代微型计算机系统结构有了很大的变化，但其工作原理基本沿用了冯·诺依曼的思想，习惯上仍称之为冯·诺依曼机。

冯·诺依曼机的基本特点如下。

① 计算机由运算器、控制器、存储器、输入设备和输出设备 5 部分组成。

② 采用存储程序的方式，将程序和数据放在存储器中，指令和数据一样可以送到运算器运算，即由指令组成的程序是可以修改的。

③ 数据以二进制数表示。

④ 指令由操作码和地址码组成。

⑤ 指令在存储器中按执行顺序存放，由指令计数器指明要执行的指令所在的单元地址，一般按顺序递增，但可按运算结果或外界条件而改变。

微型计算机工作原理的示意图如图 1-2 所示，其工作原理核心就是存储程序和程序控制。计算机通过输入设备输入数据和程序，并将其存储在存储器中，通过输出设备输出结果；控制器对输入、输出、存储和运算等操作进行统一指挥与协调；运算器在控制器的控制下实现算术运算和逻辑运算，并将运算结果送到内部存储器中；存储器用于保存数据、指令和运算结果等信息，分为内部存储器和外部存储器。

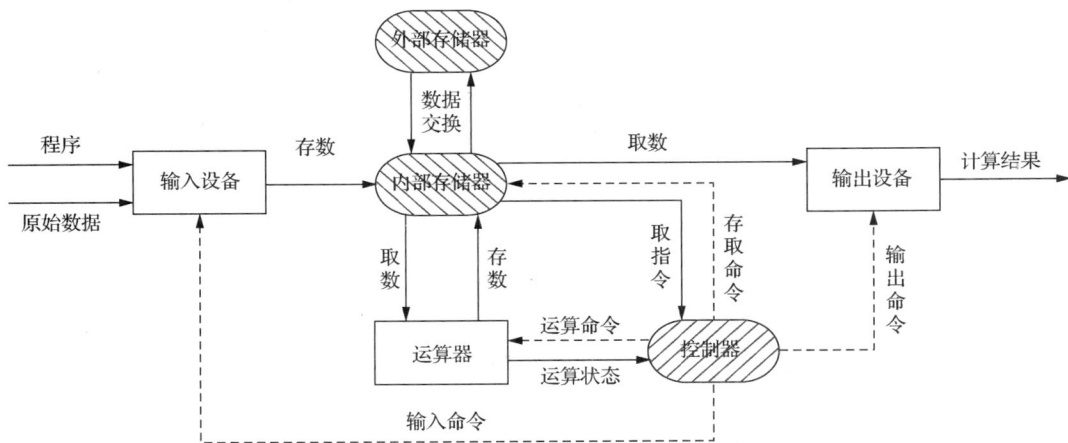

图 1-2　微型计算机工作原理的示意图

计算机基本工作过程如下。

第 1 步：控制器发出输入命令，将程序和数据通过输入设备送入内部存储器。

第 2 步：内部存储器发出取指令。在取指令下，计算机从存储器中取出程序指令并逐条送到控制器去识别，分析该指令要做什么事。

第 3 步：控制器对指令进行译码，并根据指令的操作要求，向存储器和运算器发出存取命令和运算命令，将存储单元中存放的数据取出并送往运算器进行运算，运算器计算后，把计算结果送回存储器指定的单元中。

第 4 步：当运算任务完成后，控制器发出存取命令和输出命令，根据命令将计算结果通过输出设备输出。

1.2 计算机中数据的表示与编码

计算机的最初目的是进行数值计算，计算机中首先表示的数据就是各种数字信息。随着应用的发展，现在计算机数据以不同的形式出现，如数字、文字、图像、声音和视频等。但是，在计算机内部，这些数据还是以数字的形式存储和处理的。

使用数字对各式各样的信息按照一定的规则进行编译，最终变换为易于计算机识别的信息，这个过程称为数字化编码，即用少量简单的基本符号，对大量复杂多样的信息进行一定规律的组合。

编码的两个基本要素：

① 基本符号的种类（例如，二进制数的"0"和"1"）。

② 组合规则。

现代计算机内部采用二进制符号进行信息编码。

1.2.1 数制及其转换

1. 计数制的基本概念

计数制简称为"数制"，是指用一组固定的符号和统一的规则来表示数值的方法。人们在日常生活、工作中常用多种进制来描述事物，例如：10 角为 1 元，即"逢 10 进 1"；7 天为 1 周，即"逢 7 进 1"；12 个月为 1 年，即"逢 12 进 1"；24 h 为 1 天，即"逢 24 进 1"；60 min 为 1 h，即"逢 60 进 1"；2 个为 1 双或 1 对，即"逢 2 进 1"等。

日常生活中，人们习惯于使用十进制计数。而计算机中则采用二进制数，二进制数在计算机中易于表示，只有 0 和 1 两个数字符号，易于存储，但是不方便阅读、书写和记忆。为了便于阅读和书写，人们经常使用由二进制数转换得到的十进制数、八进制数和十六进制数。

2. 计数制的数位、基数和位权

在计数制中有数位、基数和位权 3 个要素。

（1）数位

数位是指数码符号在数中的位置。例如，十进制数的个位、十位、百位、千位。

（2）基数

基数是指在某种计数制中，每个数位上所能使用的数码符号的个数。

例如，二进制数基数是 2，即每个数位上可以使用的数码符号为 0 和 1 两个；十进制数基数是 10，即每个数位上可以使用的数码符号为"0～9"十个。

在数制中有一个规则，如果是 N 进制数，必须是逢 N 进 1。

（3）位权

对于多位数，每个数位上的数码符号所代表数值的大小都等于该数位上的数码符号乘以一个固定的数值，这个固定数值称为该数位的位权。

例如，二进制数的整数部分第 1 位的位权为 2^0，第 2 位的位权为 2^1，第 3 位的位权为 2^2；十进制数中，小数点左边的第 1 位的位权为 10^0，第 2 位的位权为 10^1，第 3 位的位权为 10^2，小数点右边的第 1 位的位权为 10^{-1}，第 2 位的位权为 10^{-2}。

一般情况下，对于 N 进制数，整数部分第 i 位的位权为 N^{i-1}，而小数部分第 j 位的位权为 N^{-j}。

3．对比不同计数制的数位、基数和位权

（1）十进制（十进位计数制）

我们习惯使用的十进制数由 0、1、2、3、4、5、6、7、8、9，十个不同的数字组成，每一个数字处在十进制数中不同的位置时，它所代表的实际数值是不一样的。例如，"1011"可表示为 $1 \times 1000 + 0 \times 100 + 1 \times 10 + 1 \times 1 = 1 \times 10^3 + 0 \times 10^2 + 1 \times 10^1 + 1 \times 10^0$，数中每个数字的位置不同，它所代表的数值也不同，这就是经常所说的个位、十位、百位、千位。十进制的基数为 10，逢 10 进 1。

（2）八进制（八进位计数制）

八进制有 8 个不同的数码符号，即 0、1、2、3、4、5、6、7，其基数为 8，逢 8 进 1，例如：$(1011)_8 = 1 \times 8^3 + 0 \times 8^2 + 1 \times 8^1 + 1 \times 8^0 = (521)_{10}$。

（3）十六进制（十六进位计数制）

十六进制有 16 个不同的数码符号，即 0、1、2、3、4、5、6、7、8、9、A、B、C、D、E、F，其基数为 16，逢 16 进 1，例如：$(1011)_{16} = 1 \times 16^3 + 0 \times 16^2 + 1 \times 16^1 + 1 \times 16^0 = (4113)_{10}$。

（4）二进制（二进位计数制）

二进制数和十进制数一样，也是一种计数制，但它的基数是 2。数中 0 和 1 的位置不同，它所代表的数值也不同。例如，二进制数 1101 表示十进制数 13，如下所示。

$$(1101)_2 = 1 \times 2^3 + 1 \times 2^2 + 0 \times 2^1 + 1 \times 2^0 = 8 + 4 + 0 + 1 = (13)_{10}$$

一个二进制数具有下列两个基本特点：有两个不同的数字符号，即 0 和 1；逢 2 进 1。

4．不同进制数之间的转换方法

编写程序时，根据需要，可以用二进制、十进制、八进制、十六进制来表示数据，但在计算机中，只能以二进制数形式表示和存储数据。计算机在运行程序时，经常需要先把其他进制数转换成二进制数再进行处理，处理结果在输出前再转换成其他进制数，以方便阅读和使用。

用计算机处理十进制数，必须先把它转化成二进制数才能被计算机所接收，同理，计算结果应将二进制数转换成人们习惯的十进制数。4 位二进制数与其他数制数的对照如表 1-1 所示。

表 1-1　4 位二进制数与其他数制数的对照

二进制	十进制	八进制	十六进制
0000	0	0	0
0001	1	1	1
0010	2	2	2
0011	3	3	3
0100	4	4	4
0101	5	5	5
0110	6	6	6
0111	7	7	7
1000	8	10	8
1001	9	11	9
1010	10	12	A
1011	11	13	B
1100	12	14	C
1101	13	15	D
1110	14	16	E
1111	15	17	F

（1）十进制整数转换成二进制整数

十进制整数转换为二进制整数的方法如下。

把被转换的十进制整数反复地除以 2，直到商为 0，所得的余数（从末位读起）就是这个数的二进制表示。简单地说，就是"除以 2 取余法"。

将十进制整数$(25)_{10}$转换成二进制整数的方法如下：

于是，$(25)_{10} = (11001)_{2}$。

将十进制整数 25 反复地除以 2，直到商为 0，所得的余数（从末位读起）就是这个数的二进制表示。

掌握了十进制整数转换成二进制整数的方法以后，学习十进制整数转换成八进制整数或十六进制整数就很容易了。十进制整数转换成八进制整数的方法是"除以 8 取余法"，十进制整数转换成十六进制整数的方法是"除以 16 取余法"。

（2）十进制小数转换成二进制小数

十进制小数转换成二进制小数的方法是将十进制小数连续乘以 2，选取进位整数，直到满足精度要求为止。简单地说，就是"乘 2 取整法"。

将十进制小数$(0.6875)_{10}$转换成二进制小数的方法如下：

0.6875	
× 2	
1.3750	整数 = 1
0.3750	
× 2	
0.7500	整数 = 0
× 2	
1.5000	整数 = 1
0.5000	
× 2	
1.0000	整数 = 1

将十进制小数 0.6875 连续乘以 2，把每次所进位的整数按从左往右的顺序写出。

于是，$(0.6875)_{10} = (0.1011)_{2}$。

十进制小数转换成八进制小数的方法是"乘 8 取整法"，十进制小数转换成十六进制小数的方法是"乘 16 取整法"。

（3）二进制数转换成十进制数

把二进制数转换为十进制数的方法是将二进制数按权展开求和即可。

将二进制数$(10110011.101)_{2}$转换成十进制数的方法如下：

1×2^7	代表十进制数 128
0×2^6	代表十进制数 0
1×2^5	代表十进制数 32
1×2^4	代表十进制数 16
0×2^3	代表十进制数 0
0×2^2	代表十进制数 0
1×2^1	代表十进制数 2
1×2^0	代表十进制数 1
1×2^{-1}	代表十进制数 0.5
0×2^{-2}	代表十进制数 0
1×2^{-3}	代表十进制数 0.125

于是，$(10110011.101)_2 = 128 + 32 + 16 + 2 + 1 + 0.5 + 0.125 = (179.625)_{10}$。

同理，非十进制数转换成十进制数的方法是把各个非十进制数按权展开求和即可。例如，把二进制数（或八进制数或十六进制数）写成 2（或 8 或 16）的各次幂之和的形式，然后计算其结果即可。

（4）二进制数转换成八进制数

二进制数与八进制数之间的转换十分简单、方便，由于二进制数和八进制数之间存在特殊关系，即 $8^1 = 2^3$，八进制数的每 1 位对应二进制数的 3 位。具体转换方法是将二进制数从小数点开始，整数部分从右向左以 3 位为一组，小数部分从左向右以 3 位为一组，不足 3 位用 0 补足即可（整数部分左侧补 0，小数部分右侧补 0）。

将二进制数 $(10110101110.11011)_2$ 转换为八进制数的方法如下：

010 110 101 110 . 110 110
 ↓   ↓   ↓   ↓   ↓   ↓
 2   6   5   6 . 6   6

于是，$(10110101110.11011)_2 = (2656.66)_8$。

（5）八进制数转换成二进制数

转换方法：以小数点为界，向左或向右将每 1 位八进制数用相应的 3 位二进制数取代，然后将其连在一起即可。

将八进制数 $(6237.431)_8$ 转换为二进制数的方法如下：

 6   2   3   7 . 4   3   1
 ↓   ↓   ↓   ↓   ↓   ↓   ↓

110 010 011 111 . 100 011 001

于是，$(6237.431)_8 = (110010011111.100011001)_2$。

（6）二进制数转换成十六进制数

二进制数的每 4 位刚好对应十六进制数的 1 位（$16^1 = 2^4$），二进制数转换成十六进制数的方法是将二进制数的整数部分从右向左以 4 位为一组，小数部分从左向右以 4 位为一组，不足 4 位用 0 补足（整数部分左侧补 0，小数部分右侧补 0），每组对应转换为一位十六进制数即可。

① 将二进制数 $(101001010111.110110101)_2$ 转换为十六进制数的方法如下：

1010 0101 0111 . 1101 1010 1000
 ↓   ↓   ↓   ↓   ↓   ↓
 A   5   7   . D   A   8

于是，$(101001010111.110110101)_2 = (A57.DA8)_{16}$。

② 将二进制数$(100101101011111)_2$转换为十六进制数的方法如下：

0100 1011 0101 1111

  ↓   ↓   ↓   ↓

  4   B   5   F

于是，$(100101101011111)_2 = (4B5F)_{16}$。

（7）十六进制数转换成二进制数

转换方法：以小数点为界，向左或向右将每 1 位十六进制数转换为 4 位二进制数，然后将其对应连在一起即可。

将十六进制数$(3AB.11)_{16}$转换成二进制数的方法如下：

  3   A   B . 1   1

  ↓   ↓   ↓   ↓   ↓

0011 1010 1011 . 0001 0001

于是，$(3AB.11)_{16} = (1110101011.00010001)_2$。

1.2.2　数据单位

在计算机内部，二进制数用于表示各种信息。计算机中数据的最小单位是位，存储容量的基本单位是字节。其中 8 个二进制位构成 1 个字节。

1. 位

数据单位 bit（比特）是 Binary Digit 的英文缩写，是表示数据容量的最小单位。在二进制数中，每个数位只有 2 个不同的数字符号，即"0"和"1"，它们被称为"数位"或"位"。

2. 字节

计算机存储数据的基本单位是字节（Byte），8 个二进制位构成 1 个字节，单位符号为 B。字节是信息组织和存储的基本单位，1 个字节能够容纳 1 个英文字符，1 个汉字需要 2 个字节的存储空间。1024 个字节就是 1 千字节（KByte，KB），简写为 1 KB。

3. 字长

人们把一台计算机一次可以并行处理的位数称为计算机的字长。字长是计算机的一项重要性能指标，直接反映了计算机的计算能力和计算精度。字长越长，计算机处理数据的速度就越快。

计算机处理数据时，一次可以存取、传送、处理的数据长度称为一个"字"（Word）。每个字中包含的二进制位数称为字长。一个字可以是一个字节，也可以是多个字节，它是计算机进行数据处理和运算的单位，是计算机的重要性能指标。常用的字长有 8 位、16 位、32 位、64 位等。如某一类计算机的字由 8 个字节组成，则字的长度为 64 位，相应的计算机称为 64 位计算机。

4. 存储容量的常用单位

计算机中存储容量的常用单位有 KB（千字节）、MB（兆字节）、GB（吉字节）、TB（太字节）、PB（拍字节）、EB（艾字节）、ZB（泽字节）、YB（尧字节）、BB（珀字节）、NB（诺字节）和DB（刀字节）等。

1024 个字节称为 1 千字节，即 1 KB（KiloByte）；

1024 KB 个字节称为 1 兆字节，即 1 MB（MegaByte）；

1024 MB 个字节称为 1 吉字节，即 1 GB（GigaByte）；

1024 GB 个字节称为 1 太字节，即 1 TB（TeraByte）；

1024 TB 个字节称为 1 拍字节，即 1 PB（PetaByte）；

1024 PB 个字节称为 1 艾字节，即 1 EB（ExaByte）；

1024 EB 个字节称为 1 泽字节，即 1 ZB（ZettaByte）；

1024 ZB 个字节称为 1 尧字节，即 1 YB（YottaByte）；

1024 YB 个字节称为 1 珀字节，即 1 BB（BrontoByte）；

1024 BB 个字节称为 1 诺字节，即 1 NB（NonaByte）；

1024 NB 个字节称为 1 刀字节，即 1 DB（DoggaByte）。

存储容量基本单位之间的换算关系如下：

1 B=8 bit；

1 KB=1024 B=2^{10} B；

1 MB=1024 KB=2^{20} B；

1 GB=1024 MB=2^{30} B；

1 TB=1024 GB=2^{40} B；

1 PB=1024 TB=2^{50} B；

1 EB=1024 PB=2^{60} B；

1 ZB=1024 EB=2^{70} B；

1 YB=1024 ZB=2^{80} B；

1 BB=1024 YB=2^{90} B；

1 NB=1024 BB=2^{100} B；

1 DB=1024 NB=2^{110} B。

5. 数据传输单位

计算机（含网络）中最小的传输单位是 bit/s，即位每秒。常见的数据传输单位有 B/s（字节每秒，即 Byte/s）、KB/s（千字节每秒）、MB/s（兆字节每秒）、GB/s（吉字节每秒）。

1.2.3 计算机中数值型数据的表示方法

计算机内表示的数值型数据，分成整数和实数两大类。在计算机内部，数据是以二进制数的形式存储和运算的。数的正负用字节的最高位来表示，定义为符号位，用"0"表示正数，用"1"表示负数。

任何一个二进制数 N 都可以表示为 $N=S \cdot 2^{E}$。

其中的 E 是一个二进制整数，称为数 N 的阶码，2 为阶码的基数，S 是二进制小数，称为数 N 的尾数。E 和 S 可正可负。尾数 S 表示数 N 的全部有效数据，阶码 E 指明该数的小数点位置，表示数据的大小范围。

1. 整数的表示

整数是没有小数部分的整型数字。

例如，123、4、-56、0 等都是整数，而 1.34 则不是整数。

计算机中整数的分类如下：

① 无符号整数：不区分正负的正整数。

② 有符号整数：最高位表示正负的整数。

计算机中的整数一般用定点数表示，定点数指小数点在数中有固定的位置。整数又可分为无符号整数（不带符号的整数）和有符号整数（带符号的整数）。无符号整数中，所有二进制位用来表示数的大小，有符号整数则用最高位表示数的正负，其他位表示数的大小。如果用 1 个字节

表示 1 个无符号整数，其取值范围是 $0 \sim 255$（即 $2^8 - 1$）。如果用 1 个字节表示 1 个有符号整数，其取值范围是 $-128 \sim +127$（即 $-2^7 \sim 2^7 - 1$）。如果用 1 个字节表示 1 个有符号整数，则能表示的最大正整数为 01111111（最高位为符号位），即最大值为 127，若数值 $> |127|$，则"溢出"。计算机中的地址常用无符号整数表示。

2. 实数的表示

实数是带有整数部分和小数部分的数字。

例如，1.23、3.4、0.56 等都是实数。

实数一般用浮点数表示，因为它的小数点位置不固定，所以称为浮点数。它是既有整数又有小数的数，纯小数可以看作实数的特例，例如，57.625、-1984.045、0.00456 等都是实数。

以上 3 个数又可以表示为：

$57.625 = (0.57625) \times 10^2$；

$-1984.045 = (-0.1984045) \times 10^4$；

$0.00456 = (0.456) \times 10^{-2}$。

其中括号内的尾数部分是一个纯小数，阶码部分用来指出实数中小数点的位置。二进制的实数表示也是这样，例如，110.101 可表示为 $110.101 = 1.10101 \times 2^{+10} = 11010.1 \times 2^{-10} = 0.110101 \times 2^{+11}$。

在计算机中，一个浮点数由指数（阶码）和尾数两部分组成。阶码用来指示尾数中的小数点应当向左或向右移动的位数；尾数表示数值的有效数字，其小数点约定在数符和尾数之间，在浮点数中尾数符号和阶码符号各占一位。阶码的值随浮点数数值的大小而定，尾数的位数则依浮点数的精度要求而定。

1.2.4 计算机中字符型数据的表示方法

计算机不仅要进行科学计算，而且在实际应用中其完成的大量工作是处理非数值型数据，包括语言文字、逻辑语言、视频图像等非数值信息，这需要为计算机找到一种合适的方法来表示这些信息。

计算机中使用了不同的编码来表示和存储数字、文字符号、声音、图片、图像、视频信息。编码（或代码）通常指一种在人和计算机之间进行信息转换的系统。编码是人们在实践中逐步创造的一种用较少的符号来表达较复杂信息的表示方法。

在计算机中，对非数值的文字和符号进行处理时，要对文字和符号进行数字化处理，即用二进制数来表示文字和符号。

字符编码是指用二进制数来表示字母、数字以及专门符号，采用少量的基本符号，选用一定的组合原则，表示大量复杂多样数据的技术。计算机是数据处理的工具，任何字符型数据必须转换成二进制数后才能由计算机进行处理、存储和传输。当输入一个字符时，系统自动将输入的字符按编码规则转换为相应的二进制数存入计算机存储单元中。在输出过程中，系统再自动将二进制数转换成用户可以识别的数据格式输出。常用的字符编码方式主要有 ASCII、BCD 码、Unicode、UTF-8 等。

1. ASCII

字符是非数值型数据的基础，字符与字符串数据是计算机中普遍的非数值型数据。在使用计算机的过程中，人们需要利用字符与字符串编写程序，表示文字及各类信息，以便与计算机进行交流。为了使计算机硬件能够识别和处理字符，必须对字符按一定规则用二进制进行编码，使得系统里的每一个字母有唯一的编码；文本中还存在数字和标点符号，所以也必须对它们进行编码。

目前计算机中普遍采用的是美国信息交换标准码（American Standard Code for Information Interchange，ASCII）。ASCII 有 7 位版和 8 位版两种，ASCII 标准字符集由 7 位编码组成，字符集只能组合成 128 个字符，用 7 个二进制位（$2^7 = 128$）表示，其中控制字符 34 个，阿拉伯数字 10 个，大小写英文字母 52 个，各种标点符号和运算符号 32 个。在计算机中实际用 8 位表示一个字符，最高位为"0"。例如，数字 0 的 ASCII 为 48，大写英文字母 A 的 ASCII 为 65，空格的 ASCII 为 32，等等。如果 ASCII 用十六进制数表示，数字 0 的 ASCII 为 30H，字母 A 的 ASCII 为 41H。

为了表示更多的常用字符，扩展 ASCII 对标准 ASCII 做了扩展，将 7 位 ASCII 标准字符集扩展为 8 位，把第 8 位也用上了，即 00000000 至 11111111（0～FF，0～255），其中扩展位是 10000000 至 11111111（80～FF，128～255）。扩展 ASCII 可表达的字符达到 256 个。

2. BCD 码

二进制编码的十进制（Binary Coded Decimal，BCD）码是用若干个二进制数表示一个十进制数的编码，BCD 码有多种编码方法，使用较广泛的 BCD 码是 8421 码。表 1-2 所示为十进制数 0～19 的 8421 码。

表 1-2 十进制数 0～19 的 8421 码

十进制数	8421 码	十进制数	8421 码
0	0000	10	00010000
1	0001	11	00010001
2	0010	12	00010010
3	0011	13	00010011
4	0100	14	00010100
5	0101	15	00010101
6	0110	16	00010110
7	0111	17	00010111
8	1000	18	00011000
9	1001	19	00011001

8421 码是将十进制数 0～9 中的每个数分别用 4 位二进制数表示，从左至右每一位对应的位权分别是 8、4、2、1，这种编码方法比较直观、简便。对于多位数，只需将它的每一位数字按表 1-2 中所列的对应关系用 8421 码直接列出即可。

例如，十进制数 1209.56 转换成 BCD 码的结果如下。

$$(1209.56)_{10} = (0001\ 0010\ 0000\ 1001.0101\ 0110)_{BCD}$$

BCD 码与二进制数之间的转换不是直接的，要先将 8421 码表示的数转换成十进制数，再将十进制数转换成二进制数。例如：

$$(1001\ 0010\ 0011.0101)_{BCD} = (923.5)_{10} = (1110011011.1)_2$$

3. Unicode

由于存在着多种编码方式，同一个二进制数可以被解释成不同的符号。要想打开一个文本文件，就必须知道它的编码方式，否则用错误的编码方式解读，就会出现乱码。为什么电子邮件常常出现乱码？就是因为发信人和收信人使用的编码方式不一样。

可以想象，如果有一种编码，将世界上所有的符号纳入其中，无论是中文，还是英文、日文等，大家都使用这个编码表，就不会出现编码不匹配现象。每一个符号被给予独一无二的编码，那么乱码问题就会消失，这就是统一码（Unicode）编码。Unicode 是一个很大的编码集合。历史上曾有两个试图独立设计 Unicode 的组织，即国际标准化组织（International Organization for Standardization, ISO）和多语言软件制造商的 Unicode 协会。ISO 开发了 ISO 10646 项目，Unicode 协会开发了 Unicode 项目。在 1991 年前后，两个项目的参与者都认识到，世界不需要两个不兼容的单一字符集，于是它们开始合并双方的工作成果，并为创立一个单一编码表而协同工作。从 Unicode 2.0 开始，Unicode 项目采用了与 ISO 10646-1 相同的字库和字码。目前两个项目仍都存在，并独立公布各自的标准。Unicode 项目发布的最新版本是 2023 年的 Unicode 15.1.0，ISO 项目发布的最新标准是 ISO 10646:2020，但 Unicode 协会和 ISO/IEC JTC 1/SC 2 都同意保持 Unicode 和 ISO 10646 标准的码表兼容，并共同调整编码集未来的扩展。

Unicode 是计算机科学领域里的一项业界标准，是国际组织制定的可以容纳世界上所有文字和符号的字符编码方案。目前的 Unicode 字符分为 17 组编排（0x0000 至 0x10FFFF），每组称为平面（Plane），而每平面拥有码位 65536 个，共 1114112 个。

Unicode 是为了克服传统字符编码方案的局限而产生的，Unicode 几乎支持所有的语言编码，它为每种语言中的每个字符设定了统一并且唯一的二进制编码，以满足跨语言、跨平台进行文本转换、处理的要求。例如，U+0041 表示英文大写字母 A，U+4E00 表示汉字"一"。具体的符号对应表，读者可以查询 Unicode 的官方网站或者专门的汉字 Unicode 表。

Unicode 扩展自 ASCII 字符集，使用 16 位编码，也就是每个字符占用 2 个字节，并可扩展到 32 位。这使得 Unicode 能够表示世界上所有的书写语言中可能用于计算机通信的字元、象形文字和其他符号，使其有可能成为 ASCII 的替代者。Unicode 兼容 ASCII 字符并被大多数程序所支持，前 128 个 Unicode 同 ASCII 具有同样的字节值。Unicode 字符从 U+0020 到 U+007E 等同于 ASCII 的 0x20 到 0x7E，不同于 7 位 ASCII。

在 ASCII 中，一个英文字符占一个编码位置（单字节），而一个中文汉字要占两个编码位置（双字节）。在 Unicode 中，英文、中文都占两个字节，原有的英文编码从单字节变成双字节，只需要把高字节全部填为 0 就可以。

Unicode 可对每个字符进行 16 位值的编码设置，它可以表示几万个字符。Unicode 2.0 包含 38885 个字符，它也可以进行扩展，例如，UTF-16 允许用 16 位字符组合出上百万或更多的字符。对中文而言，UTF-16 编码已经包含 GB 18030-2000 里面的所有汉字（27533 个字）。

4．UTF-8

UTF-8（Unicode Transformation Format 8-bit）是一种基于 Unicode 标准的可变长度字符编码，也是一种前缀码，又称万国码，由肯·汤普森（Ken Thompson）于 1992 年创建。它可以用来表示 Unicode 标准中的任何字符，且其编码中的字节仍与 ASCII 兼容，这使得原来处理 ASCII 字符的软件无须或只需做少部分修改即可继续使用。因此，它逐渐成为电子邮件、网页及其他存储或传送文字的应用中优先采用的编码。

UTF-8 就是 Unicode 在互联网上使用广泛的一种实现方式。其他实现方式还包括 UTF-16（字符用 2 个字节或 4 个字节表示）和 UTF-32（字符用 4 个字节表示），不过，这两种在互联网上基本不用。

UTF-8 是一种变长字节编码方式，它可以使用 1～4 个字节表示 1 个符号，根据不同的符号而变化字节长度。UTF-8 最多可用到 6 个字节，其编码规则为：对于单字节的符号，字节的第 1 位设为 0，后面 7 位为这个符号的 Unicode。因此，对于英文字母，UTF-8 编码和 ASCII 是相同的；对于 n 字节的符号（$n>1$），第 1 个字节的前 n 位都设为 1，第（$n+1$）位设为 0，后面字节的前两位一律设为 10。剩下的没有提及的二进制位，全部为这个符号的 Unicode。

1.2.5　计算机中汉字的表示方法

汉字也是字符，与西文字符相比，汉字数量大，字形复杂，同音字多，这就给汉字在计算机内部的存储、传输、交换、输入、输出等带来了一系列的问题。为了能直接使用西文标准键盘输入汉字，必须为汉字设计相应的编码，以满足计算机处理汉字的需求。

1. 国标汉字字符集

为了规范汉字信息的表示形式，便于汉字信息的交流，1981 年我国国家标准局颁布了《信息交换用汉字编码字符集　基本集》，其代号为 GB 2312—80，简称国标汉字字符集，是国家规定的用于汉字信息处理的代码依据。在国标汉字字符集中共收录了 6763 个常用汉字和 682 个非汉字字符（图形、符号），其中一级汉字 3755 个，以汉语拼音的顺序排列，二级汉字 3008 个，以偏旁部首的顺序排列。

2. 区位码

GB 2312—80 规定，所有的国标汉字与符号组成一个 94×94 的矩阵，在此矩阵中，每一行称为一个"区"（区号为 1~94），每一列称为一个"位"（位号为 1~94），该矩阵组成了一个有 94 个区，每个区内有 94 个位的汉字字符编码表，每一个汉字或符号在编码表中都有一个由区号和位号组成的唯一的 4 位位置编码，为该字符的区位码。使用区位码方法输入汉字时，必须先在表中查找汉字并找出对应的区位码，才能输入。区位码输入汉字的优点是无重码，而且输入码与内部编码的转换方便。

在汉字字符编码表中，每一行称为一区，每一列称为一位，因此，汉字字符编码表也称为汉字字符区位码表，简称为区位码表。区位码表中共有 94 区和 94 位，区和位的编号分别为 1~94。因此，区位码表的总容纳量为 94×94 = 8836 个编码单位。

在区位码表中，第 1 区至第 9 区为字符，第 16 区至第 55 区为一级汉字，第 56 区至第 87 区为二级汉字，第 10 区至第 15 区以及第 88 区至第 94 区为空区，分别留给扩展汉字和扩展字符时使用。

汉字的区位码由在区位码表中的每个汉字的区号和位号共 2 个字节组成，即汉字的区位码由以下 2 个字节组成。

区位码高字节 = 区号；

区位码低字节 = 位号。

区号和位号的有效范围为十进制的 1~94，十六进制的 1~5E，二进制的 00000001~01011110。

例如："中"区号 54、位号 48，区位码为 54—48，"国"区号 25、位号 90，区位码为 25—90。

3. 汉字国标码

汉字的国标码与区位码之间有着密切的联系，汉字的国标码也由 2 个字节组成，分别称为国标码低字节和国标码高字节。在 ASCII 中有 94 个可打印字符（21H~7EH），国标码为了与 ASCII 对应，将汉字的区位码表示成十六进制数，并且给区位码的区号和位号都分别加上十进制的 32（即十六进制的 20H），从而得到国标码。

国标码与区位码的关系如下。

国标码高字节 = 区位码高字节+20H；

国标码低字节 = 区位码低字节+20H。

例如，汉字"中"的区位码十进制数为 54—48，十六进制数为 3630，使用 3630H 表示。

国标码高字节 = 区位码高字节+20H = 36H+20H = 56H；

国标码低字节 = 区位码低字节+20H = 30H+20H = 50H。

即汉字"中"的国标码为 5650H，二进制数为 0101011001010000。

4. 汉字机内码

汉字的机内码是计算机系统内部对汉字进行存储、处理、传输，统一使用的代码，又称为汉字内码。由于汉字数量多，一般用 2 个字节来存放汉字的内码，组成双字节字符集（Double-Byte Character Set，DBCS）。

在计算机内汉字字符必须与英文字符区别开，以免造成混乱。英文字符的机内码用 1 个字节来存放 ASCII，一个 ASCII 占 1 个字节的低 7 位，最高位为"0"。为了达到与英文字符兼容的目的，汉字的机内码必须不能与标准 ASCII 有冲突。因此，在汉字真正被存储到计算机的存储器里时使用的汉字机内码为变形的国标码，即将国标码的 2 个字节的最高位均置为"1"，相当于在国标码的高字节和低字节均加上十进制的 128（十六进制的 80H 或二进制的 10000000）。

国标码与机内码的关系如下。

机内码高字节 = 国标码高字节+80H；

机内码低字节 = 国标码低字节+80H。

例如，汉字"中"的国标码为十六进制的 5650H，即二进制的 0101011001010000。

机内码高字节 = 国标码高字节+80H = 56H+80H = D6；

机内码低字节 = 国标码低字节+80H = 50H+80H = D0。

即汉字"中"的机内码为 D6D0H，即二进制的 1101011011010000。

比较汉字"中"的国标码和机内码可以发现，其国标码的两个字节的最高位为"0"，机内码的两个字节的最高位为"1"。

汉字的区位码、国标码、机内码的对应关系如下。

国标码 = 区位码+2020H；

机内码 = 国标码+8080H；

机内码 = 区位码+A0A0H。

例如，汉字"啊"的区位码为十进制的 16—01，即十六进制的 1001H，国标码为 3021H，机内码为 B0A1H。

5. 汉字字形码

每一个汉字的字形都必须预先存放在计算机内，例如，国标汉字字符集的所有字符的形状描述信息集合在一起，称为字形信息库，简称字库。字库通常分为点阵字库和矢量字库。目前汉字字形的产生大多是点阵方式，即用点阵表示的汉字字形代码。点阵是使汉字字形经过点阵数字化后的一串二进制数，又称为汉字字形码或字模。点阵越多，输出的字体越好看，但占用的存储空间也越大。

根据汉字输出精度的要求，存在不同密度点阵。汉字字形点阵有 16×16 点阵、24×24 点阵、32×32 点阵、64×64 点阵、128×128 点阵等。汉字字形点阵中每个点的信息用一位二进制数来表示，"1"表示对应位置处是黑点，"0"表示对应位置处是空白。字形点阵的信息量很大，所占存储空间也很大。例如，显示 16×16 点阵需要用 32 个字节（16×16÷8=32）；显示 24×24 点阵需要用 72 个字节（24×24÷8=72）；显示 128×128 点阵需要用 2048 个字节（128×128÷8=2048）。字库中存储了每个汉字的字形点阵代码，不同的字体（如宋体、仿宋、楷体、黑体等）对应着不同的字库。在输出汉字时，计算机要先到字库中去找到对应的字形描述信息，然后把字形输出。

6. 汉字输入编码

汉字输入通常有键盘输入、语音输入、手写输入等方法，这些方法都有一定的优缺点。键盘输入方式：将每个汉字用一个或几个英文键表示，这种表示方法称为汉字的"输入编码"。

汉字输入编码的种类如下。

① 数字编码：如电报码、区位码等。特点是无重码，但难于记忆，不易推广。

② 字音编码：如拼音码等。特点是简单易学，但重码多。

③ 字形编码：如五笔字型、表形码等。特点是重码少，输入快，但不易掌握。

④ 音形编码：如自然码、快速码等。特点是规则简单，重码少，但不易掌握。

汉字的整个处理过程如图 1-3 所示。

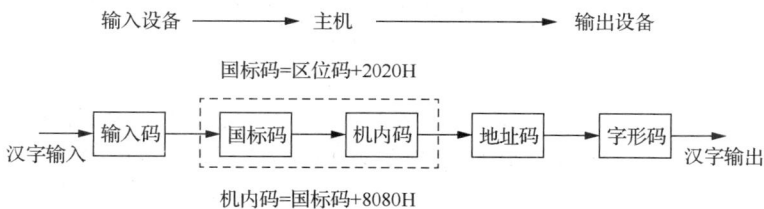

图 1-3　汉字的整个处理过程

1.2.6　计算机中的静态图像

静态图像是计算机大量使用的一种主要信息形式，计算机表示静态图像的两种方式分别为位图和矢量图。

由于静态图像数据包含的信息量大，且其数据具有一定的规律，因此一般不采用直接编码的方式对其进行编码，而经常采用一些压缩算法来表示图像信息。

一幅图像可以看作由一个个像素点构成，图像的数字化，就是对每个像素用若干个二进制数进行编码。图像数字化后，往往还要对其进行压缩。

图像文件的扩展名有 bmp、gif、jpg 等。

1. 位图

在计算机中处理的图像是经过"数字化"后的视觉图像，称为数字化图像。光栅图也叫位图，保存方式为点阵存储，也称为点阵图像或绘制图像。用位图表示图像的方法中，图像被分成像素矩阵，也称点阵，每个像素是一个小点。像素的大小取决于分辨率。把图像分成像素之后，每一个像素被赋值为一个位模式，模式的尺寸和值取决于图像。例如，对于一个仅由黑白点组成的图像（如棋盘），一个 1 位模式已足够表示一个像素。0 位模式表示黑色像素，1 位模式表示白色像素。如果采用 8 位，则可以表示 256 种颜色信息。

静态图像文件信息具有一定的规律，在保证其基本信息正确的前提下，可以适当通过一定的算法缩小图像文件占用的内存空间。为了存储和传输数据，在保留原有内容的条件下，缩小所涉及数据占用的内存空间是有益的（有时也是必须的），这个技术称为数据压缩。数据压缩方案有两类：无损压缩和有损压缩。

① 无损压缩：指压缩后信息表达的质量没有下降，只是文件占用的内存空间减小。

② 有损压缩：指在影响信息表达质量的前提下，为加大压缩效率，尽可能减小文件占用的内存空间。

位图以像素为基本单位，像素是指基本原色素及其灰度的基本编码。像素是构成数码图像的基本单位，通常以每英寸像素数（Pixels Per Inch，ppi）为单位来表示图像分辨率的大小。例如，300 ppi × 300 ppi 分辨率，即表示水平方向上和垂直方向上每英寸长度上的像素数都是 300，也可表示为 1 平方英寸内有 9 万（300×300）个像素。分辨率越高，图像越清晰。用位图表示图像的方法主要适用于照片或要求精细细节的图像，其主要缺点是放大会失真。

2．矢量图

用数学方法描述与存储的图像叫矢量图，也称为面向对象的图像或绘图图像。矢量图表示方法并不存储位模式，它是将图像分解成一些曲线和直线的组合，其中每一条曲线或直线由数学公式表示。矢量图由矢量的数学对象定义的线条组成，例如，用矢量表示一个圆只需要圆心坐标(x,y)和半径 r 这两个参数。矢量图主要用于描述一张图的关键特征，例如，直线、圆、圆弧、矩形等要素的尺寸和形状，也可用更为复杂的形式表示图形中的曲面、光照、材质等特征。矢量图适用于表示文字、商标等规则的图形，其主要优点是放大时不会失真。当要显示或打印图形时，将图形的尺寸作为输入传给系统，系统可以重新设计图形的尺寸并用相同的公式画出图形。

每次调整矢量图时，计算机将绘图公式重新估算一次，并根据新公式画出图形，由于重新估算公式的计算量远小于调整像素的，因此可以有效避免屏幕抖动现象。

1.2.7　计算机中动态数据及编码

计算机使用的数据种类不仅包含静态数据，也包含如声音、动画、影像等动态数据。计算机中动态数据按表达形式可以归纳为两类：音频数据和视频数据。

自然界的声音是一种连续变化的模拟信息，可以采用模数转换（Analog-to-Digital Conversion，ADC）对声音信息进行数字化。视频信息可以看成由连续变换的多幅图像构成，播放视频信息，每秒须传输和处理 25 幅以上的图像。视频信息数字化后占用的存储空间相当大，所以需要对其进行压缩处理。

1．音频数据的编码

音频编码方式也有非压缩编码和压缩编码两类，压缩编码又分为有损压缩和无损压缩两种。基本的音频编码是脉冲编码调制（Pulse Code Modulation，PCM）。

MP3（MPEG Audio Layer 3）是目前非常普及的音频压缩编码格式，是 MPEG-1 的衍生编码方案。MP3 可以做到 12：1 的压缩比，并保持音质基本可为人接受。

2．视频数据的编码

视频是单幅图像在时间上的连续表示，是典型的动态数据。

动态视频的基础是静态单幅图像，在这里称为帧。动态视频压缩的基础理论就是在单幅图像压缩的基础上，再结合帧与帧之间的相关性，进行进一步压缩。

较有影响的视频编码标准是运动图像专家组（Moving Picture Experts Group，MPEG）制定的，MPEG 标准主要有 MPEG-1、MPEG-2、MPEG-4、MPEG-7 及 MPEG-21 等。

1.2.8　计算机中二进制数的基本运算

计算机中的数值数据都采用二进制数，二进制数计算是计算机采用的计算形式。计算机可以进行两种二进制数运算：算术运算和逻辑运算。由于二进制数只有 0、1 两个数字符号，运算规则非常简单，因此易于实现，可靠性好。

二进制数的 0、1 既可以表示数值，进行算术运算；也可以表示逻辑假和逻辑真两种状态，进行逻辑运算，逻辑运算是没有进位的运算。

1．二进制数的原码、反码与补码

（1）二进制数的原码

二进制数的原码是一种计算机中二进制数的定点表示方法。原码表示法为在数值前面增加一位符号位（即最高位为符号位）：正数则该位为 0，负数则该位为 1（0 有两种表示形式：+0 和 −0），其余位表示数值的大小。

（2）二进制数的反码

正数的反码与原码相同，负数的反码是在原码的基础上，符号位不变（仍为 1），其余数位按位取反后得到的，即将一个二进制数中的 1 变为 0、0 变为 1 以后所得的数。

（3）二进制数的补码

二进制正数的补码与原码相同，负数的补码是在反码的基础上最末位加 1 后得到的，即将其原码除符号位外的所有位取反（0 变 1，1 变 0，符号位为 1 不变）后加 1。

使用 4 位的二进制数说明二进制数的原码、反码与补码，如表 1-3 所示。

表 1-3 二进制数的原码、反码与补码示例

原码	反码	补码
0001	0110	0001
1001	1110	1111
0010	0101	0010
1010	1101	1110
0011	0100	0011
1011	1100	1101

在计算机中，数值一律采用补码形式存储，通过使用补码，可以将符号位和其他位统一处理，此外计算机中用加法的运算规则来实现减法运算。

2．二进制数的算术运算

在数字系统中，经常会遇到二进制数的加、减、乘、除四则运算，它们的运算规则与十进制数的很相似。加法运算是最基本的一种运算，利用它的运算规则可以实现其他三种运算。例如，减法运算可以借助改变减数的符号再与被减数相加，乘法运算可视为被乘数的连加，而除法运算则可视为被除数重复地减去除数。

（1）二进制数的加法

根据"逢 2 进 1"规则，二进制数的加法法则为：

0+0=0；

0+1=1+0=1；

1+1=10 （进位为 1）；

1+1+1=11 （进位为 1）。

二进制数加法运算过程如下。

```
      1 1 1 0
  +)  1 0 1 1
  ──────────────
  1   1 0 0 1
```

（2）二进制数的减法

根据"借 1 当 2"的规则，二进制数的减法法则为：

0-0=0；

1−1=0；

1−0=1；

0−1=1（借位为 1）。

二进制数的减法运算过程如下。

```
      1   1   0   1
 - )  1   0   1   1
      0   0   1   0
```

（3）二进制数的乘法

二进制数的乘法与十进制数的乘法相同，二进制数的乘法法则为：

0×0=0；

0×1=1×0=0；

1×1=1。

二进制数的乘法运算过程如下。

```
            1   0   0   1    被乘数（4位）
      × )   1   0   1   1    乘数（4位）
            1   0   0   1    部分乘积
        1   0   0   1
    0   0   0   0
1   0   0   1
1   1   0   0   0   1   1    乘积
```

所以，1001×1011=1100011。

乘法运算规则如下：由低位到高位，用乘数的每一位去乘被乘数，若乘数的某一位为 1，则该次部分乘积为被乘数；若乘数的某一位为 0，则该次部分乘积为 0。某次部分乘积的最低位必须和本位乘数对齐，所有部分乘积相加的结果则为相乘得到的乘积。

（4）二进制数的除法

二进制数的除法与十进制数的除法很类似，从被除数的最高位开始，将被除数（或中间余数）与除数相比较，若被除数（或中间余数）大于除数，则用被除数（或中间余数）减去除数，商为 1（移入商的末位），并得相减之后的中间余数，否则商为 0（移入商的末位）。再将被除数的下一位移入，补充到中间余数的末位，重复以上过程，直到被除数的末位参与完毕，就可得到所要求的各位商和最终的余数，注意，也会存在无法除尽的情况。

二进制数的除法运算过程如下。

```
                  1   0   1   1    商
除数 1001 √ 1   1   0   0   0   1   1    被除数
            1   0   0   1
                1   1   0   1
                1   0   0   1
                    1   0   0   1
                    1   0   0   1
                            0    余数
```

所以，1100011÷1001=1011。

3. 二进制数的逻辑运算

计算机中的逻辑运算是按位进行的，位与位之间的运算是没有进位或借位的。二进制数的逻辑运算包括逻辑加法（"或"运算）、逻辑乘法（"与"运算）、逻辑否定（"非"运算）和逻辑"异或"运算。

（1）逻辑"或"运算

逻辑"或"运算又称为逻辑加法，可用符号"+"或"∨"或"||"来表示，也可以使用 Or 运算符。逻辑"或"运算的规则如下：

0+0=0；

0+1=1；

1+0=1；

1+1=1。

可见，参与"或"运算的两个逻辑变量中，只要有一个为 1，"或"运算的结果就为 1；仅当两个变量都为 0 时，"或"运算的结果才为 0。计算时，要特别注意和算术运算的加法加以区别。

（2）逻辑"与"运算

逻辑"与"运算又称为逻辑乘法，常用符号"×"或"·"或"∧"或"&&"表示，也可以使用 And 运算符。逻辑"与"运算遵循如下规则：

$0 \times 0=0$；

$0 \times 1=0$；

$1 \times 0=0$；

$1 \times 1=1$。

可见，参与"与"运算的两个逻辑变量中，只要有一个为 0，"与"运算的结果就为 0；仅当两个变量都为 1 时，"与"运算的结果才为 1。

（3）逻辑"非"运算

逻辑"非"运算实际上就是将原逻辑变量的状态求反，通常用符号"!"或"～"表示，或者在逻辑变量名称的上方加一横线表示"非"，也可以使用 Not 运算符。当给定的逻辑变量为 0 时，"非"运算的结果为 1。当给定的逻辑变量为 1 时，"非"运算的结果为 0。

（4）逻辑"异或"运算

逻辑"异或"运算常用符号"^"或"⊕"，也可以使用 Xor 运算符，其规则为：

0^0=0；

0^1=1；

1^0=1；

1^1=0。

可见，参与"异或"运算的两个逻辑变量的值相同时，"异或"运算的结果为 0；两个逻辑变量的值不同时，"异或"运算的结果为 1。"异或"运算也是没有进位的运算。

以上仅就逻辑变量只有一位的情况得到了逻辑"与""或""非""异或"运算的规则，当逻辑变量为多位时，可在两个逻辑变量对应位之间按上述规则进行运算。特别注意，逻辑运算都是按位进行的，位与位之间没有任何联系，即不存在算术运算过程中的进位或借位关系。

1.3 计算机多媒体基础

"媒体"一词源于英文 Medium，它是用于传输和表示各种信息的手段。媒体可分为五大类：

感觉媒体、表示媒体、表现媒体、存储媒体和传输媒体。在计算机领域里，媒体主要是传输和存储信息的载体，传输和存储的信息包括文本、图像、动画、音频、视频等，载体包括硬盘、光盘、U 盘等。

1.3.1 多媒体概述

多媒体（Multimedia）是多种媒体的综合，一般包括文本、图形、图像、声音、动画、视频等多种媒体形式。多媒体指组合两种或两种以上媒体的，一种人机交互式信息交流和传播的媒体。

多媒体信息的常见类型如下。

1. 文本

在计算机中，常使用的媒体元素是文本，文本包含字母、数字、字、词语等基本元素。文本处理就是借助文字编辑处理软件（如"记事本"、WPS、Word）进行文本内容的输入、编辑、排版和发布等操作，文本文档在计算机中的存储格式有 TXT、WPS、DOC、DOCX、HTML、PDF 等。

2. 图形

图形即矢量图，它反映一张图的关键特征，如直线、圆、弧线、矩形等要素的尺寸和形状，也可以用更为复杂的形式表示图形中的光照、材质等特征。图形可以被任意移动、缩放、旋转和弯曲，清晰度不会发生改变。图形一般用计算机绘制而成，常用的绘图软件有 CorelDRAW、AutoCAD 和 Adobe Illustrator 等，矢量图文件的存储格式有 3DS（用于 3D 造型）、DXF（用于 CAD）、WMF（用于桌面出版）等。

3. 图像

图像即位图，它是由像素构成的，是对客观事物的一种相似性、生动性的描述或写真，是人类生活中常用的媒体信息。一般而言，利用数码相机、扫描仪等输入设备获取的实际景物的图片都是图像。图像的像素之间没有内在联系，而且图像的分辨率是固定的，如果在屏幕上对其进行放大或低分辨率打印时，将丢失其中的细节并会出现锯齿。图像的分辨率和表示颜色及亮度的位数越高，图像质量就越高，但需要的存储空间也越大。图像文件的存储格式有 JPG、BMP、TIFF 等。

4. 声音

声音属于听觉媒体，它有音效、语音和音乐 3 种形式，它的频率在 20～20000 Hz 范围内连续变化。音效是指声音的特殊效果，如下雨声、风声、动物叫声、铃声等，它可以从自然界中录制，也可以采用特殊方法人工模拟制作；语音是指人们讲话的声音；音乐是一种常见的声音形式，是能够让人产生共鸣的声频。音频的编辑与处理软件有 GoldWave、Sound Forge、Cool Edit 等，声音文件的存储格式有 WAV、MP3、WMA 等。

5. 动画

动画是指通过人工或计算机绘制出来的一系列彼此有差别的单个画面，通过一定速度的播放可达到画中图像连续变化的效果。目前，计算机动画不仅包含基于传统动画方式的二维平面动画，而且还有高质量、立体感强、效果好的三维动画。常用的动画软件有 Adobe ImageReady、3ds Max、Ulead GIF Animator、Autodesk Animator 等，动画文件的存储格式有 GIF、FLC 等。

6. 视频

视频是由连续的画面组成动态图像的一种方式，其中的每一幅图像称为 1 帧（Frame），随着视频同时播放的数字化声音简称为"伴音"。当图像以每秒 24 帧以上的速度播放时，由于人眼的视觉暂留因素，我们看到的就是连续的视频。视频由一系列的图像组成，其文件的格式与单帧文件格式有关，还和帧与帧之间的组织方式有关，它的数据量比较大，一般都要进行数据压缩后再保存与传输。视频的编辑与处理软件有 Adobe Premiere、Personal AVI Editor、VideoStudio 等，视频文件的存储格式有 MP4、AVI、MPG、MOV 等。

动画和视频都建立在活动帧的理论基础上，但对帧的速率的要求有所不同。动画没有任何帧播放速率的限制要求，逐行倒相（Phase Alternating Line，PAL）制式的视频通常速率为 25 帧每秒，国家电视系统委员会（National Television System Committee，NTSC）制式的视频通常速率为 30 帧每秒。

1.3.2 多媒体关键技术

多媒体技术是指利用计算机对文字、数据、图形、图像、动画、声音等多种媒体信息进行综合处理和管理，使用户可以通过多种感官与计算机进行实时信息交互的技术，又称为计算机多媒体技术。

1．多媒体压缩技术

在多媒体计算机系统中，为了达到令人满意的图像、视频画面质量和听觉效果，必须解决视频、图像、音频信号数据的大容量存储和实时传输问题。解决的方法除了提高计算机本身的性能及通信信道的带宽外，更重要的是对多媒体进行有效压缩。

数据的压缩实际上是一个编码过程，即对原始的数据进行编码压缩。数据的解压缩是数据压缩的逆过程，即把压缩的编码还原为原始数据。根据解码后数据与原始数据是否完全一致进行分类，压缩方法可分为有失真编码和无失真编码两类。

2．多媒体存储技术

随着多媒体与计算机技术的发展，多媒体数据量越来越大，对存储设备的要求也越来越高。因此，高效快速的存储设备是多媒体技术得以应用的基本条件之一。目前流行的 U 盘、光盘和移动硬盘，主要用于保存和转移多媒体数据文件。

3．多媒体数据库技术

传统数据库的模型主要针对整数、实数、定长字符等规范数据的存储与管理，而多媒体数据库是数据库技术与多媒体技术结合的产物。多媒体数据库不是对现有的数据进行界面上的包装，而是从多媒体数据与信息本身的特性出发，考虑将其引入数据库带来的有关问题。

4．虚拟现实技术

虚拟现实（Virtual Reality，VR）是伴随多媒体技术发展起来的计算机新技术，它通过综合应用多媒体计算机的图像处理、模拟与仿真、传感、显示系统等技术和设备，以模拟仿真的方式，通过特殊的输入/输出（Input/Output，I/O）设备给用户提供一个与虚拟世界相互作用的三维交互式用户界面，使用户有漫游和操纵环境物体的感觉。

虚拟现实技术始于军事和航空航天领域的需求，近年来已经被广泛应用于模拟汽车与飞机驾驶、工业建筑设计、医学、教育培训、文化娱乐等领域。虚拟现实技术涉及很多复杂的学科，也可以将它理解为将传感技术、网络技术、人工智能甚至是计算机图形学融合的一种集成性技术，并通过计算机展现出形象逼真的三维立体效果画面。

5．流媒体技术

流媒体技术就是把连续的影像和声音信息经过压缩处理分成一个个压缩包，然后放到视频网站服务器，让用户一边下载一边观看、收听，而不需要等整个压缩文件下载到自己的计算机后才可以观看的网络传输技术。流媒体技术对用户计算机系统缓存容量的需求大大降低，采用实时流协议（Real-Time Streaming Protocol，RTSP）等实时传输协议，更加适应动画、音视频在网上的流式实时传输。这种可视化和交互性的新型计算机多媒体技术，给我们的学习和生活带来了极大的便利。

6. 超媒体技术

超文本是对信息进行表示和管理的一种方法，采用一种非线性网状结构组织信息。超媒体技术是超文本与多媒体技术的结合，它以超文本的非线性网状结构为基础，对各种类型的多媒体数据信息，如文本、图片、声音、图像以及动画等，进行有效的处理和管理。

7. 多媒体信息检索技术

多媒体信息检索是指根据用户的要求，对图形、图像、文本、声音、动画等多媒体信息进行识别和获取所需信息的过程。在这一检索过程中，它主要以图像处理、模式识别、计算机视觉和图像理解等学科中的一些方法为基础技术，结合多媒体技术发展成为多媒体信息检索技术。

8. 人机交互技术

人机交互技术是指通过计算机输入/输出设备，以有效的方式实现人与计算机对话的技术。它包括计算机通过输出或显示设备给人提供大量有关信息，人根据相关提示要求将信息反馈给计算机。人机交互技术是计算机用户界面设计中的重要内容之一，它与认知学、人机工程学、心理学等学科领域有密切的联系。

9. 多媒体通信技术

多媒体通信技术是多媒体技术与通信技术的有机结合，突破了计算机、通信、网络等传统产业间相对独立发展的界限，是计算机、通信和网络领域的一次革命。它在计算机的统一控制下，对多媒体信息进行采集、处理、表示、存储和传输，大大缩短了计算机、网络之间的距离，将计算机的交互性、网络通信的分布性和电视的真实性完美地结合在一起，为人们提供更加高效、快捷的沟通途径和服务，如提供网络视频会议、视频点播、网络游戏等新型的服务。

10. 智能多媒体技术

智能多媒体技术是一种智能化的高级技术，它用机械和电子装置来模拟和代替人类的某些智能。多媒体技术的进一步发展迫切需要引入人工智能，要利用多媒体技术解决计算机在视觉和听觉方面的问题，就必须引入人工智能的概念、方法和技术。多媒体技术与人工智能的结合，必将把两者推向一个新的发展阶段。智能多媒体技术的应用领域十分广泛，包括问题求解、模式识别、自然语言理解、智能检索、机器证明、专家系统、人工神经网络、自动程序设计等。

1.3.3　多媒体技术的主要特性

多媒体技术除信息载体的多样化以外，还具有以下主要特性。

（1）集成性

采用了数字信号，可以综合处理文字、声音、图形、动画、图像、视频等多种信息，并将这些不同类型的信息有机地结合在一起。

（2）交互性

信息以超媒体结构组织起来，可以方便实现人机交互。换言之，人可以按照自己的思维习惯，按照自己的意愿主动地选择和接收信息，拟定观看内容的路径。易于操作、十分友好的界面，使人机交互更直观、更方便、更亲切、更人性化。

（3）易扩展性

可方便与各种外部设备连接，实现数据交换、监视控制等多种功能。此外，采用数字化信息有效地解决了数据在处理传输过程中的失真问题。

📝 操作训练

【操作训练 1-1】区分汉字的不同编码

1. 写出汉字"一"的区位码、国标码、机内码

（1）汉字"一"的区位码十进制为 50—27，十六进制为 321B，使用 321BH 表示。

（2）汉字"一"国标码计算如下。

321B +2020=523B。

（3）汉字"一"机内码计算如下。

方法 1：321B+A0A0=D2BB。

方法 2：523B+8080= D2BB。

2. 写出汉字"大"的区位码、国标码、机内码

（1）汉字"大"的区位码十进制为 20—83，十六进制为 1453，使用 1453H 表示。

（2）汉字"大"国标码计算如下。

1453+2020=3473。

（3）汉字"大"机内码计算如下。

方法 1：1453+A0A0= B4F3。

方法 2：3473+8080=B4F3。

【操作训练 1-2】二进制数的逻辑运算

有两个变量，取值分别为 X=00FFH，Y=5555H，求 Z_1=X&Y；Z_2=X|Y；Z_3=!X；Z_4=X^Y 的值。

由于 X=0000000011111111，Y=0101010101010101，则：

Z_1=0000000001010101=0055H；

Z_2=0101010111111111=55FFH；

Z_3=1111111100000000=FF00H；

Z_4=0101010110101010=55AAH。

【操作训练 1-3】使用"计算器"进行数制转换

使用 Windows 自带的"计算器"进行数制的转换。

单击"开始"按钮，在打开的"开始"菜单中选择"计算器"选项，打开"计算器"程序窗口。"计算器"默认为"标准"型。

在"计算器"程序窗口单击 ☰ 按钮，在打开的下拉菜单中选择"程序员"选项，如图 1-4 所示，切换到"程序员"模式，默认选择的进制是十进制。

在"计算器"主界面的左上角单击选择"HEX"选项，即切换为"十六进制"，然后输入十六进制数"FF"，也可以在"计算器"界面中单击数字键"F"来实现输入，计算器界面中会自动将数转换为 DEC（十进制）255，OCT（八进制）377，BIN（二进制）11111111，如图 1-5 所示。

图1-4　在下拉菜单中选择"程序员"选项

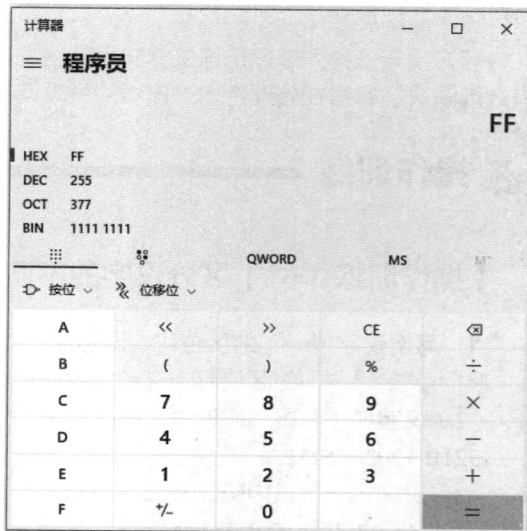

图1-5　输入的十六进制数 FF 自动转换为其他进制数

练习测试

1. 世界上第一台电子计算机诞生于（　　　）年。
   A．1946　　　　　　　B．1956　　　　　　C．1940　　　　　D．1950

2. 以微处理器为核心组成的微型计算机属于（　　　）计算机。
   A．第一代　　　　　　B．第二代　　　　　C．第三代　　　　　D．第四代

3. 个人计算机属于（　　　）。
   A．巨型计算机　　　　B．小型计算机　　　C．微型计算机　　　D．中型计算机

4. 第一代电子计算机采用的主要逻辑元件是（　　　）。
   A．大规模集成电路　　　　　　　　　　　B．中、小规模集成电路
   C．电子管　　　　　　　　　　　　　　　D．晶体管

5. 第二代电子计算机采用的主要逻辑元件是（　　　）。
   A．大规模集成电路　　　　　　　　　　　B．晶体管
   C．电子管　　　　　　　　　　　　　　　D．中、小规模集成电路

6. 目前计算机应用最广的领域是（　　　）。
   A．科学计算　　　　　B．辅助教学　　　　C．信息处理　　　　D．过程控制

7. 第三代电子计算机采用的主要逻辑元件是（　　　）。
   A．晶体管　　　　　　　　　　　　　　　B．中、小规模集成电路
   C．大规模集成电路　　　　　　　　　　　D．电子管

8. 就工作原理而言，目前大多数计算机采用的是科学家（　　　）提出的"存储程序和程序控制"原理。
   A．艾伦·图灵　　　　B．冯·诺依曼　　　C．乔治·布尔　　　D．比尔·盖茨

9. 通常所说的 PC 是指（　　　）。
   A．大型计算机　　　　B．小型计算机　　　C．中型计算机　　　D．微型计算机

10. 计算机的发展方向是微型化、巨型化、智能化和（   ）。

    A. 模块化   B. 系列化   C. 网络化   D. 功能化

11. 下列计算机应用中，不属于数据处理的是（   ）。

    A. 结构力学分析   B. 工资管理   C. 图书检索   D. 人事档案管理

12. 计算机之所以能按人们的意图自动地进行操作，主要是因为采用了（   ）。

    A. 汇编语言   B. 机器语言   C. 高级语言   D. 存储程序控制

13. 微型化是指体积小、功能强、价格低、可靠性高、适用范围广的（   ）。

    A. 单片机   B. 小型计算机   C. 微型计算机   D. 多媒体计算机

14. CAD 是计算机主要应用领域之一，它的含义是（   ）。

    A. 计算机辅助教学   B. 计算机辅助测试   C. 计算机辅助设计   D. 计算机辅助管理

15. 用计算机进行资料检索工作属于计算机应用中的（   ）。

    A. 科学计算   B. 数据处理   C. 人工智能   D. 过程控制

16. CAD 和 CAM 是当今计算机的主要应用领域，其具体的含义是（   ）。

    A. 计算机辅助设计和计算机辅助测试   B. 计算机辅助教学和计算机辅助设计

    C. 计算机辅助设计和计算机辅助制造   D. 计算机辅助制造和计算机辅助教学

17. 计算机辅助测试的英文缩写是（   ）。

    A. CAI   B. CAT   C. CAD   D. CAM

18. 一个完整的计算机系统应分为（   ）。

    A. 主机和外部设备   B. 软件系统和硬件系统

    C. 运算器和控制器   D. 内存和外存

19. 计算机的应用领域包括科学计算、数据处理、人工智能及（   ）等。

    A. 售票系统   B. 实时处理   C. 图书管理   D. 过程控制

20. 在计算机中，数据的最小单位是（   ）。

    A. 位   B. 字节   C. 字   D. 字长

21. 在表示存储器容量时，1 KB 为（   ）。

    A. 1000 字节   B. 1000 位   C. 1024 字节   D. 1024 位

22. 办公自动化是计算机的一项应用，按计算机应用的分类，它属于（   ）。

    A. 科学计算   B. 数据处理   C. 实时控制   D. 辅助设计

23. （   ）不是数字图形、图像的常用文件格式。

    A. BMP   B. TXT   C. GIF   D. JPG

单元 2
计算机硬件基础

02

计算机硬件系统指构成计算机系统的电子线路和电子元件等物理设备的总称。硬件是构成计算机的物质基础,是计算机系统的核心。

计算机硬件是我们看得见、摸得着的实际物理设备,它包括计算机的主机和外部设备,主要由运算器、控制器、存储器、输入设备和输出设备五大功能部件组成,这五大部件相互配合,协同工作。

分析思考

1. 认识与区分各式各样的计算机

根据用途和性能的不同,计算机可以分为台式计算机、笔记本计算机、平板计算机、一体计算机等多种类型。

台式计算机

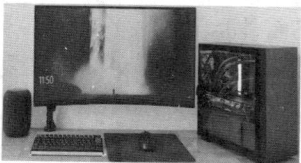

台式计算机分为主机和外部设备两大部分,外部设备主要包括显示器、键盘、鼠标、音箱、摄像头、光驱,还包括 U 盘、打印机、扫描仪等。台式计算机的主要优点是用途广、价格低、耐用、升级性能好。

笔记本计算机

笔记本计算机(Laptop Computer)又称手提计算机或膝上型计算机,是一种小型、可携带的个人计算机。笔记本计算机把主机和外部设备集成在一起,其主要优点有体积小、重量轻、携带方便。

平板计算机

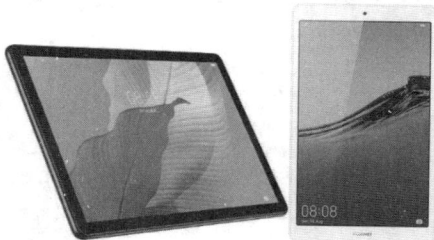

平板计算机(Tablet Personal Computer,Tablet PC)是一种小型、携带方便的个人计算机。平板计算机以触摸屏作为基本的输入设备,允许用户通过触控而不是使用传统的键盘或鼠标来进行作业。平板计算机是一款无须翻盖、没有键盘、小到足以放在手掌中,且功能完整的个人计算机。

一体计算机

一体计算机(All-In-One,AIO)把主机集成到显示器中,与台式计算机相比有着连线少、体积小、集成度更高的优势,价格并无明显变化,可塑性则更强,厂商可以设计出极具个性的产品。一体计算机可以说是与笔记本计算机和台式计算机融合的一种新型计算机,可以用来看电视、上网、办公。

2. 认识计算机硬件系统的外观组成

计算机硬件系统的外观组成

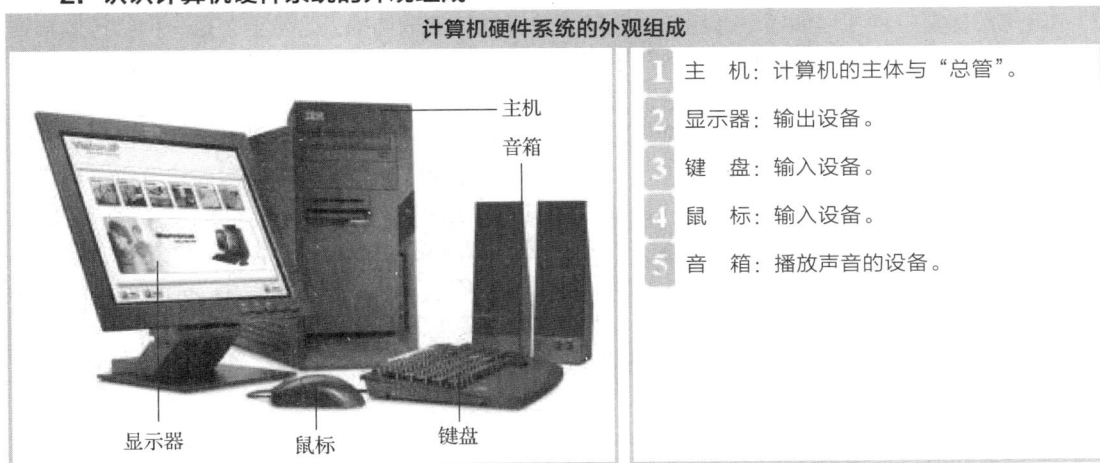

主机
音箱
显示器
鼠标
键盘

1　主　机：计算机的主体与"总管"。

2　显示器：输出设备。

3　键　盘：输入设备。

4　鼠　标：输入设备。

5　音　箱：播放声音的设备。

学习领会

2.1　计算机的体系结构

计算机体系结构是指根据属性和功能不同而划分的计算机理论组成部分以及计算机基本工作原理、理论的总称。其中计算机理论组成部分并不只与某一个实际硬件挂钩，例如，存储部分就包括寄存器、内存、硬盘等。

计算机体系结构也是程序员所看到的计算机的属性，即计算机的逻辑结构和功能特征，包括其各个硬件和软件之间的相互关系。

2.1.1　冯·诺依曼结构与哈佛结构

1. 冯·诺依曼结构

现代计算机所遵循的基本结构形式是冯·诺依曼结构。数学家冯·诺依曼提出了计算机制造的 3 个基本原则，即数据以二进制数表示、采用程序存储思想、采用顺序执行。另外还提出了计算机由 5 个部分（运算器、控制器、存储器、输入设备、输出设备）组成的思想。这套理论被称为冯·诺依曼结构理论。这种结构的特点是程序存储、共享数据、顺序执行，需要 CPU 从存储器取出指令和数据进行相应的计算。

冯·诺依曼结构也称普林斯顿结构，是一种将程序指令存储器和数据存储器合并在一起的存储器结构。程序指令存储地址和数据存储地址指向同一个存储器的不同物理位置，因此程序指令和数据的宽度相同，如英特尔公司的 8086 CPU 可以处理 16 位宽的程序指令和数据。

根据冯·诺依曼结构组成的计算机必须具有如下功能：把需要的程序和数据送至计算机中；必须具有长期记忆程序、数据、中间结果及最终运算结果的能力；能够完成各种算术运算、逻辑运算和数据传送等数据加工处理任务；能够根据需要控制程序走向，并能根据指令控制计算机的各部件协调操作；能够按照要求将处理结果输出给用户。

2. 哈佛结构

哈佛结构是一种将程序指令存储和数据存储分开的存储器结构。哈佛结构是一种并行体系结构，它的主要特点是将程序和数据存储在不同的存储空间中，即程序存储器和数据存储器是两个独立的存储器，每个存储器独立编址、独立访问。

首先，CPU 在程序指令存储器中读取程序指令内容，解码后获得数据地址，然后在相应的数据存储器中读取数据，进行下一步操作。指令存储和数据存储的分离可以使指令和数据具有不同的数据宽度。例如，Microchip 公司的 PIC16 芯片的程序指令是 14 位宽的，而数据是 8 位宽的。采用哈佛结构的微处理器通常具有较高的执行效率。如果将程序指令和数据指令分开组织和存储，执行时可以提前读取下一条指令。目前，有许多 CPU 和微控制器采用哈佛结构。除上述 Microchip 公司的 PIC 系列芯片外，摩托罗拉公司的 MC68 系列、Zilog 公司的 Z8 系列、Atmel 公司（已被 Microchip 技术公司收购）的 AVR 系列和 ARM 公司的 ARM9、ARM10、ARM11、英特尔公司的 51 单片机等也采用哈佛结构。

3. 两种结构的区别

（1）存储器结构不同

冯·诺依曼结构是一种将程序指令存储器和数据存储器合并在一起的存储器结构。

哈佛结构使用两个独立的存储器模块，分别存储指令和数据，每个存储模块都不允许指令和数据并存。

（2）总线不同

冯·诺依曼结构没有总线，CPU 与存储器直接关联。

哈佛结构使用独立的两条总线，分别作为 CPU 与每个存储器之间的专用通信路径。

（3）执行效率不同

冯·诺依曼结构的程序指令和数据指令执行时不可以预先读取下一条指令，需要依次读取，执行效率较低。

哈佛结构的程序指令和数据指令执行时可以预先读取下一条指令，具有较高的执行效率。

2.1.2 计算机体系结构的发展

1. 冯·诺依曼结构的局限性

① 指令和数据存储在同一个存储器中，形成系统对存储器的过分依赖。如果存储器件的发展受阻，系统的发展也将受阻。

② 指令在存储器中按执行顺序存放，因此，指令的执行是串行的，影响了系统工作的速度。

③ 存储器是按地址访问的线性编址，按顺序排列的地址访问有利于存储和执行机器语言指令，适用于数值计算。而高级语言指令按名字调用变量，在语义上与机器语言存在很大的间隔，称之为冯·诺依曼语义间隔，消除语义间隔成为计算机发展面临的一大难题。

④ 冯·诺依曼结构计算机是为算术运算和逻辑运算而诞生的，而非数值处理，应用领域发展缓慢，需要在体系结构方面有重大的突破。

⑤ 传统的冯·诺依曼结构属于控制驱动方式，它通过执行指令代码对数值代码进行处理，一旦指令和数据有错误，计算机不会主动修改指令并完善程序。

2. 现代计算机对冯·诺依曼结构的改进

① 如传统冯·诺依曼结构计算机只有一个处理部件是串行执行的，则将其改成多处理部件，形成流水处理，依靠时间上的重叠提高处理效率。

② 由多个处理器构成系统，形成多指令流、多数据流支持的并行算法结构。

③ 改变冯·诺依曼结构的控制流驱动方式，设计数据流驱动工作方式的数据流计算机，只要数据已经准备好，相关指令就可以并行执行，如神经网络计算机。

④ 彻底跳出电子的范畴，以其他物质作为信息载体和执行部件，如光子、生物分子、量子等。

3．现代计算机体系架构的改变

现代计算机体系架构相较于原来已经有了很大改变，这是算法优化的基础及动力。总结起来主要是 3 方面的改变：多核带来的线程级并行（Thread-Level Parallelism，TLP）、单指令多数据流（Single Instruction Multiple Data Stream，SIMD）指令带来的数据级并行（Data-Level Parallelism，DLP）、存储结构。

（1）线程级并行

线程级并行是指利用现代处理器的多核（Multi-Core）特性，从物理上实现多条程序流并行执行，主要包括多线程的操作系统模型、多线程的并行模式、多线程的编程技术。

和算法相关的仅有并行模式，即把一个任务划分成多个可以并行执行的子任务。很显然，在数据处理领域，天然存在数据划分，即把整块数据划分成若干块，对每一块进行处理后，把结果整合起来。

（2）数据级并行

这里说的数据级并行，和线程级并行中按数据划分任务完全不是一个概念。现代处理器一般带有单指令多数据指令，即单指令可以同时处理多条数据，如现在流单指令多数据流扩展（Streaming SIMD Extensions，SSE）提供了 128 位宽的寄存器，允许使用一条 SIMD 指令同时比较 4 个 32 位单精度浮点数；而双调排序（Bitonic Sort）作为一种可以利用并行性的排序算法，可以通过 SIMD 提供的并行处理能力来得到性能提升。

今后 CPU 的 SIMD 指令的宽度将进一步增加，而且非常热门的图形处理单元（Graphics Processing Unit，GPU）也以支持更高密度的数据处理闻名，未来设计 SIMD 敏感的算法至关重要。

（3）存储结构

根据现代计算机体系架构的特点，设计存储器敏感的算法来提高算法的执行性能，是非常重要的。首先要说明一下，现在相对高端的计算机上，内存已不再是问题，512 GB 以上内存已经很常见，所以所谓的内存数据库（Main Memory Database）已经成为可能，即数据都放在内存中运算，磁盘 I/O 的开销已不复存在。

现在的瓶颈在于内存的速率远远跟不上处理器的速率，处理器计算的速率非常快，但频繁地读取内存数据，CPU 的计算资源无法得到充分发挥。在多核架构下更是如此，多核 CPU 架构下，为了保证内存的共享且不出错，硬件上使用了存储仲裁器的串行电路，这其实大大减小了内存的吞吐率。处理器为了解决这一问题，引入了两个重要的部件：转译后备缓冲（Translation Lookaside Buffer，TLB）和高速缓存（Cache）。

2.2 微型计算机主机的基本组成

微型计算机的硬件系统是指计算机系统中看得见、摸得着的物理装置，即机械器件、电子线路等设备。主机是计算机硬件系统的主体部分，在机箱中有主板、CPU、内存、硬盘、显卡、声卡、网卡、电源、散热器、光驱等硬件设备，通过机箱将各个设备封装起来，同时对主机内部的重要设备起到保护作用。

1．主机

在计算机硬件系统中，习惯上把内存与 CPU 合称为主机。主机是整个计算机的中心，从外观上看是一个整体，打开机箱后，其内部主要由多个独立配件构成，基本的配件包括 CPU、主板、内存、硬盘、电源、散热器、电源线、数据线等设备，其中主板是主机内各硬件设备连接的平台，计算机的各个设备都与主板直接或间接相连。

主机的内部结构

CPU

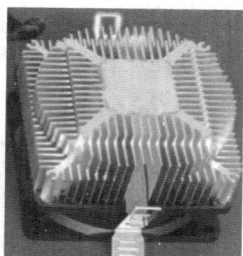
CPU 散热器

硬盘

电源

内存

主板

2. CPU

CPU 被制作在一块集成电路芯片上，也称为微处理器。CPU 作为计算机系统的运算和控制核心，是信息处理、程序运行的最终执行单元。

（1）CPU 的基本组成

计算机利用 CPU 处理数据，利用存储器来存储数据。CPU 是微型计算机的核心，主要包括运算器和控制器两大部分，控制着整个计算机系统的工作。计算机的性能主要取决于 CPU 的性能。

运算器又称为算术逻辑部件，是微型计算机的运算部件。操作时，控制器从存储器取出数据，运算器进行算术运算或逻辑运算，并把处理后的结果送回存储器。

控制器是微型计算机的指挥控制中心。执行程序时，控制器从内存中取出相应的指令数据，然后向其他功能部件发出指令所需的控制信号，完成相应的操作，再从内存中取出下一条指令执行，如此循环，直到程序完成。

评价微型计算机运算速度的指标是 CPU 的主频，主频是 CPU 的时钟频率，主频的单位是 GHz。主频越高，微型计算机的运算速度越快。

（2）CPU 的相关品牌

目前，CPU 的相关品牌主要有"龙芯"、英特尔、AMD，如图 2-1 所示。

"龙芯"的 CPU　　　　　英特尔的 CPU　　　　　AMD 的 CPU

图 2-1　CPU 的品牌

① "龙芯"。"龙芯"系列芯片是由中国科学院计算技术研究所设计研制的，采用 MIPS 体系结构，具有自主知识产权，产品包括龙芯 1 号、龙芯 2 号和龙芯 3 号 3 个系列，此外还包括龙芯 7A1000 桥片等。

② 英特尔。英特尔是美国一家以研制 CPU 为主的公司，是全球知名的个人计算机配件和 CPU 制造商。英特尔 13 代酷睿处理器的产品有 i9、i7、i5、i3 等。

③ AMD。美国超威半导体公司是一家专门为计算机、通信和消费电子行业设计和制造各种创新的微处理器（CPU、GPU、主板芯片组、电视卡芯片等），以及提供闪存和低功率处理器解决方案的公司。AMD 致力为用户（从企业、政府机构到个人消费者）提供基于标准的、以客户为中心的解决方案。

（3）CPU 主要技术指标

① 核心数：在一个 CPU 芯片内封装的物理内核的数量，核心数越高，CPU 能够同时并行处理的任务越多，速度越快。

② 超线程技术：利用特殊的硬件指令，把 CPU 内的一个物理内核模拟成两个逻辑芯片来提升处理器执行资源的利用率。使用这项技术，处理器的资源利用率理论上平均可以提升 40%。其在英特尔的 CPU 中已经广泛使用。

③ 主频：CPU 的时钟频率，是 CPU 内核电路的实际工作频率，反映 CPU 的运算速率，单位是 GHz。

④ 外频：是系统总线的工作频率（系统时钟频率），反映 CPU 与周边设备传输数据的频率，单位是 MHz。

⑤ 倍频：CPU 主频与外频的倍数，即主频 = 外频×倍频。

⑥ 内部 Cache：为了减少 CPU 等待内存或者低速设备的数据与指令所导致的时延，提高系统的性能，在 CPU 芯片内部都集成了一定容量的 Cache，用于暂时存储 CPU 运算时需要的部分指令和数据。

（4）CPU 插座

CPU 插座用来安装 CPU 的接口，使 CPU 得以正常工作。CPU 插座主要分为套接字（Socket）、插槽（Slot）两类。

（5）接口方式

接口方式有引脚式、卡式、触点式、针脚式等，CPU 接口方式不同，插孔数、体积、形状都有变化，所以不能互相接插。

3. 主板

主板是计算机稳定运行的基础，承载起计算机中的各种部件并使它们得以进行数据交换。CPU、内存、显卡以及电源等都必须连接到主板上使用。

主板又叫主机板（Mainboard）、系统板（Systemboard）或母板（Motherboard），它安装在机箱内，是计算机最基本的也是最重要的部件之一。

主板一般为矩形电路板，上面安装了组成计算机的主要电路系统，一般有基本输入/输出系统（Basic Input/Output System，BIOS）芯片、I/O 控制芯片、键盘和面板控制开关接口、指示灯插接件、扩充槽、主板及插卡的直流电源供电接插件等元件。

4. 存储器

存储器是计算机中的记忆存储部件。存储器既能够接收和保存数据，又能够向其他部件提供数据。存储器分为内部存储器和外部存储器两大类。

（1）内部存储器（主存储器）

微型计算机的内部存储器简称为内存，也称主存，是计算机的重要部件之一。它是外部存储器与 CPU 进行沟通的桥梁，计算机中所有程序都在内存中运行。内存性能的强弱影响计算机整体发挥的水平。

① 内存的分类。

广义上半导体存储器按工作原理分类，可分为只读存储器（Read-Only Memory，ROM）、随机存取存储器（Random Access Memory，RAM），通常所说的内存一般是指 RAM。

ROM 的特点：存储的信息只能读出（取出），不能改写（存入），断电后信息不会丢失。一般用来存放专用的或固定的程序和数据。

RAM 的特点：可以读出，也可以改写，又称读写存储器。读取时不损坏原有存储的内容，只有写入时才修改原来所存储的内容；断电后，存储的内容立即消失。内存通常是按字节为单位编址的，1 个字节由 8 个二进制位组成。

② 内存的结构。

内存主要由半导体元件构成，将多个半导体元件封装在一起构成一个内存芯片，在实际使用中，一个内存芯片在容量上无法满足计算机系统的需求，由若干个芯片组成的模块做成的电路插件板，称为内存条。

目前广泛使用的内存是双倍数据速率同步动态随机存储器，简称为 DDR，DDR 有多种规格。不同规格的内存的缺口的位置不一样，不同规格的内存的核心电压不一样，原则上不能混合使用，使用的内存的规格一般由 CPU 和主板的类型来决定。

③ 内存主要性能指标。

a．存储容量：内存条所能存放的数据总量。

b．数据传输频率：表示内存稳定运行的最大数据传输速率，例如，DDR5 7200，表示对应的内存能以 7200 MHz 的频率稳定地进行数据传送。数据传输频率越大，内存的数据吞吐量越大，单位时间能够传送的信息量越大。

c．CAS 时延（CAS Latency，CL）：表示内存存取数据的时延，反映内存接到 CPU 指令后的反应速度。

（2）外部存储器（辅助存储器）

外部存储器简称外存，又称辅助存储器。外存可分为硬盘存储器、移动硬盘、U 盘和光盘等多种类型。

① 硬盘存储器。

硬盘存储器习惯上被称为硬盘。硬盘是计算机主要的存储介质之一。目前传统的机械硬盘主要是采用温切斯特（Winchester）技术，即盘片与磁头密封在盘壳内，镀磁盘片固定在轴上，并高速旋转，磁头沿盘片径向移动且悬浮在高速转动的盘片上方，而不与盘片接触，故又称为温切斯特式硬盘。

硬盘通常内置于机箱内，也可以为其加装硬盘盒作为移动硬盘使用，移动硬盘携带方便，通常使用通用串行总线（Universal Serial Bus，USB）接口和计算机相连。由于硬盘是内置在硬盘驱动器里的，所以一般就把硬盘和硬盘驱动器混为一谈了。平常所说的 C 盘、D 盘，与真正的硬盘不完全是一回事。硬盘的术语称为"物理硬盘"，可以将一个物理硬盘分区，分为 C 盘、D 盘、E 盘等若干个"逻辑硬盘"。

一个硬盘一般由多个盘片组成，盘片的每一面都有一个读写磁头。硬盘在使用时，要将盘片格式化成若干个磁道，每个磁道再被划分为若干个扇区。

硬盘的存储容量计算：存储容量＝磁头数×柱面数×扇区数×每扇区字节数（512 B）。

硬盘的一个重要的性能指标是存取速度。影响存取速度的因素有：主轴的旋转速度（简称为转速）、平均访问时间、传输速率和缓存等。

a．转速：硬盘内电机主轴的旋转速度，一般转速越快，寻找文件的速度越快，相对的硬盘的传输速率也越高。

b．平均访问时间：指磁头从起始位置到达目标磁道位置，并从目标磁道上找到要读写的数据扇区所需的时间，体现了硬盘的读写速度。平均访问时间 ＝ 平均寻道时间 ＋ 平均等待时间。

c．传输速率：硬盘读写数据的速度。

d．缓存：硬盘内部存储和外界接口之间的缓冲存储器。

② 移动硬盘。

指采用 USB 或 IEEE 1394 接口，可以随时插入或拔出，小巧而便携的硬盘存储器，以较高的速度与系统进行数据传输。

③ U 盘。

U 盘具有存储容量大、携带方便、存储速度快、不需要驱动器等特点，能通过 USB 接口和计算机相连，即插即用、支持热插拔。

④ 光盘。

光盘（Optical Disc）是一种利用激光技术将信息写入和读出的高密度存储媒介，能在光盘上进行信息读出或写入的设备称为光盘驱动器。

5. 扩充槽

扩充槽（Expansion Slot）是主板上用于固定扩展卡并将其连接到系统总线上的插槽，也叫扩展插槽、扩充插槽。扩充槽是一种添加或增强计算机特性及功能的方法。例如，不满意主板整合显卡的性能，可以添加独立显卡以增强显示性能；不满意板载声卡的音质，可以添加独立声卡以增强音效；不支持 USB 4.0 或 IEEE 1394 的主板，可以通过添加相应的 USB 4.0 扩展卡或 IEEE 1394 扩展卡以获得该功能；等等。

扩充槽的种类主要有内存插槽、PCI 插槽、SATA、前置控制面板接口、电源接口等。历史上出现过，但早已经被淘汰掉的有 MCA 插槽、EISA 插槽以及 VESA 插槽等。未来的主流扩充槽是 PCI-E 插槽。

在选购主板产品时，扩充槽的种类和数量是重要指标。有多种类型和足够数量的扩充槽就意味着今后有足够的可升级性和设备扩展性，反之则会在今后的升级和设备扩展方面碰到巨大的障碍。

（1）内存插槽

内存插槽是主板上用来插内存条的插槽，主板所支持的内存种类和容量都由其来决定。内存插槽的主要类型如下。

① 单列直插式内存组件（Single In-Line Memory Module，SIMM）插槽：内存条正反两面的"金手指"提供相同的信号，如图 2-2 所示。

② 双列直插式内存组件（Dual In-Line Memory Module，DIMM）插槽："金手指"两端不互通，各自独立传输信号，满足更多数字信号的传送需求，如图 2-3 所示。

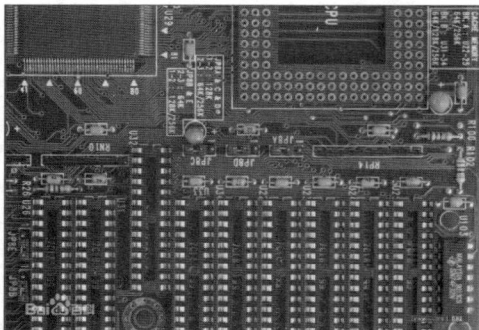

图 2-2　SIMM 插槽　　　　　　　　图 2-3　DIMM 插槽

③ Rambus 直插式内存组件（Rambus In-Line Memory Module，RIMM）插槽：Rambus 动态随机存储器（Rambus Dynamic Random Access Memory，RDRAM）采用的接口类型，此内存已退出市场。

（2）PCI-E 插槽

PCI-E 全称是 PCI Express，是新一代的总线接口，用于连接显卡，如图 2-4 所示。PCI-E 插槽根据传输速率分为 ×1、×2、×4、×8 和 ×16。PCI-E ×1 能够提供 250 MB/s 的传输速率，PCI-E ×16 的传输速率达到了 4 GB/s。

（3）PCI 插槽

PCI 插槽用来安装使用 PCI 接口的声卡、网卡等设备，是目前微型计算机中应用非常广泛的一种插槽，不同生产厂商、不同型号的主板上的 PCI 插槽的数量也不相同，如图 2-5 所示。一般主板提供了 2～3 个 PCI 插槽，PCI 插槽一般为白色或乳白色，也有的 PCI 插槽的颜色是蓝色。

图 2-4　PCI-E 插槽

图 2-5　PCI 插槽

（4）SATA 插槽

串行先进技术总线附属接口（Serial Advanced Technology Attachment Interface，SATA）插槽主要用于通过排线连接硬盘、光驱等存储设备，如图 2-6 所示。SATA 插槽是一个 7 针的插槽，一般位于主板的左下角、南桥芯片附近，一般的主板上会有 4~6 个 SATA 插槽。

（5）前置控制面板接口

前置控制面板接口用来连接机箱面板上的电源指示灯、硬盘工作指示灯、电源开关、复位开关和机箱喇叭等，为它们提供电源，如图 2-7 所示。该接口插针比较多，不同生产厂商、不同型号的主板对插针连接的定义一般都不同，需要查阅对应的主板说明书，连接时需要注意插针的位置以及插针的正负极。

图 2-6　SATA 插槽

图 2-7　前置控制面板接口

（6）电源接口

① 主板电源接口。一个 24 引脚的接口，用于连接电源排线，为计算机各个部件提供所需要的电压，如图 2-8 所示。

② CPU 电源接口。为了 CPU 能够稳定运行，在主板上专门有一个 4 针接口用来连接电源，为 CPU 进行单独供电，通常位于 CPU 附近，如图 2-9 所示。

图 2-8　主板电源接口

图 2-9　CPU 电源接口

③ CPU 风扇电源接口。主要为 CPU 散热系统的风扇提供电源，为 4 针接口，如图 2-10 所示。

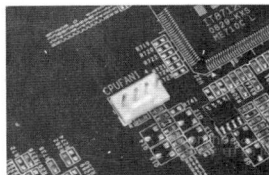

图 2-10　CPU 风扇电源接口

6. 适配卡

适配卡（Adapter Card）是一种扩充卡，可以插入主机板上的扩充卡连接器。通过在扩充总线与外部设备之间提供接口，适配卡可以为系统添加某些特定功能。

计算机当中有许许多多的适配卡，例如，显卡、声卡、网卡、Modem 卡、电视卡、小型计算机系统接口（Small Computer System Interface，SCSI）卡、集成开发环境（Integrated Development

Environment，IDE）接口卡，它们通过主板上的 AGP、PCI 或 ISA 总线插槽与主板相连接。显卡需要与主板进行数据交换才能正常工作，所以必须有与之对应的总线接口。显卡从最早的使用 ISA 接口的显卡，发展到使用 PCI 接口的显卡，再到如今的使用 AGP 接口的显卡。

2.3　计算机输入/输出设备

输入/输出设备是计算机系统中通过接口与主机连接的外部设备的总称。若按信息流向的不同进行分类，大多数计算机使用者接触较多的设备中，键盘、鼠标、话筒、摄像头、扫描仪都是典型的输入设备，显示器、打印机、耳机则是输出设备，而可读写的光驱、移动存储设备、磁带录音（录像）机和用于虚拟场景的头盔等设备，它们既能作为输入设备又能作为输出设备，就算作 I/O 设备了。

2.3.1　输入/输出设备

1. 输入/输出设备的分类

依据信息流向的不同，输入/输出设备可以分成输入设备、输出设备和 I/O 设备等三大类。

按与计算机交换信息的对象不同，输入/输出设备可以分为以下 3 类。

① 人机交互设备。这类设备主要完成人与计算机之间的信息交换，一些设备还可以由人对计算机中运行的程序和设备进行直接的控制。例如，键盘、鼠标、打印机、扫描仪等。

② 数据存储设备。这类设备主要完成计算机与外存设备之间的数据读出和写入操作。例如，移动磁盘、可读写光盘、闪存、数码相机等。

③ 计算机与计算机交互设备。这类设备主要完成计算机系统中与使用通道、网络连接的其他计算机或处理机之间的 I/O 控制和数据交换等任务。例如，网络通信设备、数模和模数转换设备、路由器、交换机等。

按数据处理的功能进行分类。除了输入设备和输出设备，还有外存设备、多媒体设备、网络通信设备和外围处理机设备等多种类型。

2. 工作特点

输入/输出设备按不同的应用可以有很多不同的分类方法。但是，它们一般均有以下工作特点。

（1）异步性

外部设备与主机的 CPU 之间没有统一的时钟频率控制，有些外部设备的工作速度很慢，它们的操作过程既要在某一时刻受 CPU 的控制，又要独立运行，必然会出现数据传输的异步性和输入、输出在时间上的任意性。

（2）实时性

一个计算机系统可能会同时连接多个外部设备，若某个数据传输速率和数据处理速度很高，要求 CPU 及时地从该设备获取数据或向该设备发送数据，否则就会出现丢失信息的危险。

（3）多样性

不同类型的设备差异很大，信息类型和数据结构多种多样，这就造成了主机与外部设备之间的连接的复杂性。

（4）统一性

计算机和外部设备之间采用了一些标准化的接口，各类外部设备用自己的设备控制器和标准接口与主机连接，使主机无须了解外部设备的具体要求，通过统一的控制程序就能实现对外部设备的控制。

2.3.2　计算机的输入设备

输入设备是在用户和计算机系统之间交换信息的主要设备之一。计算机可以接收各种数据，既有数字数据，也有非数字数据，如图形、图像、声音等，这些数据可以通过不同类型的输入设备输入计算机中，进行存储、处理。输入设备向计算机中输入命令和数据，使用户与计算机进行交互。

随着计算机技术的发展，计算机的输入方式由原来的纸带输入到键盘输入、鼠标输入，再到触摸输入，共经历了 4 个阶段。

现在人们正致力于使计算机具有"听觉"和"视觉"，使计算机理解人说的话和人写的话，并模拟人们接收信息的方式接收信息。因此，人们开辟了新的研究方向，包括模式识别、人工智能、信号与图像处理等。在这些研究方向的基础上，又发展了语言识别、文本识别、自然语言求解和机器视觉等研究方向。

计算机输入设备有键盘、鼠标、扫描仪、光笔、手写绘图输入设备、摄像头、传真机、语音输入设备、数码相机、数码摄像机、触摸屏等。

1. 键盘

键盘（Keyboard）是用户与计算机进行交流的主要工具，是计算机重要的输入设备，也是微型计算机必不可少的外部设备。通过键盘可以向计算机输入各种指令、程序、数据等。

键盘通常由主键盘、控制键、功能键 3 部分组成，主键盘包括字母键、数字键、符号键等，是实现数据输入的主要区域。控制键通常与其他键组合使用。功能键一般设置成常用命令的字符序列，即按某个键就可执行某条命令或完成某个功能，在不同的应用软件中，相同的功能键可以具有不同的功能。

2. 鼠标

鼠标（Mouse）又称为鼠标器，是微型计算机的标准输入设备，是控制显示屏上鼠标指针位置的一种设备。使用鼠标可以方便地对图形界面中的图标和菜单等进行可视化操作。在软件支持下，通过鼠标上的按键，向计算机发出输入命令，或完成某种特殊的操作。目前微型计算机上使用的主要是第 2 代光电鼠标，采用即插即拔的 USB 接口。

3. 扫描仪

扫描仪（Scanner）是利用光电技术和数字处理技术，以扫描方式将图形或图像信息转换为数字信号的设备。扫描仪通过捕获图像并将之转换成计算机可以显示、编辑、存储和输出的数字化信息，具有比键盘和鼠标更强的功能，可将图片、照片及各类文稿资料输入计算机中。

4. 光笔

光笔又称光电笔，是用光线和光电管将特殊形式的数据，如条形码记录单等，读入计算机系统的一种设备，其外形类似钢笔，故统称光笔。

5. 手写绘图输入设备

手写绘图输入设备对计算机来说是一种输入设备，常见的是手写板，其作用和键盘的类似。手写板基本上只局限于输入文字或者绘画，也带有一些鼠标的功能。

6. 摄像头

摄像头（Camera）是一种视频输入设备，广泛应用于视频会议、远程医疗及实时监控等方面。人们可以通过摄像头在网络中进行有影像、有声音的交谈和沟通。

7. 传真机

传真机是应用扫描和光电变换技术，把文件、图表、照片等静止图像转换成电信号，传送到接收端，以记录形式对其进行复制的通信设备。传真机主要由主控电路、传真图像输入机构、传真图像输出机构、调制解调电路、操作面板及电源组成。

8. 语音输入设备

语音输入设备是指将人的语音信息直接输入计算机或从计算机输出的人机接口装置。人们在日常生活中大部分是通过语音来传递信息的，因此语音输入设备是人机接口装置的重要发展方向。

9. 数码相机

数码相机是一种利用电子传感器把光学影像转换成电子数据的照相机。

数码相机是集光学、机械、电子于一体的产品。它集成了影像信息的转换、存储和传输等部件，具有数字化存取模式、与计算机交互处理和实时拍摄等特点。

10. 数码摄像机

数码摄像机可以录制 DV 视频，DV 是由索尼、松下、胜利、夏普、东芝和佳能等多家著名家电"巨擘"联合制定的一种数码视频格式。

11. 触摸屏

触摸屏（Touch Screen）又称为"触控屏""触控面板"，是继键盘、鼠标、手写绘图输入设备、语音输入设备后非常受欢迎的计算机输入方式。

触摸屏是一种交互输入设备，用户只要用手指或光笔轻轻地触碰计算机显示屏上的图符或文字就能实现对主机的操作，从而使人机交互更为直截了当。这种方式具有操作简单、使用灵活的特点，极大地方便了用户，是极富吸引力的全新多媒体交互设备。

触摸屏已被广泛应用到手机、平板电脑、零售业、公共信息查询、多媒体信息系统、医疗仪器、工业自动控制、娱乐与餐饮业、自动售票系统、教育系统等许多方面。

2.3.3 计算机的输出设备

输出设备（Output Device）是计算机硬件系统的终端，用于把计算机处理的数据显示为用户可以辨别的各类形式，比如图像、数字和符号等。常见的输出设备有显示器、打印机、音箱、绘图仪等。

1. 显示器

显示器（Monitor）是微型计算机不可缺少的输出设备。用户可以通过显示器观察输入和输出的信息。显示器单位面积的像素越多，分辨率越高，显示的字符或图形也就越清晰细腻。分辨率、色彩数目及屏幕尺寸是显示器的主要指标。显示器的刷新频率指每分钟屏幕画面更新的次数，一般是 75～200 Hz。

显示器必须配置正确的适配器（显示卡），才能构成完整的显示系统。显示卡简称显卡，是CPU 与显示器之间的接口电路，因此也称为显示适配器，显示系统性能的高低主要由显卡决定。显卡的作用是在 CPU 的控制下将主机送来的显示数据转换为视频和同步信号送到显示器，再由显示器形成屏幕画面。

2. 打印机

打印机（Printer）是计算机产生硬拷贝输出的一种设备，提供用户保存的计算机处理的结果。打印机的种类很多，按工作原理可分为击打式打印机和非击打式打印机。针式打印机（又称点阵打印机）属于击打式打印机，喷墨打印机和激光打印机属于非击打式打印机。

针式打印机打印的字符和图形是以点阵的形式构成的。它的打印头由若干根打印针和驱动电磁铁组成。打印时使相应的针头接触色带并击打纸面来完成。目前使用较多的是 24 针打印机。针式打印机的主要特点是价格便宜、使用方便，但打印速度较慢、噪声大。

喷墨打印机直接将墨水喷到纸上来实现打印。喷墨打印机具有价格低廉、打印效果较好等优势，较受用户欢迎，但喷墨打印机对使用的纸张要求较高，墨盒消耗较快。

激光打印机是激光技术和电子照相技术的复合产物。激光打印机的技术来源于复印机，但复印机的光源是灯光，而激光打印机用的是激光。由于激光光束能聚焦成很细的光点，因此激光打印机能输出分辨率很高且色彩很好的图形。激光打印机具有打印速度快、分辨率高、无噪声等优势，但价格稍高。

3. 音箱

音箱指将音频信号变换为声音的一种设备，音箱箱体内自带功率放大器，对音频信号进行放大处理后由音箱本身回放出声音。音箱是多媒体计算机的重要组成部分，音箱的性能对计算机音响系统的放音质量起着关键作用。

4. 绘图仪

绘图仪是一种输出图形的硬拷贝设备。绘图仪在绘图软件的支持下可绘制出复杂、精确的图形，是各种计算机辅助设计不可缺少的工具。绘图仪的性能指标主要有绘图笔数、图纸尺寸、分辨率、接口形式及绘图语言等。

常见的绘图仪有两种：平板式与滚筒式。平板式绘图仪通过绘图笔架在 x、y 平面上移动而画出矢量图。滚筒式绘图仪的绘图纸沿垂直方向运动，绘图笔沿水平方向运动，由此画出矢量图。

2.4　微型计算机的各种硬件接口与端口

2.4.1　微型计算机的硬件接口

一般情况下，微型计算机的外部接口用于连接键盘、鼠标、音频、麦克风、显示器、电源线、打印机和其他设备等。微型计算机的常用接口如图 2-11 所示。

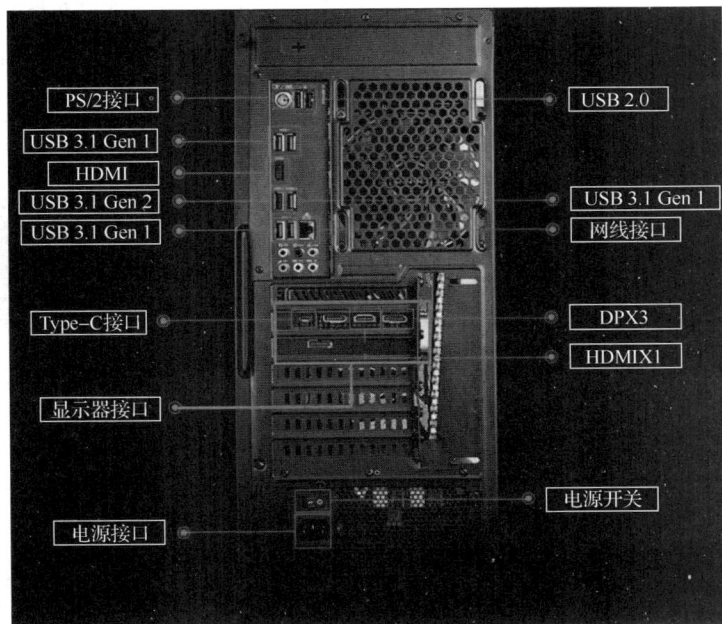

图 2-11　微型计算机的常用接口

1. 视频相关接口

（1）VGA 接口

视频图形阵列（Video Graphic Array，VGA）接口可以说是之前使用非常广泛的视频接口，它共有 15 针，分成 3 排，每排 5 个孔，如图 2-12 所示。但是，随着高清影像传输的需求增大，很多高端显卡和显示器上都慢慢地取消了 VGA 接口，但通过转接头也可以继续使用 VGA 接口。

（2）DVI 接口

数字视频交互（Digital Video Interactive，DVI）接口包括 DVI-A、DVI-D 和 DVI-I 这 3 种接口，DVI 相较于 VGA 接口有很多优势，如可以显示更高清晰度的画面，更适合动态图像处理，传输更稳定，如图 2-13 所示。

图 2-12　VGA 接口

图 2-13　DVI 接口

（3）HDMI

高清晰度多媒体接口（High Definition Multimedia Interface，HDMI）是可以同时传输视频及音频的全数字化接口，是一种高清晰度接口，如图 2-14 所示。目前，大部分计算机都使用这个接口。HDMI 的版本有 1.0～1.2a 版、1.3～1.3a 版、1.4～1.4b 版、2.0～2.0b 版、2.1 版等，而不同版本是可以相互兼容的，主要区别是传输带宽的高低。

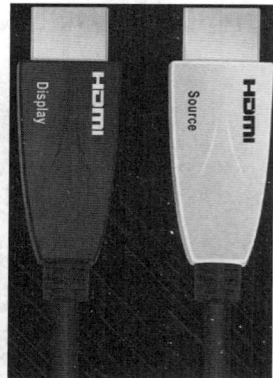

图 2-14　HDMI

（4）DP 接口

DP 接口类似于 HDMI，也是一种高清晰度的数字显示接口，可以同时传输视频和音频，它和 VGA 接口、DVI 接口兼容，如图 2-15 所示。

（5）雷电接口

雷电接口最初和 Mini DP 接口在外形上一模一样，现如今的接口形状改为了 USB Type-C 的形状，如图 2-16 所示。它可以用于视频传输以及其他数据传输，例如，雷电接口转以太网口。

图 2-15　DP 接口

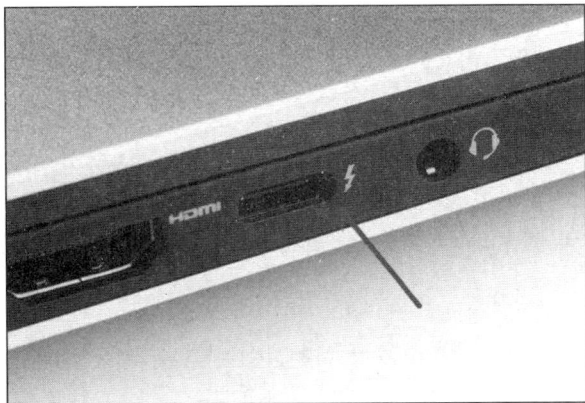

图 2-16　雷电接口

2．音频相关接口

主板上的声卡通常有 6 种不同颜色的音频接口，不同颜色的音频接口有不同的功能，如图 2-17 所示。

① 粉色接口：MIC in，麦克风输入。

② 蓝色接口：Line in，线路输入。

③ 绿色接口：Front，前端扬声器（左右）。

④ 橙色接口：C/LEF，中置/低频加强声道。

⑤ 黑色接口：Rear，后端扬声器（左右）。

⑥ 灰色接口：Side，侧环绕扬声器（左右）。

图 2-17　音频接口

通常 2.1 声道音频输出只连接绿色的音频接口，5.1 声道连接绿色、橙色、黑色这 3 个音频接口，7.1 声道则连接绿色、橙色、黑色、灰色这 4 个音频接口。麦克风统一连接粉色音频接口。

3．数据相关接口

USB 接口可以说是大众最熟悉的接口之一，多用于连接鼠标、键盘、移动硬盘、打印机等带有 USB 接口的设备。USB 经过二十几年的发展，其传输速率已经从最初 USB 1.0 的 1.5 Mbit/s 提升到今天 USB 4.0 的 40 Gbit/s。

USB 接口版本主要有 USB 1.0、USB 1.1、USB 2.0、USB 3.0、USB 3.1，以及 USB 4.0，而 USB 的不同版本是可以相互兼容的。

不同的 USB 版本，一般可以通过颜色进行区分，一般情况下，USB 2.0 接口是黑色的，USB 3.0 接口是蓝色的，如图 2-18 所示。

图 2-18　USB 接口

（1）USB 1.0

USB 1.0 的传输速率只有 1.5 Mbit/s，USB 1.0 在 1998 年升级版本为 USB 1.1，最高传输速率也提升到 12 Mbit/s，即 1.5 MB/s。

（2）USB 2.0

USB 2.0 的传输速率达到了 480 Mbit/s，即 60 MB/s，USB 2.0 的驱动程序可以驱动 USB 1.1，并且能够和 USB 1.1 兼容。

（3）USB 3.0

USB 3.0 在完美条件下的极限传输速率为 5 Gbit/s，但在生活中只能达到极限状态值的 80%，相当于 USB 2.0 的极限传输速率的 10 倍，传输速率显著提升。USB 3.0 在物理层采用 8b/10b 的编码方式，这样算下来的极限传输速率就是 4 Gbit/s，但现实环境中的传输速率还会再少一些。

（4）USB 3.1

USB 3.1 Gen 2 是目前最新的 USB 技术，该技术由英特尔等公司提出，数据传输速率可提升至 10 Gbit/s。与 USB 3.0（即 USB 3.1 Gen 1）技术相比，新 USB 技术使用更高效的数据编码系统，并提供更高的有效数据吞吐率。它完全向下兼容现有的 USB 连接器与线缆。USB 3.1 Gen 2 兼容现有的 USB 3.0 软件堆栈和设备协议、数据传输速率为 5 Gbit/s 的集线器与设备、USB 2.0 产品等。

USB 标准化组织（USB Implementers Forum，USB-IF）统一 USB 的命名规范，原来的 USB 3.0 和 USB 3.1 将不再被命名，所有的 USB 标准被叫作 USB 3.2，考虑到兼容性，USB 3.0 至 USB 3.2 分别被叫作 USB 3.2 Gen 1、USB 3.2 Gen 2、USB 3.2 Gen 2×2。

（5）USB 4.0

USB 4.0 协议是在 2019 年发布的，在硬件接口上，新一代的 USB 4.0 采用了 Type-C 的硬件接口，它本质上基于英特尔公司的雷电 3（Thunderbolt 3）协议，支持 40 Gbit/s 的数据吞吐率，也支持 USB 标准，能够兼容雷电 3、USB 3.2、USB 3.1 及 USB 2.0 等协议。

随着各种移动端设备向轻薄化、便携化方向发展，加上 USB 4.0 也使用了 Type-C 接口，以后的设备接口选型方向，将会统一采用 USB 4.0 协议的 Type-C 接口。

（6）USB-B（Type-B）

USB-B 接口一般用来连接打印设备、显示器、硬盘等。

（7）USB-C（Type-C）

USB-C 接口无正反面区分，盲插会更方便，有很多手机也采用这种接口。

4. PS/2 接口

PS/2 接口主要用于连接键盘和鼠标，常见于台式计算机。PS/2 接口通常有颜色标记，紫色的是键盘接口，绿色的是鼠标接口，如图 2-19 所示。但是，现在很多计算机习惯使用 USB 接口来连接键盘和鼠标。

图 2-19　PS/2 接口

2.4.2　微型计算机的端口

"端口"是英文 Port 的意译，可以认为是设备与外界通信交流的出口。端口可分为逻辑端口和物理端口，其中逻辑端口指计算机内部或交换机路由器内的端口，通常不可见，例如计算机中的 80 端口、21 端口、23 端口等。物理端口又称为接口，是可见端口，例如，计算机背板的 RJ45 网口、SC 端口等，交换机路由器集线器的 RJ45 端口等，电话使用的 RJ11 插口等都属于物理端口的范畴。

CPU 通过接口寄存器或特定电路与外部设备进行数据传送，这些寄存器或特定电路称为端口。其中硬件领域的端口又称接口，例如，并行端口、串行端口等。

在网络技术中，端口有好几种意思。其中集线器、交换机、路由器的端口指的是连接其他网络设备的接口，如 RJ45 端口、Serial 端口等。我们这里所指的端口不是指物理意义上的端口，而是特指传输控制协议/互联网协议（Transmission Control Protocol/Internet Protocol，TCP/IP）中的端口，是逻辑意义上的端口。

软件领域的端口一般指网络中面向连接服务和无连接服务的通信协议端口，是一种抽象的软件结构，包括一些数据结构和 I/O 缓冲区。

1. 端口分类

逻辑意义上的端口有多种分类标准，下面介绍两种常见的分类。

（1）按端口号分布划分

① 知名端口。

知名端口（Well-Known Ports）即众所周知的端口，端口号范围是 0～1023，这些端口一般固定分配给一些服务。例如，21 端口分配给文件传送协议（File Transfer Protocol，FTP）服务，25 端口分配给简单邮件传送协议（Simple Mail Transfer Protocol，SMTP）服务，80 端口分配给超文本传送协议（Hypertext Transfer Protocol，HTTP）服务，135 端口分配给远程过程调用（Remote Procedure Call，RPC）服务，等等。MySQL 默认使用 3306 端口，Redis 默认使用 6379 端口，Tomcat 默认使用 8080 端口，SSH 默认使用 22 端口。

我们在浏览器的地址栏里输入网址时是不必指定端口号的，因为在默认情况下的 Web 服务的端口是"80"。

网络服务是可以使用其他端口的，如果不是默认的端口则应该在地址栏上指定端口号，方法是在地址后面加上半角冒号":"，再加上端口号，如使用"8080"作为 Web 服务的端口，则需要在地址栏里输入"网址:8080"。

但是有些系统协议使用固定的端口，它是不能被改变的，如 139 端口专门用于 NetBIOS 与 TCP/IP 之间的通信，不能手动改变。

② 动态端口。

动态端口（Dynamic Ports）的端口号范围是 1024～65535，这些端口一般不固定分配给某个服务，而是采用动态分配，也就是说许多服务都可以使用这些端口。只要运行的程序向系统提出访问网络的申请，那么系统就可以从这些端口中分配一个供该程序使用。如 1024 端口就会被分配给第一个向系统发出申请的程序。在关闭程序进程后，就会释放所占用的端口。

不过，动态端口也常常被病毒木马程序所利用，如冰河默认连接端口是 7626，WAY 2.4 默认连接的端口是 8011，NetSpy 3.0 默认连接的端口是 7306，YAI 病毒默认连接的端口是 1024 等。

③ 注册端口。

注册端口的端口号范围是 1024～49151，这些端口被分配给用户进程或应用程序。这些进程主要是用户选择安装的一些应用程序，而不是已经分配好公认端口的常用程序。这些端口在没有被服务器资源占用的时候，可以被用户端动态选用为源端口。

（2）按协议类型划分

按协议类型划分，可以分为 TCP、用户数据报协议（User Datagram Protocol，UDP）、IP 和互联网控制报文协议（Internet Control Message Protocol，ICMP）等端口。下面主要介绍 TCP 和 UDP 端口。

① TCP 端口。

TCP 端口，即传输控制协议端口，需要在客户端和服务器之间建立连接，这样可以提供可靠的数据传输。常见的包括 FTP 服务的 21 端口、远程上机（Telnet）服务的 23 端口、SMTP 服务的 25 端口以及 HTTP 服务的 80 端口等。

② UDP 端口。

UDP 端口，即用户数据报协议端口，无须在客户端和服务器之间建立连接，安全性得不到保障。常见的有域名系统（Domain Name System，DNS）服务的 53 端口、简单网络管理协议（Simple Network Management Protocol，SNMP）服务的 161 端口、QQ 使用的 8000 和 4000 端口等。

由于 TCP 和 UDP 两个协议是独立的，因此各自的端口也相互独立，如 TCP 有 235 端口，UDP 也可以有 235 端口，两者并不冲突。

2. 端口的作用

我们知道，一台拥有 IP 地址的主机可以提供许多服务，如 Web 服务、FTP 服务、SMTP 服务等，这些服务完全可以通过 1 个 IP 地址来实现。那么，主机是怎么区分不同的网络服务的呢？显然不能只靠 IP 地址，因为 IP 地址与网络服务是一对多的关系。实际上是通过 IP 地址和端口号来区分不同的服务的。

需要注意的是，端口并不是一一对应的。例如，用户的计算机作为客户端访问一台 Web 服务器时，Web 服务器使用"80"端口与用户的计算机通信，但用户的计算机则可能使用"3457"这样的端口。

2.5 微型计算机的主要性能指标

将计算机系统的主要性能指标与笔记本电脑装配流水线的指标进行类比，便于理解主频、字长和运算速度等计算机系统的性能指标。例如，明德公司的笔记本计算机生产企业有多条组装笔记本计算机的生产线，如果生产线每天有效装配时间为 6 h，生产线的节拍为平均每分钟装配 1 台笔记本计算机（即生产线的生产周期为 1 min），那么一条生产线每天的装配产品数量为 360 台，如果有 2 条生产线同时开工，那么每天可以装配笔记本计算机 720 台。

1. 主频

计算机的主频可以与生产线的节拍类比，生产线节拍越快，则单位时间内装配的产品越多，计算机的主频越快，则单位时间内能够处理的数据越多。

计算机的 CPU 对每条指令的执行是通过若干步微操作来完成的，这些操作是按时钟周期节拍来进行的。时钟周期的长短反映出计算机的运算速度。时钟周期倒数即时钟频率，时钟周期越短即时钟频率越高，计算机的运算速度越快。主频指计算机的时钟频率，以 MHz、GHz 为单位。

2. 字长

计算机的字长可以与生产线的开工条数类比，生产线的开工条数越多，则单位时间内装配的产品越多，计算机的字长越大，则单位时间内处理数据的能力越强。在其他指标相同时，字长越大，计算机处理数据的速度就越快。

在计算机中，一般使用若干二进制位表示一个数据或一条指令。CPU 能够直接处理的二进制位数称为字长，字长体现了一条指令处理数据的能力，是 CPU 性能高低的一个重要标志。一般字长越长，CPU 可以同时处理的数据位数越多，计算精度越高，处理能力越强。例如，64 位计算机一次运算可处理 64 位的二进制数，传输过程中可并行传送 64 位二进制数。

3. 运算速度

计算机的运算速度可以与生产线的装配速度类比，每台笔记本计算机的装配时间越短，同时开工的生产线条数越多，则单位时间内装配的产品数量越多，同样计算机的字长越长，主频越快，则单位时间内处理数据的能力也就越强，即运算速度越快。

计算机的运算速度是衡量计算机性能的一项主要指标，它取决于指令执行时间。通常所说的计算机运算速度（平均运算速度），是指计算机每秒所能执行的指令条数，一般用"百万条指令/秒（Million Instructions Per Second，MIPS）"来描述。

4. 存储容量

笔记本计算机的装配车间的转运仓库只能存放 1000 台笔记本计算机，笔记本计算机专用仓库可以存放 1000000 台笔记本计算机，其存放容量是转运仓库的 1000 倍。参照仓库的存放容量来认知计算机存储器的存储容量。

存储器的存储容量可以与仓库的存放容量类比，存储的数据越多，表示存储能力越强。存储器的存储容量反映计算机记忆数据的能力，存储器的存储容量越大，计算机记忆的信息越多，计算机的功能也就越强。

存储器由多个存储单元组成，存储容量指存储器中能够存储信息的总字节数，每个存储单元都有一个编号，称为存储单元的"地址"，如要访问存储单元中的某条信息，就必须知道它的地址，然后按地址存入或取出信息。

存储容量越大，存储的信息就越多，为了度量信息存储容量，将 8 个二进制位称为一个字节，字节是计算机中数据处理和存储容量的基本单位。

操作训练

【操作训练 2-1】按正确顺序开机与关机

1. 正确开机

计算机开机是指给计算机接通电源，和其他常用家用电器开机区别不大。但计算机开机必须记住正确的顺序，即先打开显示器及其他外部设备电源，然后按下主机的 Power 按钮，打开主机电源，等待计算机进行自检，自检完成后，则开始登录操作系统。

2. 重新启动计算机

计算机在使用过程中，在安装某些软件或硬件时，可能会需要重新启动。一般情况下，可以按照以下步骤重新启动计算机：在 Windows 10 桌面上单击任务栏中的"开始"按钮，在弹出的"开始"菜单中的"关闭"级联菜单中选择"重启"命令即可。

在使用计算机过程中，影响其稳定工作的因素很多，如果由于某种原因发生"死机"的状况，可以按照以下方法重新启动计算机。

（1）在进入 Windows 操作系统之前，同时按住键盘上的"Ctrl"键、"Alt"键和"Delete"键，计算机即会自动重新启动，这也称为热启动。

（2）在进入 Windows 操作系统之后，或热启动不成功的情况下，直接在机箱上按下"Reset"按钮（即复位按钮）让计算机重新启动，也称硬启动。但有些计算机上没有设置"Reset"按钮。

（3）如果前两种方法都没有让计算机重新启动，可按下主机的"Power"按钮 5 s 以上，先关闭电源，等待约 10 s 以后，再启动计算机。

> **注意** 开机、关机之间要等待一段时间，千万不要反复按开关按钮，一般需要等待 10 s 再开机。

3. 正确关机

使用计算机结束时，要及时关闭计算机，单击"开始"按钮，在弹出的"开始"菜单中的"关闭"级联菜单中选择"关机"命令，计算机就可以自动关机并切断电源。最后关闭显示器及其他外部设备电源即可。

【操作训练 2-2】熟悉计算机基本操作规范与正确使用计算机

计算机在人们的生活和工作中变得越来越重要，在人们生活节奏越来越快的同时，计算机出现问题的种类越来越多样，次数也越来越多，一旦出现故障，大多会让使用者感到棘手。计算机系统主要由硬件系统和软件系统组成，不论是哪一个方面出现故障，都可能会影响计算机正常工作。为了保证计算机能够正常运行，使用者必须正确使用计算机，降低故障率。

使用计算机的基本操作规范如下。

（1）为计算机提供合适的工作环境。计算机的工作环境温度一般为 5～35 ℃，相对湿度一般为 20%～80%。

（2）正常开机、关机。开机时先开显示器、打印机等外部设备，最后开主机；关机顺序正好相反，应先关主机电源，后关显示器、打印机等外部设备的电源。

（3）不能在计算机正常工作时搬动计算机，搬动计算机时可能会损坏硬盘盘面，搬动计算机时应先关机；也不要频繁开、关计算机，两次开机时间间隔至少有 10 s。

硬盘指示灯亮时，表示正对硬盘进行读/写操作，此时不要关掉电源，突然停电容易划伤磁盘及光盘，有时也会损坏磁头。

（4）除支持热插拔的 USB 接口设备外，不要在计算机工作时带电插拔各种接口设备和电缆线，否则容易烧毁接口卡或造成集成块损坏。不要用手摸主板上的集成电路和芯片，因为人体产生的静电会击坏芯片。

（5）显示器不要靠近强磁场，尽量避免强光直接照射到屏幕上，应保持屏幕的洁净，擦屏幕时应使用干燥、洁净的软布。

（6）不要用力拉鼠标线、键盘线或电源线等线缆。

（7）计算机专用电源插座上严禁使用其他电器，避免接触不良或插头松动。

（8）显示器不要开得太亮，并最好设置屏幕保护程序。

（9）注意防尘、防水、防静电，保持计算机的密封性和使用环境的清洁卫生。注意通风散热，要特别关注 CPU 风扇、主机风扇是否正常转动。

（10）使用计算机时养成良好的道德行为规范。

随着计算机应用的日益普及，计算机犯罪对社会造成的危害也越来越严重。为了维护计算机系统的安全、保护知识产权、防范计算机病毒、打击计算机犯罪，在使用计算机时，应严格遵守国家有关法律法规，养成良好的道德行为规范。不利用计算机网络窃取国家机密，盗取他人密码，传播、复制色情内容等；不利用计算机提供的方便，对他人进行人身攻击、诽谤和诬陷；不破坏他人的计算机系统资源；不制造和传播计算机病毒；不窃取他人的软件资源；不使用盗版软件。

【操作训练 2-3】熟悉笔记本计算机使用的注意事项

笔记本计算机使用的注意事项如下。

（1）不要将液体滴洒到笔记本计算机上。

（2）不要让液晶屏接触不洁物。

（3）不要强行用力插拔硬件。

（4）不要让液晶屏正面或背面承受压力。

（5）不要让笔记本计算机承受突然震动或强烈撞击。

（6）不要把笔记本计算机与尖锐物品放置在一起。

（7）不要堵塞笔记本计算机散热口。

（8）不要在非授权的机构修理笔记本计算机。

（9）不要在温度过高或过低的环境中使用笔记本计算机。

（10）不要遗失驱动程序。

练习测试

1. 计算机硬件一般包括（　　　）和外部设备。

    A．运算器和控制器　　　　　　　　　　B．存储器和控制器

    C．主机　　　　　　　　　　　　　　　D．中央处理器

2. 计算机通常是由（　　　）等部分组成的。

    A．运算器、控制器、存储器、输入设备和输出设备

    B．主板、CPU、硬盘、软盘和显示器

    C．运算器、放大器、存储器、输入设备和输出设备

    D．CPU、软盘驱动器、显示器和键盘

3. 微型计算机的运算器、控制器及内部存储器统称为（　　　）。

    A．CPU　　　　　　B．ALU　　　　　　C．主机　　　　　　D．ALT

4. 在组成计算机的主要部件中，负责对数据和信息加工的部件是（　　　）。

    A．运算器　　　　　B．内部存储器　　　C．控制器　　　　　D．磁盘

5. CPU 的中文含义是（　　　）。

    A．控制器　　　　　B．寄存器　　　　　C．算术部件　　　　D．中央处理器

6. 在计算机系统中，指挥、协调计算机工作的设备是（　　　）。

    A．输入设备　　　　B．控制器　　　　　C．运算器　　　　　D．输出设备

7. 机器指令是用二进制数表示的，它能被计算机（　　　）。

    A．编译后执行　　　B．解释后执行　　　C．直接执行　　　　D．存储后执行

8. 人们针对某一需要而为计算机编制的指令序列称为（　　　）。

    A．软件　　　　　　B．程序　　　　　　C．命令　　　　　　D．文件系统

9. 程序设计语言通常有（　　　）等类型。

    A．翻译语言和数据库语言　　　　　　　B．机器语言、汇编语言和高级语言

    C．汇编语言和解释语言　　　　　　　　D．高级语言和机器语言

10. 编译程序和解释程序的区别是（　　　）。

    A．前者产生机器语言形式的目标程序，而后者不产生

    B．后者产生机器语言形式的目标程序，而前者不产生

    C．二者都不产生机器语言形式的目标程序

    D．二者都产生机器语言形式的目标程序

11. Python 语言是计算机的（　　　）语言。

    A．机器　　　　　　B．高级　　　　　　C．低级　　　　　　D．汇编

12. 计算机内存比外存（   ）。
    A. 便宜但能存储更多的信息　　　　　　　B. 存储容量大
    C. 存取速度快　　　　　　　　　　　　　D. 贵但能存储更多的信息
13. 在微型计算机中，如果电源突然中断，则存储在（   ）中的信息将丢失。
    A. 软盘　　　　　B. RAM　　　　　C. ROM　　　　　D. 硬盘
14. 显示器的主要参数有彩色数目、屏幕尺寸、（   ）。
    A. 亮度　　　　　B. 大小　　　　　C. 颜色　　　　　D. 分辨率
15. 存储器按所处位置的不同，可分为内存和（   ）。
    A. 只读存储器　　B. 外存　　　　　C. 软盘存储器　　D. 硬盘存储器
16. 计算机向用户传递计算、处理结果的设备是（   ）。
    A. 输入设备　　　B. 输出设备　　　C. 存储设备　　　D. 中断设备
17. 使用（   ）可将纸上图片输入计算机中。
    A. 扫描仪　　　　B. 绘图仪　　　　C. 键盘　　　　　D. 鼠标器
18. 下列设备中，属于输入设备的是（   ）。
    A. 显示器　　　　B. 绘图仪　　　　C. 鼠标　　　　　D. 打印机
19. 下列设备中，属于输出设备的是（   ）。
    A. 数码相机　　　B. 鼠标　　　　　C. 扫描仪　　　　D. 绘图仪
20. 内存条插在主板的（   ）上。
    A. CPU　　　　　B. 机箱　　　　　C. 显示卡　　　　D. 内存条插槽
21. 主频是指微型计算机（   ）的时钟频率。
    A. 主机　　　　　B. CPU　　　　　C. 总线　　　　　D. 内存
22. 打印机是一种（   ）。
    A. 输出设备　　　B. 输入设备　　　C. 存储器　　　　D. 运算器
23. 微型计算机硬件系统包括（   ）。
    A. 内存和外部设备　　　　　　　　　　　B. 显示器、主机和键盘
    C. 主机和外部设备　　　　　　　　　　　D. 主机和打印机
24. 微型计算机的 CPU 主要由（   ）组成。
    A. 内存和外存　　　　　　　　　　　　　B. 微处理器和内存
    C. 运算器和控制器　　　　　　　　　　　D. 内存和运算器
25. CPU 不能直接访问的存储器是（   ）。
    A. ROM　　　　　B. RAM　　　　　C. 内存　　　　　D. 外存

单元 3
计算机软件基础

03

　　硬件是组成计算机的基础，软件才是计算机的"灵魂"。一台计算机只有硬件设备，是无法发挥其功能和作用的。计算机的硬件系统上只有安装了软件后，才能发挥其应有的作用，为我们解决实际问题。计算机可以使用不同的软件，完成各种不同的工作。配备了软件的计算机才称为完整的计算机系统。

　　计算机软件是指可以运行在计算机硬件基础上的各种程序的总称，其作用是发挥和扩展计算机的功能。计算机软件是用户与硬件之间的接口界面。用户主要通过软件与计算机进行交流。

分析思考

　　目前，企业信息化已经从复杂的人工操作方式向简单的操作方式过渡，在企业管理中，管理软件为节约人力成本、决策成本，提高工作效率和企业效益做出了很大贡献。一般来说，提高企业信息化的应用软件主要分为两类，即通用软件和定制软件。通用软件通常应用于某一领域，它具有一定的通用性，如办公软件、财务软件、企业资源计划（Enterprise Resource Planning，ERP）软件、办公自动化（Office Automation，OA）软件等都是通用软件。通用软件主要是卖副本，其购买费用比较低。定制软件是按需定制的专用软件，即建立在某一特定用户的实际需求上，以解决用户实际问题为目的的软件，用于帮助用户提高工作效率，实现办公自动化，为决策层的决策提供数据支撑，定制软件的费用一般比通用软件的高。

　　请调查一家企业或一所学校应用软件的使用情况，并将调查结果填入表 3-1 中。

表 3-1　企业/学校应用软件使用情况调查结果

序号	应用软件分类	是否使用	软件名称	软件版本号
1	办公软件			
2	财务软件			
3	ERP 软件			
4	OA 软件			
5	数据库管理系统			
6	其他应用软件			

学习领会

3.1　计算机软件概述

　　无论是"项目""软件""软件开发"，还是"软件项目"，已经越来越被大家所熟悉，而且普遍存在于我们生活、工作的各个方面。

1. 项目

简单地说，项目（Project）就是在既定的资源和要求的约束下，为实现某种目的而相互联系的一次性工作任务。项目是为了创造一个产品或提供一个服务而进行的临时性的努力，是以一套独特而相互联系的任务为前提，有效地利用资源，为实现一个特定的目标所做的努力，是一个特殊的将被完成的有限任务，是在一定时间内实现一系列特定目标的多项相关工作的总称。例如，举办一次庆典活动、修建一座体育馆、开发一件新产品都可以被看作项目。

一个成功的项目应该是指在项目允许的范围内获得满足成本要求、进度要求、客户需求的产品。所以，项目目标的成功实现主要受 4 个因素制约：项目范围、项目成本、进度计划和客户满意度。项目范围是指为使客户满意必须做的所有工作；项目成本就是完成项目所需要的费用；进度计划是指安排每项任务的起止时间以及所需的资源等，是为项目描绘的一个过程蓝图，以在一定时间、预算内完成工作，使客户满意；客户满意度要看交付的成果质量，只有客户满意才意味着可以更快地结束项目，否则会导致项目的拖延，从而增加额外的费用。

2. 软件

软件是计算机系统中与硬件相互依存的部分，它是包括程序及相关文档的完整集合。其中，程序是按事先设计的功能和性能要求执行的指令序列，是计算任务的处理对象和处理规则的描述；相关文档是便于了解程序所需的阐明性资料，是与程序开发、维护和使用有关的图文资料。程序必须装入计算机硬件内才能工作，文档一般是给人看的，不一定装入计算机。

针对某一需求而为计算机编制的指令序列称为程序。程序连同有关的说明文档构成软件。微型计算机系统的软件分为两大类，即系统软件和应用软件。系统软件支持计算机运行，应用软件满足业务需求。

3. 软件开发

不同于硬件生产，软件开发有其自身的特点。

① 软件是一种逻辑产品，不是具体的物理实体，它具有抽象性，更多地带有个人智慧因素。这使得软件与其他的机械、建筑工程有很多的不同之处。

② 与硬件生产不同，软件开发过程中没有明显的制造过程，也不存在重复的生产过程。软件难以大规模工厂化生产，其产品数量及质量在相当长的时期内还得依赖少数技术人员的聪明与才智。

③ 软件没有硬件的机械磨损和老化问题，然而，软件存在退化问题，在软件的生存期中，软件环境的变化将导致软件失效率的提高。

④ 软件本身是复杂的，其复杂性来自应用领域实际问题的复杂性和应用软件开发技术的复杂性。软件开发过程的持续时间长、情况复杂，软件质量也较难评估。软件维护意味着要改正或完善原来的设计，这使得软件维护的难易程度也有所不同。

⑤ 软件的开发受到计算机系统的限制，对计算机系统有不同程度的依赖。硬件的发展变化很快，使得软件难以及时跟上硬件的应用，往往是新的硬件产品出现了，却没有相应的软件与之配合。因此，许多软件需要不断地升级、修改或者维护。

⑥ 软件开发至今没有摆脱人工的开发模式，软件产品主要以"定制"为主，目前做不到利用现有的软件组件组装成所需要的软件。

⑦ 大型软件的开发成本相当高。软件开发需要投入大量的、复杂的脑力劳动，开发成本比较高。

4. 软件项目

软件项目是一种特殊的项目，它创造的产品或者提供的服务是逻辑载体，没有具体的形状和尺寸，只有逻辑的规划和运行的结果。软件项目不同于其他的项目，涉及的因素比较多，管理比较复杂。目前，软件项目的开发远远没有其他领域项目的开发规范，很多的理论还不能适应所有的软件项目，经验在软件项目中仍起到很大的作用。软件项目中涉及的因素越多，彼此之间的相互作用就越大。另外变更在软件项目中也是常见的现象，如需求的变更、设计的变更、技术的变更、环境的变更等，这些都说明软件项目管理的复杂性。

软件项目除了具备项目的基本特征（目标性、周期性、相关性、独特性、约束性和不确定性），还有如下特点。

① 软件项目的需求总是不稳定的，处于不断变化之中。一些重要需求的变化甚至会影响到整个系统的解决方案。

② 软件开发活动是一项以脑力劳动为主的知识活动，受团队成员技能与知识水平的影响较大，许多开发活动很难做到规范化。

③ 软件是知识产品，其开发进度、质量很难估算和度量，生产效率也难以预测和保证。软件项目的交付成果事先"看不见"，并且难以度量。特别是很多的应用软件项目已经不再只是业务流程的"程序化"，而是还涉及业务流程再造或业务创新。

④ 软件开发难以完全做到功能分解，软件规模也无法简单地以人和天的数值的多少来衡量。团队成员人数越多，沟通成本就越高。也不能简单、直接地判断开发进度与开发效率。

⑤ 软件项目周期长、复杂度高、变数多。软件系统的复杂性导致软件开发过程中各种风险难以预见和控制，因此几乎不可能准确地制订出软件开发计划，即使制订计划的人员经验丰富，也很难对软件开发的各项任务量做出准确的计算。

3.2 计算机软件的类型

软件是计算机系统必不可少的组成部分，计算机软件分为系统软件和应用软件两类。系统软件一般包括操作系统、支撑软件、数据库管理系统等。应用软件是指计算机用户为某一特定应用而开发的软件，如文字处理软件、表格处理软件、绘图软件、财务软件、过程控制软件、安全防护软件、多媒体软件、游戏软件等。

3.2.1 系统软件

系统软件为计算机使用提供基本的功能，负责管理计算机系统中各种独立的硬件，使它们可以协调工作，使计算机使用者和其他软件将计算机当作一个整体而不需要顾及底层每个硬件是如何工作的。

系统软件可分为操作系统、支撑软件（包括语言编译程序）、数据库管理系统等，其中操作系统是基本的系统软件。

1. 操作系统

操作系统（Operating System，OS）是最基本、最重要的系统软件，也是计算机系统的内核与基石。它负责控制和管理计算机系统的全部软件资源和硬件资源（如 CPU、内存空间、磁盘空间、外部设备等），合理地组织计算机各部分协调工作，为用户和其他软件提供接口和运行的环境。

2．支撑软件

支撑软件是支撑各种软件的开发与维护的软件，又称为软件开发环境。它主要包括语言编译程序、环境数据库、各种接口软件和与软件开发有关的工具软件。有名的软件开发环境有 Python 集成开发环境 PyCharm、Java 集成开发环境 Eclipse、Vue 开发环境 Node.js、微软公司推出的基于.net 架构的开发工具 Visual Studio .NET 等。支撑软件包括一系列基本的开发工具，如程序编译、数据库管理、存储器格式化、文件系统管理、用户身份验证、驱动管理、网络连接等方面的工具。

3．数据库管理系统

数据库管理系统（Database Management System，DBMS）是安装在操作系统之上的一种对数据进行统一管理的系统软件，主要用于建立、使用和维护数据库。

数据库管理系统是有效地进行数据存储、共享和处理的工具。目前，微型计算机系统常用的数据库管理系统有 MySQL、SQL Server、Oracle、Sybase、DB2 等。数据库管理系统主要用于档案、财务、图书资料、仓库、人事等数据处理。

3.2.2 应用软件

应用软件是为了实现某种特定的用途而被开发的软件，不同的应用软件根据用户需求和所服务的领域提供不同的功能。它可以是一个特定的程序，如图像浏览器；也可以是一组功能联系紧密、可以互相协作的程序集合，如微软的 Office 软件。

应用软件是指除了系统软件以外，利用计算机为解决某类问题而设计的程序的集合，主要包括办公软件、工具软件、信息管理软件、辅助设计软件、实时控制软件等。

（1）办公软件

微型计算机的一个很重要的工作就是日常办公，WPS Office 是由北京金山办公软件股份有限公司自主研发的一款办公软件套装，主要包含 WPS 文字、WPS 表格和 WPS 演示三大功能模块。微软开发的 Office 办公软件包含文字处理软件 Word、电子表格处理软件 Excel、演示文稿处理软件 PowerPoint 和数据库管理系统 Access 等组件。其中文字处理软件主要用于用户对输入计算机的文字进行编辑并能将输入的文字以多种字形、字体及格式打印出来。电子表格处理软件是根据用户的要求处理各式各样的表格并进行存储或打印。

（2）工具软件

常用的工具软件有压缩/解压缩工具、杀毒工具、下载工具、数据备份与恢复工具、多媒体播放工具以及网络聊天工具等，如 WinZip、Avast、迅雷、QQ 等。

（3）信息管理软件

信息管理软件用于对信息进行输入、存储、修改、检索等，如工资管理软件、人事管理软件、仓库管理软件、图书管理系统等。这种软件一般需要数据库管理系统进行后台支持，使用可视化高级语言进行前台开发，形成客户/服务器（Client/Server，C/S）或浏览器/服务器（Browse/Server，B/S）体系结构，统称为管理信息系统（Management Information System，MIS）。

（4）辅助设计软件

辅助设计软件用于高效地绘制、修改工程图纸，进行工程设计中的常规计算，帮助用户寻求好的设计方案，如二维绘图设计软件、三维几何造型设计软件等。

（5）实时控制软件

实时控制软件用于随时获取生产设备、飞行器等的运行状态信息，并以此为依据按预定的方案对其实施自动或半自动控制。用于生产过程自动控制的计算机一般都是实时控制的，它对计算机的速度要求不高但对可靠性要求很高。

3.3 操作系统概述

操作系统是计算机系统的最基本的系统软件，为系统中各个程序运行提供服务。

3.3.1 操作系统的基本概念

操作系统是控制和管理计算机硬件与软件资源的计算机程序，是计算机的硬件与应用软件之间的纽带，是非常基本也是非常重要的基础性系统软件。操作系统负责计算机的全部软、硬件资源的分配、调度工作，控制并协调多个任务的活动，实现数据的存取和保护，需要处理如管理与配置内存、决定系统资源供需的优先次序、控制输入设备与输出设备、操作网络与管理文件系统等基本事务。操作系统也提供让用户与系统交互的操作界面（用户接口），使用户获得良好的工作环境。

3.3.2 操作系统的基本功能

操作系统是配置在计算机硬件中的第一层软件，是对硬件系统的首次扩充。计算机的操作系统对计算机来说是十分重要的。

① 从使用者角度来说，操作系统可以对计算机系统的各项资源板块开展调度工作，其中包括软硬件设备、数据信息等，运用计算机操作系统可以降低人工资源分配的工作强度，使用者对于计算机的操作干预程度降低，计算机的智能化工作效率就可以得到很大的提升。

② 在资源管理方面，如果由多个用户共同来管理一个计算机系统，那么可能就会有冲突、矛盾存在于多个使用者的信息共享当中。为了更加合理地分配计算机的各个资源板块，协调计算机系统的各个组成部分，就需要充分发挥计算机操作系统的职能，对各个资源板块的使用效率和使用程度进行较优的调整，使各个用户的需求都能够得到满足。

③ 操作系统在相关程序的辅助下，可以抽象处理计算机系统资源，以可视化的手段向使用者展示操作系统的功能，降低计算机的使用难度。

操作系统主要包括以下几个方面的功能。

1. 处理器管理

计算机系统中处理器是十分宝贵的系统资源，处理器管理的目的是对处理器的资源进行合理分配、对处理器的运行实施有效的管理，保证多个作业能顺利完成并且尽量提高 CPU 的效率，让用户等待的时间最少。操作系统对处理器进行管理的策略不同，提供的作业处理方式也就不同，例如，批处理方式、分时处理方式和实时处理方式。

处理器管理的基本功能就是处理中断事件，处理器只能发现中断事件并产生中断而不能进行处理，配置了操作系统之后，就可对各种事件进行处理。处理器管理的另一个功能就是处理器调度。处理器可能是一个，也可能是多个，不同类型的操作系统将针对不同情况采取不同的调度策略。在单用户、单任务的情况下，处理器仅为一个用户的一个任务所独占；在多道程序或多用户的情况下，组织多个作业或任务时，就要解决处理器的调度、分配和回收等问题。

2. 存储管理

存储管理的主要任务是指针对内存的管理。计算机的内存中有成千上万个存储单元，都存放着程序和数据，何处存放哪些程序，何处存放哪些数据，都是由操作系统来统一安排与管理的。存储管理的主要任务是对内存的存储空间进行合理分配、有效保护和扩充，保证各作业占用的存储空间不发生矛盾，并使各作业在自己所属存储空间中不受干扰。存储管理主要包括完成虚拟地址到物理地址的转换、管理内存分配表、检查进程地址空间是否出现越界问题、将磁盘上的代码调入内存、扩充内存等。

3. 设备管理

设备管理是指负责管理各种各样的外部设备，包括分配、启动和故障处理等。当用户程序要使用某外部设备时，由操作系统负责控制或调用驱动程序使外部设备工作，并随时对该设备进行监控，处理外部设备的中断请求等。操作系统采用统一管理模式，自动进行内存和设备间的数据传递，根据确定的设备分配原则对设备进行分配，使设备与主机能够并行工作，为用户提供友好的设备使用界面。

操作系统中设备管理的主要任务包括缓冲管理、设备分配、设备处理、实现设备独立性和虚拟设备管理等。

4. 文件管理

计算机系统中的程序或数据都要存放在相应存储介质上。为了便于管理，操作系统将相关的信息集中在一起，称为文件。文件是在逻辑上具有完整意义的一组相关信息的有序集合，每个文件都有一个文件名。操作系统的文件管理支持文件的组织、存储、检索、修改、更新和共享等操作，保证有效地管理文件的存储空间，合理地组织和管理文件系统，为文件访问和文件保护提供有效的方法及手段。

操作系统文件管理任务主要包括管理磁盘空间、整理磁盘碎片、建立文件目录、管理文件操作、设置文件的存取权限等。

5. 作业管理

每个用户请求计算机系统完成的独立的操作称为作业。作业管理是指对用户提交的诸多作业进行有效管理，包括作业的组织、控制和调度等，以尽可能高效地利用整个系统的资源。

6. 用户接口

用户操作计算机的界面称为用户接口（或用户界面），通过用户接口，只需进行简单操作，就能实现复杂的应用处理。

3.3.3　操作系统的类型

计算机的操作系统根据不同的用途分为不同的类型，根据操作系统的功能及作业处理方式可以分为实时操作系统、分时操作系统、批处理操作系统、通用操作系统、网络操作系统、分布式操作系统、嵌入式操作系统、云计算操作系统等。

1. 实时操作系统

实时操作系统是指当外界事件或数据产生时，能够接收并以足够快的速度予以处理，其处理的结果又能在规定的时间之内控制生产过程或对处理系统做出快速响应。

实时操作系统是调度一切可利用的资源完成实时任务，并控制所有实时任务协调一致运行的操作系统，提供及时响应和高可靠性是其主要特点。

2. 分时操作系统

分时操作系统是使一台计算机采用时间片轮转的方式同时为几个、几十个甚至几百个用户服务的一种操作系统。

分时操作系统把计算机与许多终端用户连接起来，将系统处理器时间与内存空间按一定的时间间隔，轮流地切换给各终端用户的程序使用。由于时间间隔很短，每个用户感觉就像自己独占计算机一样。分时操作系统具有多路性、独立性、交互性、及时性的优点，让多个用户共同使用一台计算机，有效地提高了资源的利用率，很大程度上节约了资源成本。

3. 批处理操作系统

批处理是指用户将一批作业提交给操作系统后就不再干预，由操作系统控制它们自动运行。采用这种批量处理作业技术的操作系统称为批处理操作系统。

批处理操作系统分为单道批处理系统和多道批处理系统。批处理操作系统不具有交互性，它是为了提高 CPU 的利用率而开发出的一种操作系统。

4. 通用操作系统

通用操作系统是具有多种类型操作系统特征的操作系统，可以兼有批处理、分时、实时操作等功能。

5. 网络操作系统

网络操作系统是一种在普通操作系统功能的基础上提供网络通信和网络服务功能的操作系统，是网络的"心脏"和"灵魂"，是为网络计算机提供服务的特殊的操作系统。网络操作系统分为服务器（Server）及客户端（Client）。服务器的主要功能是管理服务器和网络上的各种资源，共享网络设备并管控流量，避免瘫痪；客户端的主要功能是接收与运用服务器所传递的数据。

6. 分布式操作系统

分布式操作系统（Distributed Operating System）是一种以计算机网络为基础，将物理上分散的具有自治功能的数据处理系统或计算机系统互联起来的操作系统。分布式操作系统中各台计算机无主次之分，任意两台计算机可以通过通信交换信息，系统中若干台计算机可以并行运行同一个程序。

分布式操作系统用于管理分布式系统资源，能直接对系统中的各类资源进行动态分配和调度，进行任务划分、信息传输协调工作，并为用户提供统一的界面、标准的接口，用户通过统一的界面实现所需要的操作和使用系统资源，使系统中若干台计算机相互协作完成共同的任务，有效地控制和协调各任务的并行执行。

7. 嵌入式操作系统

嵌入式操作系统（Embedded Operating System）是一种运行在嵌入式智能芯片环境中，对整个智能芯片以及它所操作、控制的各种部件装置等资源进行统一协调、处理、指挥和控制的系统软件。嵌入式操作系统负责嵌入式系统的全部软件、硬件资源的分配、任务调度、控制、协调并发活动。它具有一般操作系统的功能，同时具有嵌入式软件的特点（独特的实用性、灵活的适用性、程序代码精简、可靠性/稳定性高）。常见的嵌入式操作系统有 VxWorks、QNX、Palm OS、Windows CE 等，以及广泛使用在智能手机或平板计算机等消费电子产品上的操作系统，如 Android、iOS、Symbian、Windows Phone 等。

8. 云计算操作系统

云计算操作系统又称云操作系统、云计算中心操作系统，是以云计算、云存储技术作为支撑的操作系统，是云计算后台数据中心的整体管理运营系统，是指构架于服务器、存储器、网络等基础硬件资源和单机操作系统、中间件、数据库等基础软件之上的，管理海量的基础硬件、软件资源的云平台综合管理系统。

云计算操作系统能够根据应用软件（如搜索网站的后台服务软件）的需求，调度多台计算机的运算资源进行分布计算，再将计算结果汇聚、整合后返回给应用软件。相对于单台计算机的计算耗时，通过云计算操作系统能够节省大量的计算时间。

云计算操作系统与普通计算机中运行的操作系统相比，就好像高效协作的团队与个人一样。个人在接收用户的任务后，只能一步步地逐个完成任务涉及的众多事项。而高效协作的团队由管理员接收到用户提出的任务后，将任务拆分为多个小任务，再把每个小任务分派给团队的不同成员。所有参与此任务的团队成员，在完成分派给自己的小任务后，将处理结果反馈给团队管理员，由管理员进行汇聚、整合后，交付给用户。

3.3.4 典型操作系统介绍

1. 桌面操作系统

桌面操作系统主要用于个人计算机，主要有 Windows 操作系统、macOS 操作系统、Linux 操作系统、UNIX 操作系统。

（1）Windows 操作系统

Windows 操作系统是美国微软公司研发的一套操作系统，它问世于 1985 年，起初仅仅是 Microsoft-DOS，即 MS-DOS。MS-DOS 是一个单用户单任务的操作系统，是 1981 年由微软公司为 IBM 个人计算机开发的磁盘操作系统，在 1985 年到 1995 年间 MS-DOS 占据操作系统的主要市场。

Windows 操作系统版本从 Windows 1.0、Windows 95、Windows 98、Windows 2000、Windows XP、Windows Vista、Windows 7、Windows 8、Windows 10，再到如今的 Windows 11，Windows 操作系统不断更新升级，发展成了当前应用广泛的操作系统之一。

Windows 操作系统具有界面图形化、多用户、多任务、网络支持良好、出色的多媒体功能、硬件支持良好、众多的应用程序等特点。

（2）macOS 操作系统

macOS 操作系统是一套运行于苹果 Macintosh（Mac）系列计算机上的操作系统，是苹果公司独有的封闭操作系统，运行在该系统上的所有应用都需要苹果公司的审核。

（3）Linux 操作系统

Linux 操作系统是开源的操作系统，支持多用户，其安全性和稳定性较 Windows 高，但没有如 Windows 那样丰富的图形界面，其所有功能都可以通过终端实现。Linux 发行版比较多，例如：Ubuntu、Debian、CentOS 等。

（4）UNIX 操作系统

UNIX 操作系统具有可靠性高、伸缩性强、开放性好、网络功能强、强大的数据库支持功能等特点。

2. 智能手机操作系统

智能手机操作系统主要应用在智能手机上，主流的智能手机操作系统有谷歌的 Android、苹果公司的 iOS、华为公司的 Harmony OS 等。

（1）Android 智能手机操作系统

Android 是一种以 Linux 为基础的开放源代码操作系统，主要使用于便携设备。Android 操作系统最初由安迪·鲁宾（Andy Rubin）等人开发，主要支持手机。Android 英文原意为"机器人"，Android 同时也是谷歌于 2007 年 11 月 5 日宣布的基于 Linux 平台开源手机操作系统的名称。

Android 平台的主要优势是具备开放性，允许各种移动终端厂商、用户和应用开发商加入 Android 联盟中来，允许众多的厂商推出功能各具特色的应用产品。平台提供给第三方开发商宽泛、自由的开发环境，由此诞生丰富、实用性好、新颖、别致的应用。搭载 Android 系统的硬件产品具备触摸屏、高级图形显示和上网功能、界面友好，是移动终端的 Web 应用平台。

（2）iOS 智能手机操作系统

iOS 是由苹果公司开发的智能手机操作系统，其原名为 iPhone OS。苹果公司于 2007 年 1 月 9 日的 Macworld 大会上公布这个系统，以 Darwin（Darwin 是苹果计算机的一个开放源代码操作系统）为基础，属于类 UNIX 的商业操作系统。它主要用于 iPhone 和 iPod Touch。

（3）HarmonyOS

华为鸿蒙系统（HUAWEI HarmonyOS）是华为公司在 2019 年 8 月 9 日于东莞举行的华为开发者大会（HDC.2019）上正式发布的操作系统。华为鸿蒙系统是华为公司开发的一款基于微内核、全新的、面向 5G 物联网、面向全场景的分布式操作系统。

凭借在互联网产业创新方面发挥的积极作用，HarmonyOS 在 2021 年世界互联网大会上获得"领先科技成果奖"。

3. 典型操作系统的主要应用场景

典型操作系统的主要应用场景如表 3-2 所示。

表 3-2　典型操作系统的主要应用场景

典型操作系统	应用场景
Windows 操作系统	个人、娱乐、企业、商业等各个领域
macOS 操作系统	个人、娱乐、企业、商业等各个领域
Linux 操作系统	移动端、云计算、AI 技术以及嵌入式等各个领域
UNIX 操作系统	几乎所有 16 位及以上的计算机上，包括微型计算机、工作站、小型计算机、多处理器和大型计算机等
Android 操作系统	手机、平板计算机、嵌入式家电等
iOS 移动操作系统	主要用于 iPhone、iPad 等
HarmonyOS	主要用于华为品牌以及支持 HarmonyOS 的手机、平板计算机等

3.3.5　国产操作系统的发展与现状

尽管国产操作系统的知名度比不上 Windows 操作系统的，但也在不断发展壮大，系统功能和性能也越来越成熟。对其中比较受欢迎的、性能比较稳定的国产操作系统介绍如下。

1. 深度

深度（Deepin）是基于 Linux 内核的国产操作系统，是一个致力于为全球用户提供美观易用、安全可靠的 Linux 发行版，如图 3-1 所示。深度在众多国产操作系统中是相对比较成熟、用户口碑也比较好的系统。它不仅对优秀的开源产品进行集成和配置，还开发了基于 HTML5 技术的全新桌面环境、系统设置中心，以及音乐播放器、视频播放器、软件中心等一系列面向日常使用的应用软件。对大多数用户来说，深度

图 3-1　深度

的易安装和使用，能够很好地代替 Windows 操作系统进行工作与娱乐。

2. 统信 UOS 统一操作系统

统信 UOS 统一操作系统基于 Linux 内核研发，如图 3-2 所示，目前支持龙芯、飞腾、兆芯、海光、鲲鹏等芯片平台的笔记本、台式机、一体机、工作站和服务器。统信 UOS 提供专业版系统、家庭版系统、社区版系统、服务器操作系统。系统设计符合国人审美和习惯，相对美观易用，安全可靠，可为各行业领域以及国家相关部门提供成熟的信息化解决方案。

3. 优麒麟

优麒麟（Ubuntu Kylin）是由中国 CCN（由 CSIP、Canonical、NUDT 三方联合组建）开源创新联合实验室与麒麟软件有限公司主导开发的全球开源项目，如图 3-3 所示，致力于设计出"简单轻松、友好易用"的桌面环境。优麒麟是专为中国市场而设计的操作系统基本架构，支持中文输入法、农历、天气插件。用户通过 Dash 可以快速搜索中国的音乐服务等，未来还会整合百度地图、国内银行支付和实时车票、机票查询等功能。

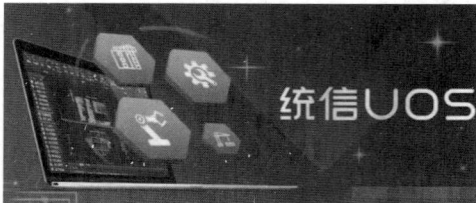

图 3-2　统信 UOS

图 3-3　优麒麟

优麒麟自创立以来已经有 10 多年的历史沉淀和技术沉淀，得到了国际社会的认可。截至 2022 年，优麒麟已累计发行 20 个操作系统版本，全球下载量超过 3800 万次，活跃爱好者和开发者超过 20 万人。

4. 红旗 Linux

红旗 Linux 深耕自主化国产操作系统领域 20 余年，已具备相对完善的产品体系，并被广泛应用于关键领域，如图 3-4 所示。现阶段红旗 Linux 具备满足用户基本需求的软件生态，支持 x86、ARM、MIPS、SW 等 CPU 指令集架构，支持龙芯、申威、鲲鹏、飞腾、海光、兆芯等国产自主 CPU 品牌，兼容主流厂商的打印机、手写板、扫描仪等各种外部设备。

5. 中标麒麟

中标麒麟（NeoKylin）操作系统采用强化的 Linux 内核，如图 3-5 所示，分成桌面版、通用版、高级版和安全版等，满足不同客户的要求，已经被广泛地应用在能源、金融、交通等行业领域。中标麒麟符合 POSIX 系列标准，兼容浪潮、联想、曙光等公司的服务器硬件产品，兼容达梦、人大金仓数据库、湖南上容数据库、IBM WebSphere、DB2 UDB、MQ 等系统软件。

图 3-4　红旗 Linux

图 3-5　中标麒麟

6. 中兴新支点

中兴新支点操作系统基于 Linux 稳定内核研发，分为嵌入式操作系统、服务器操作系统、桌面操作系统，如图 3-6 所示。中兴新支点操作系统不仅能安装在计算机上，还能安装在自动柜员机（Automatic Teller Machine，ATM）、取票机、医疗设备等终端，支持龙芯、兆芯、ARM 等 CPU，可满足日常办公需求。值得一提的是，中兴新支点操作系统可兼容运行 Windows 平台的日常办公软件。

图 3-6　中兴新支点

经过近 10 年专业研发团队的积累和发展，中兴新支点操作系统在安全加固、性能提升、易用管理等方面表现突出。其客户覆盖国内外电信运营商、电子政务、金融、交通、航天、教育、军工等众多领域，是国内首家走出国门的自主、安全、可控、好用的操作系统。

7. RT-Thread

RT-Thread 既是一个集实时操作系统（Real-Time Operating System，RTOS）内核、中间件组件和开发者社区于一体的技术平台，也是一个组件完整丰富、可伸缩性强、开发简易、功耗超低、安全性高的物联网操作系统，软件生态相对较好，如图 3-7 所示。截至 2022 年，RT-Thread 的累计装机量就已超过 14 亿台，被广泛应用于车载、医疗、能源、消费电子等多个行业，是国人自主开发、国内较成熟稳定和装机量较大的开源 RTOS。

图 3-7　RT-Thread

8. 银河麒麟

银河麒麟（Kylin）是由国防科技大学研制的开源服务器操作系统，如图 3-8 所示。银河麒麟 2.0 操作系统完全版包括实时版、安全版、服务器版 3 个版本。此操作系统是"863 计划"和国家核高基科技重大攻关科研项目，目标是打破国外操作系统的垄断，研发一套拥有我国自主知识产权的服务器操作系统。银河麒麟拥有高安全、高可靠、高可用、跨平台等特性，以及强大的中文处理能力。

图 3-8　银河麒麟

之后该品牌被授权给天津麒麟，天津麒麟在 2019 年与中标软件合并为麒麟软件有限公司。银河麒麟是优麒麟的商业发行版，使用 UKUI 桌面。目前已有部分国产笔记本搭载了银河麒麟系统，如联想昭阳 N4720Z 笔记本、长城 UF712 笔记本等。

9. HarmonyOS

华为鸿蒙（HarmonyOS）系统是面向万物互联的全场景分布式操作系统，支持手机、平板、智能穿戴设备、智慧屏等多种终端运行，提供应用开发、设备开发的一站式服务。

10. 中科方德桌面操作系统

"中科方德"是最主要的国产操作系统厂商之一，如图 3-9 所示，其旗下产品"中科方德桌面操作系统"基于核高基桌面操作系统基础版，遵循"基础版+发行版"创新研发模式，采用核高基安全加固内核，与基于兆芯（兼容 x86 平台）的国产整机进行全面适配优化，性能优异。该系统具有美观、易用的桌面环境，易于安装配置，可支持台式机、笔记本、一体机及嵌入式设备等形态整机、主流硬件平台和常见外部设备，截至 2022 年，软件中心已上架运维近 2000 款优质的国产软件及开源软件。该系统采用了符合现代审美和操作习惯的图形化用户界面设计，易于原 Windows 操作系统用户上手使用，被广泛地应用于医疗、电信、教育、金融等领域。

11. 凝思安全操作系统

凝思安全操作系统是北京凝思软件股份有限公司（简称凝思软件）自主研发、拥有完全自主知识产权的操作系统，如图 3-10 所示，该系统遵循国内外安全操作系统 GB 17859、GB/T 18336、GJB 4936、GJB 4937、GB/T 20272 以及 POSIX、TESEC、ISO 15408 等标准。

图 3-9　中科方德

图 3-10　凝思

12. 思普操作系统

思普操作系统是一款由思普软件股份有限公司开发的计算机操作系统，如图 3-11 所示。思普操作系统有桌面版和服务器版两种，它将办公、娱乐、通信等开源软件一同封装到办公系统中，以实现通过桌面办公系统的一次安装满足用户办公、娱乐、网络通信的各类应用需求。该系统支持多语言界面，如中文、英文、阿拉伯文语言界面。

图 3-11　思普

如果说"个人计算机时代"成就了微软，"移动时代"成就了苹果和谷歌，那么万物互联的"人工智能时代"，同样有大量的智能终端需要安装操作系统，这个量级恐怕是当前手机的数倍、数十倍。在如此强大的市场前景下，国产操作系统面临着巨大的机遇。在民用基础软件领域，基于 Linux 开发的国产操作系统数量也不少，已经得到了广大国内用户的认可，在金融、电信等众多领域也得到了较为广泛的应用。总体来说，国产操作系统越来越完善，生态越来越丰富。

3.4　Windows 操作系统的使用

Windows 操作系统广泛采用的目录结构是树形目录结构，其主要优点是层次结构清晰，便于文件管理和保护；有利于文件分类；能有效解决文件夹或文件的重名问题；能提高文件检索速度；能进行存取权限的控制。

3.4.1　硬盘分区和磁盘格式化

驱动器是读出与写入数据的硬件设备，常用的有硬盘驱动器和光盘驱动器。将硬盘划分为多个相对独立的硬盘空间称为硬盘分区。盘符是对每个磁盘分区的命名，用一个字母和半角冒号进行标识，硬盘的盘符一般为 C:、D:、E:等。

磁盘的格式化是指在磁盘中建立磁道和扇区，磁道和扇区建立好后，计算机才可以使用磁盘来存储数据。

3.4.2　文件夹与文件

1. 文件夹

文件夹是 Windows 操作系统中用于存放文件或其他子文件夹的虚拟容器，文件夹包含的子文件夹中还可以包含多个子文件夹或文件。

计算机 Windows 操作系统中的目录（Directory）和文件夹（Folder）是一个意思，目录是早期 DOS 时期的叫法，文件夹是 Windows 操作系统时期的叫法。

文件夹中可以包括文件，还可以包括下级文件夹，一个文件夹中的下级文件夹就称为它的子文件夹，子文件夹的上一级文件夹称为父文件夹。子文件夹和父文件夹是相对的，例如，对于路径 X\Y\T，Y 是 X 的子文件夹，Y 是 T 的父文件夹。

当前文件夹就是用户正在使用的文件夹，又称为工作文件夹。

有两个特殊文件夹的表示："."表示当前文件夹，".."表示当前文件夹的上一级文件夹，即父文件夹。

2. 对象文件夹

Windows XP 操作系统提供了一个名为"我的文档"的文件夹，该文件夹中默认提供了多个子文件夹，分别用于保存音乐、照片等类型的文件。Windows 7 操作系统提供了"库"，用户可以采用虚拟视图的方式管理自己的文件，将硬盘上不同位置的文件夹添加到库，并在其中浏览这些内容。Windows 10 操作系统在"此电脑"文件夹中提供了"3D 对象""视频""图片""文档""下载""音乐""桌面"等对象文件夹以存储与管理同类对象文件，这里的对象文件夹与 Windows 7 操作系统中的库的概念类似。

3. 文件及其类型

文件是计算机数据的集合，通常使用不同的图标来表示不同类型的文件，用户可以通过图标或者文件的扩展名来识别文件的类型。在 Windows 系统中，扩展名 exe、com 表示可执行文件，txt 表示文本文件，bmp、gif、jpg、pic、png 表示图像文件，zip 表示 ZIP 格式的压缩文件，iso 表示镜像文件，html 表示网页文件，pdf 表示 PDF 文档，mp3、wav、aif、au、ram 表示声音文件，mp4、rm、flv、avi 表示视频文件，tmp 表示临时文件，bat 表示批处理文件，doc、docx 表示 Word 文档，wps 表示 WPS 文档，xls、xlsx 表示 Excel 工作表等。

4. 文件夹和文件的命名

文件夹和文件都必须有一个确定的名称，操作系统通过名称对文件夹和文件进行有效管理，用户通过名称识别、记忆和搜索文件夹和文件，文件夹和文件的名称应该明确并且容易记忆。

Windows 10 操作系统中文件夹和文件的命名规则如下。

① 长度不能超过 255 个英文字符，不区分英文大小写。如果使用汉字，不能超过 127 个汉字。

② 允许使用字母、数字、空格、加号、逗号、分号、括号、等号等。

③ 不允许使用? 、*、"、<、>、|、/、\、:等字符。

④ 文件通过扩展名区分文件类型。

一个规范的文件名包括主文件名和扩展名两个部分，基本格式如下。

<主文件名>.<扩展名>

主文件名是必需的，但扩展名可以省略，以使用默认扩展名。使用下角点（.）将扩展名与主文件名分开。为了便于查找和管理，主文件名最好能反映文件内容，做到见名知义。扩展名代表文件的类型，一般使用计算机系统已经规定好的一些扩展名，在使用一些软件建立文件时使用系统默认的扩展名即可，用户不必自己命名扩展名。

当文件比较多时，需要建立多层文件夹，把文件分门别类地存放在不同的文件夹中，实现文件的层次化管理，再加上文件命名时遵循见名知义的原则，会大大提高文件管理的效率，从而提高工作效率。需要注意的是，在同一文件夹中，所有的文件或子文件夹不能出现重名。

　　Windows 操作系统包含文件资源管理器之类的工具，能够帮助用户在各文件夹之间进行文件的移动、复制，在文件夹中对文件进行重命名、删除等操作，也可快速查询文件或文件夹，并且查询文件或文件夹时允许使用通配符?和*。

3.4.3　路径

　　用户在磁盘上寻找文件或子文件夹时，所历经的磁盘和文件夹叫作路径（Path），路径指向文件系统上的一个唯一位置，由多个部分组成，各部分之间有分隔字符。路径中分隔字符有斜线（ / ）、反斜线（ \ ）或冒号（ : ）等，不同的操作系统与环境中分隔字符可能不同。

　　在对文件进行操作时，除了要指明文件名，还需要明确文件所在的盘符和文件夹，即文件在文件夹树中的位置，也称为文件的路径，路径又分为绝对路径（Absolute Path）和相对路径（Relative Path）。

1.　绝对路径

　　绝对路径表示文件在系统中存储的绝对位置，由从磁盘根文件夹开始直到该文件所在文件夹路径上的所有文件夹名组成，并使用"\"进行分隔。例如，"C:\Program Files\Microsoft Office\Office16"这种直接指明了文件所在的盘符和所在具体位置的完整路径，即绝对路径。

2.　相对路径

　　相对路径表示文件在文件夹树中相对于当前文件夹的路径，以"."".."或者文件夹名称开头，其中文件夹名称表示当前文件夹中的子文件夹名。例如，"Microsoft Office\Office16"就是一个相对路径。

　　在 Windows 10 操作系统中单击"地址栏"的空白处，即可获得当前文件夹的路径，如图 3-12 所示。

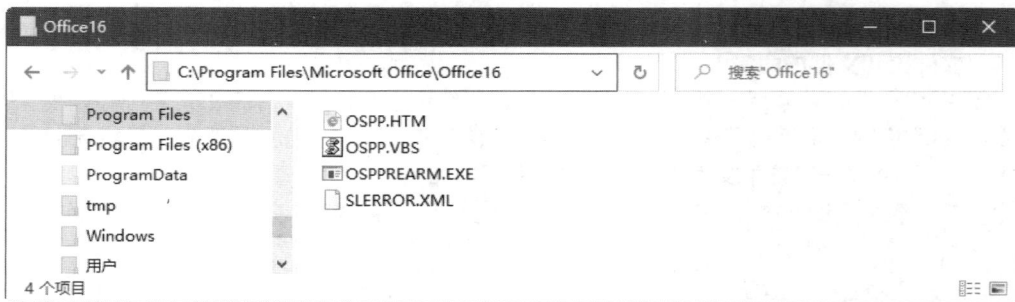

图 3-12　查看当前打开文件夹窗口的路径

3.5　常用应用软件

3.5.1　常用应用软件概述

　　较常用的应用软件如下。

　　① 行业管理软件，如人力资源管理软件、图书管理软件、进销存管理软件、仓库管理软件、资产管理软件、教学管理软件、财务管理软件、ERP 软件等。

　　② 文字处理软件，如 WPS、Word、永中 Office、OpenOffice 等。

③ 辅助设计软件，如 AutoCAD、Pro/ENGINEER、UG NX、CAXA 等。

④ 媒体播放软件，如 Windows Media Player、QQ 音乐、酷我音乐、酷狗音乐等。

⑤ 系统优化软件，如腾讯电脑管家、QQ 软件管理、Windows 优化大师、超级兔子、驱动精灵、驱动人生等。

⑥ 信息安全软件，如 360 安全卫士、360 杀毒、卡巴斯基、PC-cillin、诺顿杀毒、Bitdefender、瑞星杀毒、金山毒霸等。

⑦ 教育与娱乐软件，如风行、PPTV、PPS 等。

⑧ 图形图像软件，如 CorelDRAW、Photoshop、Illustrator、Fireworks、Maya 等。

⑨ 网页制作软件，如 Dreamweaver、FrontPage、DFM2HTML 等。

⑩ 动画制作软件，如 Adobe Flash、Easy GIF Animator、Cliplets、Animation Creator、Benetton Movie GIF 等。

⑪ 数学软件，如 Mathematica、Maple、MATLAB、Mathcad 等。

⑫ 统计软件，如 SAS、SPSS 等。

⑬ 后期合成软件，如 After Effects、Premiere、Digital Fusion、Shake 等。

⑭ 网页浏览软件，如 Edge、Firefox、Chrome、Safari、Opera 等。

⑮ 下载管理软件，如迅雷、快车、QQ 旋风等。

3.5.2 常用应用软件简介

1. 办公软件 WPS

WPS 是 Word Processing System（文字处理系统）的缩写，WPS Office 是由北京金山办公软件股份有限公司自主研发的一款办公软件套装，由一系列组件共同组成，主要包含 WPS 文字、WPS 表格和 WPS 演示三大功能模块，分别与微软公司的 Word、Excel 和 PowerPoint 相对应，可以实现办公软件常用的文字处理、电子表格处理、演示文稿制作以及 PDF 文档阅读等多种功能。WPS 具有操作简便、占用内存低、运行速度快、云功能多、强大插件平台支持、免费提供海量在线存储空间及文档模板的优点，全面支持桌面和移动办公，支持阅读和输出 PDF（.pdf）文件，覆盖 Windows、Linux、Android、iOS 等多个平台。

在 WPS Office 家族中，每个组件有明确的功能，具体如下。

① "WPS 文字"支持查看和编辑 DOC/DOCX 文档，常用功能包括管理文档、编辑文档、属性设置、表格处理、图文混排、公式编辑、邮件合并等，并支持 WPS 文档的加密和解密。

② "WPS 表格"可以输入、输出、显示数据，利用公式可以执行一些简单的运算，还可以制作各种复杂的表格文档，利用函数能够进行烦琐的数据计算，能对输入的数据进行各种复杂统计运算，并将结果显示为可视性效果较好的表格。

③ "WPS 演示"不仅可以创建演示文稿，还可以在互联网上召开面对面会议、远程会议或在网上给观众展示作品或产品。

④ WPS Office 内置了 PDF 阅读工具，可以快速打开 PDF 文档，转换 PDF 文件为 Word 格式，注释、合并 PDF 文档，拆分 PDF 文档及签名等。

2. 办公软件 Word

Word 是一款实用的文字处理软件，具有界面友好、功能全面、操作方便、可扩展性强等优势。新版的 Word 可以帮助用户创建和共享文档，给 Word 文档设置合适的格式，使文档具有更加美观的版式效果，方便阅读和理解文档的内容。

3．图像浏览与管理软件

使用 ACDSee、谷歌 Picasa 等图像浏览与管理软件可以快捷地浏览与管理图片。

① ACDSee 是非常流行的看图工具之一，它提供了友好的操作界面，简单、人性化的操作方式，优质、快速的图形解码方式，支持丰富的图形格式，各种省时省力的工具，强大的图形文件管理功能等。ACDSee 可快速浏览大多数的影像格式文件，可以将图片放大、缩小，调整视窗大小与图片大小配合，全屏幕的影像浏览，并且支持 GIF 动态影像。支持将图像转成 BMP、JPG 和 PCX 格式、将图像设置成桌面背景、以幻灯片的方式浏览图片，还可以看GIF 动画。

② 使用谷歌的免费图片管理工具 Picasa，数秒内就可找到并欣赏计算机上的图片。Picasa 原为收费的图像管理、处理软件，其界面美观华丽，功能实用丰富，后来被谷歌收购并改为免费软件，成为谷歌的一部分，它的突出优点是搜索硬盘中的图片的速度很快，当用户输入第一个字后，准备输入第二个字时，它已经即时显示出搜索出的图片。不管图片有多少，空间有多大，几秒内就可以查找到所需要的图片。

4．图像捕获软件

使用 Snagit 和 HyperSnap 等图像捕获软件可以高效地捕获与编辑图像。

① Snagit 是一款非常优秀的屏幕、文本和视频捕获与转换程序，集屏幕截图、图像编辑、图库管理功能于一身，可以捕获 Windows 屏幕、DOS 屏幕、RM 格式电影、游戏画面、菜单、窗口、客户区窗口、最后一个被激活的窗口或用鼠标指针定义的区域。Snagit 捕获的图像可被存储为 BMP、PCX、TIF、GIF 或 JPEG 格式，也可以被存储为视频动画；使用 JPEG 格式可以指定所需的压缩级（从 1%到 99%）；可以选择是否包括鼠标指针、是否添加水印。另外，其还具有自动缩放、颜色减少、单色转换、抖动以及转换为灰度级等功能。此外，保存屏幕捕获的图像前，可以用其自带的编辑器编辑；也可以选择自动将其送至 Snagit 虚拟打印机或 Windows 剪贴板中，还可以直接用 E-mail 发送。Snagit 具有将显示在 Windows 桌面上的文本块直接转换为机器可读文本的独特能力，类似某些光学字符阅读器（Optical Character Reader，OCR）软件，这一功能甚至无须剪切和粘贴。

② HyperSnap 是一款非常优秀的屏幕截图工具，它不仅能抓取标准桌面程序，还能抓取 DirectX、Glide 的游戏视频或数字通用光盘（Digital Versatile Disc，DVD）屏幕图。它能以 20 多种图形格式（包括 BMP、GIF、JPEG、TIFF、PCX 等）保存并阅读图片。可以用快捷键或自动定时器从屏幕上抓图。它的功能还包括在所抓取的图像中显示鼠标指针轨迹、收集工具、调色板功能、设置分辨率。

5．图像编辑与处理软件

使用光影魔术手、美图秀秀、Image Optimizer 等图像编辑与处理软件可以快捷地美化与处理图片。

① 光影魔术手是一个对图像画质进行改善及效果处理的工具软件，其优点是简单、易用。使用光影魔术手，每个人都能制作精美相框、艺术照和专业胶片的效果；不需要任何专业的图像技术，就可以制作出专业胶片摄影的色彩效果，是摄影作品后期处理、图片快速"美容"、数码照片冲印整理时必备的图像处理软件。

② 美图秀秀是一款很好用的免费图片处理软件，用户不用深入学习就能使用，比 Photoshop 更简便。美图秀秀独有的图片特效、美容、拼图、场景、边框、饰品等功能，加上几乎每天更新的精选素材，可以让用户在短时间内完成个性图片美化。

③ Image Optimizer 利用其独特的 MagiCompression 压缩技术可以将 JPG、GIF、PNG、BMP、

TIF 等图像文件优化，可以在不影响图形影像品质的情况下将图像压缩，最高可将图像文件占用内存空间压缩 50%以上，以腾出更多网页空间和减少网页下载时间。

6．媒体播放软件

我们可以使用本地计算机听音乐、看影视，也可通过网络在线欣赏音乐、播放视频、观赏影视，如今播放音乐和视频、观看电影和电视的专用播放器有很多种。

（1）音乐播放器

音乐播放器是一种用于播放各种音乐文件的多媒体播放软件，它涵盖各种格式音乐的播放工具，如 MP3 播放器、WMA 播放器、MP4 播放器等。它们不仅界面美观，而且操作简单。常用的音乐播放器有 QQ 音乐播放器、酷我音乐、RealPlayer 等。

① QQ 音乐播放器是一款带有精彩音乐推荐功能的播放器，同时支持在线音乐和本地音乐的播放，是内容丰富的音乐平台。其独特的音乐搜索和推荐功能，使用户可以尽情地享受流行、热门的音乐。

② 酷我音乐是一款集歌曲和 MV 搜索、在线播放、同步歌词于一体的音乐聚合播放器，酷我音乐具有"全、快、炫"三大特点。

③ RealPlayer 是网上收听、收看实时音频、视频和 Flash 的优秀工具，即使带宽很窄，也可以让用户享受丰富的多媒体体验。RealPlayer 是一款在互联网上通过流技术实现音频和视频实时传输的在线收听工具软件，使用它不必下载音频或视频的内容，只要线路允许，就能完全实现网络在线播放，可以方便用户在网上查找、收听和收看自己感兴趣的广播电视节目。

（2）视频播放器

① 暴风影音是北京暴风科技股份有限公司推出的一款视频播放器，该播放器兼容大多数的视频和音频格式。

② 百度影音是百度公司推出的一款带来全新体验的播放器，支持主流媒体格式的视频、音频文件，可实现本地播放和在线点播。百度影音播放器为用户提供优质的视听服务，支持功能快捷键修改或设置，满足用户个性偏好；能自动记录上次关闭播放器时的文件位置，再次观看无须从头再来；还支持播放在线影视文件，只需将统一资源定位符（Uniform Resource Locator，URL）复制并粘贴到剪贴板，即可享受边下载边播放，体验在线精彩。

③ 苹果公司设计的 QuickTime 不仅是一个媒体播放器，更是一个完整的多媒体架构。QuickTime 下载后可以用来进行多种媒体的创建和分发，并为这一过程提供端到端的支持，包括媒体的实时捕捉，以编程的方式合成媒体，导入和导出现有的媒体，还有编辑、制作、压缩、分发以及用户回放等多个环节。

（3）在线观看网络电影和网络电视软件

① 风行是一款集在线点播和下载影视（电影、电视）节目等功能的视频播放软件，具有风行首创的"边下边看"特点。

② PPS 是一套完整的基于 P2P（peer-to-peer）技术的流媒体大规模应用解决方案，包括流媒体编码、发布、广播、播放和超大规模用户直播等，能够为宽带用户提供稳定和流畅的视频直播节目。

③ PPTV 网络电视是 PPLive 旗下媒体，是一款全球安装量非常大的网络电视，支持对海量高清影视内容的"直播＋点播"功能。可在线观看电影、电视剧、动漫、综艺、体育直播、游戏竞技、财经资讯等视频娱乐节目并且完全免费，是广受网友欢迎的装机必备软件。

7．PDF 文件阅读软件

PDF（Portable Document Format）文件格式与操作系统平台无关，也就是说，PDF 文件不管是在 Windows、UNIX 还是在苹果公司的 macOS 操作系统中都是通用的。这一特点使它成为在互联网上进行电子文档发行和数字化文档传播的理想文档格式。越来越多的电子图书、产品说明、公司文告、网络资料、电子邮件开始使用 PDF 文件格式，文档的撰写者可以向任何人分发自己制作的 PDF 文件而不用担心被恶意篡改。使用 PDF 格式文件目前已成为数字化文档事实上的一个工业标准。

① Adobe Reader 是 Adobe 公司开发的一款优秀的 PDF 文档阅读软件。Adobe Reader 是查看、阅读和打印 PDF 文件的优秀工具。用户可以使用 Adobe Reader 查看、打印和管理 PDF 文件，还可以使用 Adobe Reader 的多媒体工具播放 PDF 文件中的视频和音乐。Adobe Reader 软件支持新一代的 macOS 和 Windows 系统，具有安全性高、界面简洁、查看信息高效、操作简便等优点。

② 福昕阅读器是十分流行的 PDF 文件阅读器，能够快速打开、浏览、审阅、注释、签署及打印各种 PDF 文件，具有轻快、高效、安全等特性，并且具有 PDF 文件创建功能。福昕阅读器采用行业内快速、精准的 PDF 文件渲染引擎，渲染速度快，渲染质量高（高保真度），为用户提供一流的 PDF 文件查看和打印体验。

③ 超星阅览器（SSReader）是超星公司（全称：北京世纪超星信息技术发展有限责任公司）专门针对数字图书的阅览、下载、版权保护和下载计费而研究开发的一款专业阅览器，是国内外用户数量最多的专用图书阅览器之一。阅读超星数字图书网图书需要下载并安装超星阅览器。除阅读图书外，超星阅览器还可用于扫描资料、采集整理网络资源等。

8. 文件的压缩与解压缩软件

压缩软件是利用算法将文件有损或无损地处理，以实现保留最多文件信息，并且令文件占用内存空间变小的应用软件。压缩软件一般同时具有压缩和解压缩的功能。

① WinRAR 是一款功能强大的文件压缩/解压缩工具，包含强力压缩、分卷、加密和自解压等模块，能创建 RAR 和 ZIP 格式的压缩文件，也能解压缩 RAR、ZIP 和其他格式的压缩文件。WinRAR 的优点是压缩率大、速度快、简单易用，WinRAR 64 位支持目前绝大多数的压缩文件格式，支持通用的 RAR 及 ZIP 压缩格式，还可以解压缩 ARJ、CAB、LZH、TGZ 等压缩格式的文件。

② 快压（KuaiZip）是一款免费、方便、快速的压缩和解压缩"利器"，拥有一流的压缩技术，是具有自主压缩格式的软件。快压自身的压缩格式 KZ 具有超大的压缩比和超快的压缩/解压缩速度，兼容 RAR、ZIP 和 7Z 等 40 余种压缩格式文件。

除了 WinRAR、快压，还有 2345 好压、360 压缩、7-ZIP 等多种压缩软件。

9. 词典软件

词典软件是计算机或手机上的具有词语解释和查询功能的软件。相比传统的纸质词典，词典软件具有词汇量大、信息丰富、使用方便、价格便宜、更新及时等优点。常用的词典软件有金山词霸、灵格斯词霸、有道词典和微软必应词典等。

① 金山词霸是一款专业、免费使用的外语学习软件，收录柯林斯词典、牛津双语词典等 140 余本权威词典、约 500 万条双语例句，支持英语、日语等多语言翻译，为用户提供听力、阅读、口语方面的英语学习训练，是受欢迎的词典翻译、英语学习工具之一。

② 灵格斯词霸是一款简明、易用的翻译与词典软件，支持全球超过 60 种语言的互查互译；支持多语种屏幕取词、索引提示和语音朗读功能，是新一代的词典翻译专家；支持屏幕取词、划词、剪贴板取词、索引提示和真人语音朗读，并提供海量词库免费下载，专业词典、百科全书、例句搜索和网络释义，一应俱全。

③ 有道词典是网易有道公司出品的一款功能强大的翻译软件，通过独创的网络释义功能，

轻松包括互联网上的流行词汇与海量例句，支持中、英、日、韩、法等多语种翻译。

④ 微软必应词典基于微软强大的技术实力和创新能力，独创性地推出近音词搜索、近义词比较、词性百搭、拼音搜索、搭配建议等功能，结合了互联网"在线词典"及"桌面词典"的优势，依托必应搜索引擎技术，及时发现并收录网络新兴词汇。

10. 下载软件

下载软件是一种可以快速地从网上下载图片、软件、电影、音乐、文件等网络资源的工具软件。使用下载软件下载网上资源之所以快，是因为它们采用了"多点连接（分段下载）"技术，充分利用了网络上的多余带宽；采用了"断点续传"技术，可随时接续上次中止部位继续下载，有效避免了重复劳动，大大节省了下载者的连线下载时间。

国内比较知名的下载软件有 Thunder（迅雷）、QQ 旋风、FlashGet（网际快车）、BitComet（比特彗星）、ImovieBox 等。

① Thunder（迅雷）使用先进的超线程技术，能够对存在于第三方服务器和计算机上的数据文件进行有效整合，通过这种先进的超线程技术，用户能够以更快的速度从第三方服务器和计算机获取所需的数据文件。

② QQ 旋风是腾讯公司推出的互联网下载工具，下载速度快，占用内存少，界面清爽、简单。QQ 旋风创新性地改变下载模式，将浏览资源和下载资源融为一体，让下载更简单、更纯粹、更轻松。

③ FlashGet（网际快车）采用基于业界领先的 MHT 和 P4S 下载技术，完全改变了传统下载方式，下载速度是普通下载的 8～10 倍，跨越了 HTTP、FTP、BT 等常见协议和多种流媒体协议。

④ BitComet（比特彗星）是一个完全免费的 BitTorrent（BT）下载管理软件，同时也是一个集 BT、HTTP、FTP 等协议于一体的下载管理器。BitComet 拥有多项领先的 BT 下载技术，有边下载、边播放的技术，也有方便、自然的使用界面。

⑤ ImovieBox 是一款网页视频高速下载软件，可以自动捕捉网页中的视频文件并下载到本地，也可以复制视频地址到 ImovieBox 进行下载。

11. 杀毒软件

计算机病毒、木马、蠕虫等恶意程序通过网络、移动存储设备等途径不断进行传播，对计算机系统和数据进行有效保护已成为计算机使用者和上网用户的日常工作之一。360 杀毒、金山毒霸、瑞星杀毒等专业杀毒软件可以查杀和防范计算机病毒和蠕虫病毒，360 安全卫士、瑞星个人防火墙等软件则可以防范木马等恶意程序。

① 360 杀毒是 360 安全中心出品的一款免费的云安全杀毒软件，它创新性地整合了五大领先查杀引擎，包括国际知名的 BitDefender 病毒查杀引擎、Avira（小红伞）病毒查杀引擎、360 云查杀引擎、360 主动防御引擎以及 360 第二代 QVM 人工智能引擎。360 杀毒具有查杀率高、资源占用少、升级迅速等优点。其防杀病毒能力得到多个国际权威安全软件评测机构认可，荣获多项国际权威认证。

② 金山毒霸是猎豹移动科技有限公司旗下研发的云安全智扫反病毒软件。其融合了启发式搜索、代码分析、虚拟机查毒等经业界证明成熟可靠的反病毒技术，使其在查杀病毒种类、查杀病毒速度、防治未知病毒等多方面达到先进水平。

③ 瑞星杀毒（Rising Antivirus，RAV）采用获得欧盟及中国专利的多项核心技术，形成全新软件内核代码，具有多种应用特性，是目前国内外同类产品中十分具有实用价值和安全保障的杀毒软件产品。

④ 瑞星个人防火墙是为了解决网络攻击问题而研制的个人信息安全产品，具有完备的规则设置，能有效监控网络连接，保护网络不受黑客攻击。

⑤ 百度卫士是简单可信赖的系统工具软件，集合了木马查杀和软件管理等功能。百度卫士提供了轻巧、快速、智能等的产品体验，百度卫士实时保护可以及时发现系统存在的安全隐患，阻止木马病毒破坏系统，提高安全性。

操作训练

【操作训练 3-1】启动与退出 Windows 10

1. 启动 Windows 10

先打开显示器的电源开关，后打开主机的电源开关，已经安装好 Windows 10 的计算机开机后会自动启动 Windows 10，Windows 10 启动成功后将出现登录界面。选择一个登录用户，如果该登录用户设置了密码，则需要输入正确的密码后才能登录。登录成功后，屏幕上将出现图 3-13 所示的 Windows 10 的桌面。

2. 认识 Windows 10 的桌面元素

Windows 10 的"桌面"就是用户启动计算机并登录到系统后看到的整个屏幕界面，就像实际的桌面一样，它是用户工作的界面。Windows 10 的桌面元素主要包括桌面图标和任务栏，如图 3-13 所示。

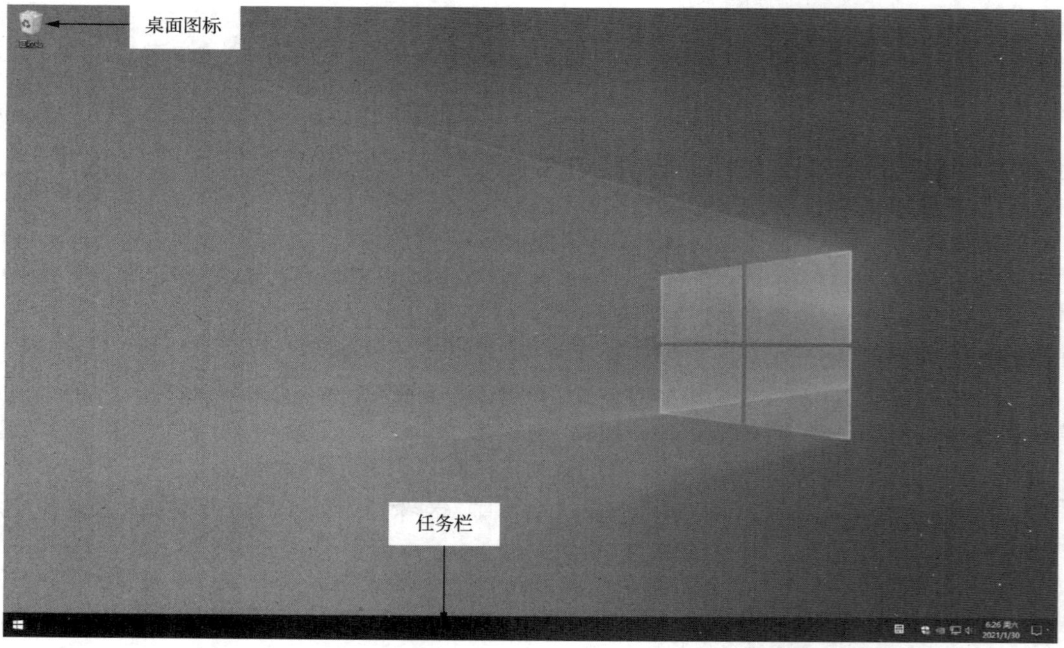

图 3-13　Windows 10 的桌面

桌面上排列着一些图标，图标是具有明确标识意义的图形，桌面图标是软件的标志。通过单击或者双击图标，可以执行某个命令或者打开某种类型的文档。桌面上可以存放用户经常用到的应用程序和文件夹图标，也可以根据需要添加各种快捷方式，双击快捷方式就能够快速启动相应的程序或打开文件。

3. 退出 Windows 10

单击 Windows 10 桌面左下角的"开始"按钮▦，弹出"开始"菜单，在"开始"菜单中，单击"电源"按钮⏻，弹出图 3-14 所示的快捷菜单，在该菜单中选择"关机"命令，系统自动关闭当前正在运行的程序，然后关闭计算机系统。

图 3-14　"电源"快捷菜单

> **提示**　如果在图 3-14 所示的菜单中选择"重启"命令，系统自动关闭当前正在运行的程序，接着关闭计算机系统，然后重新启动计算机系统。

【操作训练 3-2】"计算机"窗口功能区及菜单的基本操作

Windows 10 的"计算机"窗口功能区位于标题栏下面，一般包括"文件""主页""共享""查看"。

1. 功能区的最小化与显示

当功能区处于最小化状态时，单击"计算机"窗口右上角的"展开功能区"按钮⌄即可显示功能区。当功能区处于显示状态时，单击"最小化功能区"按钮⌃即可将功能区隐藏。

2. 功能区类型与分组

（1）"文件"功能区

"文件"功能区如图 3-15 所示，主要包括"打开新窗口""打开 Windows PowerShell""更改文件夹和搜索选项""帮助""关闭"选项。

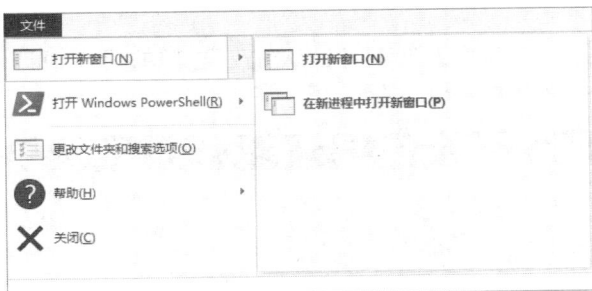

图 3-15　"文件"功能区

（2）"主页"功能区

"主页"功能区如图 3-16 所示，包括"剪贴板""组织""新建""打开""选择"5 个组。

图 3-16　"主页"功能区

（3）"共享"功能区

"共享"功能区如图 3-17 所示，包括"发送""共享"2 个组。

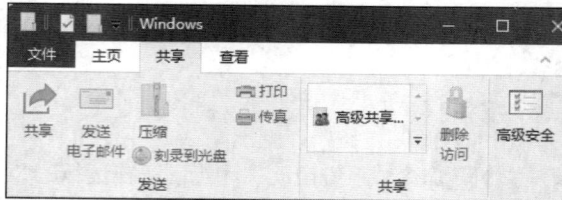

图 3-17 "共享"功能区

（4）"查看"功能区

"查看"功能区如图 3-18 所示，包括"窗格""布局""当前视图""显示/隐藏"4 个组。

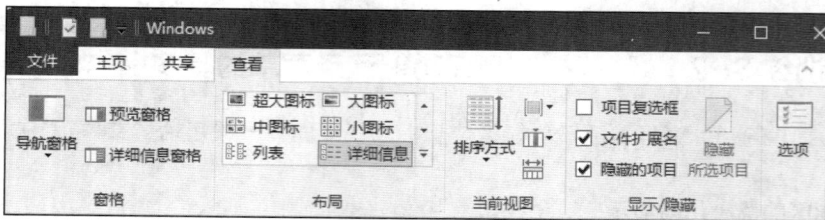

图 3-18 "查看"功能区

3. Windows 10 的菜单类型

菜单是 Windows 10 操作系统中命令的集合，常见的菜单有下拉菜单、快捷菜单、级联菜单、控制菜单等多种形式，菜单栏中各个菜单包含多个不同的命令，可以完成相应的功能，有效地利用各种菜单，可以提高工作效率。

在"任务栏"的"快捷操作区"单击■按钮打开"计算机"窗口，该窗口有多个选项卡。

（1）下拉菜单

在窗口功能区单击某个下拉按钮即可打开相应的下拉菜单，图 3-19 所示为"计算机"窗口"当前视图"组"排序方式"的下拉菜单。

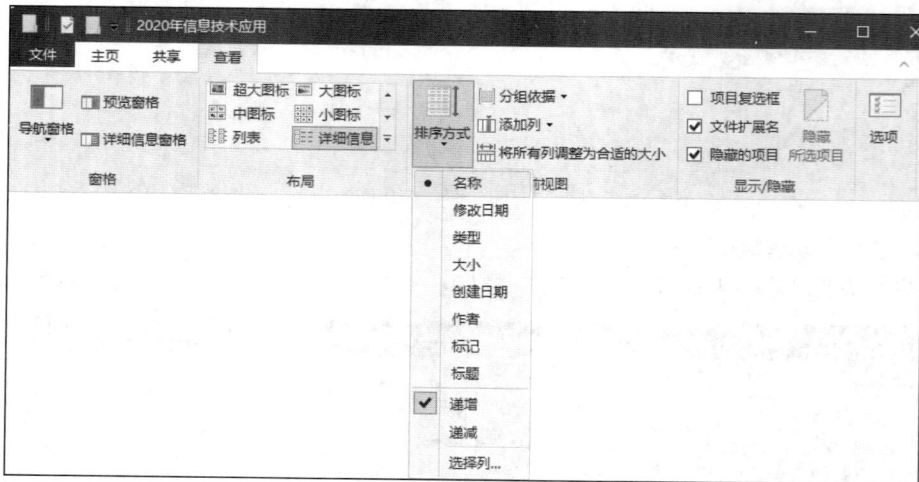

图 3-19 "计算机"窗口"当前视图"组"排序方式"的下拉菜单

（2）快捷菜单与级联菜单

用鼠标右键单击操作对象，可以在窗口中或桌面上弹出与操作对象相关的快捷菜单。在"计算机"窗口空白处单击鼠标右键即可弹出相应的快捷菜单，鼠标指针指向"查看"命令，即可显示该命令的级联菜单，如图 3-20 所示。

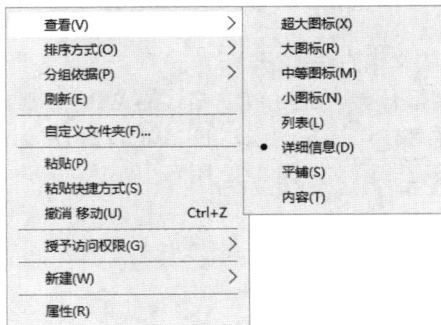

图 3-20 "计算机"窗口的快捷菜单与级联菜单

（3）控制菜单

控制菜单位于窗口的顶部，单击控制菜单按钮，可以打开控制菜单，如图 3-21 所示。

图 3-21 "计算机"窗口的控制菜单

4．Windows 10 菜单的基本操作

（1）打开下拉菜单

直接单击下拉按钮，就可以打开下拉菜单。

（2）打开快捷菜单

用鼠标右键单击操作对象，可以在窗口中或桌面上弹出与操作对象相关的快捷菜单。

（3）执行菜单命令

在弹出的下拉菜单或快捷菜单或级联菜单中单击菜单命令，则可以执行该命令。

（4）关闭菜单

单击菜单外的任意位置即可关闭菜单，也可以按"Alt"键或"Esc"键关闭菜单。

【操作训练 3-3】启动和退出 WPS

启动 WPS 是指将 WPS 系统的核心程序调入内存，退出 WPS 是指结束 WPS 应用程序的运行，同时关闭所有的 WPS 文档。

1．启动 WPS

启动 WPS 有多种方法，如果桌面上有 WPS Office 的快捷方式，双击桌面快捷方式 即可启动 WPS。

2．退出 WPS 应用程序的同时关闭 WPS 文档

以下两种方法可以关闭当前打开的文档并且退出 WPS 应用程序。

方法 1：单击标题栏中的"关闭"按钮 。

方法 2：按"Alt+F4"组合键。

【操作训练 3-4】WPS 输出 PDF 格式的文档

WPS 输出 PDF 格式文档的常用方法如下。

方法 1：首先用 WPS 文字打开要输出为 PDF 格式的 WPS 文档，然后在 WPS 主界面单击"文件"菜单，在弹出的"文件"菜单中选择左侧边栏的"输出为 PDF"选项，在弹出的"输出为 PDF"对话框中单击"开始输出"按钮即可，如图 3-22 所示。

图 3-22 "输出为 PDF"对话框

方法 2：WPS 文档除了可以保存为 WPS 格式文档外，还可以保存为 PDF 格式文档或其他格式的文档。

将文档保存为 PDF 格式的操作步骤如下。

① 在快速访问工具栏左侧单击"文件"按钮，在下拉菜单中选择"另存为"选项，打开"另存文件"对话框。

② 在"文件类型"下拉列表中选择"PDF 文件格式（*.pdf）"。

③ 若不做其他设置，直接单击"保存"按钮即可。若要对 PDF 格式文档设置打开密码，则选择保存类型为 PDF 格式后，在"另存文件"对话框下侧单击"加密"超链接，打开"密码加密"对话框，然后输入打开文件密码，并再次确认输入的密码后，单击"应用"按钮即可。

【操作训练 3-5】使用 ACDSee 浏览图片

启动 ACDSee 应用程序，显示其主窗口。在 ACDSee 的用户界面中可以找到用于浏览、查看、编辑和管理相片与媒体文件的各种工具与功能。ACDSee 提供的模式包括管理模式、查看模式和编辑模式。

1. 在"管理"模式下预览图片

"管理"模式是用户界面中主要的浏览和管理模式，也是使用桌面上的快捷方式启动 ACDSee 时会看到的模式。在"管理"模式下，用户可以查找、移动、预览、排序文件，还可以访问整理和共享工具。"管理"模式由多个窗格组成，大多数窗格在不使用时都可以关闭。"管理"模式窗口的底部有一个状态栏，显示当前所选文件、文件夹或类别的相关信息。

在"管理"模式下，在左侧的"文件夹"窗格中展开文件夹，然后单击 D 盘中的文件夹"图片"，在该窗口中间窗格查看该文件夹中的图片。

在 ACDSee 主窗口的中间窗格中，单击"查看"菜单，在下拉菜单中选择一个菜单项，如

图 3-23 所示，即可改变图片的查看方式。

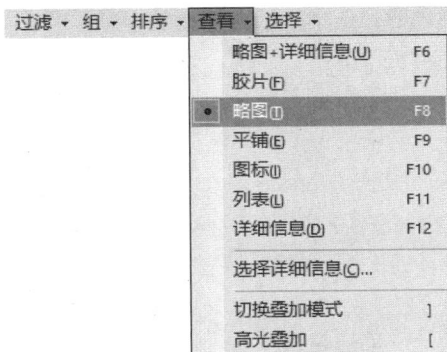

图 3-23 "查看"下拉菜单

2. 在"查看"模式下浏览图片

"查看"模式以实际尺寸或多种缩放比例来显示图像与媒体文件，也可以按顺序显示一组图像。在"管理"模式的中间窗格中，双击图片，切换到"查看"模式，即可逐张浏览、放大、缩小图片，如图 3-24 所示。在"胶片"区域单击"下一个"按钮可以浏览下一张图片，单击"上一个"按钮可以浏览上一张图片，拖动下方的缩放滑块可以放大或者缩小显示图片，此时还可以向左或向右旋转图片、全屏显示图片等。

图 3-24 逐张浏览、放大、缩小图片

在"查看"模式下单击右上角的"管理"按钮则可返回"管理"模式。

3. 以幻灯片方式浏览图片

在文件夹窗口选择一个文件夹，这里选择"图片"，选择"工具"菜单中的"配置幻灯放映"选项，打开"幻灯放映属性"对话框，如图 3-25 所示。在该对话框中设置图片放映的转场效果、变化、效果、背景颜色、幻灯持续时间等参数，设置参数时可以在右侧的预览框中预览图片效果，对设置的效果满意后单击"确定"按钮关闭该对话框。

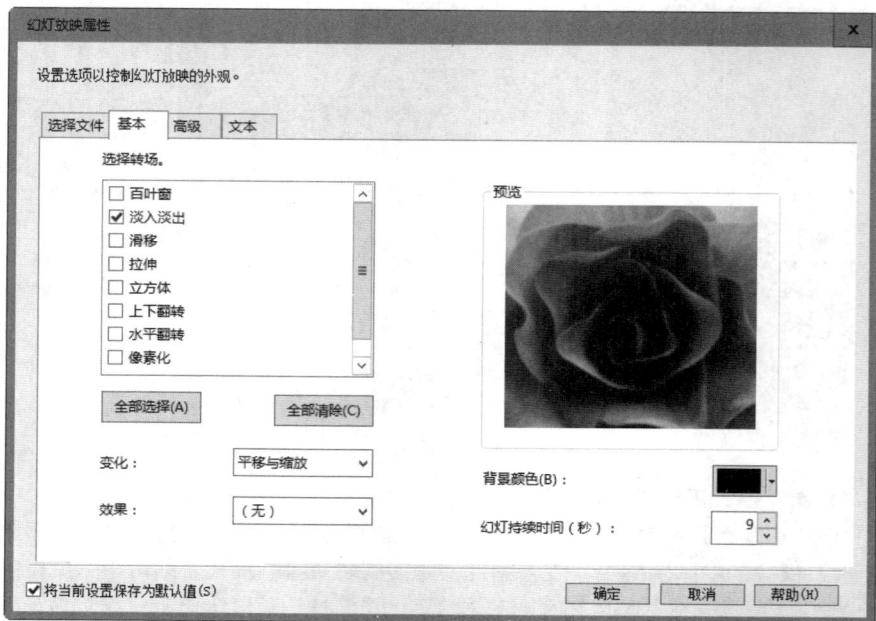

图 3-25 "幻灯放映属性"对话框

"幻灯放映属性"设置完成后，选择"工具"菜单中的"幻灯放映"选项，以幻灯片方式全屏浏览选择的文件夹中的图片，在下方会显示一个工具条，如图 3-26 所示。单击"退出"按钮即可退出幻灯放映状态。

图 3-26 以幻灯片方式全屏浏览图片的工具条

练习测试

1. Windows 11 操作系统从软件归类上应属于（　　　）。
   A. 操作系统　　　　　　B. 应用软件　　　　　　C. 数据库管理系统　　D. 文字处理软件
2. 计算机能够直接识别和执行的语言是（　　　）。
   A. 汇编语言　　　　　　B. 高级语言　　　　　　C. C 语言　　　　　　D. 机器语言
3. 操作系统是（　　　）的接口。
   A. 主机和外部设备　　　　　　　　　　　B. 系统软件和应用软件
   C. 用户和计算机　　　　　　　　　　　　D. 高级语言和机器语言
4. 在下列语言中，计算机处理执行速度最快的是（　　　）。
   A. 机器语言　　　　　　B. 汇编语言　　　　　　C. C 语言　　　　　　D. 高级语言
5. 学校普遍使用的教学管理系统属于（　　　）。
   A. 应用软件　　　　　　B. 系统软件　　　　　　C. 字处理软件　　　　D. 工具软件
6. Python 语言编译系统是（　　　）。
   A. 操作系统　　　　　　B. 应用软件　　　　　　C. 系统软件　　　　　D. 数据库管理系统

7. 下列 4 种软件中属于应用软件的是（　　　）。

    A．Basic 语言解释程序
        B．数据库管理系统

    C．财务管理系统
        D．Windows 操作系统

8. 以下应用软件主要用于播放音乐和视频的是（　　　）。

    A．PowerPoint
        B．Media Player

    C．Adobe Photoshop
        D．Macromedia Flash

9. 关于 Excel 与 Word 的区别，下列描述中不正确的是（　　　）。

    A．Excel 是一个数据处理软件

    B．两者同属于 Office

    C．Word 是一个文档处理软件

    D．Excel 与 Word 的功能相同

10. 操作系统在计算机系统中作用于（　　　）。

    A．CPU 和用户之间
        B．计算机硬件和用户之间

    C．CPU 之间
        D．计算机硬件和软件之间

11. （　　　）不是操作系统关心的主要问题。

    A．管理计算机裸机

    B．提供用户程序与计算机硬件系统的界面

    C．管理计算机系统资源

    D．高级程序设计语言的编译器

12. 操作系统的基本类型主要有（　　　）。

    A．批处理系统、分时系统及多任务系统

    B．实时操作系统、批处理系统及分时操作系统

    C．单任务系统、多任务系统及批处理系统

    D．实时系统、分时系统和多任务系统

单元 4
程序设计与数据结构基础

程序设计是设计和构建可执行的程序，以完成特定数值计算和数据处理的过程，是软件开发过程的重要组成部分。熟悉和掌握程序设计的基础知识，是在现代信息社会中生存和发展应具备的基本技能之一。

计算机系统软件和应用软件都要用到各种类型的数据结构。数据结构与数学、计算机硬件和软件有十分密切的关系，数据结构技术也被广泛应用于信息科学、系统工程、应用数学、工程技术等领域。

分析思考

计算长方形面积的流程图如图 4-1 所示。

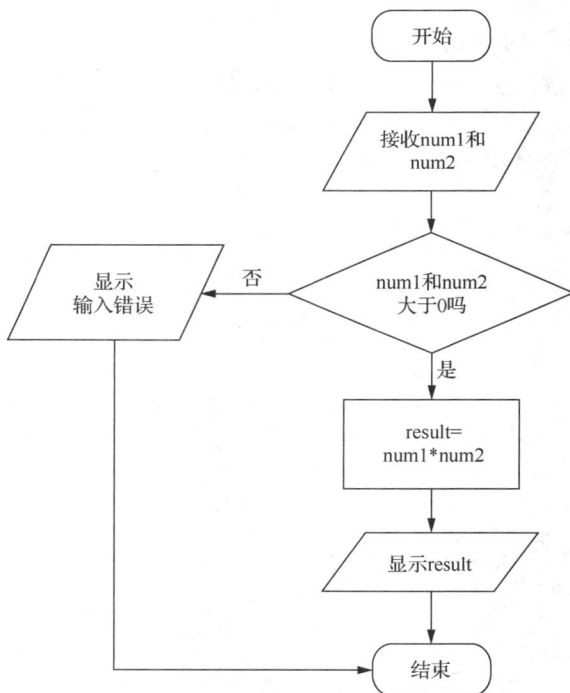

图 4-1　计算长方形面积的流程图

计算长方形面积一般步骤的文字描述如下。

第 1 步：输入长方形的长度和宽度。

即设置 num1 和 num2 两个变量，接收用户输入的长度和宽度，并存储到 num1 和 num2 两个变量中。

第 2 步：判断输入长方形的长度和宽度是否大于 0，如果长度和宽度大于 0，执行第 3 步，否则执行第 5 步。

即判断 num1 和 num2 是否大于 0，如果大于 0，执行第 3 步，否则执行第 5 步。

第 3 步：计算长度和宽度的乘积。

即计算 num1 和 num2 的乘积，并将乘积结果存储到 result 变量。

第 4 步：输出长方形的面积。

即显示 result 变量的值到屏幕并退出。

第 5 步：显示输入错误。

即提示用户输入的长度和宽度有误。

根据计算长方形面积一般步骤的文字描述和图 4-1 所示的流程图，猜测一下图 4-2 所示图例的作用是什么？

图 4-2　流程图的图例

某洗衣机不启动的故障排除步骤的文字描述如下。

第 1 步：检查电源是否接通，如果电源有问题，则解决电源问题后，故障排除。如果电源没有问题，则进入第 2 步。

第 2 步：检查洗衣机门是否关严，如果洗衣机门没有关严，则关严洗衣机门，故障排除。如果洗衣机门已关严，则进入第 3 步。

第 3 步：检查洗衣机进水部分，查看水龙头是否打开，如果水龙头没有打开，则打开水龙头，故障排除。如果水龙头已打开且有水压，则进入第 4 步。

第 4 步：检查是否按下了启动键并有蜂鸣声，如果没有按下启动键，则按下启动键，故障排除。如果已按下启动键且有蜂鸣声，则需要给售后服务打电话报修。

使用图 4-2 所示的图例尝试绘制洗衣机不启动故障排除流程图，明确排除使用不当而造成洗衣机不启动故障的排查方法和流程。

学习领会

4.1　算法初步

在计算机发展的初期，人们使用计算机的主要目的是处理数值计算问题。使用计算机解决具体问题一般需要经过以下几个步骤：首先从具体问题抽象出适当的数学模型，然后设计或选择求解此数学模型的算法，接着编写程序并进行调试、测试，直至得到最终的解答。计算机解决问题的一般过程是：分析问题、设计算法、编写程序、调试运行、检测结果。

4.1.1　算法的概念

做任何事情都有一定的步骤和方法，广义地讲，为解决某个问题而设计的确定的方法和有限的步骤，称为算法。算法是一个基本的概念，但也是一门深奥的学问，小到如何输出九九乘法表，如何对一组数据进行排序，大到如何控制飞行器的姿态，如何让无人机避障等。

我们先分析如何求 1×2×3×4×5 的值。

原始的算法如下。

步骤 1：先求 1 乘以 2，得到结果 2。

步骤 2：将 2 乘以 3，得到结果 6。

步骤 3：将 6 乘以 4，得到结果 24。

步骤 4：将 24 乘以 5，得到结果 120。

这样的算法虽然正确，但有些烦琐。

改进的算法如下。

S1：使 $t=1$。

S2：使 $i=2$。

S3：求 $t×i$，乘积仍然放在变量 t 中，可表示为 $t×i→t$。

S4：求 $i+1$ 的值，即 $i+1→i$。

S5：如果 $i≤5$，返回重新执行 S3 以及其后的 S4 和 S5；否则，算法结束。

如果要计算 100！只需将 S5 的"$i≤5$"改成"$i≤100$"即可。

如果改成求 1×3×5×7×9×11，算法也只需做很少的改动，如下所示。

S1：$1→t$。

S2：$3→i$。

S3：$t×i→t$。

S4：$i+2→i$。

S5：若 $i≤11$，返回 S3 以及其后的 S4 和 S5；否则，算法结束。

该算法不仅正确，而且是便于计算机处理的算法，因为计算机是高速运算的自动机器，实现循环轻而易举。

算法设计具有以下特点。

① 解决同一个问题可以有不同的解题方法和步骤。

② 算法有优劣之分，有的算法只需要很少的步骤。同一个问题，计算机根据一种好的算法编写的程序只需运行很短的时间（几秒或几分钟）就能得到正确的解，而根据一种差的算法编写的程序可能需要运行很长的时间（几小时或几天）才能得到最终的解。可见优秀的算法可以带来高效率。

③ 设计算法时，不仅要保证算法正确，还要考虑算法的质量。最优的算法应该实现计算次数最少，所需存储空间最小，但两者很难兼得。

④ 不是所有的算法都能在计算机上实现。有些算法设计思路很巧妙，但计算机可能无法实现，不具有可行性。

计算机算法分为数值运算算法和非数值运算算法。

（1）数值运算算法

数值运算的目的是求数值解，如求方程的根、求一个函数的定积分等。数值运算算法有现成的模型，各种数值运算都有比较成熟的算法可供选用。

（2）非数值运算算法

非数值运算算法主要用于处理非数值型的数据和问题，其应用范围广泛，种类繁多，要求各异，难以规范化。目前，计算机在非数值运算方面的应用远远超过了在数值运算方面的应用。

4.1.2　算法的特性

算法（Algorithm）是对特定问题求解步骤的一种描述，是求解步骤（指令）的有限序列。其中每一条指令表示一个或多个操作。不同的问题需要用不同的算法来解决，同一问题也可能有不同的算法，一个算法应该具有下列特性。

（1）有穷性（Finiteness）

一个算法必须在执行有穷步骤之后正常结束，即必须在有限时间内完成。

（2）确定性（Definiteness）

算法中的每一个步骤都应该是确定的，而不是含糊或模棱两可的，对于相同的输入必须得出相同的执行结果。

（3）可行性（Effectiveness）

算法中执行的任何计算步骤都可以被分解为基本的可执行的操作步骤，即算法中的每个计算步骤都应当能有效地被执行，并得到确定的结果，也称之为有效性。例如：若 $b=0$，则 a/b 是不能被有效执行的。

（4）输入（Input）

一个算法具有零个或多个输入。所谓的输入，是指在执行算法时需要从外界取得的必要信息，这些输入取自特定的数据对象集合。一个算法也可以没有输入。

（5）输出（Output）

一个算法具有一个或多个输出，这些输出同输入之间存在某种特定的关系。算法的目的是求"解"，"解"就是输出。输出反映对输入数据加工后的结果，没有输出的算法是毫无意义的。

4.1.3　比较算法和程序

1. 算法和程序的区别

算法与程序十分相似，但又有区别。一个程序不一定满足有穷性。如操作系统，只要整个系统不遭破坏，它将永远不会停止，即使没有作业需要处理，它仍处于动态等待中。因此，操作系统不是一个算法。另外，程序中的指令必须是计算机可执行的，而算法中的指令无此限制。算法代表了对问题的求解，而程序是算法在计算机上的特定的实现。一个算法若用程序设计语言来描述，那它就是一个程序。

（1）两者的定义不同

算法是对特定问题求解步骤的描述，它是有限序列指令。而程序是为实现预期目的而进行操作的一系列语句和指令。算法是解决一个问题的思路，有语言界限，程序是解决这些问题的具体编写的代码。为实现相同的算法，用不同语言编写的程序会不一样。

（2）两者的书写规定不同

程序必须用规定的程序设计语言来写，而算法描述方法多样。算法是一系列解决问题的清晰指令，也就是说，能够对具有一定规范的输入，在有限时间内获得要求的输出。算法常常含有重复的步骤和一些逻辑判断。

2. 算法与程序的联系

算法是程序的核心，程序是算法在计算机上的具体实现。算法的主要目的在于为人们提供阅读、了解所执行的工作的流程与步骤。数据结构与算法要通过程序的实现，才能由计算机系统来执行。可以这样理解，数据结构和算法形成了可执行的程序。

算法与数据结构是相辅相成的。解决某一特定类型问题的算法可以选用不同的数据结构，而且选择恰当与否直接影响算法的效率。反之，一种数据结构的优劣由各种算法的执行来体现。

4.1.4　算法的描述方法

算法设计者必须将自己设计的算法清楚、正确地按步骤记录下来，这个过程就叫描述算法。算法可以使用各种不同的方法来描述，常见的有自然语言、流程图、N-S 图、伪代码、计算机语言等。最简单的方法是使用自然语言进行描述，也可以用以上的其他方法描述，还可以直接使用某种程序设计语言来描述算法，不过直接使用程序设计语言并不容易，而且不太直观。

1．用自然语言描述算法

所谓自然语言，就是日常生活中人们使用的语言。它可以是汉语、英语、日语等，一般用于描述一些简单的问题、步骤。自然语言比较符合人们的阅读习惯，是一种人们都能够理解的描述算法的方式。使用自然语言描述算法通俗易懂，便于人们阅读，不过，这种方式的缺点是不够严谨，也无法准确地描述选择、循环等结构。对于比较复杂的问题或者在描述包括选择或循环结构的算法时一般会很冗长，所以一般不用自然语言描述复杂问题的算法，避免出现"歧义性"。

在使用自然语言描述算法时，要求算法语言简练、层次清楚，要注意语言和标点符号的使用，还要在每个步骤前加上数字的标号。

例如，任意输入 3 个数，求这 3 个数中的最大数，用自然语言描述的算法如下。

S1：定义 4 个变量，分别为 x、y、z 以及 max。
S2：输入大小不同的 3 个数，分别赋给 x、y、z。
S3：判断 x 是否大于 y，如果大于，则将 x 的值赋给 max，否则将 y 的值赋给 max。
S4：判断 max 是否大于 z，如果大于，则执行 S5，否则将 z 的值赋给 max。
S5：将 max 的值输出。

2．用流程图描述算法

流程图是一种传统的算法表示法，它用一些图框来代表各种不同性质的操作，用流程线来指示算法的执行方向，直观地描述算法的处理步骤。由于流程图具有直观、形象、容易理解的特点，所以应用广泛。但流程图表示控制的箭头过于灵活，且只描述执行过程而不能描述有关数据。

常用的流程图的基本图例如图 4-3 所示。

图 4-3　常用的流程图的基本图例

其中，起止框是用来标识算法开始和结束的；输入/输出框表示数据的输入和输出操作；判断框的作用是对一个给定的条件进行判断，并根据给定的条件是否成立来决定如何执行后面的操作；处理框表示完成某种操作，如初始化或运算等；流程线用箭头表示程序执行的流向。

例如，有 40 个学生，要求输出不及格的学生的学号和成绩。n_i 代表第 i 个学生的学号，g_i 代表第 i 个学生的成绩，用流程图描述算法，如图 4-4 所示。

3．用 N-S 图描述算法

既然任何算法都是由顺序结构、选择结构和循环结构组成的，那么各种基本结构之间的流程线就成了多余的。N-S 图去掉了原来的所有流程线，将全部的算法写在一个矩形框内。它也是算法的一种结构化描述方法，同样也有 3 种基本结构。

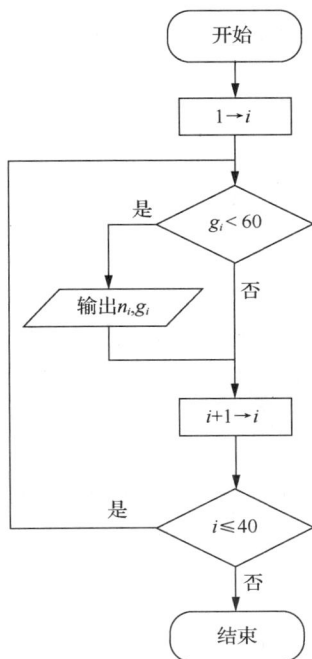

图 4-4　输出不及格的学生的姓名和成绩的流程图

N-S 图又称盒图，是直观描述算法处理过程的自上而下的积木式图示，比流程图紧凑、易画，并且算法的每一步都用一个框进行描述，最终的执行是将所有的矩形框按照顺序连接起来。N-S 图限制了随意地控制转移，保证了程序的良好结构。N-S 图中的上下顺序就是执行的顺序，即图中位置在上面的先执行，位置在下面的后执行。

例如，计算 10!，用 N-S 图描述算法，如图 4-5 所示。

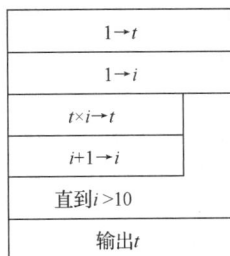

图 4-5　计算 10! 的 N-S 图

4. 用伪代码描述算法

伪代码用介于自然语言和计算机语言之间的文字和符号来描述算法，它忽略高级程序设计语言中一些严格的语法规则与描述细节，用来表示代码之间的逻辑关系，因此它比程序设计语言更容易描述和被人理解，而比自然语言更接近程序设计语言。

伪代码可以采用某一程序设计语言的基本语法，如操作指令，结合自然语言来设计。而且，它不用图形符号，书写方便、格式紧凑、较易理解，便于向计算机语言算法（即程序）过渡。但用伪代码写算法不如流程图直观，可能会出现逻辑上的错误。

伪代码虽然不是一种实际的编程语言，但在表达能力上类似编程语言，同时避免了描述技术细节带来的麻烦，所以伪代码更适合描述算法，是一种常用的描述算法的方法。

例如，计算 10!，用伪代码描述算法。

用伪代码表示的算法如下。

```
begin
    10→n
    1→sum
    1→number
    while   number<=n
        sum×number→sum
        number+1→number
    end while
    print   sum
end
```

5. 用计算机语言描述算法

计算机无法识别流程图和伪代码，只有用计算机语言编写的程序才能被计算机执行。在用流程图或伪代码描述出一个算法后，要将其转换成计算机语言程序。用计算机语言描述算法必须严格遵循所用语言的语法规则。

例如，计算 10!，用 Python 语言描述算法。Python 程序如下。

```
n = 10
sum = 1
number = 1
while number <= n:
    sum = sum * number
    number += 1
print("1 到{}阶乘为: {}".format(n,sum))
```

算法的描述要根据算法的规模和组成特点来选择不同的描述方式。选择合适的描述方式，能够更清晰、直接地对算法进行表示。

4.1.5 算法优劣的评价标准

使用计算机解决问题的关键是算法的设计，对于同一个问题，可以设计出不同的算法，如何评价算法优劣是算法分析、比较、选择的基础。可以从以下几个方面对算法优劣进行评价。

1. 正确性

算法能正确地实现预定的功能，满足具体问题的需求。

正确性的具体要求如下。

• 不含语法错误。

• 对输入数据能够得出满足要求的结果。

• 对一切合法输入，都可以得到符合要求的解。

2. 可读性

一个算法应当思路清晰、层次分明，易于阅读、理解和交流，便于调试、修改和扩充。写出的算法，能让人看明白，能让人明白算法的逻辑。如果算法通俗易懂，则在系统调试和修改或者功能扩充的时候更为便捷。

3. 健壮性

算法应具有容错能力。输入非法数据，算法能适当地做出反应并进行处理，不会产生预料不到的运行结果。数据的形式多种多样，算法可能面临着接收各种各样的数据，当算法接收到不适合算法处理的数据时，算法本身该如何处理呢？如果算法能够处理异常数据，则处理能力越强，健壮性越好。

4. 稳定性

稳定性主要指算法在噪声、干扰等不利因素下仍能保持稳定的性能输出。

5. 时空性

算法的时空性是指该算法的时间复杂度和空间复杂度，主要是说算法在执行过程中的时间长短和空间占用问题。算法处理数据过程中，不同的算法耗费的时间和内存空间是不同的。

（1）时间复杂度

算法的时间复杂度是指执行算法所需要的计算工作量。一般来说，计算机算法是问题规模 n 的函数 $f(n)$，算法的重复执行次数用 $T(n)$ 表示，时间复杂度记作 $O(f(n))$。

问题的规模 n 趋近于无穷大时，$T(n)/f(n)$ 的极限值为不等于 0 的常数，则称 $f(n)$ 是 $T(n)$ 的同数量级函数，即 $T(n)=O(f(n))$ 称作渐进时间复杂度（Asymptotic Time Complexity）。

（2）空间复杂度

算法的空间复杂度是指算法需要消耗的内存空间。其计算和表示方法与时间复杂度的类似，一般都用复杂度的渐进性来表示。同时间复杂度相比，空间复杂度的分析要简单得多。

空间复杂度记作 $S(n)=O(f(n))$。例如，直接插入排序的时间复杂度是 $O(n^2)$，空间复杂度是 $O(1)$。而一般的递归算法就有 $O(n)$ 的空间复杂度了，因为每次递归都要存储返回信息。

4.1.6　经典算法简介

虽然设计算法，尤其是设计好的算法是一项困难的工作，但是设计算法也不是没有规律可循。人们经过几十年的探讨，总结和积累了许多行之有效的方法，了解和掌握这些方法会给我们解决问题提供一些思路。经常采用的算法设计方法有迭代法、穷举搜索法、递推法、递归法、回溯法、贪婪法等，了解和借鉴这些算法设计的方法，有助于解决类似程序的设计问题。这里简单介绍迭代法、穷举搜索法、递推法、递归法、回溯法、贪婪法这 6 种算法。

1. 迭代法

迭代法是用来解决数值计算问题中的非线性方程（组）求解或求最优解的一种算法，以求方程（组）的近似根。

迭代法的基本思想是：从某个点出发，通过某种方式求出下一个点，此点应该离要求解的点（方程的解）更进一步，当两者之差接近到可以接受的精度范围时，就认为找到了问题的解。简单迭代法每次只能求出方程的一个解，需要人工先给出近似初值。

2. 穷举搜索法

穷举搜索法又称为枚举法，按某种顺序对所有的可能解逐个进行验证，从中找出符合条件要求的作为问题的解。此算法通常用多重循环实现，对每个变量的每个值都测试是否满足所给定的条件，以找到问题的一个解。这种算法简单、易行，但只能用于变量个数有限的场合。

3. 递推法

递推法是利用问题本身具有的递推性质或递推公式求得问题的解的一种算法，从初始条件出发，逐步推出所需的结果。但是有些问题很难归纳出一组简单的递推公式。

4. 递归法

递归法的思想是：将 $N=n$ 时不能得出解的问题，设法递归转化为求 $n-1, n-2, \cdots$ 的问题，一直到 $N=0$ 或 1，由于初始情况的解比较容易给出或方便得到，因此可逐层得到 $N=2,3,\cdots,n$ 时的解，得到最终结果。用递归法写出的程序简单、易读，但效率不如递推法的高。任何可以用递推法解决的问题，都可以很方便地用递归法解决，但是许多能用递归法解决的问题，却不能用递推法解决。

5. 回溯法

回溯法又称为试探法，在用某种方法找出解的过程中，若中间项结果满足所解问题的条件，则一直沿这个方向搜索下去，直到无路可走或无结果，则开始回溯，改变其前一项的方向或继续搜索。若其前一项的方向或值都已经测试过，还是无路可走或无结果，则继续回溯到其前一项，改变其方向或值继续搜索。若找到了一个符合条件的解，则停止或输出这个结果后继续搜索；否则继续回溯下去，直到回溯到问题的开始处（不能再回溯），仍没有找到符合条件的解，则表示此问题无解或已经找到了全部的解。用回溯法可以求得问题的一个解或全部解。

6. 贪婪法

贪婪法又称为登山法，指从问题的初始解出发，一步步接近给定的目标，并尽可能快地去逼近更好的解。贪婪法是一种不追求最优解，只希望最快得到较为满意解的方法。贪婪法不需要回溯，只能求出问题的某个解，不能求出所有的解。

平时购物找零时，为使找回的货币数量最少，不考虑找零钱的所有方案，而是从最大面额的货币开始，按递减的顺序考虑各货币，先尽量用大面额的货币，当不足大面额货币的金额时才去考虑下一种较小面额的货币，这就使用了贪婪法。例如，50 元找成 20 元、20 元、10 元。

4.2　程序设计基础

程序设计是指编写程序的过程。程序设计是一门技术，需要相应的理论、技术、方法和工具支持。程序设计不仅要保证设计的程序能正确地解决问题，还要求程序具有可读性、可维护性。

4.2.1　程序设计概述

程序的概念非常普遍，一般来说，人们在完成一项复杂的任务时，需要进行一系列的具体工作，这些按一定的顺序安排的工作就是完成该任务的程序。但在计算机领域，"程序"一词特指计算机程序，即计算机为完成某任务所执行的一系列有序的指令集合。

程序设计是为解决特定问题而使用某种程序设计语言编写程序的过程，程序设计过程应当包括分析、设计、编码、测试、排错等不同阶段。专业的程序设计人员常被称为程序员。

4.2.2　程序设计语言概述

程序设计离不开程序设计语言，程序设计语言是人类用来和计算机沟通的工具。最早的程序设计语言是机器语言，用 0 和 1 两种符号组成的二进制数表示，计算机只能直接执行机器语言编写的程序，但直接用机器语言编写程序非常困难，效率也非常低。为了解决这个问题，诞生了各种各样的程序设计语言，这些程序设计语言更加接近人类的语言和思维。

4.2.3　程序设计语言的基本类型

人和计算机交流信息使用的语言称为计算机语言或程序设计语言，计算机语言通常分为机器语言、汇编语言和高级语言 3 类。从程序设计语言的发展历程来看，程序设计语言可以分为以下5 代。

1. 第一代程序设计语言：机器语言

机器语言（Machine Language）是一种用"0"和"1"两个二进制符号表示的，能被计算机直接识别和执行的语言，是早期的程序设计语言。它是一种低级语言，用机器语言编写的程序不便于记忆、阅读和书写，通常不用机器语言直接编写程序。用机器语言编写的程序，称为计算机机器语言程序。任何程序或语言在执行前都必须转换为机器语言。

机器语言是面向计算机的语言，其中的每一条语句就是一段二进制指令代码。用机器语言编程不仅工作量大，而且难学、难记、难修改，因此它只适合专业人员使用。而且不同品牌和型号的计算机的指令系统有差异，因此机器语言所编写的程序只能在相同的硬件环境下使用，可移植性差。但机器语言也有编写的程序代码不需要翻译、占用空间少、执行速度快等优点。

2. 第二代程序设计语言：汇编语言

汇编语言（Assembly Language）是一种用助记符表示的面向计算机的程序设计语言。汇编语言的每条指令对应一条机器语言代码，不同类型的计算机系统一般有不同的汇编语言。用汇编语言编制的程序称为汇编语言程序，计算机不能直接识别和执行，必须由"汇编程序"（或汇编系统）翻译成机器语言程序才能运行。这种"汇编程序"就是汇编语言的翻译程序。汇编语言适用于编写直接控制计算机操作的底层程序，它与计算机密切相关，不容易使用。

汇编语言在一定程度上克服了机器语言难学、难记、难修改的缺点，同时保持了编程质量高、占用空间少、执行速度快的优点。但与机器语言一样，汇编语言也是面向计算机的语言，使用汇编语言编写的程序的通用性和可读性都较差。

3. 第三代程序设计语言：高级语言

高级语言（High Level Language）是一种比较接近自然语言和数学表达式的计算机程序设计语言，并且高级语言完全与计算机的硬件无关，程序员在编写程序时，无须了解计算机的指令系统。因此，程序员在编写程序时就不用考虑计算机硬件的差异，因而编程效率大大提高。由于高级语言与具体的计算机硬件无关，因此使用高级语言编写的程序通用性强、可移植性高，易学、易读、易修改，被广泛应用于商业、科学、教育、娱乐等众多领域。

一般用高级语言编写的程序称为"源程序"，计算机不能识别和执行，要把用高级语言编写的源程序翻译成机器指令，通常有编译和解释两种方式。编译是指将源程序整个编译成目标程序，然后通过链接程序将目标程序链接成可执行程序。解释是指将源程序逐句翻译，翻译一句执行一句，边翻译边执行，不产生目标程序，这个过程由计算机的执行解释程序自动完成，如JavaScript、Python、Basic 语言采用的就是这种方式。常用的高级语言有 Python、Java、C#、C++、C、Fortran 等。

4. 第四代程序设计语言：非过程语言

非过程语言（Nonprocedural Language）的特点是程序员不必关心问题的解法和处理问题的具体过程，只需说明所要完成的目标和条件，就能得到想要的结果，而其他的工作都由系统来完成。

数据库的结构查询语言（Structure Query Language，SQL）就是非过程语言颇具代表性的例子。例如，"Select name，sex，age From student Where class=1"这一语句就可以直接从 student 数据表中查询出 class 为 1 的学生的 name、sex 和 age 信息。而读取数据、比较数据、显示数据等一系列具体操作都由系统自动完成。

相比于高级语言，非过程语言使用起来更加方便，但是非过程语言目前只适用于部分领域，其通用性和灵活性不如高级语言。

5．第五代程序设计语言：人工智能语言

人工智能语言目前刚刚起步，也是未来程序设计语言的发展方向。人工智能语言是一类适用于人工智能和知识工程领域的、具有符号处理和逻辑推理能力的程序设计语言。人工智能语言可以用于解决非数值计算、知识处理、推理、规划、决策等各种复杂问题。

4.2.4 常见的高级程序设计语言

自 20 世纪 60 年代以来，世界上公布的程序设计语言已有上千种之多，但是只有很小一部分得到了广泛的应用。目前主流的程序设计语言主要包括以下几种。

1．Python

Python 是一种跨平台、交互式、面向对象、解释型的计算机程序设计语言，它具有语法简洁、清晰的特点，具有丰富和强大的库，能够把用其他语言开发的各种模块很轻松地联结在一起，因此常被称为"胶水语言"。Python 主要应用于 Web 和互联网开发、科学计算和统计、人工智能、大数据处理、网络爬虫、游戏开发、图形处理、界面开发等领域。Python 支持广泛的应用程序开发，从简单的文字处理到 Web 开发再到游戏开发，并且简单、易学。

2．Java

Java 是一种面向对象的程序设计语言，它不仅吸收了 C++的各种优点，还摒弃了 C++中难以理解的多继承、指针等概念。因此，Java 具有功能强大和简单易用两个优势，并且具有封装、继承、多态等面向对象语言的基本特征，以及稳定、安全、可移植性强、与平台无关、支持网络编程、支持多线程等许多优良特性，是目前使用十分广泛的编程语言。Java 可以用于编写桌面应用程序、Web 应用程序、分布式系统和嵌入式系统应用程序等。

3．JavaScript

JavaScript 是一种直译式脚本编程语言，可以与超文本标记语言（Hypertext Markup Language，HTML）一起实现网页中的动态交互功能，弥补 HTML 的不足，使网页变得更加生动。

JavaScript 是一种基于对象和事件驱动的脚本语言，是一种轻量级的编程语言，现代浏览器都可以通过嵌入或调用 JavaScript 代码在标准的 HTML 中实现其功能。JavaScript 的基本语法与 C 语言的类似，但在运行过程中不需要单独编译，而是逐行解释执行，运行快。JavaScript 具有跨平台性，与操作环境无关，只依赖于浏览器本身，只要是支持 JavaScript 的浏览器就能正确执行。

4．C 语言

C 语言是一种优秀的面向过程的结构化程序设计语言，被广泛应用于底层开发。它具有结构严谨、数据类型完整、语句简练灵活、运算符丰富等特点。同时，C 语言面向硬件的底层编程能力很强，在硬件驱动程序开发和嵌入式应用程序设计等方面应用较多。C 语言主要用于开发系统软件、应用软件、设备驱动程序、嵌入式软件等。

5．C#

C#是微软公司发布的一种面向对象的、运行于.NET Framework 环境的高级程序设计语言。C#是一种强大而灵活的编程语言，借鉴了 Java、C 语言和 C++的一些特点。它可以用来开发 Windows 应用、企业级业务应用、开发软件等。

6．C++

C++是 C 语言的继承，它既可以进行 C 语言的过程化程序设计，又可以进行以抽象数据类型为特点的基于对象的程序设计，还可以进行以继承和多态为特点的面向对象的程序设计。C++是一种面向对象的计算机程序设计语言，支持静态数据类型检查和多重编程范式。它还支持泛型程序设计等多种程序设计风格。

4.2.5 程序设计的基本过程

计算机解决问题的过程也是程序设计的过程。程序设计是运用计算机解决问题的一种方式，数值、逻辑等问题适合通过程序设计的方式解决，通过对实际问题的分析，设计算法，把所要解决的问题转化成程序输入计算机，经调试后让计算机执行这个程序，最终达到利用计算机解决问题的目的。

程序设计往往以某种程序设计语言为工具，给出用这种语言编写的程序。

1. 分析问题

分析问题也就是分析编写该程序的目的、要解决的实际问题，并将实际问题抽象为计算机可以处理的模型。对于接受的程序设计任务要进行认真的分析，研究所给定的条件，分析最后应达到的目标，找出解决问题的规律，选择解题的方法，完成实际问题求解。分析问题主要需要明确以下 5 点。

① 要解决的问题是什么？
② 问题的输入是什么，已知什么，还要添加什么，使用什么格式？
③ 期望的输出是什么，需要什么类型的报告、图表或信息？
④ 数据具体的处理过程和要求是什么？
⑤ 要建立什么样的计算模型？

2. 建立模型

建立模型是指从现实项目的真实情境中提炼出核心的要素并加以确定或假设，最终定义出一个有明确已知条件和求解目标的问题，并用数学符号描述解决该问题的计算模型。

3. 设计算法

设计算法即设计出解题的方法和具体步骤。在这一阶段可以使用伪代码描述算法，在描述整个模型的实现过程时，每一句伪代码即对应一个简单的程序操作。对简单的程序来说，可以直接按顺序列出程序需要执行的操作，从而产生伪代码。但对复杂一些的程序来说，则需要先将整个模型分割成几个大的模块，必要时还需要将这些模块分割为多个子模块，然后用伪代码来描述每个模块的实现过程。

4. 编写程序

要让计算机按照预先设计的算法进行处理，需要对该算法用计算机程序设计语言进行描述，形成计算机程序，并对源程序进行编辑、编译和连接。

5. 运行程序，分析结果

运行可执行程序，得到运行结果。能得到运行结果并不意味着程序正确，要对结果进行分析，看它是否合理。不合理则要对程序进行调试，即排除程序中的故障。

程序难免会有各种错误和漏洞，因此，为了验证程序的正确性，还需要对程序进行测试。测试程序的目的是找出程序中的错误，具体操作是在没有语法和连接上的错误的基础上，让程序试运行多组数据，查看程序是否能达到预期的结果。这些测试数据应是以"任何程序都是有错误的"假设为前提精心设计出来的。

6. 编写程序文档

许多程序是提供给别人使用的，如同正式的产品应当提供产品说明书一样，正式提供给用户使用的程序，必须向用户提供程序文档。程序文档相当于产品说明书，对程序的使用、维护、更新都有很重要的作用，主要包括程序使用说明书和程序技术说明书。

（1）程序使用说明书

程序使用说明书是为了让用户清楚该程序的使用方法而编写的，其内容包括程序运行需要的软件和硬件环境，程序的安装和启动的方法，程序的功能，需要输入的数据类型、格式和取值范围，涉及文件的数量、名称、内容，以及存放的路径等。

（2）程序技术说明书

程序技术说明书是为了便于程序员今后对程序进行维护而编写的，其内容包括程序中各模块的描述，程序使用硬件的有关信息，主要算法的解释和描述，各变量的名称、作用，程序代码清单等。

4.2.6　程序设计的基本方法

1．结构化程序设计

早期的计算机编程是面向过程的方法，如算术运算 1+1+2=4，可以通过设计一个算法来解决。

（1）结构化程序设计的基本思路

结构化程序设计的程序结构：按功能划分为若干个基本模块；各模块之间的关系尽可能简单，在功能上相对独立；每一模块内部由顺序、选择和循环 3 种基本结构组成；其模块化实现的具体方法是使用子程序。

结构化程序设计采用了模块分解与功能抽象，自顶向下、分而治之的方法，从而能有效地将一个较复杂的程序系统设计任务分解成许多易于控制和处理的子任务，便于开发和维护。

虽然结构化程序设计方法具有很多的优点，但它仍是一种面向过程的程序设计方法，它把数据和处理数据的过程分离为相互独立的实体。当数据结构改变时，相关的处理过程都要进行相应的修改，每一种相对于老问题的新方法都要带来额外的开销，程序的可重用性差。

由于图形用户界面的应用，程序运行由顺序运行演变为事件驱动，使软件使用起来越来越方便，但开发起来却越来越困难，对于这种软件的功能很难用过程来描述和实现，使用面向过程的方法来开发和维护都将非常困难。

（2）结构化程序设计的主要原则

① 自顶向下。程序设计时，应先考虑总体，后考虑细节；先考虑全局目标，后考虑局部目标。不要一开始就过多追求众多的细节，应先从最上层总目标开始设计，逐步使问题具体化。

② 逐步求精。对于复杂问题，应设计一些子目标作为过渡，逐步细化。

③ 模块化。一个复杂问题，肯定是由若干稍简单的问题构成的。模块化是指把程序要解决的总目标分解为子目标，再进一步分解为具体的小目标，把每一个小目标称为一个模块。

④ 限制使用 goto 语句。goto 语句是程序设计语言中的一种无条件转移语句，一般用在模块中改变程序执行的顺序。在程序中过多地使用 goto 语句，会使程序变得难以理解。从提高程序清晰度考虑，一般建议不使用 goto 语句。

（3）结构化程序设计的基本结构

面向过程的结构化程序设计采用 3 种基本结构：顺序结构、选择结构、循环结构。

① 顺序结构是指程序按照语句先后顺序进行执行，这是开发过程中十分简单的程序结构，设计好顺序执行的语句即可。

② 选择结构是指在程序设计的过程中出现了分支语句，它根据判断条件结果选择执行其中的一个分支。选择结构包含单分支、双分支和多分支 3 种表现形式。

③ 循环结构是指程序反复地执行同一个操作，直到某个表达式的条件为真或者为假则中止循环，否则继续执行对应的循环操作。

循环结构可分为两种形式：当型循环和直到型循环。

a. 当型循环：先判断表达式的条件是否成立，成立的情况下进行循环，直到循环条件不成立，则跳出循环。

b. 直到型循环：先执行一遍循环语句，然后进行条件判断，如果条件不成立，循环不再执行；如果条件成立，继续执行循环体里的内容。

2. 面向对象程序设计

随着计算机技术的不断提高，计算机被用来解决越来越复杂的问题。通过面向对象的方式，将现实世界中的事物抽象成对象，将现实世界中的关系抽象成类并继承，帮助人们实现对现实世界的抽象和数字化建模。

面向对象（Object-Oriented，OO）是一种软件开发方法，面向对象是一种理解和抽象现实世界的方法，是计算机编程技术发展到一定阶段的产物。面向对象方法可以有效提高编程效率，通过封装技术和消息机制，可以像搭积木一样快速开发出全新的系统。面向对象方法更有利于开发人员以可理解的方式对复杂系统进行分析、设计和编程。面向对象编程更易于维护、重用和扩展。由于面向对象具有封装性、继承性和多态性的特点，因此可以设计出低耦合的系统，使得系统更加灵活，更易于维护。

面向对象的概念和应用已经超越了程序设计和软件开发，扩展到数据库系统、交互界面、应用结构、应用平台、分布式系统、网络管理结构、计算机辅助设计技术、人工智能等领域。

面向过程是指分析、解决问题所需的步骤，用函数一步步实现这些步骤。当用户要使用这些函数时，可以逐个调用它们。面向对象就是把构成一个问题的事务分解成各种对象，建立对象的目的不是完成一个步骤，而是描述某个事物在整个解题步骤中的行为。

4.2.7　良好的程序设计风格

为了提高程序的可阅读性，要形成良好的程序设计风格。风格就是一种好的规范，我们所说的程序设计风格应是一种好的程序设计规范，包括良好的代码设计、函数模块、接口功能以及可扩展性等。更重要的是，程序设计过程中代码的风格包括缩进、注释、变量及函数的命名等。

4.2.8　程序设计质量评价

评价一个程序设计质量如何，首先看该设计是否能满足程序的功能需求。除具有正确性之外，程序设计质量的评估指标还应当包含正确性、可读性、可靠性、可复用性、可扩展性、可维护性、规范性、适应性、内聚度、耦合度等。

1. 正确性

① 程序中没有语法错误。

② 程序运行时没有发现明确的运行错误。

③ 程序中没有不适当的语句。

④ 用有效的测试数据，程序能得到正确的结果。

⑤ 用无效的测试数据，程序能得到的正确结果。

⑥ 用任何可能的数据，程序在运行时能得到正确的结果。

2. 可读性

程序的内容清晰、明了，便于阅读和理解，没有太多繁杂的技巧。对于大规模、工程化开发软件而言，可读性指标具有非常重要的作用。为提高程序的可读性，可在程序中插入解释型语句，以对程序中的变量、功能、特殊处理细节等进行解释，为今后他人阅读该段程序提供方便。

可读性好的程序设计文档容易被其他程序员理解，可读性差的设计会给大型软件的开发和维护过程带来严重的危害。

3. 可靠性

可靠性指标可分解为两个方面的内容。一方面是程序或系统的安全、可靠性，这些工作一般都要在系统分析和设计时严格定义。另一方面是程序运行的可靠性，这只能靠调试时的严格把关来保证编程工作的质量，程序的功能必须按照规定的要求实现，以满足预期的需求。

4. 可复用性

可复用性指程序的架构、类、组件等单元能否很容易被本项目的其他部分或者其他项目复用。

5. 可扩展性

可扩展性指程序面对需求变化时，功能或性能扩展的难易程度。

6. 可维护性

可维护性指程序各部分相互独立，程序之间只有数据联系。也就是说不会发生那种在维护时牵一发而动全身的连锁反应。一个规范性、可读性、结构划分都很好的程序模块，它的可维护性也是比较好的。可维护性好的程序，其错误的修改、遗漏功能的添加也较容易。

7. 规范性

规范性指系统的划分、书写的格式、变量的命名等都按统一的规范进行，这对于程序今后的阅读、修改和维护都是十分必要的。

8. 适应性

适应性指程序交付使用后，若应用问题或外界环境有变化，调整和修改程序比较简便、易行。

9. 内聚度

好的软件设计应该做到高内聚。内聚度表示一个应用程序的单个单元所负责的任务数量和多样性，内聚与单个类或者单个方法单元相关。

10. 耦合度

耦合度表示类之间关系的紧密程度，它决定了变更一个应用程序的难易程度。

概括起来，较低的耦合度和较高的内聚度，即我们常说的"高内聚、低耦合"，是所有优秀程序的共同特征。

4.3 Python 语言程序设计

Python 是一种跨平台、交互式、面向对象、解释型的计算机程序设计语言，它具有丰富和强大的库，能够把用其他语言开发的各种模块很轻松地联结在一起。Python 支持广泛的应用程序开发，从文字处理到 Web 开发再到游戏开发，并且简单易学。

4.3.1 Python 程序的运行

1. Python 程序的运行方式

（1）交互式运行方式

交互式是利用 Python 内置的集成开发环境 IDLE（Integrated Development and Learning

Environment）来运行程序，适合入门 Python、编写功能简单的程序的初学者使用。

首先打开命令提示符窗口，在窗口命令提示符 ">" 后输入 "python" 命令并执行来启动 Python 解释器，这样就进入了交互式编程，并且会出现 Python 提示符 ">>>"。

在 Python 提示符 ">>>" 后输入以下语句，然后按 "Enter" 键查看运行结果。

```
print("Hello, Python!")
```

以上命令运行结果如下。

```
Hello, Python!
```

没有提示符 ">>>" 的行表示程序运行结果。输入 "exit()" 或 "quit()" 则可以退出 IDLE。

（2）脚本式运行方式

我们先把 Python 语句写好，并将其保存在扩展名为 "py" 的文件里，然后从外部调用这个文件。例如，将如下代码输入 hello.py 文件中。

```
print("Hello, Python!")
```

打开命令提示符窗口，然后在窗口命令提示符 ">" 后输入以下命令并执行以运行该脚本。

```
python D:\Test\hello.py
```

输出结果如下。

```
Hello, Python!
```

> **注意** 与交互式运行方式不同的是，不要在命令提示符窗口内输入 "python" 后按 "Enter" 键进入交互模式，而应直接在窗口命令提示符 ">" 后输入命令并执行以运行脚本文件。

2. Python 程序常用的开发与运行环境

Python 程序常用的开发与运行环境主要有以下几个。

① IDLE：Python 内置的集成开发环境，IDLE 随 Python 安装包提供。

② PyCharm：由 JetBrains 公司开发，带有一整套可以帮助用户在使用 Python 语言开发时提高效率的工具，例如，项目管理、程序调试、语法高亮、代码跳转、智能提示、单元测试以及版本控制。此外，PyCharm 提供了一些高级功能，用于支持 Django 框架下的专业 Web 应用开发。

Python 主要有两个版本，即 2.x 版（简称为 Python 2）和 3.x 版（简称为 Python 3）。

4.3.2 Python 的基础语法

1. Python 的保留字

保留字即关键字，是 Python 本身的专用单词，不能把它们用作任何标识符名称。如果尝试使用关键字作为变量名，Python 解释器会报错。

Python 3 包含表 4-1 所示的 35 个关键字。

表 4-1 Python 3 的关键字

False	None	True	and	as	assert
async	await	break	class	continue	def
del	elif	else	except	finally	for
from	global	if	import	in	is
lambda	nonlocal	not	or	pass	raise
return	try	while	with	yield	

2. Python 标识符的命名要求

简单地理解，标识符就是一个名字，就像我们每个人都有属于自己的名字，它的主要作用就是作为变量、函数、类、模块以及其他对象的名称。

标识符的命名格式必须统一，这样才会方便不同人阅读，Python 的标识符就是用于给程序中变量、类、方法命名的符号（简单来说，标识符就是合法的名字）。标识符需要遵守一些规则，违反这些规则将引发错误。

Python 中标识符的命名不是随意的，而要遵守一定的命名规则，Python 语言的标识符的命名规则如下。

① 标识符中的第 1 个字符必须是字母（A～Z 和 a～z）或下画线（_），其后可以是任意数量的字母、数字和下画线。

② Python 中的标识符，不能以数字开头，也不能包含空格、@、%以及$等特殊字符。

③ 由于 Python 3 支持 UTF-8 字符集，因此 Python 3 的标识符可以使用 UTF-8 所能表示的多种语言的字符。在 Python 3 中，非 ASCII 标识符也是允许的，标识符中的字母并不局限于 26 个英文字母，可以包含汉字、日文字符等，但建议尽量不要使用汉字作为标识符名称。

④ Python 中的标识符对大小写敏感。Python 语言的标识符字母是严格区分大小写的，也就是说，两个同样的单词，如果大小写格式不一样，所代表的意义也是完全不同的，如 abc 和 Abc 是两个不同的标识符。

⑤ 不能将 Python 关键字和内置函数名作为标识符名称，如 print 等。但标识符名称中可以包含关键字。

⑥ 变量不要以双下画线开头和结尾，这是 Python 专用的标识符。另外，避免使用小写 l、大写 O 和大写 I 作为变量名。

4.3.3　Python 3 的基本数据类型

Python 3 有 6 个标准的数据类型，其中不可变数据有 3 个，包括 Number（数值）、String（字符串）、Tuple（元组）；可变数据有 3 个，包括 List（列表）、Dictionary（字典）、Set（集合）。下面对数值和字符串类型进行简要介绍。

1. 数值

Python 3 中数值有 4 种类型：int（整型，如 3）、float（浮点型，如 1.23、3E−2）、complex（复数，如 1 + 2j、1.1 + 2.2j）和 bool（布尔型，如 True）。

（1）整型

整型（int）通常被称为整数，可以是正整数、负整数和 0，不带小数点。

整数可以使用十进制、十六进制、八进制和二进制来表示。

例如：

```
>>>a,b,c=10,100,-786    #十进制
>>>a,b,c
```

运行结果：

```
(10, 100, -786)
```

（2）浮点型

浮点型（float）由整数部分与小数部分组成，常被称为浮点数，例如：0.5、1.414、1.732、3.1415926。浮点型也可以使用科学记数法表示，例如 5e2。

（3）复数

Python 还支持复数（complex），复数由实数部分和虚数部分构成，虚数部分使用 j 或 J 表示，可以用 $a + bj$ 或者 complex(a,b)表示，复数的实部 a 和虚部 b 都是浮点型，如 2.31+6.98j。

（4）布尔型

在 Python 2 中是没有布尔型（bool）的，它用数字 0 表示 False，用 1 表示 True。在 Python 3 中，把 True 和 False 定义成关键字了，但它们的值还是 1 和 0，可以和数字相加。

2. 字符串

Python 中单引号和双引号的使用完全相同，使用三引号（'''或"""）可以指定一个多行字符串。Python 没有单独的字符类型，一个字符就是长度为 1 的字符串。

以下都是正确的字符串表示方式。

```
word = '字符串'
sentence = "这是一个句子。"
paragraph = """这是一个段落，
            可以由多行组成"""
```

反斜线 "\" 可以用来转义字符，通过在字符串前加 r 或 R 可以让反斜线不发生转义。例如，"r"this is a line with \n""，则\n 会显示，并不会换行。Python 允许处理 Unicode 字符串，加前缀 u 或 U 即可，如 "u"this is an unicode string""。

4.3.4 Python 运算符及其应用

1. Python 的算术运算符及其应用

运算符是一些特殊的符号，主要用于数学计算、比较运算和逻辑运算等。Python 语言支持以下类型的运算符：算术运算符、赋值运算符、比较（关系）运算符、逻辑运算符、位运算符、成员运算符、身份运算符。使用运算符将不同类型的数据按照一定的规则连接起来的算式，被称为表达式。例如，使用算术运算符连接起来的算式称为算术表达式，使用比较（关系）运算符连接起来的算式称为比较（关系）表达式，使用逻辑运算符连接起来的算式称为逻辑表达式。比较（关系）表达式和逻辑表达式通常作为选择结构和循环结构的条件语句。

（1）Python 的算术运算符

Python 的算术运算符及应用实例如表 4-2 所示。

表 4-2 Python 的算术运算符及应用实例

运算符	名称	说明	实例	输出结果
+	加	两个数相加	21+10	31
−	减	得到负数或是一个数减去另一个数	21 − 10	11
*	乘	两个数相乘或是返回一个被重复若干次的字符串	21*10	210
/	除	x 除以 y	21/10	2.1
%	取余	返回除法的余数，如果除数（第 2 个操作数）是负数，那么结果也是一个负值	21%10	1
			21%(− 10)	− 9
**	幂	返回 x 的 y 次幂	21**2	441
//	取整除	返回商的整数部分	21//2	10
			21.0//2.0	10.0
			− 21//2	− 11

（2）Python 算术运算符的运算优先级

Python 算术运算符的运算优先级由高到低顺序排列如下。

第 1 级：**。

第 2 级：*、/、%、//。

第 3 级：+、－。

同级运算符从左至右计算，可以使用()调整运算的优先级，加()的部分优先运算。

> **注意**　使用除法（/或//）运算符和求余运算符（%）时，除数不能为 0，否则会出现异常。

（3）Python 算术表达式

Python 的算术表达式由数值类型数据与+、－、*、/等算术运算符组成，括号可以用来为运算分组。

包含单一算术运算符的算术表达式的实例如下。

```
>>>5 + 4    #加法
9
>>>4.3 - 2    #减法
2.3
>>>3 * 7    #乘法
21
>>>2 / 4    #除法，得到一个浮点数
0.5
>>>8 / 4    #总是返回一个浮点数
2.0
```

> **注意**　在不同的计算机上，浮点运算的结果可能会不一样。

```
>>>17 % 3    #%操作符表示返回除法的余数
2
```

浮点数得到 Python 完全的支持，不同类型的数值混合运算时，Python 会把整数转换为浮点数。

包含多种算术运算符的算术表达式的实例如下。

```
>>>5*3+2
17
>>>50 - 5*6
20
>>>(50 - 5*6)/4
5.0
>>>3 * 3.75 / 1.5
7.5
```

2. Python 的赋值运算符与变量

（1）Python 的赋值运算符

Python 的赋值运算符如表 4-3 所示，表 4-3 中变量 x 的初始值为 0。

表 4-3　Python 的赋值运算符

运算符	描述	实例	等效形式	变量 x 的值
=	简单赋值运算符	$x=21+10$	将 21+10 的运算结果赋值给 x	31
+=	加法赋值运算符	$x+=10$	$x=x+10$	41
− =	减法赋值运算符	$x-=10$	$x=x-10$	31
*=	乘法赋值运算符	$x*=10$	$x=x*10$	310
/=	除法赋值运算符	$x/=10$	$x=x/10$	31.0
%=	取模赋值运算符	$x\%=10$	$x=x\%10$	1.0
**=	幂赋值运算符	$x**=10$	$x=x**10$	1.0
//=	取整除赋值运算符	$x//=10$	$x=x//10$	0.0

（2）变量定义及赋值

Python 中的变量不需要声明变量名及其类型。每个变量在使用前都必须被赋值，变量被赋值以后该变量才会被创建。在 Python 中，变量就是变量，变量本身没有类型的概念，我们所说的"类型"是变量所指的内存中对象的类型。

① 变量赋值的基本语法格式。

等号（=）运算符用于给变量赋值，变量赋值的基本语法格式如下。

<变量名>=<变量值>

等号（=）运算符左边是一个变量名，等号（=）运算符右边是存储在变量中的值。变量命名应遵循 Python 一般标识符的命名规则，变量值可以是任意数据类型。

变量被赋值之后，Python 解释器不会显示任何结果。

例如：

```
>>>width = 20
>>>height = 5*9
>>>width * height
900
```

② 定义变量。

程序中当变量被指定一个值时，对应变量就会被创建。例如：

```
>>>var1 = 6
>>>var2 = 10.5
>>>print("var1=",var1)
>>>print("var2=",var2)
```

运行结果：

```
var1= 6
var2= 10.5
```

变量在使用前必须先"定义"（即赋予变量一个值），否则会出现错误。

在 Python 语言中，除了变量，还有常量的概念，所谓常量就是程序运行过程中值不会发生改变的量，如数学运算中的圆周率，在 Python 中，没有提供定义常量的关键字。

3. Python 的比较运算符及其应用

比较运算符，也称为关系运算符，用于对变量或表达式的结果进行大小、真假等比较，如果比较结果为成立，则返回 True，如果为不成立，则返回 False。

Python 的比较运算符及应用实例如表 4-4 所示，所有比较运算符的运行结果返回 True 表示真，返回 False 表示假，这分别与 Python 2 中的 1 和 0 等价，True 和 False 的首字母必须大写，实

例假设变量 x 为 21，变量 y 为 10，即 $x=21$，$y=10$。

表 4-4　Python 的比较运算符及应用实例

运算符	名称	说明	实例	运行结果
==	等于	比较 x 和 y 两个对象是否相等	$x == y$	False
!=	不等于	比较 x 和 y 两个对象是否不相等	$x != y$	True
>	大于	比较 x 是否大于 y	$x > y$	True
<	小于	比较 x 是否小于 y	$x < y$	False
>=	大于或等于	比较 x 是否大于等于 y	$x >= y$	True
<=	小于或等于	比较 x 是否小于等于 y	$x <= y$	False

> **注意**　运算符 "=="是两个等号 "="，属于比较运算符。而运算符 "="是赋值运算符。Python 3 已不支持运算符 "<>"，可以使用运算符 "!="代替。

例如：

```
>>>x = 5
>>>y = 8
>>>print(x == y)
>>>print(x != y)
```

以上实例的运行结果：

```
False
True
```

比较运算符与比较对象（变量或表达式）构建出比较表达式，也称为关系表达式。比较表达式通常用在条件语句和循环语句中作为 "条件表达式"。

4. Python 的逻辑运算符及其应用

Python 语言支持逻辑运算符，逻辑运算符是对 True 和 False 两种布尔值进行运算，运算后的结果仍是一个布尔值。逻辑运算符也可以对非布尔值进行运算。

Python 对非布尔值的逻辑运算符及应用实例如表 4-5 所示，实例假设变量 x 为 21，变量 y 为 10，变量 z 为 0，即 $x=21$，$y=10$，$z=0$。

表 4-5　Python 对非布尔值的逻辑运算符及应用实例

运算符	名称	逻辑表达式	结合方向	说明	实例	运算结果
and	逻辑与	x and y	从左到右	如果 x 为 False 或 0，x and y 返回 False 或 0，否则返回 y 的计算值	x and y	10
					x and z	0
					z and x	0
or	逻辑或	x or y	从左到右	如果 x 是 True，返回 x 的值，否则返回 y 的计算值	x or y	21
					x or z	21
					z or x	21
not	逻辑非	not x	从右到左	如果 x 为 True，返回 False，如果 x 为 False，返回 True	not x	False
					not y	False
					not (x and y)	False
					not (x or y)	False
					not z	True

4.3.5　Python 程序流程控制

程序的流程控制结构主要包括选择结构和循环结构，选择结构是根据条件表达式的结果选择运行不同语句的流程结构；循环结构则是在一定条件下反复运行某段程序的流程结构，被反复运行的语句体称为循环体，决定循环是否终止的判断条件称为循环条件。流程控制语句的条件表达式主要为比较（关系）表达式和逻辑表达式。

1. Python 的顺序结构

计算机程序主要有 3 种基本结构：顺序结构、选择结构、循环结构。如果没有流程控制的话，整个程序都将按照语句的编写顺序（从上至下的顺序）来运行，而不能根据需求决定程序运行的顺序。

2. Python 的流程控制

流程控制对任何一门编程语言来说都是非常重要的，因为它提供了控制程序运行的方法。Python 3 根据条件语句的运算结果选择不同路径的运行方式。Python 条件语句通过一条或多条语句的运行结果（True 或者 False）来决定运行的代码块。

可以通过图 4-6 来简单了解条件语句的运行过程。如果条件表达式的值为 True，则执行代码块，否则不执行代码块。

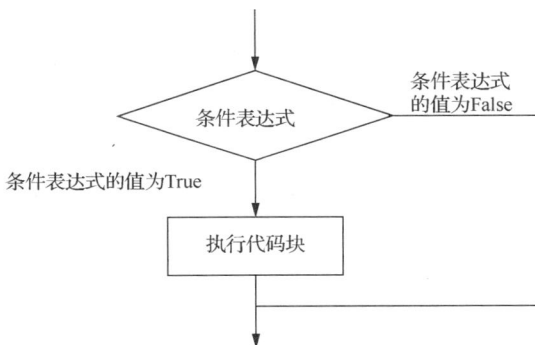

图 4-6　条件语句的运行过程示意

3. Python 的选择结构及其应用

Python 的选择结构是根据条件表达式的结果选择运行不同语句的流程结构，选择语句也称为条件语句，即按照条件选择运行不同的代码片段，Python 中选择语句主要有 3 种形式：if 语句、if…else 语句和 if…elif…else 语句。Python 使用 if…elif…else 多分支语句或者 if 语句的嵌套结构实现多重选择。

（1）if 语句及其应用

Python 中使用 if 关键字来构成选择语句，if 语句的一般形式如下。

```
if  <条件表达式>:
    <语句块>
```

条件表达式可以是一个单纯的布尔值或变量，也可以是比较表达式或逻辑表达式，如果条件表达式的值为 True，则运行<语句块>；如果条件表达式的值为 False，就跳过<语句块>，继续运行后面的语句。

例如：

```
>>> password= input("请输入密码: ")
```

运行结果：

```
请输入密码: 123456
>>> if  password =="123456":
    print("输入的密码正确")
```

运行结果：

输入的密码正确

（2）if...else 语句及其应用

Python 中 if...else 语句的一般形式如下。

```
if  <条件表达式>：
    <语句块 1>
else：
    <语句块 2>
```

if...else 语句主要解决二选一的问题，使用 if...else 语句时，条件表达式可以是一个单纯的布尔值或变量，也可以是比较表达式或逻辑表达式，如果条件表达式的值为 True，则运行 if 语句后面的<语句块 1>，否则，运行 else 后面的<语句块 2>。

（3）if...elif...else 语句及其应用

Python 中 if...elif...else 语句的一般形式如下。

```
if  <条件表达式 1>：
    <语句块 1>
elif  <条件表达式 2>：
    <语句块 2>
else：
    <语句块 N>
```

Python 中用 elif 代替了 else if，所以多分支选择结构的关键字为 if...elif...else。

if...elif...else 语句运行的规则如下。

条件表达式 1 和条件表达式 2 可以是一个单纯的布尔值或变量，也可以是比较表达式或逻辑表达式。

如果<条件表达式 1>的值为 True，则运行<语句块 1>；

如果<条件表达式 1>的值为 False，将判断<条件表达式 2>，如果<条件表达式 2>的值为 True，则运行<语句块 2>；

如果<条件表达式 1>和<条件表达式 2>的值都为 False，则运行<语句块 N>。

Python 中 if 语句每个条件后面要使用冒号"："，表示接下来是满足条件后要运行的语句块。使用缩进来划分语句块，相同缩进数的语句在一起组成一个语句块。if 和 elif 都需要判断条件表达式的真假，而 else 则不需要判断；另外，elif 和 else 都必须与 if 一起使用，不能单独使用。

4. for 循环语句及其应用

循环结构是在一定条件下反复运行某段程序的流程结构，被反复运行的语句体称为循环体，决定循环是否终止的判断条件称为循环条件。

Python 中的循环语句有 for 和 while 两种类型。Python 中 for 循环也称为计次循环，其循环语句可以遍历各种序列数据，如一个列表或者一个字符串。while 循环也称为条件循环，可以一直进行循环，直到条件不满足时才结束循环。

for 循环通常适用于枚举或遍历序列，以及迭代对象中的元素，一般应用于循环次数已知的情况。

for 循环语句的基本格式如下。

```
for  <循环变量>  in  <序列结构>：
    <语句块>
```

其中，循环变量用于保存取出的值，序列结构为要遍历或迭代的序列对象，如字符串、列表、元组等，语句块为一组被重复运行的语句。

    for 循环语句的运行流程图如图 4-7 所示。

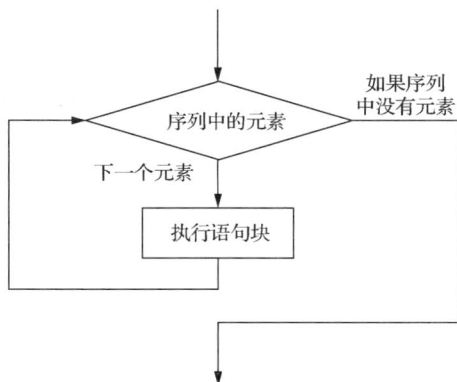

图 4-7　for 循环语句的运行流程图

5. while 循环语句及其应用

Python 中的 while 循环通过一个条件表达式来控制是否要继续反复运行循环体中的语句块。
Python 中 while 循环语句的一般形式如下。

```
while <条件表达式>:
    <语句块>
```

while 循环语句的条件表达式的值为 True 时，则运行循环体的语句块；运行一次后，重新判断条件表达式的值，直到条件表达式的值为 False 时，退出 while 循环。

    while 循环语句的运行流程图如图 4-8 所示。

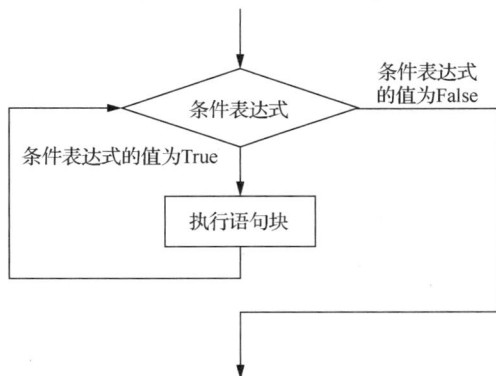

图 4-8　while 循环语句的运行流程图

Python 中 while 循环语句的条件表达式后面要使用冒号 "："，表示接下来是满足条件后要运行的语句块。使用缩进来划分语句块，相同缩进数的语句组成一个语句块。

4.4　数据和数据结构概述

    在计算机发展的初期，人们使用计算机的目的主要是处理数值计算问题。随着计算机应用领域的扩大和软硬件的发展，非数值计算问题显得越来越重要，这类问题涉及的数据结构更为复杂，数据元素之间的相互关系一般无法用数学方程式加以描述。因此，解决这类问题的关键不再是数学分析和计算方法,而是要设计出合适的数据结构。描述这类非数值计算问题的数学模型不再是数学方程,而是诸如表、树、图之类的数据结构。

4.4.1 数据结构的基本概念

在系统地学习数据结构知识之前,先明确一些基本术语的确切含义。

1. 数据

计算机应用程序处理各种各样的数据,数据就是计算机加工处理的对象,它可以是数值数据,也可以是非数值数据。数值数据包括实数和复数,主要用于工程计算、科学计算和商务处理等,非数值数据包括字符、文字、图形、图像、音频、视频等。

2. 数据元素

数据元素(Data Element)是数据的基本单位。在不同的条件下,数据元素又可称为元素(Element)、节点(Node)、顶点(Vertex)、记录(Record)等。有时,一个数据元素可由若干个数据项(Data Item)组成,例如,学生管理信息系统中学生信息表的每一个数据元素就是一条学生记录,它包括学生的学号、姓名、性别、籍贯、出生年月、成绩等数据项。这些数据项可以分为两种:一种叫作基本项,如学生的性别、籍贯等,这些数据项是在数据处理时不能再被分割的最小单位;另一种叫作组合项,如学生的成绩,它可以再被划分为数学成绩、物理成绩、化学成绩等更小的项。通常,在解决实际应用问题时是把每个学生记录当作一个基本单位进行访问和处理的。

3. 数据对象

数据对象(Data Object)是具有相同性质的数据元素的集合。在某个具体问题中,数据元素都具有相同的性质(元素值不一定相等),属于同一数据对象(数据元素类),数据元素是数据对象的一个实例。例如,在交通咨询系统的交通网中,所有的顶点是一个数据对象,顶点 A 和顶点 B 各自代表一个城市,是该数据对象中的两个实例,其数据元素的值分别为 A 和 B。

4. 数据结构

数据结构(Data Structure)是指互相之间存在着一种或多种关系的数据元素的集合。在各种问题中,数据元素都不会是孤立的,在它们之间都存在着这样或那样的关系,这种数据元素之间的相互关系称为结构。

数据结构包括数据的逻辑结构和数据的物理结构。数据的逻辑结构是指数据元素之间的关系,从逻辑关系角度描述数据,可以看作从具体问题抽象出来的数学模型,它与数据的存储无关。数据元素及数据元素之间的逻辑关系在计算机存储器内的表示(又称映像)称为数据的物理结构,或称存储结构。它所研究的是数据结构在计算机中的实现方法,包括数据结构中元素的表示及元素间关系的表示。

根据数据元素间关系的不同特性,通常有下列 4 种基本的结构。

(1)集合结构

集合是一种常用的数据表示方法,是数据元素的有限集合。该结构中,数据元素间的关系是"属于同一个集合",集合是元素关系极为松散的一种结构。

对集合可以进行多种操作,假设集合 S 由若干个元素组成,可以按照某一规则把集合 S 划分成若干个互不相交的子集合,例如,集合 $S=\{1,2,3,4,5,6,7,8,9,10\}$,可以被分成如下 3 个互不相交的子集合。

$S_1=\{1,2,4,7\}$, $S_2=\{3,5,8\}$, $S_3=\{6,9,10\}$。

集合 $\{S_1,S_2,S_3\}$ 就被称为集合 S 的一种划分。

此外,在集合中还有常用的一些运算,如集合的交、并、补、差,以及判定一个元素是否是集合中的元素等。

（2）线性结构

线性结构指的是数据元素的有序集合，该结构中数据元素之间存在着一对一的关系，线性表、栈、队列、字符串都属于线性结构。

（3）树形结构

树形结构指的是数据元素的层次结构，该结构中的数据元素之间存在着一对多的关系。

（4）图形结构

图形结构的数据元素之间存在着多对多的关系，图形结构也称作网状结构。

树形结构和图形结构都属于非线性结构。

4.4.2　数据的基本运算

数据的运算即对数据施加的操作。数据的运算定义在数据的逻辑结构上，每种逻辑结构都有一个运算的集合，只有确定了物理结构，才能具体实现这些运算。

数据的运算通常包括以下 5 种操作。

① 插入：在指定位置上添加一个新节点。

② 删除：删除指定位置上的节点。

③ 更新：修改某个节点的值。

④ 查找：搜索满足指定条件的节点及其位置。

⑤ 排序：按指定的顺序使节点重新排列。

4.5　典型的数据结构

典型的数据结构有线性表、栈、队列、树、图等。

1. 线性表

线性表是一种线性结构，线性结构的特点是数据元素之间存在一种线性关系，数据元素"一个接一个地排列"。在一个线性表中数据元素的类型是相同的，或者说线性表是由同一类型的数据元素构成的线性结构。在实际问题中线性表的例子是很多的，例如，学生信息表是线性表，表中数据元素的类型为学生类型；一个字符串也是一个线性表，表中数据元素的类型为字符型。

线性表是具有相同数据类型的 n（$n \geqslant 0$）个数据元素的有限序列，通常记为（$a_1, a_2, \cdots, a_{i-1}, a_i, a_{i+1}, \cdots, a_n$）。其中 n 为表长，$n=0$ 时称为空表，即没有任何数据元素的线性表。

线性表中相邻元素之间存在着顺序关系。将 a_{i-1} 称为 a_i 的直接前趋，a_{i+1} 称为 a_i 的直接后继。对于 a_i，当 $i=2, \cdots, n$ 时，有且仅有一个直接前趋 a_{i-1}，当 $i=1, 2, \cdots, n-1$ 时，有且仅有一个直接后继 a_{i+1}，而 a_1 是表中第一个元素，它没有直接前趋，a_n 是最后一个元素，它没有直接后继。

2. 栈

栈是限制在表的一端进行插入和删除的线性表。允许插入、删除的这一端称为栈顶（Stack Top），固定端称为栈底。当栈中没有元素时称为空栈。向栈中插入元素称为进栈，从栈中删除元素称为出栈。元素的进栈和出栈使得栈顶的位置经常变动。

如图 4-9 所示，栈中有 3 个元素，进栈的顺序是 a1、a2、a3，即最先入栈的元素被放在栈的底部，后入栈的元素却放在栈的顶部。出栈时其顺序为 a3、a2、a1，即最后入栈的元素先被删除，最先入栈的元素最后才被删除，所以栈又称为"后进先出"（Last In First Out，LIFO）的线性表，简称 LIFO 表。

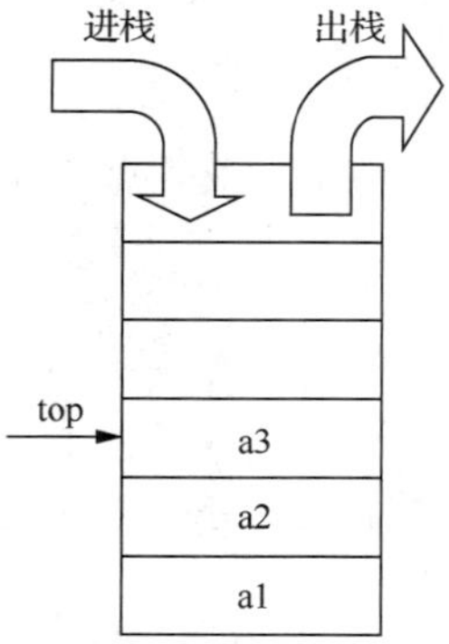

图 4-9　栈的示意

3. 队列

前面所讲的栈是一种"后进先出"的数据结构，而在实际问题中还经常使用一种"先进先出"的数据结构，即插入在表的一端进行，而删除在表的另一端进行，我们将这种数据结构称为队或队列，把允许插入的一端叫队尾（Rear），把允许删除的一端叫队首（Front）。向队列中插入元素称为入队，从队列中删除元素称为出队。当队列中没有元素时称为空队列。队列的操作是按先进先出的原则进行的，即新添加的元素总是加到队尾，每次离开的成员总是队首的元素，图 4-10 所示是一个有 5 个元素的队列，入队的顺序依次为 a1、a2、a3、a4、a5，出队时的顺序依然是 a1、a2、a3、a4、a5。

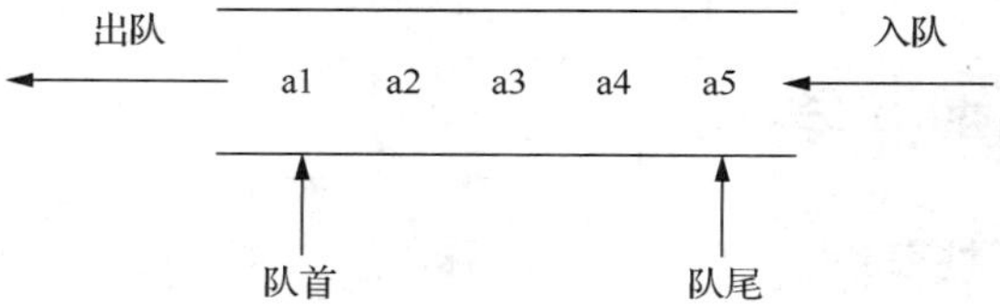

图 4-10　队列的示意

显然，队列也是一种运算受限制的线性表，所以队列又叫"先进先出"（First In First Out，FIFO）表，简称 FIFO 表。

4. 树

树（Tree）是 n（$n \geq 0$）个有限数据元素的集合。当 $n=0$ 时，称这棵树为空树。在一棵非空树 T 中：

① 有一个特殊的数据元素，称为树的根节点，根节点没有前驱节点。

② 若 $n > 1$，除根节点之外的其余数据元素被分成 m（$m > 0$）个互不相交的集合 $T_1, T_2, \cdots, T_m$，其中每一个集合 T_i（$1 \leq i \leq m$）本身又是一棵树，树 $T_1, T_2, \cdots, T_m$ 称为这个根节点的子树。

图 4-11 所示是一棵具有 10 个节点的树，即 $T=\{A,B,C,\cdots,I,J\}$，节点 A 为树 T 的根节点，除根节点 A 之外的其余节点分为 3 个不相交的集合：$T_1=\{B,E,F\}$、$T_2=\{C,G,H,I\}$ 和 $T_3=\{D,J\}$，T_1、T_2 和 T_3 构成节点 A 的 3 棵子树，T_1、T_2 和 T_3 本身也分别是一棵树。例如，子树 T_1 的根节点为 B，其余节点又分为 2 个不相交的集合：$T_{11}=\{E\}$ 和 $T_{12}=\{F\}$。T_{11} 和 T_{12} 构成子树 T_1 的根节点 B 的 2 棵子树。如此可继续向下分为更小的子树，直到每棵子树只有一个根节点为止。

从树的定义和图 4-11 可以看出，树具有下面两个特点。

① 树的根节点没有前驱节点，除根节点之外的所有节点有且只有一个前驱节点。

② 树中所有节点可以有 0 个或多个后继节点。

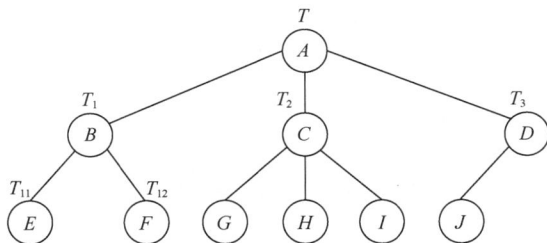

图 4-11　树的示意

5. 图

线性结构中，节点之间的关系是线性关系，除开始节点和终端结点外，每个节点只有一个直接前趋和直接后继。在树结构中，节点之间的关系实质上是层次关系，同层上的每个节点可以和下一层 0 个或多个节点相关，但只能和上一层一个节点相关（根节点除外）。然而在图结构中，对节点的前趋和后继个数都是不加限制的，即节点之间的关系是任意的，图中任意两个节点之间都可能相关。

图（Graph）由非空的顶点集合和一个描述顶点之间关系——边（或者弧）的集合组成，其形式化定义为：

$$G = (V, E)$$
$$V = \{v_i \mid v_i \in \text{dataobject}\};$$
$$E = \{(v_i, v_j) \mid v_i, v_j \in V \wedge P(v_i, v_j)\}。$$

其中，G 表示一个图，V 是图 G 中顶点的集合，E 是图 G 中边的集合，集合 E 中 $P(v_i, v_j)$ 表示顶点 v_i 和顶点 v_j 之间有一条直接连线，即偶对 (v_i, v_j) 表示一条边。图 4-12 给出了一个无向图的示例，在该图中：

$$G = (V_1, E_1)$$

集合 $V_1 = \{A, B, C, D, E\}$；
集合 $E_1 = \{(A,B), (A,C), (A,D), (B,C), (B,D), (C,E), (D,E)\}$。

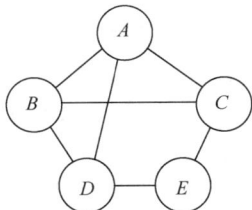

图 4-12　无向图

操作训练

【操作训练 4-1】使用 IDLE 编写简单的 Python 程序

安装 Python 后，会自动安装一个 IDLE，IDLE 是 Python 自带的简洁的集成开发环境，可以利用 Python Shell 编写 Python 程序并与 Python 进行交互。

在 Windows 10 任务栏中右键单击"开始"按钮，在弹出的"开始"快捷菜单中选择"搜索"

命令，弹出"搜索"对话框，在输入文本框中输入"Python"，显示相应最佳匹配列表项。然后在最佳匹配列表项中选择"IDLE(Python 3.8 64-bit)"选项即可打开 IDLE 窗口，如图 4-13 所示。

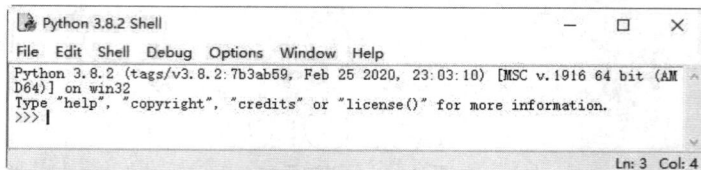

图 4-13 "Python 3.8.2 Shell" IDLE 窗口

在"Python 3.8.2 Shell"IDLE 窗口出现 Python 提示符">>>"，表示 Python 已经准备好了，等待用户输入 Python 程序代码。在 Python 提示符">>>"右侧输入程序代码时，每输入一条语句，并按"Enter"键，就会运行一条语句。

这里输入一条语句：print("Happy to learn Python Programming.")。

然后按"Enter"键，运行该语句的结果如图 4-14 所示。

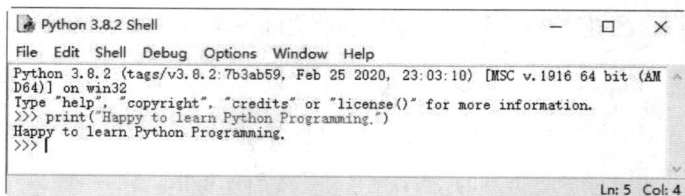

图 4-14 输入并运行一条语句

而在实际程序开发时，通常一个 Python 程序不能只有一行代码，如果需要编写多行代码，可以创建一个文件保存这些代码，在全部编写完毕后，一起运行。

【操作训练 4-2】计算并输出购买商品的实付总额

1. 创建 PyCharm 项目 Unit04

成功启动 PyCharm 后，在其主窗口选择"文件"菜单，在弹出的下拉菜单中选择"新建项目"选项，打开"新建项目"对话框，在该对话框的"位置"文本框中输入"D:\PyCharmProject\Unit04"，在"新建项目"对话框中单击"创建"按钮，完成 PyCharm 项目 Unit04 的创建。

2. 创建 Python 程序文件 t4-1.py

在 PyCharm 主窗口右键单击已建好的 PyCharm 项目"Unit04"，在弹出的快捷菜单中选择"新建"→"Python 文件"命令。在打开的"新建 Python 文件"对话框中输入 Python 文件名"t4-1"，然后双击"Python 文件"选项，完成 Python 程序文件的新建任务。同时，PyCharm 主窗口显示程序文件"t4-1.py"的代码编辑窗口，在该程序文件的代码编辑窗口也自动添加了模板内容。

3. 编写 Python 程序代码

在新建文件"t4-1.py"的代码编辑窗口输入程序代码，代码如下。

```
number1=1
price1=45.20
number2=1
price2=59.30
discount=40.00
total=number1*price1+number2*price2
```

```
payable=total-discount
print("商品总额：￥",total)
print("商品优惠：-￥",discount)
print("实付总额：￥"+str（payable))
```

单击工具栏中"保存"按钮🖫，保存程序文件"t4-1.py"。

4．运行 Python 程序

在 PyCharm 主窗口选择"运行"菜单，在弹出的下拉菜单中选择"运行"选项。在弹出的"运行"对话框中选择"t4-1"选项，程序"t4-1.py"开始运行。

程序文件"t4-1.py"的运行结果如下。

商品总额：￥104.5

商品优惠：-￥40.0

实付总额：￥64.5

【操作训练 4-3】用户登录时判断密码是否正确

代码如下。

```
password= input("请输入密码：")
if   password =="123456":
    print("输入的密码正确")
else:
    print("输入的密码错误")
```

运行结果如下。

```
请输入密码：666
输入的密码错误
```

🗡 练习测试

1．在各类程序设计语言中，相比较而言，（　　）程序的执行效率最高。

    A．汇编语言　　　　　B．面向对象的语言　C．面向过程的语言　　　D．机器语言

2．下列关于程序设计语言的说法中，正确的是（　　）。

    A．高级语言程序的执行速度比低级语言程序的快

    B．高级语言就是自然语言

    C．高级语言并不依赖于具体的计算机

    D．计算机可以直接识别和执行用高级语言编写的源程序

3．在算法分析中，评判算法的好坏不必考虑（　　）。

    A．正确性　　　　　　　　　　　　B．需要占用的计算机资源

    C．易理解　　　　　　　　　　　　D．编程人员的爱好

4．一般认为，计算机算法的基本性质有（　　）。

    A．确定性、有限性、可行性、输入、输出

    B．可移植性、可扩充性、可行性、输入、输出

    C．确定性、稳定性、可行性、输入、输出

    D．确定性、有限性、稳定性、输入、输出

5. 计算机硬件唯一能直接理解的语言是（　　　）。

    A. 机器语言　　　　　B. 汇编语言　　　　　C. 高级语言　　　　　D. 面向过程语言

6. 结构化程序设计方法的 3 种基本结构是（　　　）。

    A. 程序、返回、处理　　　　　　　　　B. 输入、输出、处理

    C. 顺序、选择、循环　　　　　　　　　D. I/O、转移、循环

7. 在面向对象方法中，一个对象请求另一个对象为其服务的方式是发送（　　　）。

    A. 调用语句　　　　　B. 命令　　　　　C. 口令　　　　　D. 消息

8. 以下不是面向对象思想中的主要特征的是（　　　）。

    A. 多态　　　　　B. 继承　　　　　C. 封装　　　　　D. 垃圾回收

9. 下列数据结构中，（　　　）不是数据逻辑结构。

    A. 树结构　　　　　B. 线性表　　　　　C. 存储器物理结构　　　　　D. 二叉树

10. 数据结构是（　　　）。

    A. 一种数据类型

    B. 数据的存储结构

    C. 一组性质相同的数据元素的结合

    D. 相互之间存在一种或多种特定关系的数据元素的集合

11. 下列关于队列的叙述中，正确的是（　　　）。

    A. 在队列中只能插入数据

    B. 在队列中只能删除数据

    C. 队列是先进先出的线性表

    D. 队列是后进先出的线性表

12. 如果进栈序列为 a1,a2,a3,a4，则可能的出栈序列是（　　　）。

    A. a3,a1,a4,a2　　　　　　　　　　B. a2,a4,a3,a1

    C. a3,a4,a1,a2　　　　　　　　　　D. a4,a3,a2,a1

单元 5
数据库技术基础

数据库技术是研究数据库的结构、存储、设计、管理和使用的一门软件学科，数据库技术是在操作系统的文件系统基础上发展起来的，而且数据库管理系统本身要在操作系统支持下才能工作。随着计算机技术和相应技术领域的发展，数据库技术得到了极大的发展。

软件是新一代信息技术（Information Technology，IT）的灵魂，是数字经济发展的基础，而数据库作为十分复杂、跨技术领域很多的关键基础软件，一般应用软件的数据处理都要与其进行数据交互，所以数据库对于计算产业的重要性不言而喻。

分析思考

首先通过京东网上商城实例体验数据库的应用，对数据库应用系统、数据库管理系统、数据库和数据表有一个直观认识，京东网上商城数据库应用的相关项如表 5-1 所示。数据表事先都已设计完成，然后通过应用程序对数据表中的数据进行存取操作。

表 5-1　京东网上商城数据库应用的相关项

数据库应用系统	数据库	主要数据表	典型用户	典型操作
京东网上商城应用系统	网上商城数据库	商品类型、商品信息、供应商、客户、支付方式、提货方式、购物车、订单等	客户、职员	用户注册、用户登录、密码修改、商品查询、商品选购、下订单、订单查询等

1. 查询商品与浏览商品列表

启动浏览器，在地址栏中输入"京东网上商城"的网址"jd.com"，按"Enter"键显示"京东网上商城"的首页，首页的左上角显示了京东网上商城的"全部商品分类"。这些商品分类数据源自后台数据库的"商品类型"数据表，"商品类型"的示例数据如表 5-2 所示。

表 5-2　"商品类型"的示例数据

类型编号	类型名称	父类编号	类型编号	类型名称	父类编号	类型编号	类型名称	父类编号
t01	家用电器	t00	t0106	生活电器	t01	t020104	固定电话	t0201
t0101	电视机	t01	t02	数码产品	t00	t0202	摄影机	t02
t0102	空调	t01	t0201	通信设备	t02	t0203	摄像机	t02
t0103	洗衣机	t01	t020101	手机	t0201	t0204	数码配件	t02
t0104	冰箱	t01	t020102	手机配件	t0201	t0205	影音娱乐	t02
t0105	厨卫电器	t01	t020103	对讲机	t0201	t0206	智能设备	t02

续表

类型编号	类型名称	父类编号	类型编号	类型名称	父类编号	类型编号	类型名称	父类编号
t03	电脑产品	t00	t030206	内存	t0302	t08	汽车用品	t00
t0301	电脑整机	t03	t0303	外部设备产品	t03	t09	母婴玩具	t00
t030101	笔记本电脑	t0301	t030301	鼠标	t0303	t10	食品饮料	t00
t030102	游戏本	t0301	t030302	键盘	t0303	t11	医药保健	t00
t030103	平板电脑	t0301	t030303	U盘	t0303	t12	礼品鲜花	t00
t030104	台式机	t0301	t030304	移动硬盘	t0303	t13	图书音像	t00
t0302	电脑配件	t03	t0304	游戏设备	t03	t1301	图书	t13
t030201	显示器	t0302	t0305	网络产品	t03	t1302	音像	t13
t030202	CPU	t0302	t04	办公用品	t00	t1303	电子书刊	t13
t030203	主板	t0302	t05	化妆洗护	t00	t14	家装厨具	t00
t030204	显卡	t0302	t06	服饰鞋帽	t00	t15	珠宝首饰	t00
t030205	硬盘	t0302	t07	皮具箱包	t00	t16	体育用品	t00

在京东网上商城首页的"搜索"文本框中输入"手机 华为",按"Enter"键,手机搜索部分结果如图 5-1 所示。这些商品信息源自后台数据库的"商品信息"数据表,"商品信息"的示例数据如表 5-3 所示。

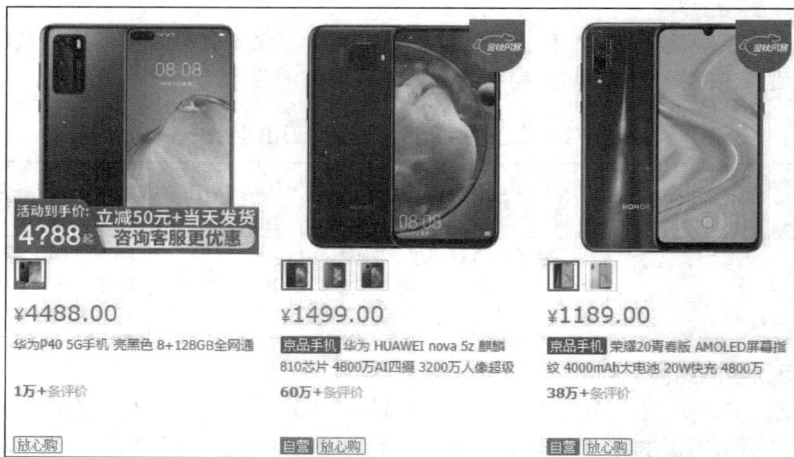

图 5-1　手机搜索部分结果

表 5-3　"商品信息"的示例数据

序号	商品编号	商品名称	商品类型	价格/元	品牌
1	100009177424	华为 P40 5G 手机黑色	手机	4488.00	华为（HUAWEI）
2	100004559325	华为 HUAWEI nova 5z	手机	1499.00	华为（HUAWEI）
3	100006232551	荣耀 20 青春版	手机	1189.00	荣耀

在京东网上商城首页的"全部商品分类"列表中单击"图书"超链接,打开"图书"页面,然后在"搜索"文本框中输入图书名称关键字"MySQL",按"Enter"键,显示出搜到的图书信

息。这些图书信息源自后台数据库的"图书信息"数据表,"图书信息"的示例数据如表 5-4 所示。

表 5-4 "图书信息"的示例数据

序号	商品编号	图书名称	商品类型	价格/元	出版社
1	12631631	HTML5+CSS3 网页设计与制作实战	图书	47.10	人民邮电出版社
2	12303883	MySQL 数据库技术与项目应用教程	图书	35.50	人民邮电出版社
3	12634931	Python 数据分析基础教程	图书	39.30	人民邮电出版社
序号	ISBN	作者	版次	开本	出版日期
1	9787115518002	颜珍平,陈承欢	4	16	2019/11/1
2	9787115474100	李锡辉,王樱	1	16	2018/2/1
3	9787115511577	郑丹青	1	16	2020/3/1

思考:这里查询的商品数据、图书数据是如何从后台数据库中获取的?

2. 通过"高级搜索"方式搜索所需图书

启动浏览器,在地址栏中输入"京东-图书高级搜索"的网址"https://search.jd.com/bookadv.html",按"Enter"键,显示"高级搜索"网页,在网页中部的"书名"文本框中输入"网页设计与制作实战",在"作者"文本框中输入"陈承欢",在"出版社"文本框中输入"人民邮电出版社",搜索条件设置的结果如图 5-2 所示。

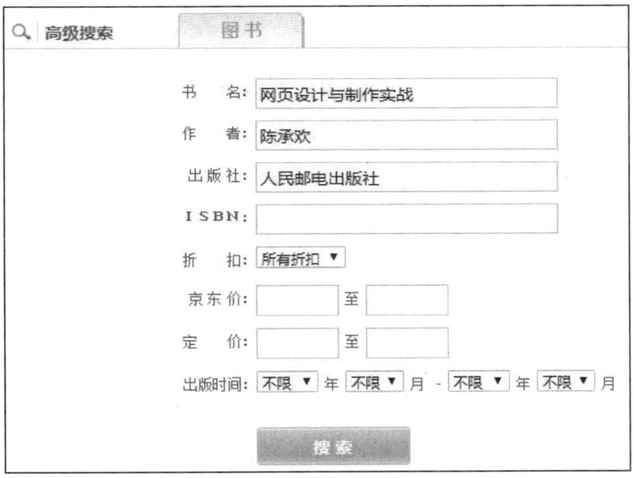

图 5-2 搜索条件设置的结果

单击"搜索"按钮,显示出指定图书的搜索结果。

3. 查看商品详情

在"高级搜索"结果页面,选择京东自营的图书"HTML5+CSS3 网页设计与制作实战",并单击图书图片或图书名称,打开该图书的详情浏览页面,该图书的"商品介绍"如图 5-3 所示。

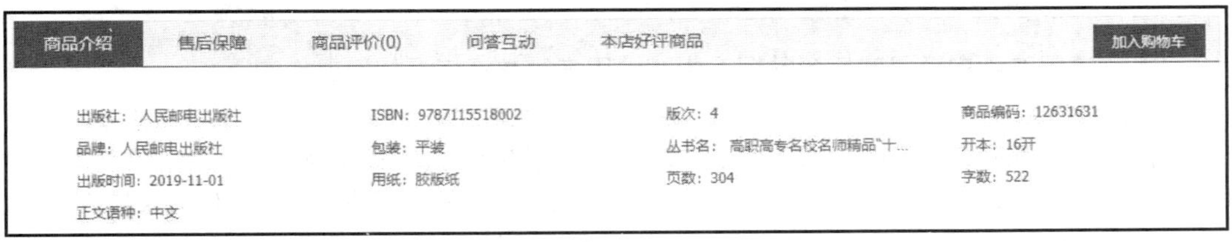

图 5-3 图书"HTML5+CSS3 网页设计与制作实战"详情页面中的"商品介绍"

商品详情页面所显示的图书信息与搜索时显示的图书信息源自相同的数据源，即后台数据库的"图书信息"数据表。

思考：这里查询的图书详细数据是如何从后台数据库获取的？

图 5-2 和查询结果页面等都属于 B/S 模式的数据库应用程序的一部分。购物网站为用户提供了友好界面，为用户搜索所需商品提供了方便。查询结果中包含书名、价格、经销商等信息，该页面显示出来的这些数据到底源自哪里呢？又是如何得到的呢？应用程序实际上只是一个数据处理者，它所处理的数据必然是从某个数据源中取得的，这个数据源就是数据库（Database，DB）。数据库就像是一个仓库，保存着数据库应用程序需要获取的相关数据，如每本图书的图书名称、出版社、价格、ISBN 等，这些数据以数据表的形式存储。这里查询结果的数据也源自后台数据库的"图书信息"数据表。

思考：高级搜索的图书数据是如何从后台数据库获取的？

4. 实现用户注册

在京东网上商城顶部单击"免费注册"超链接，打开"用户注册"页面，选择"个人用户"选项卡，分别在"用户名""请设置密码""请确认密码""验证手机""短信验证码""验证码"文本框中输入合适的内容，如图 5-4 所示。

单击"立即注册"按钮，打开注册成功页面，这样后台数据库的"用户"数据表中便新增了一条用户记录。

思考：注册新用户在后台数据库是如何实现的？

5. 实现用户登录

在京东网上商城顶部单击"请登录"超链接，打开"用户登录"页面，分别在"用户名""密码"文本框中输入已成功注册的用户名和密码，如图 5-5 所示。单击"登录"按钮，登录成功后，会在网页顶部显示登录用户名称。

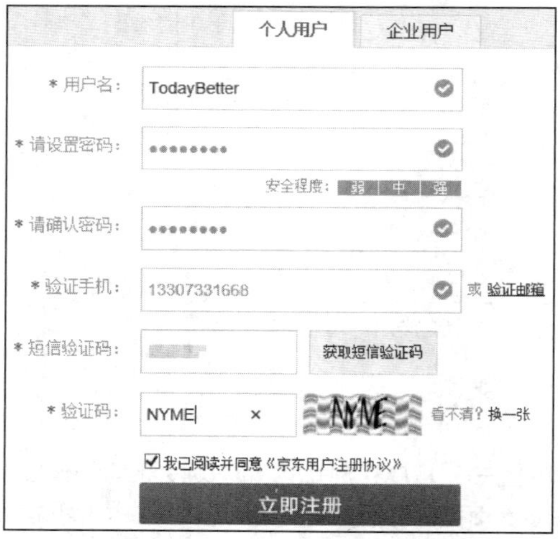

图 5-4 "用户注册"页面

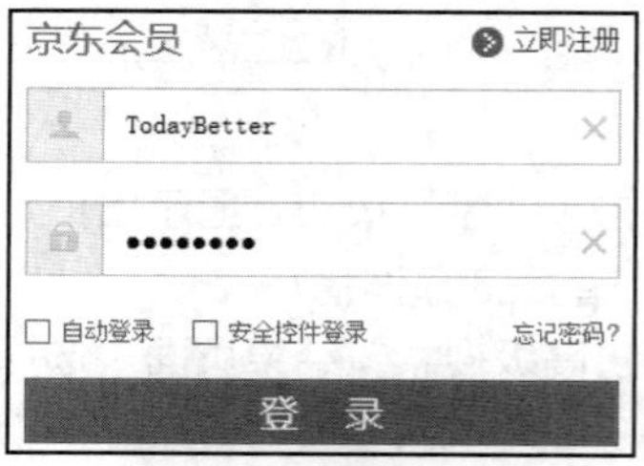

图 5-5 "用户登录"页面

思考：这里的用户登录对后台数据库中的"用户"数据表是如何操作的？

6. 选购商品

在商品浏览页面中选中喜欢的商品后，单击"加入购物车"按钮，将所选商品添加到购物车中。

思考：这些选购的图书信息如何从后台"图书信息"数据表中获取，又如何被添加到"购物车"数据表中？

7. 查看订单中所订购的商品信息

打开京东网上商城的"订单"页面，可以查看订单中订购商品的全部信息，如图 5-6 所示，并且以规范的列表方式显示订购的商品信息。

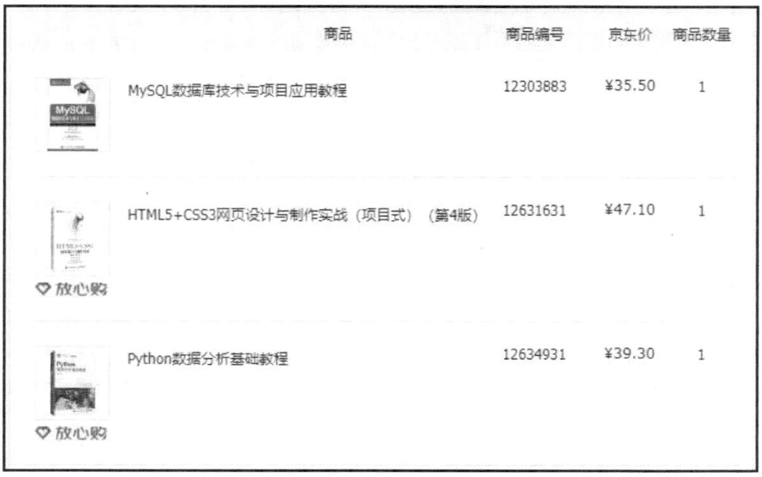

商品	商品编号	京东价	商品数量
MySQL数据库技术与项目应用教程	12303883	￥35.50	1
HTML5+CSS3网页设计与制作实战（项目式）（第4版）	12631631	￥47.10	1
Python数据分析基础教程	12634931	￥39.30	1

图 5-6　订单中的商品清单

思考：订单中订购的商品信息源自哪里？

由此可见，数据库不仅存放单个实体的信息，如商品类型、商品信息、图书信息、用户注册信息等，还存放着它们之间的联系数据，如订单信息中的数据。我们可以先通俗地给出数据库的定义，即数据库由若干个相互有联系的数据表组成，如网上商城数据库。对数据表可以从不同的角度进行观察，从横向来看，表由表头和若干行组成，表中的行也称为记录，表头确定数据表的结构。从纵向来看，表由若干列组成，每列有唯一的列名，表 5-3 包含多列，列名分别为序号、商品编号、商品名称、商品类型、价格/元和品牌，列也可以称为字段或属性。每列有一定的取值范围，也称为域，如"商品类型"列，其取值只能是商品类型的名称，如数码产品、家电产品、电脑产品等，假设有 10 种商品类型，那么商品类型的每个取值只能是这 10 种商品类型名称之一。这里浅显地解释了与数据库有关的术语，有了数据库，即有了相互关联的若干个数据表，就可以将数据存入这些数据表中，以后数据库应用程序就能找到所需的数据了。

数据库应用程序是如何从数据库中取出所需的数据的呢？数据库应用程序通过一个名为数据库管理系统的软件来取出数据。数据库管理系统是一款商品化的软件，它管理着数据库，使得数据以记录的形式存放在计算机中。例如，网上商城系统利用数据库管理系统保存图书信息，并提供按图书名称、作者、出版社、定价等多种查询方式。网上商城系统利用数据库管理系统管理商品数据、用户数据、订单数据等，这些数据组成网上商城数据库。可见，数据库管理系统的主要任务是管理数据库，并负责处理用户的各种请求。以客户选购商品为例，在选购商品时，客户通过搜索找到所需的商品，网上商城系统将查询条件转换为数据库管理系统能够接收的查询命令，将查询命令传递给数据库管理系统，该命令传给数据库管理系统后，数据库管理系统负责从"图书信息"中找到对应的图书数据，并将数据返回给网上商城系统，并在网页中显示出来。当客户找到一本需要购买的图书时，单击商品选购页面中的"加入购物车"按钮，网上商城系统将要保存的数据转换为插入命令，该命令被传递给数据库管理系统后，数据库管理系统负责执行命令，将选购的图书数据保存到"选购商品"数据表中。

通过以上分析，我们对数据库应用系统和数据库管理系统的工作过程有了初始认识，其基本工作过程如下：用户通过数据库应用系统从数据库中取出数据时，首先输入所需的查询条件，应用程序将查询条件转换为查询命令，然后将该命令发给数据库管理系统，数据库管理系统根据收到的查询命令从数据库中取出数据返回给应用程序，再由应用程序以直观易懂的格式显示出查询结果；用户通过数据库应用系统向数据库存储数据时，首先在应用程序的数据输入界面输入相应的数据，数据输入完毕后，用户向应用程序发出存储数据的命令，应用程序将该命令发送给数据库管理系统，数据库管理系统执行存储数据命令且将数据存储到数据库中。该工作过程可用图 5-7 表示。

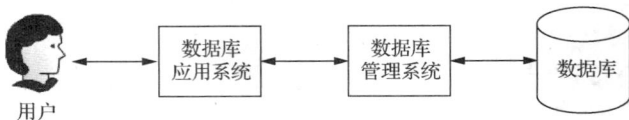

图 5-7　数据库存取数据工作过程示意

学习领会

5.1　数据库技术概述

　　数据库技术就是存储、处理、管理数据的一门计算机技术，是计算机信息系统的重要技术基础和支柱。数据库技术涉及许多基本概念，主要包括信息、数据、数据处理、数据库、数据库管理系统以及数据库系统等。

5.1.1　数据库技术的相关概念

1. 数据

　　描述事物的符号可称为数据，数据是数据库中存储的基本对象。例如，新生入学时，一般要填写入学登记，把自己的基本情况写下来，例如：姓名为张三，性别是男，身高为 170 cm。那么，张三、男、170 cm 就可以称为数据。数据表示了登记者的一种特征或特性。数据种类可以是数字、文字、图形、图像、声音、语言等。

2. 数据库

　　数据库是长期存储在计算机内、有组织的、可共享的大量相关数据的集合。数据库中的数据按一定的数据模型组织、描述和存储。数据库具有较小冗余度、数据间联系紧密而又有较高的数据独立性等特点。

　　数据库有以下两个比较典型的特点。

　　① 把在特定的环境中与某应用程序相关的数据及其关系集中在一起，并按照一定的结构形式进行存储，即集成性。

　　② 数据库中的数据能被多个应用程序所使用，即共享性。

3. 数据库管理系统

　　数据库管理系统是数据库系统的核心组成部分，是对数据进行管理的大型系统软件，用户在数据库系统中的一些操作都是由数据库管理系统来实现的。数据库管理系统的功能主要包括数据库的定义和操作、运行和管理、建立和维护等。

数据库管理系统有以下特点。

① 采用复杂的数据模型表示数据结构，数据冗余小，易扩充，实现了数据共享。

② 具有较高的数据和程序独立性，数据库的独立性有物理独立性和逻辑独立性。

③ 提供了方便的用户接口。

④ 提供了 4 个方面的数据控制功能，分别是并发控制、恢复、完整性和安全性。数据库中各个应用程序所使用的数据由数据库管理系统统一规定，按照一定的数据模型组织和建立，由系统统一管理和集中控制。

⑤ 增加了系统的灵活性。

4. 数据库应用系统

数据库应用系统（Database Application System，DBAS）是在数据库管理系统支持下建立的计算机应用系统。数据库应用系统包括数据库、数据库管理系统、数据库应用程序、数据库管理员、普通用户、硬件，例如，以数据库为基础的财务管理系统、人事管理系统、图书管理系统等。无论是面向内部业务和管理的管理信息系统，还是面向外部提供信息服务的开放式信息系统，从实现技术角度而言，都是以数据库为基础和核心的计算机应用系统。

数据库应用系统有以下特点。

① 结构特性：与数据库状态有关，即与数据模型所反映的实体及实体间的联系的静态特性有关。结构设计就是设计各级数据库模式，决定数据库系统的信息内容，由数据库设计来实现。

② 行为特性：与数据库状态转换有关，即改变实体及其特性的操作。它决定数据库系统的功能，由事务处理等应用程序设计来实现。

根据数据库应用系统的结构和行为两方面的特性，系统设计开发分为两个部分：一部分是作为数据库应用系统核心和基石的数据库设计开发；另一部分是相应的数据库应用软件的设计开发。这两部分是紧密相关、相辅相成的，组成统一的数据库工程。

5. 数据库系统

数据库系统（Database System，DBS）是实现有组织地、动态地存储大量关联数据，方便多用户访问计算机的硬件、软件和数据库资源组成的系统，即采用数据库技术的计算机系统。

数据库系统有以下特点。

① 数据结构化，数据的共享性、独立性好，数据存储粒度小，数据库管理系统为用户提供了友好的接口。

② 数据库系统的基础是数据模型，现有的数据库系统均是基于某种数据模型的。

③ 数据库系统的核心是数据库管理系统。

④ 数据库系统一般由数据库、数据库管理系统、数据库应用系统、数据库管理员、普通用户和硬件构成。

6. 数据库系统、数据库管理系统、数据库应用系统三者的区别与联系

（1）三者的区别

① 本质不同。

数据库系统是一种软件系统，是为满足数据处理的需求而发展起来的一种较为理想的数据处理系统，也是一个为实际可运行的存储、维护和应用系统提供数据的软件系统，是存储介质、处理对象和管理系统的集合体。

数据库管理系统是实现把用户抽象的逻辑数据处理后，转换成计算机中具体的物理数据处理的软件。

数据库应用系统是在数据库管理系统的支持下建立的一种计算机应用系统。

② 组成不同。

数据库系统通常由软件、数据库和数据管理员等组成。其软件主要包括操作系统、各种宿主语言、实用程序以及数据库管理系统。

数据库管理系统由数据库语言和数据库管理例行程序组成。

数据库应用系统由数据库系统、应用程序、用户等组成。

（2）三者的联系

三者都用于管理数据库，其中数据库系统和数据库应用系统的组成成分中都包含数据库管理系统，这两者都是通过数据库管理系统来实现对数据库的管理和操控的。

5.1.2 数据管理技术的发展

数据库技术是现代信息科学与技术的重要组成部分，是计算机数据处理与信息管理的核心。数据库技术研究和解决了计算机信息处理过程中大量数据有效组织和存储的问题，在数据库系统中实现减少数据存储冗余、数据共享、保障数据安全以及高效地检索数据和处理数据。数据库技术的根本目标是解决数据的共享问题。

数据库技术是因数据管理任务的需要而产生的，数据管理是指对数据进行分类、组织、编码、存储、检索和维护，是数据处理的核心问题。数据管理技术的发展经历了人工管理、文件系统、数据库系统、高级数据库、大数据等多个阶段。

1. 人工管理阶段

在 20 世纪 50 年代中期以前，如果要进行数据计算，需要程序开发人员自己设计程序，没有相应的软件系统负责数据管理工作。应用程序中不仅要规定数据逻辑结构，还要设计物理结构，包括存储结构、存取方法、输入/输出方式等。程序员负担非常重，非程序员无法使用计算机系统。

人工管理阶段的数据管理有以下特点。

① 数据量较少。数据和程序一一对应，数据面向应用，独立性很差。因为应用程序所处理的数据之间可能有一定的关系，因此程序之间会有大量的重复数据。

② 不保存数据。因为该阶段计算机的主要任务是科学计算，一般不需要长期保存数据。

③ 没有专用的软件对数据进行管理。每个应用程序包括存储结构、存取方法、输入/输出方式等内容，程序中的存取子程序随着存储结构的改变而改变，因而数据与程序不具有独立性。因此，数据的逻辑结构和物理结构没有区别。

④ 只有程序（Program）的概念，没有文件（File）的概念。数据的组织方式必须由程序员自行设计与安排。

⑤ 数据面向程序。即一组数据对应一个程序。

2. 文件系统阶段

文件系统阶段大约是从 20 世纪 50 年代后期到 20 世纪 60 年代中期。在这个阶段，数据被组织成独立的数据文件，以按文件名访问、按记录存取的方式进行数据管理，由文件系统提供文件打开、关闭、读写和存取。

文件系统阶段的数据管理有以下特点。

① 数据以"文件"形式可长期保存在外部磁盘上，通过文件系统对文件中的数据进行存取和加工。

② 数据的逻辑结构和物理结构有了区别，但比较简单。程序与数据之间具有"设备独立性"，程序可以按照文件名访问和读取数据，不必关心数据的物理位置。

③ 文件组织已多样化。有索引文件、链接文件和直接存取文件等，文件之间相互独立、缺

乏联系，数据间的联系要通过程序去构造。

④ 数据不再属于某个特定的程序，可以重复使用，即数据面向应用，理论上不同的应用程序可以共享同一数据文件。但是文件结构的设计仍然基于特定的用途，程序基于特定的物理结构和存取方法，因此程序与数据结构之间的依赖关系并未从根本上改变。

⑤ 对数据的操作以记录为单位。这是由于文件中只存储数据，不存储文件记录的结构描述信息。文件的建立、存取、查询、插入、删除、修改等操作，都要用程序来实现。

但是，随着数据管理的规模扩大，数据量的急剧增加，文件系统显露出 3 个缺陷。

① 数据冗余。文件之间缺乏联系，造成每个应用程序都有对应的文件，有可能同样的数据在多个文件中重复存储。

② 数据不一致。这往往是数据冗余造成的，在进行更新操作时，稍不谨慎，就可能使同样的数据在不同的文件中显示的结果不一样。

③ 数据孤立。这是文件之间相互独立、缺乏联系造成的。

文件系统阶段是数据管理技术发展中的一个重要阶段。在这一阶段中，得到充分发展的数据结构和算法丰富了计算机科学，为数据库管理技术进一步发展打下了基础，现在仍是计算机软件科学的重要基础。

3. 数据库系统阶段

20 世纪 60 年代末进入数据库系统阶段，出现了数据库系统、专有的软件系统来进行大规模的数据管理。这个阶段涌现出了层次数据库、网状数据库以及经典的关系数据库。

数据库系统实现了有组织地、动态地存储大量关联数据，方便多用户访问。它与文件系统的重要区别是数据的充分共享、交叉访问、与应用程序相互独立。

使用数据库系统来管理数据，具有下列优点。

（1）整体数据结构化

在数据库系统中，记录的结构和记录之间的联系由数据库管理系统进行维护，从而减少了程序员的工作量，提高了工作效率。

（2）数据的共享性高、冗余度低

数据共享包括多个用户、多个应用可以同时存取数据库中的数据，也包括用户可以用各种方式通过接口使用数据库中的数据。同时，数据库实现数据共享，大大减少了数据冗余，节约了存储空间，避免了数据之间的不相容性和不一致性（指同一数据不同副本的值不一样）。

（3）数据独立性高

数据独立性包括数据的物理独立性（数据物理结构的变化不影响数据的逻辑结构）和逻辑独立性（数据库中数据的逻辑结构和应用程序相互独立），即用户的应用程序与数据库中数据的物理存储和数据的逻辑结构均相互独立。把数据的定义从程序中分离出去，而存取数据的方法又由数据库管理系统负责提供，从而简化了应用程序，大大减少了应用程序的维护和修改的成本。

（4）数据实现统一管理和控制

利用数据库管理系统可对数据进行集中控制和管理，并可通过数据模型表示各种数据的组织以及数据间的联系。

（5）数据的安全性、完整性和可靠性得到保证

主要包括：①安全性控制，防止数据丢失、错误更新和越权使用；②完整性控制，保证数据的正确性、有效性和相容性；③并发控制，在同一时间周期内，允许对数据实现多路径存取，又能防止用户之间的不正常交互作用。

（6）数据快速恢复

数据库系统能尽快恢复数据库系统运行时出现的故障，可能是物理上或是逻辑上的错误，如

对系统的误操作造成的数据错误等。由数据库管理系统提供一套方法，及时发现故障和修复故障，在发生故障后对数据库进行恢复，从而防止数据被破坏。

4．高级数据库阶段

高级数据库阶段的主要标志是 20 世纪 80 年代的分布式数据库系统、20 世纪 90 年代的面向对象数据库系统以及 21 世纪的 Web 数据库系统的出现。常用的高级数据库系统主要有分布式数据库系统、面向对象数据库系统、并行数据库系统和多媒体数据库系统。

分布式数据库系统的主要特点是数据在物理上分散存储，在逻辑上是统一的。分布式数据库系统的多数处理就地完成，各地的计算机由数据通信网络联系。

面向对象数据库系统是面向对象的程序设计技术与数据库技术相结合的产物。面向对象数据库系统的主要特点是具有面向对象技术的封装性和继承性，提高了软件的可重用性。

5．大数据阶段

大数据阶段，数据量爆炸式增长，数据存储结构也越来越灵活、多样，日益变革的新兴业务需求促使数据库及应用系统的存在形式越来越丰富，这些变化均对数据库的各类能力不断提出挑战，推动数据库技术不断向着模型拓展、架构解耦的方向演进，与云计算、人工智能、区块链、隐私计算、新型硬件等技术呈现取长补短、不断融合的发展态势。

5.1.3　数据模型

数据模型（Data Model）是数据特征的抽象，是数据库系统中用以提供信息表示和操作手段的形式构架。数据模型包括数据库数据的结构部分、操作部分和约束条件。

1．数据模型按应用层次分类

数据模型按应用层次分成 3 种类型，分别是概念数据模型、逻辑数据模型、物理数据模型。

（1）概念数据模型

概念数据模型（Conceptual Data Model）是指按照用户的观点来对数据和信息进行建模，是一种面向用户、面向客观世界的模型，主要用于数据库设计，用来描述世界的概念化结构。它帮助数据库设计人员在设计的初始阶段，摆脱计算机系统及数据库管理系统的具体技术问题，集中精力分析数据与数据之间的联系等，与具体的数据管理系统无关。概念数据模型必须换成逻辑数据模型，才能在数据库管理系统中实现。

在概念数据模型中常用的有 E-R（Entity-Relationship Approach）模型（主要用实体-联系方法表示，也称为实体-联系模型）、扩充的 E-R 模型、面向对象模型及谓词模型。

（2）逻辑数据模型

逻辑数据模型（Logical Data Model）是一种面向数据库系统的模型，是具体的数据库管理系统所支持的数据模型，如层次数据模型（Hierarchical Data Model）、网状数据模型（Network Data Model）等。此模型既面向用户，又面向系统，主要用于数据库管理系统的实现。

（3）物理数据模型

物理数据模型（Physical Data Model）是一种面向计算机物理表示的模型，描述了数据在存储介质上的组织结构，它不但与具体的数据库管理系统有关，而且还与操作系统和硬件有关。每一种逻辑数据模型在实现时都有其对应的物理数据模型。为了保证其独立性与可移植性，大部分物理数据模型的实现工作由数据库管理系统自动完成，而设计者只设计索引、聚集等特殊结构。

2．基本数据模型

基本数据模型（结构数据模型）是指按照计算机系统的观点来对数据和信息进行建模，主要用于数据库管理系统的实现。基本数据模型是数据库系统的核心和基础，通常由数据结构、数据操作和完整性约束 3 部分组成。其中数据结构是对系统静态特性的描述，数据操作是对系统动态特性的描述，完整性约束是一组完整性规则的集合。

数据库管理系统总是基于某种基本数据模型，常用的基本数据模型有层次模型、网状模型、关系模型和面向对象模型。

（1）层次模型

层次模型是数据库技术中发展较早、技术上比较成熟的一种数据模型。它把数据按自然的层次关系组织起来，以反映数据之间的隶属关系。将数据组织成有向、有序的树结构，也叫树形结构。用树形结构表示实体类型及实体间的联系，采用关键字来访问每一层次的每一部分。结构中的节点代表数据记录，连线描述位于不同节点的数据间的隶属关系（一对多的关系）。层次模型的树形结构如图 5-8 所示。

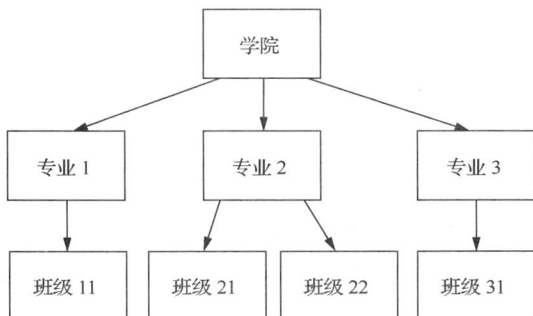

图 5-8　层次模型的树形结构

层次模型的优点是记录之间的联系通过指针来实现，存取方便且速度快，查询效率较高，数据修改和数据库扩展容易实现，检索关键属性十分方便。层次模型的缺点是只能表示一对多联系，虽然有多种辅助手段实现多对多联系，但比较复杂，用户不易掌握。层次顺序的严格和复杂导致数据的查询和更新操作很复杂，应用程序的编写也比较复杂。

（2）网状模型

网状模型通过网状结构表示数据间的联系，将数据组织成有向图结构，用有向图表示实体类型及实体间的联系，用连接指令或指针来确定数据间的显式连接关系，是具有多对多类型的数据组织方式。网状模型中的节点代表数据记录，连线描述位于不同节点的数据间的联系，数据之间没有明确的从属关系，一个节点可与其他多个节点建立联系，即节点之间的联系是任意的，任何两个节点之间都能发生联系，可表示多对多的联系。网状模型结构如图 5-9 所示，该图描述了教研室、教师、课程、学生、任课与选课之间的关系。

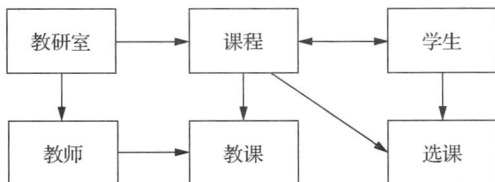

图 5-9　网状模型结构

网状模型的优点是记录之间的联系通过指针实现，多对多联系也容易实现，查询效率高，能明确而方便地表示数据间的复杂关系。其缺点是编写应用程序的过程比较复杂，程序员必须熟悉数据库的逻辑结构。

（3）关系模型

关系模型用表格结构表达实体集，用外键表示实体间的联系，可以简单、灵活地表示各种实体及其关系。以记录组或数据表的形式组织数据，以便利用各种实体与属性之间的关系进行存储和变换，不分层也无指针，是建立空间数据和属性数据之间的关系的一种非常有效的数据组织方法。关系模型实体之间的联系如图 5-10 所示。

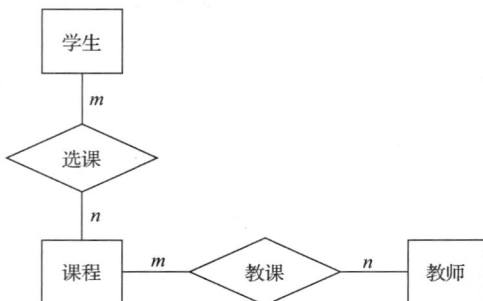

图 5-10　关系模型实体之间的联系

关系模型的优点是结构简单、清晰、灵活，概念（关系）单一，用户易懂、易用；满足所有由布尔逻辑运算和数学运算规则形成的查询要求；能搜索、组合和比较不同类型的数据；增加和删除数据非常方便；存取路径对用户透明，数据独立性、安全性好，简化了数据库开发工作。

（4）面向对象模型

面向对象模型是用面向对象的观点来描述现实世界实体的逻辑组织、对象间限制、联系等的模型。面向对象数据库模式是类的集合，面向对象模型提供了一种类层次结构。在面向对象数据库模式中，一组类可以形成一个类层次，一个面向对象的数据库可能有多个类层次。在一个类层次中，一个类继承其所有超类的全部属性、方法和消息。

5.2　数据库系统

数据库系统是为满足数据处理的需求而发展起来的一种较为理想的数据处理系统，也是一个为实际可运行的存储、维护和应用系统提供数据的软件系统，是存储介质、处理对象和管理系统的集合体。

5.2.1　数据库系统的发展阶段

数据库系统的发展主要经历了以下 3 个阶段。

① 第一代数据库系统是指层次模型数据库系统（基于树形结构）和网状模型数据库系统（基于有向图结构）。

② 第二代数据库系统是指支持关系模型的关系数据库系统［最先由埃德加·弗兰克·科德（E.F.Codd）提出关系模型］。

③ 面向对象的技术与数据库技术相结合便产生了第三代数据库系统。

5.2.2　数据库系统的组成结构

通常，一个完整的数据库系统由数据库、数据库管理系统、数据库应用程序、数据库管理员、普通用户和硬件组成。普通用户与数据库应用程序交互，数据库应用程序与数据库管理系统交互，数据库管理系统访问数据库中的数据。一个完整的数据库系统还应包括硬件，数据库存放在计算机的外存中，数据库应用程序、数据库管理系统等软件都需要在计算机上运行，因此，数据库系统中必然会包含硬件，但本单元不涉及硬件方面的内容。

数据库系统的组成结构如图 5-11 所示。

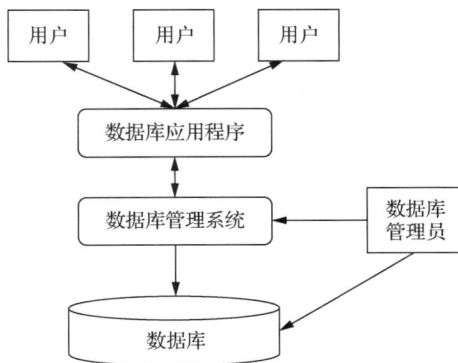

图 5-11　数据库系统的组成结构

1. 数据库

数据库就是一个长期存储在计算机内、有组织的、集成的、可共享的、统一管理的相关数据集。数据库是一个有结构的数据集，也就是说，数据是按一定的数据模型来组成的，数据模型可用数据结构来描述。数据模型不同，数据的组织结构以及操纵数据的方法也就不同。现在的数据库大多数是以关系模型来组织数据的，可以简单地把关系模型的数据结构（即关系）理解为一张二维表。以关系模型组织起来的数据库称为关系数据库。在关系数据库中，不仅存放着各种用户数据，如与图书有关的数据、与借阅者有关的数据、与借阅图书有关的数据等，而且还存放着与各个表结构定义有关的数据，这些数据通常称为元数据。

数据库具有以下特点。

① 数据库是一个集成的数据集，也就是说，数据库中集中存放着各种各样的数据。

② 数据库是一个为各种用户共享的数据集，也就是说，数据库中的数据可以被不同的用户使用，每个用户可以按自己的需求访问相同的数据库。

③ 数据库是一个统一管理的数据集，也就是说，数据库由数据库管理系统统一管理，任何数据访问都是通过数据库管理系统来完成的。

④ 数据库具有冗余度较小、数据间联系紧密、数据独立性较高等特点。

2. 数据库管理系统

数据库管理系统是一种用来管理数据库的商品化软件。访问数据库的请求都是通过数据库管理系统来完成的。数据库管理系统提供了对数据库操作的许多命令，这些命令所组成的语言中常用的就是 SQL。

数据库管理系统是位于用户与操作系统之间的一层数据管理软件，它为用户或应用程序提供访问数据库的方法，包括数据库的建立、查询、更新以及各种数据控制。

常见的数据库管理系统有 Microsoft 公司开发的 SQL Server、Oracle 公司开发的 Oracle、Sybase 公司开发的 Sybase、IBM 公司开发的 DB2 等。

说明："数据库管理系统"这一术语通常指的是某个特定厂商的特定数据库产品，如 MySQL、Microsoft SQL Server、Microsoft Access、Oracle 等，但有时人们使用"数据库"这个术语来代指数据库管理系统，这种用法是不恰当的。甚至还有人用"数据库"这一术语来代指数据库系统，这种用法就更不恰当了。所以对于数据库、数据库管理系统、数据库应用程序、数据库系统等术语要明确其含义，合理使用这些术语。

3. 数据库应用程序

虽然已经有了数据库管理系统，但是在很多情况下，数据库管理系统无法满足对数据管理的要求。数据库应用程序（Database Application）的使用可以满足对数据管理的更高要求，还可以使数据管理过程更加直观和友好。数据库应用程序负责与数据库管理系统进行通信、访问和管理数据库管理系统中存储的数据，允许用户插入、修改、删除数据库中的数据。

数据库应用程序是利用某种程序语言，为实现某些特定功能而编写的程序，如查询程序、报表程序等。这些程序为最终用户提供便于使用的可视化界面，最终用户通过该界面输入必要的数据，应用程序接收最终用户输入的数据，对其进行加工处理，并将其转换成数据库管理系统能够识别的 SQL 语句，然后传给数据库管理系统，由数据库管理系统执行该语句，并负责从数据库若干个数据表中找到符合查询条件的数据，再将查询结果返回给应用程序，应用程序将得到的结果显示出来。由此可见，应用程序为最终用户访问数据库提供了有效途径和简便方法。

4. 用户

用户是使用数据库的人员，数据库系统中的用户一般有以下 3 类。

（1）数据库管理员

数据库管理员（Database Administrator，DBA）是一类特殊的数据库用户，负责全面管理和控制数据库。数据是企业中非常有价值的信息资源，而对数据拥有核心控制权限的人就是数据管理员（Data Administrator，DA）。数据管理员的职责是决定什么数据存储在数据库中，并针对存储的数据建立相应的安全控制机制。注意，数据管理员是管理者而不一定是技术人员。数据库管理员的任务是创建实际的数据库以及执行数据管理需要实施的各种安全控制措施，确保数据库的安全，并且提供各种技术支持服务。

（2）应用程序员

应用程序员负责编写数据库应用程序，他们使用某种程序设计语言（如 Python、Java、C#等）来编写应用程序。这些应用程序通过向数据库管理系统发出 SQL 语句，请求访问数据库。这些应用程序既可以是批处理程序，也可以是联机应用程序，其作用是允许最终用户通过客户端、屏幕终端或浏览器访问数据库。

（3）最终用户

最终用户也称终端用户或一般用户，他们通过客户端、屏幕终端或浏览器与应用程序交互来访问数据库，或者通过数据库产品提供的接口程序访问数据库。

> **提示** 对数据库而言，应用程序就是用户，因为应用程序通过数据库管理系统来访问数据库。现在的数据库管理系统产品，除了数据库管理系统本身的程序外，一般还包含一些应用程序（通常称为工具），如 SQL Server 提供的管理工具主要有 SQL Server Management Studio、SQL Server 配置管理器、sqlcmd 命令提示实用工具等。数据库管理员、应用程序员和最终用户都可以使用这些工具，输入并执行 SQL 命令，由数据库管理系统操作数据表获取结果。因此，用户的分类没有严格的界限。

5.2.3 数据库系统的三级模式结构

1975 年，美国国家标准协会的计算机与信息处理委员会下属的标准计划和需求委员会

（ANSI-SPARC）的数据库系统研究组为数据库系统建立了三级模式结构，即将数据库系统的结构划分为 3 个层次：外模式、概念模式和内模式。数据库系统的层次结构如图 5-12 所示。

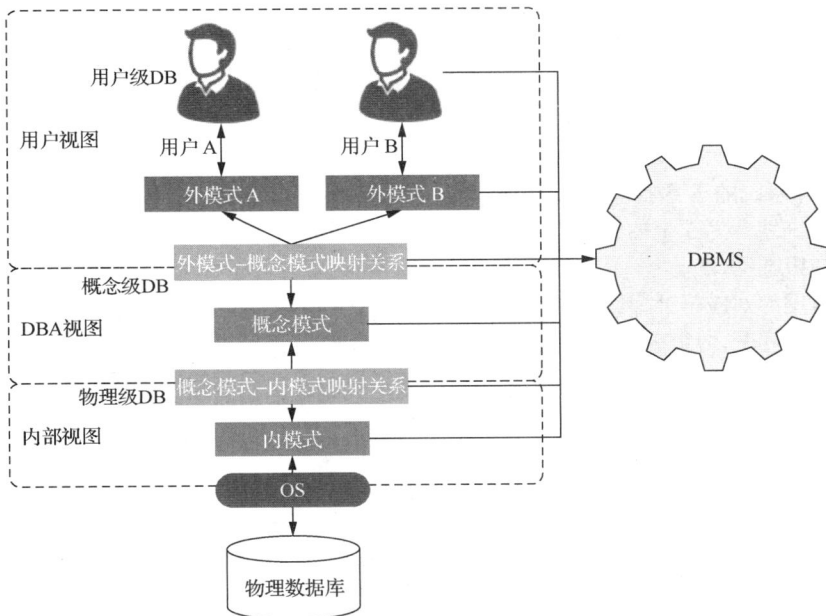

图 5-12　数据库系统的层次结构

1. 数据库系统结构的 3 个层次

（1）外模式

外模式也称为用户模式或子模式，一个数据库可以有多个外模式，但一个应用程序只能使用一个外模式。外模式主要描述组成用户视图的各个记录的组成、相互关系、数据项的特征、数据的安全性和完整性约束条件等。

外模式是数据库用户（包括应用程序员和最终用户）能够看见和使用的那部分数据的逻辑结构和特征的描述，是数据库用户的数据视图，是与某一应用有关的数据的逻辑表示。

外模式是应用程序与数据库系统之间的接口，是保证数据库安全性的有效措施。用户可使用数据定义语言（Data Definition Language，DDL）和数据操纵语言（Data Manipulation Language，DML）来定义数据库的结构和对数据库进行操纵。用户可以使用数据操作语句或应用程序去操作数据库中的数据，对用户而言，只需要按照所定义的外模式进行操作，而无须了解概念模式和内模式等的内部细节。

（2）概念模式

概念模式也称为模式、逻辑模式或关系模式，是所有用户共享的数据库数据视图，它构建了数据项值的框架，每个数据库只有一个概念模式。该模式提供了数据库的整体逻辑结构和特征的完整描述，主要涵盖现实世界实体及其性质与联系，概念模式的定义包括记录、数据项、数据完整性约束条件、安全性约束，以及记录之间的联系等。

概念模式位于数据库系统模式结构的中间层，不涉及数据的物理存储细节和硬件环境，与具体的数据值无关，与具体的应用程序、开发工具及程序设计语言也无关。

（3）内模式

内模式也称为存储模式，一个数据库只有一个内模式。内模式是数据库内部数据存储结构和

129

存储方式的描述，是数据在数据库内部的表示方式，它定义了数据库内部记录的类型、存储域的表示、存储记录的物理顺序、文件的组织方式以及数据控制方面的细节等。

内模式是整个数据库的底层表示，不同于物理层，它假设外存是无限的线性地址空间。

概念模式是数据库的中心与关键。内模式、概念模式和外模式之间的关系如下。

① 内模式依赖于概念模式，独立于外模式和存储设备。

② 外模式面向具体的应用，独立于内模式和存储设备。

③ 应用程序依赖于外模式，独立于概念模式和内模式。

2. 数据库系统的 3 级抽象

数据库系统划分为 3 个抽象级：用户级、概念级、物理级。

（1）用户级数据库

用户级数据库对应于外模式，是非常接近用户的一级数据库，是用户可以看到和使用的数据库，又称为用户视图。用户级数据库主要由外部记录组成，不同的用户级数据库可以互相重叠，用户的操作都是针对用户视图进行的。一个数据库可以有多个不同的用户级数据库，每个用户级数据库由数据库某一部分的抽象表示所组成。

（2）概念级数据库

概念级数据库对应于概念模式，介于用户级数据库和物理级数据库之间，是所有用户级数据库的最小并集，是数据库管理员可看到和使用的数据库，又称为 DBA 视图。概念级数据库由概念记录组成，一个数据库应用系统只存在一个 DBA 视图，它把数据库作为一个整体的抽象表示。概念级数据库把用户级数据库有机地结合成一个整体，综合平衡考虑所有用户要求，实现数据的一致性，最大限度降低数据冗余，准确地反映数据间的联系。

（3）物理级数据库

物理级数据库对应于内模式，是数据库的底层表示，它描述数据的实际存储组织，是非常接近物理存储的一级数据库，又称为内部视图。物理级数据库由内部记录组成，物理级数据库并不是真正的物理存储，而是非常接近物理存储。

3. 数据库系统的两级独立性

数据库系统两级独立性是指物理独立性和逻辑独立性，数据库系统的 3 个抽象级通过两级映射（外模式-模式映射，模式-内模式映射）进行相互转换，形成统一的整体。

（1）物理独立性

物理独立性是指用户的应用程序与存储在磁盘上的数据库中的数据是相互独立的。当数据的物理存储改变时，应用程序不需要改变。物理独立性存在于概念模式和内模式之间的映射转换，用于说明物理组织发生变化时应用程序的独立程度。

（2）逻辑独立性

逻辑独立性是指用户的应用程序与数据库中的逻辑结构是相互独立的。当数据的逻辑结构改变时，应用程序不需要改变。逻辑独立性存在于外模式和概念模式之间的映射转换，用于说明概念模式发生变化时应用程序的独立程度。

逻辑独立性比物理独立性更难实现。

5.2.4 几种新型的数据库系统

1. 面向对象数据库系统

在数据处理领域，关系数据库的使用已相当普遍，性能也相当出色。但是现实世界存在着许多数据结构更复杂的实际应用领域，已有的层次、网状、关系 3 种数据模型对这些应用领域都显得力不从心。随着面向对象技术的渗透，数据库的概念建模经历了从 E-R 图、对象联系图到统一建模语言（Unified Modeling Language，UML）类图的发展历程，以满足具有面向对象特征的数据库系统的需求。

面向对象数据库系统（Object Oriented Database System，OODBS）是数据库技术与面向对象程序设计方法相结合的产物。一个面向对象数据库系统是一个持久的、可共享的对象库的存储和管理者，而一个对象库是由一个面向对象模型所定义的对象的集合体。

面向对象数据库系统在逻辑上和物理上从面向记录上升为面向对象、面向具有复杂结构的逻辑整体。它允许用自然的方法，并结合数据抽象机制，在结构和行为上对复杂对象建立模型，从而大幅度提高管理效率，降低用户使用复杂性。

面向对象数据库系统有以下特点：使用面向对象数据模型将客观世界按语义组织成由各个相互关联的对象单元组成的复杂系统；对象可以定义为对象的属性和对象的行为描述，对象间的关系分为直接关系和间接关系；语义上相似的对象被组织成类，类是对象的集合，对象只是类的一个实例，通过创建类的实例实现对象的访问和操作；对象数据模型具有"封装""继承""多态"等基本概念；方法实现类似于关系数据库中的存储过程，但存储过程并不和特定对象相关联，方法实现是类的一部分。面向对象数据库系统可以实现一些带有复杂数据描述的应用，如时态和空间事务、多媒体数据管理等。

2. 并行数据库系统

并行数据库系统是在并行计算机上运行的，具有并行处理能力的数据库系统。并行数据库系统是数据库技术与并行计算技术相结合的产物。并行计算技术利用多处理机并行处理产生的规模效益来提高系统的整体性能，为数据库系统提供了一个良好的硬件平台。

关系数据模型本身就有极大的并行性。在关系数据模型中，数据库是元组的集合，数据库操作实际上是集合操作，在许多情况下可被分解为一系列对子集的操作，许多子操作不具有数据相关性，因而具有潜在的并行性。并行数据库系统应该具有以下特性。

① 高性能：并行数据库系统通过将数据库技术与并行计算技术有机结合，发挥多处理机结构的优势，从而提供比相应的大型计算机系统高得多的性价比和可用性。

② 高可用性：并行数据库系统可通过数据复制来提高数据库的可用性。

③ 可扩充性：指通过增强处理和存储能力系统平滑地扩展性能。

3. 分布式数据库系统

分布式数据库系统是数据库技术与网络技术相结合的产物，在数据库领域已形成一个分支。分布式数据库系统的研究始于 20 世纪 70 年代中期，20 世纪 90 年代以来，分布式数据库系统进入商品化应用阶段，传统的关系数据库产品均发展成以计算机网络及多任务操作系统为核心的分布式数据库产品，同时分布式数据库系统逐步向 C/S 模式发展。

分布式数据库系统是地理上分布在计算机网络的不同计算机上，逻辑上属于同一系统的数据库系统。不同于将数据存储在服务器上供用户共享存取的网络数据库系统，分布式数据库系统不仅支持局部应用，可存取本地节点或另一节点的数据，而且支持全局应用，可同时存取两个或两个以上节点的数据。分布式数据库系统的主要特点：数据是分布的，也是逻辑相关的，网络中的每个节点具有独立处理的能力，即具有自治性。分布式数据库系统被广泛地应用于大型企业、多种行业及军事国防等领域。

4. 多媒体数据库系统

随着信息技术的发展，数据库应用从传统的企业信息管理扩展到计算机辅助设计、计算机辅助制造、办公自动化、人工智能等多种应用领域。这些领域中要求处理的数据不仅包括传统的数字、字符等格式化数据，还包括大量多种媒体形式的非格式化数据，如图形、图像、声音等。

多媒体数据库是多媒体技术与数据库技术相结合产生的一种新型的数据库，多媒体数据库是指数据库中的信息不仅涉及各种数字、字符等格式化的表达形式，而且还包括多媒体非格式化的表达形式，数据管理涉及各种复杂对象的处理。多媒体数据库系统（Multimedia Database System，MDBS）是能存储和管理多种媒体的数据库系统，能存储不同类型的多媒体信息，包括图像、视频、音频和文档等。

在建立多媒体数据库系统的应用环境时必须考虑以下几个关键问题：确定存储介质、确定数据传输方式、确定数据管理方式和数据资源的管理。

5. 演绎数据库系统

演绎数据库系统是一种具有逻辑运算和演绎推理能力的数据库系统。通常它通过一个数据库管理系统和一个规则管理系统来实现。将推理用的事实数据存放在数据库中，称为外延数据库；用逻辑规则定义要导出的事实，称为内涵数据库。演绎数据库系统主要研究如何有效地计算逻辑规则推理。

按照杰弗瑞·乌尔曼（Jeffrey D.Ullman）的观点，演绎数据库系统应是这样的程序系统：①有一种说明式语言，用作宿主语言和查询语言；②具有数据库管理系统的主要功能，包括实现有效存取大量数据、数据共享和对数据的并行存取与故障恢复等功能。多年来，演绎数据库系统一直沿着这个研究方向发展，并相继产生了一些试验性的系统。

6. 主动数据库系统

传统的数据库管理系统按照用户的要求提供数据服务，是典型的"服务程序"。它所提供的服务完全是被动的，只有当用户或应用程序有要求时才为其服务，不会主动地为用户服务。而在许多实际的应用领域，如管理信息系统、计算机集成制造系统、计算机辅助设计和制造系统等，通常希望数据库在紧急情况下根据数据库的当前状态，主动进行相应的处理，不需要用户的干预，快速、有效地解决实际环境中的问题。

如果一个数据库系统具有各种主动提供服务的功能，并且以一种统一的机制实现各种主动服务，那么这样的数据库系统就是主动数据库系统（Active Database System，ADBS）。所以，所谓的主动数据库系统就是能够根据各种事件的发生或环境的变化主动为用户提供相应的信息服务的新型的数据库系统，不管是在关系数据库系统或者是面向对象数据库系统中都是可以实现的。

主动数据库管理系统是对传统"被动"数据库管理系统的扩充，除具有传统数据库管理系统的数据定义、数据操作及数据库管理等功能之外，还应该具有主动服务机制，可以对任意事件表达式所表示的事件进行监测和执行相应的动作，主要实现各种实时监测和控制、数据库状态的动态监视、例外情况处理、监测错误，并进行警报和处理等主动功能。主动数据库系统应该能够附加和完成更加丰富的主动功能，以适应各种场合。

7. 专家数据库系统

专家数据库系统（Expert Database System，EDBS）是人工智能与数据库技术相结合的产物。它具有两种技术的优点，且避免了它们的缺点。它是一种新型的数据库系统，它所涉及的技术除人工智能和数据库以外，还有逻辑、信息检索等。

8. 空间数据库系统

空间数据库系统面向的是地理学及其相关对象，而在客观世界中所涉及的往往都是地球表面信息、地质信息、大气信息等极其复杂的现象和信息，因此描述这些信息的数据容量很大，通常达到 GB 级，并要求具有高可访问性。空间数据库系统需要具有强大的信息检索和分析能力，这建立在空间数据库基础上，以高效访问大量数据；空间数据模型复杂，空间数据库存储的不是单一性质的数据，而是涵盖几乎所有与地理相关的数据类型。空间数据库系统能有效地利用卫星遥感资源迅速绘制出各种经济专题地图。

9. 工程数据库系统

工程数据库系统所管理的数据主要是一些在工程设计中产生的数据，如计算机辅助设计系统中的结构数据、图形数据以及计算数据，这些工程数据结构复杂、相互之间联系密切、数据的存取量大。工程对数据库的管理能力与事务处理对数据库的管理能力的要求有很大差别。工程数据库系统主要应用于计算机辅助设计和制造领域。

工程数据库系统的主要特点如下：数据库中存放的是图形和图像数据，数据库规模庞大，设计处理的状态是直观和暂时的，设计的多次版本信息都要予以保存，从设计到生产的周期较长，数据要求有序，数据项可多达几百项。

10. 数据仓库

数据仓库（Data Warehouse，DW）简称数仓，是伴随信息技术和决策支持系统（Decision Support System，DSS）的发展而产生的。数据仓库是一个用于存储、分析、报告的数据系统，利用历史操作数据进行管理和决策。数据仓库是一个面向主题的、集成的、稳定的、反映历史数据变化的数据集。数据仓库的目的是构建面向分析的集成化数据环境，为企业提供决策支持。

数据仓库将不同来源的结构化数据聚合起来，用于业务智能领域的比较和分析，是包含多种数据的存储库，并且是高度建模的。数据仓库本身并不"生产"任何数据，其数据来源于不同的外部系统；同时数据仓库自身也不需要"消费"任何的数据，其结果开放给各个外部应用使用。

数据仓库是信息的中央存储库。通常，数据定期从事务系统、关系数据库和其他数据源流入数据仓库。业务分析师、数据工程师、数据科学家和决策者通过商业智能工具、SQL 客户端和其他分析应用程序访问数据。

5.3 数据库管理系统

数据库管理系统是一种操纵和管理数据库的大型软件，是一种能够提供数据录入、修改、查询的数据操作软件。用户通过数据库管理系统访问数据库中的数据，数据库管理员通过数据库管理系统进行数据库的维护工作。

5.3.1 数据库管理系统的功能

数据库管理系统用于建立、使用和维护数据库，它可以支持多个应用程序和用户用不同的方法在同一时刻或不同时刻去建立、修改和询问数据库。它对数据库进行统一的管理和控制，以保证数据库的安全性和完整性。数据库系统中只有数据库管理系统才能直接访问数据库，如 MySQL 就是一种数据库管理系统，其主要优点是跨平台、开放源代码、速度快、成本低，是目前十分流行的开源小型数据库管理系统。

1. 数据定义

数据库管理系统提供数据定义语言（Data Definition Language，DDL），DDL 主要用于建立、修改数据库的库结构，DDL 所描述的库结构仅仅给出了数据库的框架，通过 DDL 可以方便地定义数据库中的各种对象。例如，可以使用 DDL 定义图书借阅数据库中的图书信息数据表、借阅者数据表、图书借阅数据表的表结构。

2．数据操纵

数据库管理系统提供数据操纵语言（Data Manipulation Language，DML），供用户实现对数据的追加、删除、更新、查询等操作。通过 DML 可以实现数据库中对数据进行的基本操作，例如，向数据表中插入一行数据、修改数据表中的数据、删除数据表中的行、查询数据表中的数据等。

3．安全控制和并发控制

数据库管理系统提供数据控制语言（Data Control Language，DCL）。通过 DCL 可以控制什么情况下谁可以执行什么样的数据操作。另外，由于数据库是共享的，多个用户可以同时访问数据库（并发操作），这可能会引起访问冲突，从而导致数据的不一致。数据库管理系统还提供并发控制的功能，以避免并发操作时可能带来的数据不一致的问题。

4．数据库的运行管理

数据库的运行管理包括多用户环境下的并发控制、安全性检查和存取限制控制、完整性检查和执行、运行日志的组织管理、事务的管理和自动恢复（即保证事务的原子性）等功能，这些功能保证了数据库系统的正常运行。

5．数据组织、存储与管理

数据库管理系统要分类组织、存储和管理各种数据，包括数据字典、用户数据、存取路径等，需要确定以何种文件结构和存取方式在存储级上组织这些数据，如何实现数据之间的联系。

6．数据库的保护

数据库中的数据是信息社会的战略资源，所以对数据的保护至关重要。数据库管理系统对数据库的保护通过 4 个方面来实现：数据库的恢复、数据库的并发控制、数据库的完整性控制、数据库的安全性控制。数据库管理系统的其他保护功能还有系统缓冲区的管理、数据存储的某些自适应调节等。

7．数据库的维护

数据库的维护包括数据库的数据载入、转换、转储，数据库的重组和重构，性能监控等功能，这些功能分别由各个应用程序来完成。

8．数据库事务管理

数据库中的数据是可供多个用户同时使用的共享数据，为保证数据能够安全、可靠地运行，数据库管理系统提供了事务管理功能，该功能保证数据能够并发使用并且不会产生相互干扰的情况，而且在数据库发生故障时能够对数据库进行正确恢复。

9．数据库备份与恢复

数据库管理系统提供了备份数据库和恢复数据库的功能。

10．传送数据与相互通信

数据库管理系统提供负责数据传输的接口，这些接口与操作系统的联机处理、分时系统以及远程作业输入相关。网络环境下的数据库系统还应该具有数据库管理系统与网络中其他软件系统的通信功能以及数据库之间的互操作功能。

5.3.2　常用的数据库管理系统产品介绍

目前常用的数据库管理系统产品主要是 MySQL、SQL Server、Oracle、Sybase、DB2、Access 等产品。不同的数据库管理系统，有不同的特点，也有相对独立的应用领域和用户支持。

1．MySQL

MySQL 是一种开源小型关系数据库管理系统，MySQL 现隶属于 Oracle 公司。MySQL 软件分为社区版和商业版，其体积小、速度快、总体拥有成本低，目前被广泛地应用在中小型网站中。

2. SQL Server

SQL Server 是由微软公司开发和推广的关系数据库管理系统，具有使用方便、可伸缩性好、与相关软件集成程度高等优点。SQL Server 数据库引擎为关系型数据和结构化数据提供了安全、可靠的存储功能，使用户可以构建和管理用于业务的高可用和高性能的数据应用程序。SQL Server 的最初版本适用于中小型企业，但是应用范围在不断扩展。

3. Oracle

Oracle 是 Oracle（甲骨文）公司提供的以分布式数据库为核心的一组软件产品，是目前使用最为广泛的数据库管理系统之一。Oracle 作为一个通用的数据库管理系统，它具有完整的数据管理功能；作为一个关系数据库，它是一款关系完备的产品；作为分布式数据库，它实现了分布式处理功能。

Oracle 被认为是业界比较成功的关系数据库管理系统，是一种运行稳定、功能齐全、使用方便、可移植性好、高效率、可靠性好、适应高吞吐量的数据库管理系统。对于数据量大、事务处理繁忙、安全性要求高的企业，Oracle 是一个比较理想的选择。随着 Internet 的普及，Oracle 适时地将自己的产品紧密地和网络计算结合起来，成为在 Internet 应用领域的数据库厂商中的佼佼者。Oracle 可以运行在 UNIX、Windows 等主流操作系统平台上，支持几乎所有的工业标准，并获得了最高级别的 ISO 标准安全性认证。Oracle 采用完全开放策略，可以使客户选择合适的解决方案，同时对开发商提供全力支持。

4. Sybase

Sybase 是 Sybase 公司研制的一种关系数据库管理系统，是一种典型的可运行在 UNIX 或 Windows 平台上 C/S 环境下的大型数据库管理系统。Sybase 提供了一套应用程序编程接口，可以与非 Sybase 数据源及服务器集成，允许在多个数据库之间复制数据，适用于创建多层应用。

5. DB2

DB2 是 IBM 公司研制的关系数据库管理系统，主要应用于大型应用系统，具有较好的可伸缩性，可支持从大型计算机到单用户环境。DB2 有很多不同的版本，可以运行在从掌上产品到大型计算机的不同的终端上。DB2 提供了高层次的数据利用性、完整性、安全性、可恢复性，以及从小规模到大规模应用程序的执行能力，支持无关平台的基本功能和 SQL 命令。

1968 年，IBM 公司推出的信息管理系统（Information Management System，IMS）是层次模型数据库系统的典型代表，是第一个大型的商用数据库管理系统。1970 年，IBM 公司的研究员首次提出了数据库系统的关系模型，开始了对数据库关系方法和关系数据理论的研究，为数据库技术奠定了基础。IBM 公司在关系数据库理论方面一直走在业界的前列。DB2 于 1983 年首次发布，2001 年，IBM 公司兼并了数据库公司 Informix，并将其所拥有的先进特性融入 DB2 中，使 DB2 的系统性能和功能有了进一步提高。

6. Access

Access 是微软公司在 1992 年推出的一个入门级小型桌面数据库管理系统，它具有界面友好、易学易用、开发简单、接口灵活，可以方便地生成各种数据对象，利用存储的数据建立窗体和报表等特点。作为 Office 套件的一部分，Access 可以与 Office 集成，实现无缝连接，是一种典型的桌面数据库管理系统。但其性能和安全性都一般。Access 能够利用 Web 检索和发布数据，实现与互联网的连接，主要适用于中小型企业应用系统，或作为 C/S 系统中的客户端数据库。

5.3.3 国产数据库管理系统简介

随着数字经济的发展，数据量爆炸式增长，国产化替代加速，国产数据库迎来巨大机遇。从国内市场竞争格局来看，华为、阿里巴巴、达梦数据库、人大金仓等国产数据库供应商占据的市场份额越来越大。

国产数据库管理系统厂商经过多年的技术研发和经验积累，经历引进技术、研究、创新再自主创新，实力不断增强，产品应用越来越广泛，专利申请数量越来越多，国产阵营日益强盛，完全实现国产数据库指日可待。

1. 华为 GaussDB：AI-Native 分布式数据库

GaussDB 是华为基于统一架构打造的企业级 AI-Native 分布式数据库。GaussDB 是华为自研数据库品牌，是华为基于外部电信与金融政企经验、华为内部流程 IT 与云底座深耕 10 年以上开发而成的。在整体架构设计上，GaussDB 底层采用分布式存储，中间层是每个数据库特有的数据结构，最外层则是各个生态的接口，体现了多模的设计理念。

2022 年 10 月，华为云 GaussDB 企业级分布式数据库内核正式通过全球知名独立认证机构 SGS Brightsight 实验室的安全评估，获得全球权威信息技术安全性评估标准 CC EAL4+ 级别认证，是我国首个获得国际 CC EAL4+ 级别认证的数据库产品。

2. 华为 openGauss：开源关系数据库

openGauss 是华为携手伙伴共同打造的一款企业级开源关系数据库。openGauss 采用木兰宽松许可证第 2 版发行，内核源自 PostgreSQL，深度融合华为在数据库领域多年的研发经验，结合企业级场景需求，持续构建竞争力特性。同时，openGauss 也是一个开源、免费的数据库平台，鼓励社区贡献、合作。

3. 阿里云 PolarDB：关系型云原生分布式数据库

PolarDB 是阿里巴巴集团自主研发的下一代关系型云原生分布式数据库，分为 PolarDB MySQL 版、PolarDB O 引擎和 PolarDB-X。PolarDB 采用存储计算分离、软硬一体化设计，满足大规模应用场景需求，计算能力最高可扩展至 1000 核以上，存储容量最高可达 100 TB，在云原生分布式数据库领域整体达到了国际领先水平。

2022 年 9 月，阿里云云原生分布式数据库 PolarDB-X 通过了"金融分布式数据库标准符合性验证"测评，获得此次金融级认证进一步证明了 PolarDB-X 的高可用、高安全、高性能，可满足金融行业的应用要求。

4. 蚂蚁集团 OceanBase：原生分布式关系数据库

OceanBase 是阿里巴巴和蚂蚁集团不基于任何开源产品，完全自研的原生分布式关系数据库。OceanBase 首创"三地五中心"城市级故障自动无损容灾新标准，具备卓越的水平扩展能力，通过了 TPC-C 标准测试，单集群规模超过 1500 个节点。OceanBase 具有云原生、强一致性、高度兼容 Oracle/MySQL 等特性。

5. 阿里云 AnalyticDB：实时分析型数据库

AnalyticDB 是阿里云自主研发的一款实时分析型数据库，可以毫秒级针对千亿级数据进行即时的多维分析透视，分为 MySQL 版和 PostgreSQL 版。

AnalyticDB MySQL 版是一种支持高并发、低时延查询的新一代云原生数据仓库，高度兼容 MySQL 协议，可以对海量数据进行即时的多维分析透视和业务探索，快速构建企业云上数据仓库。

6. 达梦数据库 DM8：通用关系数据库

武汉达梦数据库股份有限公司（简称达梦数据库）发布的数据库管理系统（DM8）是新一代

大型通用关系数据库，全面支持 ANSI SQL 标准和主流编程语言接口/开发框架。DM8 在兼顾联机分析处理（Online Analytical Processing，OLAP）和联机事务处理（Online Transaction Processing，OLTP）的同时，融合了分布式、弹性计算与云计算的优势，对灵活性、易用性、可靠性、高安全性等方面进行了大规模改进。DM8 吸收、借鉴了当前先进技术思想与主流数据库产品的优点。

7. 人大金仓 KingbaseES：关系数据库

北京人大金仓信息技术股份有限公司（简称人大金仓）是成立较早的国产数据库厂商，其研发的 KingbaseES 是一款面向事务处理应用，兼顾简单分析应用的企业级关系数据库。该数据库面向事务处理类应用，兼顾各类数据分析类应用，可用作管理信息系统、业务及生产系统、决策支持系统、多维数据分析、全文检索、地理信息系统、图片搜索等的承载数据库。

8. 南大通用 GBase：数据库产品

天津南大通用数据技术股份有限公司（简称南大通用）是一家数据库产品和解决方案供应商，数据库 GBase 是南大通用推出的自主品牌的数据库产品，在国内数据库市场具有较高的品牌知名度。GBase 品牌的系列数据库都具有自己鲜明的特点和优势。

9. PingCAP TiDB：分布式关系数据库

TiDB 是北京平凯星辰科技发展有限公司（简称 PingCAP）自主设计、研发的开源分布式关系数据库，是一款支持在线事务处理与在线分析处理的融合型分布式数据库产品，具备水平扩容或者缩容、实时混合事务/分析处理（Hybrid Transactional/Analytical Processing，HTAP）、云原生的分布式特点。通过 TiDB Operator，用户可在公有云、私有云、混合云中实现部署工具化、自动化。TiDB 兼容 MySQL 5.7 协议、MySQL 常用的功能、MySQL 生态，应用无须或者只需修改少量代码即可从 MySQL 迁移到 TiDB。

10. 腾讯云 TDSQL：分布式数据库

TDSQL 是腾讯云企业级分布式数据库，旗下涵盖金融级分布式、云原生、分析型等多引擎融合的完整数据库产品体系，提供业界领先的金融级高可用、计算存储分离、数据仓库、企业级安全等性能，同时具备智能运维平台、Serverless 版本等完善的产品服务体系。

5.4 关系数据库

关系数据库是指使用关系模型来组织和管理数据的数据库。

5.4.1 关系的基本运算

关系运算是一个数学名词。基本运算有两类：一类是传统的集合运算（并、差、交等），另一类是专门的关系运算（选择、投影、连接、除法等）。有些查询需要进行几个基本运算的组合，经过若干步骤才能完成。

1. 传统的集合运算

传统的集合运算包括并（Union）、差（Difference）、交（Intersection）、笛卡儿积等，均为二目运算。这些针对集合的运算是以元组为运算的基本元素进行的，是从行的角度展开的运算。

（1）并

设有两个关系 R 和 S，它们具有相同的结构。R 和 S 的并是由属于 R 或属于 S 的元组组成的集合，运算符为∪。记为 $T=R∪S$。

（2）差

R 和 S 的差是由属于 R 但不属于 S 的元组组成的集合，运算符为－。记为 $T=R-S$。

（3）交

R 和 S 的交是由既属于 R 又属于 S 的元组组成的集合，运算符为 ∩。记为 T=R∩S。

（4）笛卡儿积

两个分别为 n 目和 m 目的关系 R 和 S 的广义笛卡儿积是一个（n+m）列元组的集合，元组的前 n 列是关系 R 的一个元组，后 m 列是关系 S 的一个元组。若 R 有 k_1 个元组，S 有 k_2 个元组，则关系 R 和关系 S 的广义笛卡儿积有 $k_1 \times k_2$ 个元组。

2. 专门的关系运算

关系运算的运算对象是关系，运算结果亦为关系。

（1）选择运算

从关系中找出满足给定条件的那些元组（行）称为选择（Selection）。其中的条件是以逻辑表达式给出的，值为真的元组将被选取。这种运算是从水平方向抽取元组。

（2）投影运算

从关系模式中挑选若干属性（列）组成新的关系称为投影（Projection）。这是从列的角度进行的运算，相当于对关系进行垂直分解。

投影之后不仅取消了原关系中的某些列，而且还可能取消某些元组，这是因为取消了某些属性（列）后，可能出现重复的行，应该取消这些完全相同的行。

（3）连接运算

连接（Join）运算是从两个关系的笛卡儿积中选择属性满足一定条件的元组，将不同的两个关系连接成一个新关系。新关系中的元组是通过连接原有关系的元组而得到的。新关系中属性的名字采用原有关系属性名加上原有关系名作为前缀，这种命名方法保证了新关系中属性名的唯一性，尽管原有不同关系中的属性可能是同名的。

（4）除法运算

在关系代数中，除法运算可理解为笛卡儿积的逆运算。

5.4.2 关系数据库概述

关系数据库是一种数据库类型，关系数据库是指采用了关系模型来组织数据的数据库，其以行和列的形式存储数据，以便用户理解和快速访问。关系模型可以简单理解为二维表格模型，关系模型由关系数据结构、关系操作集合、关系完整性约束 3 部分组成。而关系数据库就是由二维表及其之间的关系组成的数据组织。

在关系数据库中，数据存放在包含一系列行和列的二维表中，一个关系数据库包含多个二维表。关系数据库所包含的表之间是有关联的，关联主要由主键和外键所体现的参照关系实现。用户通过查询来检索数据库中的数据，而查询是一系列用于限定数据库中某些区域的执行代码。

关系数据库的优点如下。

① 易于维护：都使用表结构，格式一致。

② 使用方便：通用的 SQL 可实现复杂查询。

③ 复杂操作：支持 SQL，可实现一个表及多个表之间非常复杂的查询。

关系数据库的缺点如下。

① 读写性能比较差，尤其是对海量数据的读写效率。

② 表的结构固定，灵活度稍欠缺。

③ 难以满足高并发读写需求，对传统关系数据库来说，硬盘 I/O 是一个很大的瓶颈。

传统关系数据库旨在处理大量结构化数据，这使得关系数据库特别适用于处理结构化的大数据，因为它们依赖于 SQL，并且可以使用数据库管理系统控制数据。但是，更大、更复杂的数据集包含的数据种类越来越多，意味着数据的结构化程度越来越低，且来自新的源，这就需要使用支持处理非结构化或半结构化数据的非关系数据库（如 NoSQL）。

5.4.3 关系数据库的相关概念

1. 关系模型

关系模型是一种以二维表的形式表示实体数据和实体之间联系的数据模型，关系模型的数据结构是一个由行和列组成的二维表格，每个二维表称为关系，每个二维表都有一个名字，如"图书信息""出版社"等。目前大多数数据库管理系统所管理的数据库都是关系数据库，MySQL 数据库就是关系数据库。

例如，表 5-5 所示的"图书信息"数据表中和表 5-6 所示"出版社信息"数据表就是两张二维表，分别描述"图书"实体对象和"出版社"实体对象。

表 5-5 "图书信息"数据表

商品编号	图书名称	价格/元	出版社	ISBN	作者
12528944	PPT 设计从入门到精通	79	1	9787115454614	张晓景
12563157	给 Python 点颜色 青少年学编程	59.8	1	9787115512321	佘友军
12520987	乐学 Python 编程 做个游戏很简单	69.8	4	9787302519867	王振世
12366901	教学设计、实施的诊断与优化	48.8	3	9787121341427	陈承欢
12325352	Python 程序设计	39.6	2	9787040493726	黄锐军

表 5-6 "出版社信息"数据表

出版社 ID	出版社名称	出版社简称	出版社地址	邮政编码
1	人民邮电出版社	人邮	北京市丰台区成寿寺路 11 号	100164
2	高等教育出版社	高教	北京西城区德外大街 4 号	100120
3	电子工业出版社	电子	北京市海淀区万寿路 173 信箱	100036
4	清华大学出版社	清华	北京市海淀区清华园街道双清路清华大学学研大厦 A 座	100084
5	机械工业出版社	机工	北京市西城区百万庄大街 22 号	100037

另外"图书信息"数据表和"出版社信息"数据表有一个共同字段，即出版社 ID，在"图书信息"数据表中该字段的命名为"出版社"，在"出版社信息"数据表中该字段的命名为"出版社 ID"，虽然命名有所区别，但其数据类型、长度相同，字段值有对应关系，这两个数据表可以通过该字段建立关联。

2. 实体

实体是指客观存在并可相互区别的事物，可以是人或物，也可以是抽象事件，如"图书""出版社"都属于实体。同一类实体的集合称为实体集。

3. 关系

关系是一种规范化了的二维表格中行的集合，一个关系就是一张二维表，表 5-5 所示数据表和表 5-6 所示数据表就是两个关系。经常将关系简称为表。

4. 元组

二维表中的一行称为一个元组，元组也称为记录。一个二维表由多行组成，表中不允许出现重复的元组，如表 5-5 中有 5 行（不包括第 1 行），即 5 条记录。

5. 属性

二维表中的一列称为一个属性，属性也称为字段或数据项。如表 5-5 中有 6 列，即 6 个字段，分别为商品编号、图书名称、价格/元、出版社、ISBN 和作者。属性值是指属性的取值，每个属性的取值范围称为值域，简称域，如性别的取值是"男"或"女"。

6. 域

域是属性值的取值范围。如"性别"的域为"男""女"，"课程成绩"的域可以为"0～100"或者为"A、B、C、D"之类的等级。

7. 候选关键字

候选关键字（Candidate Key）也称为候选码，它是能够唯一确定一个元组的属性或属性的组合。一个关系可能会存在多个候选关键字。如表 5-5 中"商品编号"和"ISBN"属性都能唯一地确定表中的每一行，是"图书信息"表的候选关键字，其他属性都有可能会出现重复的值，不能作为该表的候选关键字。表 5-6 中"出版社 ID""出版社名称""出版社简称"都可以作为"出版社信息"表的候选关键字。

8. 主键

主键（Primary Key）也称为主关键字。在一个表中可能存在多个候选关键字，选定其中的一个用来唯一标识表中的每一行，将其称为主关键字或主键。如表 5-5 中有 2 个候选关键字"商品编号"和"ISBN"，可以选择"商品编号"或者"ISBN"作为主键，由于这里的图书是待选购的商品，因此选择"商品编号"作为主键更合理。表 5-6 中有 3 个候选关键字"出版社 ID""出版社简称""出版社名称"，这 3 个候选关键字都可以作为主键，如果选择"出版社 ID"作为唯一标识表中每一行的属性，那么"出版社 ID"就是"出版社信息"表的主键，如果选择"出版社名称"作为唯一标识表中每一行的属性，那么"出版社名称"就是"出版社信息"表的主键，以此类推。

一般情况下，应选择属性值简单、长度较短、便于比较的属性作为表的主键。对于"出版社信息"表中的 3 个候选关键字，从属性值的长度来看，"出版社 ID"和"出版社简称"两个属性的值都比较短，从这个角度来看，这两个候选关键字都可以作为主键，但是由于"出版社 ID"是纯数字，比较效率高，因此选择"出版社 ID"作为"出版社信息"表的主键更合适。

9. 外键

外键（Foreign Key）也称为外关键字或外码。外键是指表中的某个属性（或属性组合），它虽然不是本表的主键或只是主键的一部分，却是另一个表的主键，该属性称为本表的外键。如"图书信息"表和"出版社信息"表有一个相同的属性，即"出版社 ID"，对"出版社信息"表来说这个属性是主键，而在"图书信息"表中这个属性不是主键，所以"图书信息"表中的"出版社 ID"是一个外键。

10. 联系

联系是指客观世界中实体与实体之间的关系，联系的类型有 3 种：一对一（1:1）、一对多（1:N）、多对多（M:N），关系数据库中普遍的联系是一对多（1:N）。E-R 图中用菱形框表示实体间的联系。如学校与校长为一对一的联系；班级与学生为一对多的联系，一个班级有多个学生，每个学生只属于一个班级；学生与课程之间为多对多的联系，一个学生可以选择多门课程，一门课程可以有多个学生选择，学生与课程之间的 E-R 图如图 5-13 所示。

11. 主表与从表

主表和从表是以外键相关联的两个表。以外键作主键的表称为主表，也称为父表，外键所在的表称为从表，也称为子表或相关表。如"出版社信息"和"图书信息"这两个以外键出版社 ID 相关联的表，"出版社信息"表称为主表，"图书信息"表称为从表。

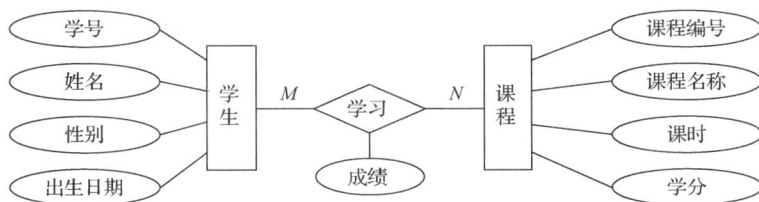

图 5-13　学生与课程之间的 E-R 图

5.4.4　关系模型的规范化与范式

任何一个数据库应用系统都要处理大量的数据，如何以最优方式组织这些数据，形成以规范化形式存储的数据库，是数据库应用系统开发中的一个重要问题。

由于应用需要，一个已投入运行的数据库，在实际应用中不断地变化着。当对原有数据库进行修改、插入、删除时，应尽量减少对原有数据结构的修改，从而减少对应用程序的影响。所以设计数据存储结构时要用规范化的方法设计，以提高数据的完整性、一致性、可用性。规范化理论是设计关系数据库的重要理论基础，在此简单介绍一下关系模型的规范化与范式（Normal Form），范式表示的是关系模型的规范化程度。

1. 关系模型的规范化

把低一级的关系模型分解为高一级关系模型的过程，称为关系模型的规范化。当一个关系中的所有字段都是不可分割的数据项时，则称该关系是规范的。如果表中有的属性是复合属性，由多个数据项组合而成，则可以进一步分割，或者表中包含多值数据项时，则该表称为不规范的表。数据规范化的目的是减少数据冗余，消除数据存储异常，以保证数据的完整性，提高存储效率。

2. 关系模型的范式

关系模型满足的确定约束条件称为范式，用 NF 表示，根据满足约束条件的级别不同，范式由低到高分为 1NF（第一范式）、2NF（第二范式）、3NF（第三范式）、BCNF（BC 范式）、4NF（第四范式）等，不同的级别范式，其性质不同。

（1）1NF

1NF 是最低的规范化要求，如果关系 R 中属性的值域都是简单域，其元素（即属性）不可再分解，是属性项而不是属性组，且不存在重复的元组、属性，那么关系模型 R 是 1NF 的。这一限制是关系的基本性质，所以任何关系都必须满足 1NF。1NF 是在实际数据库设计中必须先达到的，通常称为数据元素的结构化。表 5-7 所示的"图书信息"表满足上述条件，属于 1NF。

表 5-7　"图书信息"表及其存储的部分数据

商品编号	图书名称	价格/元	作者	ISBN	出版社	出版社简称	邮政编码
12528944	PPT 设计从入门到精通	79	张晓景	9787115454614	人民邮电出版社	人邮	100164
12563157	给 Python 点颜色青少年学编程	59.8	佘友军	9787115512321	人民邮电出版社	人邮	100164
12520987	乐学 Python 编程做个游戏很简单	69.8	王振世	9787302519867	清华大学出版社	清华	100084
12366901	教学设计、实施的诊断与优化	48.8	陈承欢	9787121341427	电子工业出版社	电子	100036
12325352	Python 程序设计	39.6	黄锐军	9787040493726	高等教育出版社	高教	100120

满足 1NF 的关系模型可能会有许多重复值，增加了修改其数据时引起疏漏的可能性。很显然，上述图书关系中，同一个出版社出版的图书，其出版社名称、出版社简称和邮政编码是相同的，这样就会出现许多重复的数据。如果某一个出版社的"邮政编码"改变了，那么该出版社所出版的所有图书的对应记录的"邮政编码"都要进行更改。

满足 1NF 的要求是对关系数据库的基本要求，它确保关系中的每个属性都是单值属性，即不是复合属性，但可能存在部分函数依赖，不能排除数据冗余和潜在的数据更新异常问题。所谓函数依赖，是指一个数据表中，属性 B 的取值依赖于属性 A 的取值，则属性 B 函数依赖于属性 A，如"出版社简称"函数依赖于"出版社名称"。

为了消除这种数据冗余、避免潜在的数据更新异常问题，消除函数依赖，我们需要更加规范的 2NF。

（2）2NF

一个关系 R 满足 1NF，且所有的非主属性都完全地依赖于主键，则这种关系属于 2NF。对于满足 2NF 的关系，如果给定一个主键的值，则可以在这个数据表中唯一确定一条记录。

满足 2NF 的关系消除了非主属性对主键的部分函数依赖，但可能存在传递函数依赖，也可能存在数据冗余和潜在的数据更新异常问题。所谓传递依赖，是指对于一个数据表中的 A、B、C 这 3 个属性，如果 C 函数依赖于 B，B 函数依赖于 A，那么 C 函数也依赖于 A，称 C 传递依赖于 A。在表 5-7 中，存在"出版社名称"函数依赖于"ISBN"，"邮政编码"函数依赖于"出版社名称"这样的传递函数依赖，也就是说"ISBN"不能直接决定非主属性"邮政编码"。要使关系模型中不存在传递依赖，可以将该关系模型分解为 3NF。

（3）3NF

一个关系 R 满足 1NF 和 2NF，且每个非主属性彼此独立，不传递依赖于任何主键，则这种关系属于 3NF。从 2NF 中消除传递依赖，便是 3NF。将表 5-7 分解为两个表，分别为表 5-8 所示"图书信息"表和表 5-9 所示"出版社"表，分解后的两个表都符合 3NF。

表 5-8 "图书信息"表

商品编号	图书名称	价格/元	作者	ISBN	出版社
12528944	PPT 设计从入门到精通	79	张晓景	9787115454614	人民邮电出版社
12563157	给 Python 点颜色 青少年学编程	59.8	佘友军	9787115512321	人民邮电出版社
12520987	乐学 Python 编程 做个游戏很简单	69.8	王振世	9787302519867	清华大学出版社
12366901	教学设计、实施的诊断与优化	48.8	陈承欢	9787121341427	电子工业出版社
12325352	Python 程序设计	39.6	黄锐军	9787040493726	高等教育出版社

表 5-9 "出版社"表

出版社名称	出版社简称	邮政编码
人民邮电出版社	人邮	100164
人民邮电出版社	人邮	100164
清华大学出版社	清华	100084
电子工业出版社	电子	100036
高等教育出版社	高教	100120

3NF 有效地减少了数据的冗余，节约了存储空间，提高了数据组织的逻辑性、完整性、一致性和安全性，提高了访问及修改的效率。但是对于比较复杂的查询，多个数据表之间存在关联，查询时要进行连接运算，响应速度较慢，这种情况下为了提高数据的查询速度，允许保留一定的

数据冗余，可以不满足 3NF 的要求，设计成满足 2NF 也是可行的。

由前述可知进行规范化数据库设计时应遵循规范化理论，规范化程度过低，可能会存在潜在的插入/删除异常、修改复杂、数据冗余等问题，解决的方法就是对关系模型进行分解或合并，即规范化，将其转换成高级范式。但并不是规范化程度越高越好，当一个应用的查询涉及多个关系表的属性时，系统必须进行连接运算，连接运算要耗费时间和空间。所以一般情况下，数据模型符合 3NF 就能满足需求了，规范化更高的 BCNF、4NF、5NF 一般用得较少，本单元不予介绍，请参考相关书籍。

3．反规范化

数据库中的数据规范化的优点是减少了数据冗余，节约了存储空间，相应逻辑和物理的 I/O 次数减少，同时加快了增、删、改的速度，但是对完全规范的数据库进行查询，通常需要更多的连接操作，从而影响查询速度。因此，有时为了提高某些查询或应用的性能会破坏规范规则，即反规范化（非规范化处理）。常见的反规范化技术包括增加冗余列、增加派生列、重新组表、分割表等。

5.5 结构查询语言

结构查询语言（SQL）是一种数据库查询和程序设计语言，用于存取数据以及查询、更新和管理关系数据库系统，同时其小写形式是数据库脚本文件的扩展名。

5.5.1 数据表的概念

一个关系数据库由多个数据表（Table）组成，数据表是关系数据库的基本存储结构；数据表是二维的，由行和列组成；数据表的行（Row）是横排数据，也被称作记录（Record）；数据表的列（Column）是纵列数据，也被称作字段（Field）；数据表和数据表之间存在关联关系。

在关系数据库中，对数据表有一定的要求和限制，即数据表必须满足以下要求。

① 每张数据表主题明确，只包含与主题相关的字段。

② 数据表中的每个字段是不可再分的基本数据项。

③ 数据表中同一列的数据类型必须相同，即同一字段的数据具有同一数据类型，也就是说，数据表中任意字段的取值范围应属于相同的域。

④ 一张数据表中不允许有相同的字段名，即在定义表结构时，一张数据表中不能出现重复的字段名。这是因为系统中的字段名是用来标识数据列的，如果字段名重复，则会产生列标识混乱。

⑤ 一张数据表中不允许有完全相同的 2 条记录。

⑥ 数据表中一般不包括可以从表中数据项计算出来的字段。

⑦ 数据表中行、列的次序可以交换，即数据表中字段和记录的顺序无关紧要，任意交换两行或两列的位置并不影响数据的实际含义。在实际使用中，可以按各种排列要求对记录的次序重新排列。

5.5.2 结构查询语言的概念

SQL 是高级的非过程化编程语言，它不要求用户指定对数据的存放方法，也不需要用户了解具体的数据存放方式。

关系数据库都是以 SQL 为基础的，SQL 是在关系数据库上执行数据操作、检索及维护所使用的标准语言，SQL 由数据定义语言、数据操纵语言和数据控制语言等组成。

5.5.3　结构查询语言的特点

SQL 有以下特点。

（1）功能的一体化

SQL 集数据定义语言、数据操纵语言、数据控制语言、数据查询语言、事务控制语言的功能于一体，语言风格统一。使用 SQL 可以实现数据库生命周期中的全部活动，包括创建数据库、定义模式、更改和查询数据、安全控制和维护数据库等。这就为数据库应用系统开发提供了良好的环境，例如，用户在数据库投入运行后，可根据需要随时地、逐步地修改模式，并且不影响数据库的运行，从而使系统具有良好的可扩充性。

（2）高度非过程化

SQL 为非过程语言，用 SQL 进行数据操作，用户只需提出"做什么"，而不必指明"怎么做"。因此，用户无须了解存取路径，存取路径的选择以及 SQL 语句的操作过程由系统自动完成。这不但大大减轻了用户负担，而且有利于提高数据独立性。

（3）以同一种语法结构提供两种使用方式

SQL 既是自含式语言，又是嵌入式语言。作为自含式语言，它可以独立地联机交互，即用户可以在终端键盘上直接输入 SQL 命令对数据库进行操作。作为嵌入式语言，SQL 可以嵌入 Python、Java、C#等高级程序设计语言中使用。

（4）面向集合的操作方式

SQL 采用面向集合的操作方式，不仅查找结果可以是元组的集合，而且一次插入、删除、更新操作的对象也可以是元组的集合。

（5）允许对表和视图进行操作

SQL 可以对两种基本数据结构进行操作，一种是"表"，另一种是"视图"。

（6）语言简洁，易学、易用

虽然 SQL 功能很强，但语言十分简洁，它只有为数不多的几条命令。另外，SQL 的语法也比较简单，因此容易学习和掌握。初学者经过短期的学习就可以使用 SQL 进行数据库的存取等操作，易学、易用是它的主要特点。

5.5.4　结构查询语言的类型与功能

1. 结构查询语言的类型

SQL 可分为数据定义语言、数据操纵语言、数据查询语言、数据控制语言、事务控制语言。SQL 的类型、主要功能及常用谓词如表 5-10 所示。

表 5-10　SQL 的类型、主要功能及常用谓词

SQL 类型	主要功能	常用谓词
数据定义语言	创建、修改和删除数据库及其对象，包括数据库、数据表、视图、索引、函数、存储过程、触发器等，定义数据的完整性、安全控制等约束	Create（创建）、Alter（修改）、Drop（删除）、Truncate（删除表数据）、Rename（重命名）
数据操纵语言	插入、修改和删除数据表中的数据	Insert（插入）、Update（修改）、Delete（删除）

SQL 类型	主要功能	常用谓词
数据查询语言	从数据表中获得数据，数据查询是使用较多的操作	Select（查询）
数据控制语言	对数据库进行统一的控制、管理，设置或更改数据库用户和角色权限，对基本表和视图进行授权	Grant（授权）、Revoke（撤销授权）、Deny（禁止用户或角色取得某个权限）
事务控制语言	控制数据库的访问，维护数据一致性	Commit（提交）、Rollback（回滚）、Savepoint（设置保存点）、Set Transaction（改变事务选项）

2. Select 语句的语法格式及功能说明

SQL 具有强大的数据查询功能，SQL 从数据表中查询数据的基本语句为 Select 语句，其功能是实现数据的筛选、投影和连接操作，并能够完成筛选字段重命名、多数据源数据组合、分类汇总、排序等操作。

（1）Select 语句的一般格式

Select 语句的一般格式如下。

```
Select       谓词 |<字段名称或表达式列表>
Into         <新表名>
From         <数据表名称或视图名称>
[  Where     <条件表达式>     ]
[  Group By  <分组的字段名称或表达式>  ]
[  Having    <过滤条件>     ]
[  Order By  <排序的字段名称或表达式>  Asc | Desc  ]
[ 数据表的别名 ]
```

（2）Select 语句的功能

根据 Where 子句的条件表达式，从 From 子句指定的数据表中找出满足条件的记录，再按 Select 子句选出记录中的字段值，把查询结果以表格的形式返回。

（3）Select 语句的说明

Select 关键字后面跟随的是要检索的字段列表，并且指定字段的顺序。SQL 查询子句顺序为 Select、Into、From、Where、Group By、Having 和 Order By 等。其中 Select 子句和 From 子句是必需的，其余的子句均可省略。

① Select 后面的字段名称或表达式列表表示需要查询的字段名称或表达式。谓词包括 All、Distinct、Top 和 Distinctrow。谓词用来限定返回记录的数量，如果没有指定谓词，则默认值为 All，All 允许省略不写。

② Into 子句用于标识插入数据的数据表名称。

③ From 子句用于标识从中检索数据的一个或多个数据表或视图。

④ Where 子句用于设定查询条件以返回需要的记录，如果有 Where 子句，就按照对应的"条件表达式"规定的条件进行查询。如果没有 Where 子句，就查询所有记录。

⑤ Group By 子句用于将查询结果按指定的一个字段或多个字段的值进行分组，分组字段或表达式的值相等的被分为一组。通常 Group By 子句与 Count()、Sum()等聚合函数配合使用。

⑥ Having 子句与 Group By 子句搭配使用，用于以 Group By 子句分组的结果进一步限定搜索条件，满足该筛选条件的数据才能被输出。

⑦ Order By 子句用于将查询结果按指定的字段进行排序。排序包括升序和降序，其中 Asc 表示记录按升序排列，Desc 表示记录按降序排列，默认状态下，记录按升序排列。

⑧ 数据表的别名用于代替数据表的原名称。

3. Insert 语句

在数据库中创建数据表的结构后，可以向该数据表中添加记录。使用 SQL 中的 Insert 语句也可以向数据表中追加新的数据记录，每次只能添加一条记录。

Insert 语句的格式如下。

① 完全添加。

> Insert　Into　表名　Values(第 1 个字段值,第 2 个字段值,…,最后一个字段值)

其中，Values 后面括号中的字段值必须与数据表中对应字段所规定的字段类型相符，如果只是对部分字段赋值，可以用空值 NULL 替代不需要赋值的字段，否则会出现错误。

② 部分添加。

如果只需要向数据表中插入部分字段的值，可以将 Insert 语句写成以下格式。

> Insert　Into　表名(字段 1,字段 2,…,字段 n)
> 　　　　　　Values(第 1 个字段值,第 2 个字段值,…,第 n 个字段值)

使用这种格式向数据表中添加新记录时，在关键字 Insert Into 后面输入要添加的数据表名称，然后在括号中列出将要添加新值的字段的名称，最后，在关键字 Values 后面括号中按照前面输入字段的顺序对应地输入所要添加的记录值。

4. Update 语句

SQL 中的 Update 语句提供了对已存在的数据表中记录的字段值进行修改的功能。

Update 语句的格式如下。

> Update　数据表名
> Set　　　字段 1=字段值 1,字段 2=字段值 2,…,字段 n=字段值 n
> [Where<条件>]

其含义表示更新数据表中符合 Where 条件的字段或字段集合的值，其中 Where<条件>是可选项。

5. Delete 语句

SQL 使用 Delete 语句将记录从数据表中删除。

Delete 语句的格式如下。

> Delete　From　数据表名　[Where<条件>]

其含义是删除数据表中符合 Where 条件的记录，Where<条件>是可选项，如果没有 Where 子句，则会删除数据表中的所有记录。删除操作是破坏性操作，应十分慎重。

5.6　非关系数据库

随着 Web 2.0 网站的兴起，传统的关系数据库在处理 Web 2.0 网站，特别是超大规模和高并发的社交网络服务（Social Network Service，SNS）类型的 Web 2.0 纯动态网站已经显得力不从心，出现了很多难以解决的问题，而非关系数据库则由于其本身的特点得到了非常迅速的发展。非关系数据库的诞生就是为了应对大规模数据集、多重数据种类带来的挑战，特别是大数据应用难题。非关系数据库在特定的场景下可以发挥出难以想象的高效率和高性能，它是对传统关系数据库的一个有效的补充。

NoSQL（Not Only SQL）意即"不仅仅是 SQL"，泛指非关系数据库。非关系数据库严格意义上不是一种数据库，而是一种数据结构化存储方法的集合，可以是文档或者键值对等。

5.6.1　非关系数据库的优缺点

非关系数据库的优点如下。

① 格式灵活：存储数据的格式可以是(key,value)形式、文档形式、图片形式等，使用灵活，应用场景广泛，而关系数据库则只支持基础类型。

② 速度快：非关系数据库可以使用硬盘或者 RAM 作为载体，而关系数据库只能使用硬盘作为载体。

③ 低成本：非关系数据库部署简单，基本都是开源软件。

④ 高扩展性。

非关系数据库的缺点如下。

① 不提供 SQL 支持，学习和使用成本较高。

② 数据结构相对复杂，复杂查询能力稍欠缺。

③ 无事务处理机制。

5.6.2　非关系数据库的类型

以下是几种常见的非关系数据库类型。

1. 键值数据库

键值（Key-Value）数据库主要使用一个哈希表，这个表中有一个特定的键和一个指针指向特定的数据。可以通过 Key 来添加、查询或者删除数据库，使用 Key 访问，会获得很高的性能及扩展性。Key-Value 模型的优势在于简单、易部署、高并发。

典型代表产品有 Memcached、Redis、MemcacheDB。

2. 列式数据库

列式（Column-Oriented）数据库将数据存储在列族中，一个列族存储是经常被一起查询的相关数据，例如，我们经常会查询某个人的姓名和年龄，而不是薪资。这种情况下姓名和年龄会被放到一个列族中，薪资会被放到另一个列族中。这种数据库通常用来应对分布式存储海量数据。

典型代表产品有 Cassandra、HBase。

3. 文档数据库

文档（Document-Oriented）数据库会将数据以文档的形式存储。每个文档都是自包含的数据单元，是一系列数据项的集合。每个数据项都有一个名词与对应值，值既可以是简单的数据类型，如字符串、数字和日期等；也可以是复杂的类型，如有序列表和关联对象。数据存储的最小单位是文档，同一个表中存储的文档属性可以是不同的，数据可以使用 XML、JSON 或 JSONB 等多种形式存储。

典型代表产品有 MongoDB、CouchDB。

4. 图形数据库

图形数据库允许将数据以图的方式存储。实体作为顶点，而实体之间的关系则作为边。

典型代表产品有 Neo4J、InforGrid。

5.7　数据库设计基础

数据库设计一般应包括数据库的结构设计和行为设计两部分内容。数据库的结构设计是指系统整体逻辑模式与子模式的设计，是对数据的分析设计；数据库的行为设计是指施加在数据库上的动态操作的设计，是对应用系统功能的分析设计。

5.7.1　数据库设计的基本原则

设计数据库时要综合考虑多个因素，权衡各自利弊确定数据表的结构，基本原则有以下几条。

① 把具有同一个主题的数据存储在一个数据表中，也就是"一表一用"的设计原则。

② 尽量消除包含在数据表中的冗余数据，但不是必须消除所有的冗余数据，有时为了提高访问数据库的速度，可以保留必要的冗余，减少数据表之间的连接操作，提高效率。

③ 一般要求数据库设计达到 3NF，因为 3NF 的关系模式中不存在非主属性对主关键字的不完全函数依赖和传递函数依赖关系，最大限度地消除了数据冗余、修改异常、插入异常和删除异常，具有较好的性能，基本满足关系规范化的要求。在数据库设计时，如果片面地提高关系的范式等级，并不一定能够产生合理的数据库设计方案，原因是范式的等级越高，存储的数据就需要被分解为更多的数据表，访问数据表时总是涉及多表操作，会降低访问数据库的速度。从实用角度来看，大多数情况下达到 3NF 比较恰当。

④ 在关系数据库中，各个数据表之间的关系只能为一对一和一对多的关系，对于多对多的关系必须将其转换为一对多的关系来处理。

⑤ 设计数据表的结构时，应考虑表结构在未来可能发生的变化，保证表结构的动态适应性。

5.7.2　数据库设计的基本步骤

在确定了数据库设计的策略以后，就需要确定相应的设计方法和步骤。多年来，人们提出了多种数据库设计方法、设计准则和规范。考虑数据库和应用系统开发全过程，将数据库设计分为如下 6 个基本步骤。

1. 用户需求分析

首先必须准确了解与分析用户需求（包括数据与处理）。需求分析是整个设计过程的基础，是非常困难和非常耗费时间的一步。作为"地基"的需求分析是否做得充分与准确，决定了在其上构建数据库"大厦"的速度与质量。需求分析做得不好，可能会导致整个数据库设计返工重做。

在需求分析阶段，数据库设计人员采用一定的辅助工具对应用对象的功能、性能、限制等要求进行科学分析，得到数据字典和数据流图。

2. 概念结构设计

概念结构设计是整个数据库设计的关键，它通过对用户需求进行综合、归纳与抽象，形成独立于具体数据库管理系统的概念模型。描述概念模型的较理想的工具是 E-R 图。

3. 逻辑结构设计

逻辑结构设计是指将概念结构转换为某个数据库管理系统所支持的数据模型，并对其进行优化。它是物理结构设计的基础，包括模式初始设计、子模式设计、应用程序设计、模式评价以及模式求精等。

4. 物理结构设计

为逻辑数据模型选取一个最适合应用环境的物理结构，包括存储结构和存取方式，形成在计算机中的具体实现方案。

5. 数据库实施

在数据库实施阶段，设计人员运用数据库管理系统提供数据库语言及宿主语言，根据逻辑结构设计和物理结构设计的结果建立数据库，编写与调试应用程序，组织数据入库，并进行试运行。

6. 数据库运行和维护

数据库应用系统经过试运行后即可投入正式运行，在数据库系统运行过程中必须不断对其进行评价、调整与修改。

操作训练

【操作训练 5-1】从数据表中获取指定的数据

Employee 数据表包含所有员工信息，每个员工有其对应的 Id、Name、Salary、DepartmentId，Employee 数据表的字段名与字段值如图 5-14 所示。

```
+----+-------+--------+--------------+
| Id | Name  | Salary | DepartmentId |
+----+-------+--------+--------------+
| 1  | Joe   | 70000  | 1            |
| 2  | Jim   | 90000  | 1            |
| 3  | Henry | 80000  | 2            |
| 4  | Sam   | 60000  | 2            |
| 5  | Max   | 90000  | 1            |
+----+-------+--------+--------------+
```

图 5-14　Employee 数据表的字段名与字段值

Department 数据表包含公司所有部门的信息，Department 数据表的字段名与字段值如图 5-15 所示。

```
+----+-------+
| Id | Name  |
+----+-------+
| 1  | IT    |
| 2  | Sales |
+----+-------+
```

图 5-15　Department 数据表的字段名与字段值

找出每个部门工资最高的员工的过程如下。

（1）求出每个部门对应的最高工资和部门编号

编写 SQL 语句如下。

Select　max(Salary), DepartmentId　From Employee　Group By DepartmentId

（2）内连接两表并进行筛选

编写 SQL 语句如下。

```
Select d.Name Department, e.Name Employee, e.Salary Salary
From Employee e, Department d
Where e.DepartmentId=d.Id
And (e.Salary, e.DepartmentId) In (
    Select max(Salary), DepartmentId
    From Employee
```

```
        Group By DepartmentId
);
```

运行结果如图 5-16 所示。

```
+------------+----------+--------+
| Department | Employee | Salary |
+------------+----------+--------+
| IT         | Max      | 90000  |
| IT         | Jim      | 90000  |
| Sales      | Henry    | 80000  |
+------------+----------+--------+
```

图 5-16　找出每个部门工资最高的员工的结果

【操作训练 5-2】设计人力资源管理系统的数据库

1. 人力资源管理数据库的概念结构设计

（1）确定实体

根据业务需求分析可知，人力资源管理系统主要对员工的档案、出勤、奖惩、培训、调动、假期、考核、工作经历、社会关系、工资等方面进行有效管理，同时还会涉及基础数据管理、部门管理、通知管理、税率设置等方面。通过分析后，可以确定该系统涉及的主要实体有单位、部门、员工、用户、工资等。

（2）确定属性

通过调查分析，列举出各个实体的属性构成，人力资源管理系统的主要实体及其属性如表 5-11 所示。

表 5-11　人力资源管理系统的主要实体及其属性

序号	实体名称	实体属性
1	单位	单位名称、法定代表人、成立日期、联系电话、邮箱、单位地址、单位简介等
2	部门	部门编号、部门名称、父部门编号、部门负责人、编制人数、实际人数、联系电话、部门职责等
3	员工	员工编号、姓名、档案编号、部门、性别、民族、籍贯、学历、毕业院校、专业、职称、职务、家庭住址、出生日期、政治面貌、身份证号、工资等级、婚姻状况、在职状态、用工形式、参加工作日期等
4	用户	用户编号、姓名、密码等
5	工资	员工编号、姓名、部门、年、月、岗位工资、薪级工资、课时津贴、班级津贴、考核奖励、绩效工资、养老保险、医疗保险、失业保险、工伤保险、生育保险、住房公积金、个人所得税、应发工资、实发工资等

（3）确定实体联系类型

实体之间的联系类型有 3 种，即一对一、一对多和多对多，如员工与部门属于一对多联系（一个员工属于一个部门，而一个部门可以有多个员工），员工与工资属于一对多联系（每个月都给员工发放 1 次工资，1 年则会发放 12 次工资）。

（4）绘制 E-R 图

可以先绘制系统每个模块的局部 E-R 图，然后综合各个模块的局部 E-R 图获取整体的 E-R 图。

人力资源管理系统的部分 E-R 图如图 5-17 所示，为了便于清晰地看出不同实体之间的关系，在 E-R 图中没有列出实体的属性。

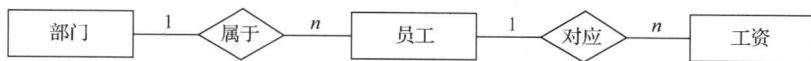

图 5-17　人力资源管理系统的部分 E-R 图

（5）形成概念模型

对总体 E-R 图进行优化，确定最终的总体 E-R 图，即概念模型。

2. 人力资源管理数据库的逻辑结构设计

逻辑结构设计主要是指将 E-R 图转换为关系模式，设计关系模式时应符合规范化要求，如每一个关系模式只有一个主题，每一个属性不可分解，不包含可推导或可计算的数值型字段，如金额、年龄等字段属于可计算的数值型字段。

（1）实体转换为关系

将 E-R 图中的每一个实体转换为一个关系，实体名为关系名，实体的属性为关系的属性。部门实体转换为关系：部门（部门编号、部门名称、父部门编号、部门负责人、编制人数、实际人数、联系电话、部门职责），主关键字为部门编号。员工实体转换为关系：员工（员工编号、姓名、档案编号、部门、性别、民族、籍贯、学历、毕业院校、专业、职称、职务、家庭住址、出生日期、政治面貌、身份证号、工资等级、婚姻状况、在职状态、用工形式、参加工作日期），主关键字为员工编号。工资实体转换为关系：工资（员工编号、姓名、部门、年、月、岗位工资、薪级工资、课时津贴、班级津贴、考核奖励、绩效工资、养老保险、医疗保险、失业保险、工伤保险、生育保险、住房公积金、个人所得税、应发工资、实发工资）。

（2）联系转换为关系

一对一的联系和一对多的联系不需要转换为关系。多对多的联系转换为关系的方法是将两个实体的主关键字抽取出来建立一个新关系，新关系中根据需要加入一些属性，新关系的主关键字为两个实体的关键字的组合。

（3）关系的规范化处理

通过对关系进行规范化处理，对关系模式进行优化设计，尽量减少数据冗余，消除函数依赖和传递依赖，获得更好的关系模式，以满足 3NF。

进行数据库设计时，如果将员工的信息同员工的工资信息存放在同一数据表中，不仅增加了数据的冗余，而且造成了数据操作的不便，没有发挥关系数据库的优势。例如，某数据表中存放了 3 个月的工资信息，那么每位职工的信息也被存储了 3 次；当要删除某位职工的信息时，要查找到一条记录将其删除，然后继续查找、删除，直到将整个表全部搜索一遍。为了弥补以上缺陷，将员工的信息与员工的工资信息分别分成两个独立的表，分别为员工表和工资表。

3. 人力资源管理数据库的物理结构设计

数据库的物理结构设计是在逻辑结构设计的基础上，进一步设计数据模型的一些物理细节，为数据模型在设备上确定合适的存储结构和存取方法。其出发点是提高数据库管理系统的效率。

人力资源管理系统的数据库管理系统拟采用 Microsoft Access、MySQL、Microsoft SQL Server。这里选用 Microsoft Access 作为数据库管理系统，相应的数据库、数据表的设计应符合 Access 的要求。字段的确定根据关系的属性同时结合实际需求实现，字段名称一般采用英文表示，字段类型的选取还需要参考数据字典。人力资源管理数据库的数据表如表 5-12 所示，为便于对照，字段名称暂用汉字表示，具体设计表结构时再换成英文。

表 5-12　人力资源管理数据库的数据表

序号	表名称	字段名称
1	单位	ID、单位名称、法定代表人、成立日期、联系电话、邮箱、单位地址、单位简介等
2	部门	ID、部门编号、部门名称、父部门编号、部门负责人、编制人数、实际人数、联系电话、部门职责等
3	员工	ID、员工编号、姓名、档案编号、部门、性别、民族、籍贯、学历、毕业院校、专业、职称、职务、家庭住址、出生日期、政治面貌、身份证号、工资等级、婚姻状况、在职状态、用工形式、参加工作日期等
4	用户	ID、用户编号、姓名、密码等
5	工资	ID、员工编号、姓名、部门、年、月、岗位工资、薪级工资、课时津贴、班级津贴、考核奖励、绩效工资、养老保险、医疗保险、失业保险、工伤保险、生育保险、住房公积金、个人所得税、应发工资、实发工资等

　　进行数据表设计时，注意主键不允许为空，若一个字段可以取 NULL，则表示该字段可以不输入数据。但对允许不输入数据的字段来说，最好给它设定一个默认值，即在不输入数据时，系统为该字段提供一个预先设定的默认值，以避免由于使用 NULL 带来的不便。

　　（1）用户表的结构设计

　　用户表的结构设计如表 5-13 所示。

表 5-13　用户表的结构设计

序号	字段名称	数据类型	字段大小	是否为主键	是否允许空字符串
1	ID	自动编号	长整型	是	否
2	用户编号	文本	50		否
3	姓名	文本	50		否
4	密码	文本	30		是

　　（2）单位表的结构设计

　　单位表的结构设计如表 5-14 所示。

表 5-14　单位表的结构设计

序号	字段名称	数据类型	字段大小	是否为主键	是否允许空字符串
1	ID	自动编号	长整型	是	否
2	单位名称	文本	100		否
3	法定代表人	文本	30		否
4	成立日期	日期/时间			是
5	联系电话	文本	50		是
6	邮箱	文本	50		是
7	单位地址	文本	100		是
8	单位简介	备注			是

　　（3）部门表的结构设计

　　部门表的结构设计如表 5-15 所示。

表 5-15　部门表的结构设计

序号	字段名称	数据类型	字段大小	是否为主键	是否允许空字符串
1	ID	自动编号	长整型	是	否
2	部门编号	文本	30		否
3	部门名称	文本	50		否
4	父部门编号	文本	30		否
5	部门负责人	文本	50		是
6	编制人数	数字	长整型		是
7	实际人数	数字	长整型		是
8	联系电话	文本	20		是
9	部门职责	文本	200		是

（4）员工表的结构设计

员工表的结构设计请参考部门表的结构设计自行进行。

（5）工资表的结构设计

工资表的结构设计请参考部门表的结构设计自行进行。

练习测试

1. 下列有关数据库的描述中，正确的是（　　　）。

    A. 数据库是一个 Access 文件 　　　　B. 数据库是一个关系

    C. 数据库是一个结构化的数据集 　　　D. 数据库是一组文件

2. 数据库管理系统是（　　　）。

    A. 操作系统的一部分 　　　　　　　B. 在操作系统支持下的系统软件

    C. 一种编译系统 　　　　　　　　　D. 一种操作系统

3. 数据库系统是指在计算机系统中引入数据库后的系统，一般由（　　　）构成。

    A. 数据、数据库

    B. 数据库、数据库管理系统

    C. 数据、数据库、数据库管理系统

    D. 数据库、数据库管理系统、数据库应用程序、数据库管理员和用户

4. DB、DBMS 和 DBS 三者的关系为（　　　）。

    A. DB 包括 DBMS 和 DBS 　　　　　B. DBS 包括 DB 和 DBMS

    C. DBMS 包括 DBS 和 DB 　　　　　D. DBS 与 DB 和 DBMS 无关

5. 在数据库管理技术的发展中，数据独立性最高的是（　　　）。

    A. 人工管理 　　　B. 文件管理 　　　C. 数据库管理 　　　D. 数据模型

6. 数据库系统的核心是（　　　）。

    A. 数据库 　　　B. 数据库管理系统 　C. 数据库应用程序 　D. 数据库管理员

7. 数据库的 3 级模式是指（　　　）。

    A. 外模式、模式、逻辑模式 　　　　B. 内模式、模式、概念模式

    C. 模式、外模式、子模式 　　　　　D. 用户模式、逻辑模式、存储模式

8. 数据模型是（　　）。
　　A．文件的集合　　　　　　　　　　　B．记录的集合
　　C．数据的集合　　　　　　　　　　　D．记录及其联系的集合
9. 关系模型是指（　　）。
　　A．用关系表示实体　　　　　　　　　B．用关系表示联系
　　C．用关系表示实体及其联系　　　　　D．用关系表示属性
10. 用二维表来表示实体与实体之间联系的模型是（　　）模型。
　　A．层次　　　　　　B．网状　　　　　　C．关系　　　　　　D．面向对象
11. 关系表中每一行称为一个（　　）。
　　A．元组　　　　　　B．字段　　　　　　C．域　　　　　　　D．属性
12. 在数据库中，能唯一地标识一个元组的属性或属性的组合称为（　　）。
　　A．记录　　　　　　B．字段　　　　　　C．域　　　　　　　D．关键字
13. 在关系模型中，域是指（　　）。
　　A．记录　　　　　　B．字段　　　　　　C．属性　　　　　　D．属性的取值范围
14. 在关系 R（$R\#$，RN，$S\#$）和 S（$S\#$，SN，SD）中，R 的主键是 $R\#$，S 的主键是 $S\#$，则 $S\#$是 R 的（　　）。
　　A．候选关键字　　　B．主关键字　　　　C．外键　　　　　　D．超键
15. 一门课可以由多个学生选修，一个学生可以选修多门课程，则学生与课程之间的联系是（　　）。
　　A．一对一　　　　　B．一对多　　　　　C．多对多　　　　　D．多对一
16. 用树形结构来表示实体及实体之间联系的模型称为（　　）模型。
　　A．层次　　　　　　B．网状　　　　　　C．关系　　　　　　D．面向对象
17. 关系数据库管理系统能实现的专门关系运算包括（　　）。
　　A．排序、索引、统计　　　　　　　　B．选择、投影、连接
　　C．关联、更新、排序　　　　　　　　D．显示、打印、制表
18. 在关系模式中，指定若干属性组成新的关系称为（　　）。
　　A．投影　　　　　　B．选择　　　　　　C．连接　　　　　　D．自然连接
19. 常用的一种基本数据模型是关系数据模型，它的表示采用（　　）。
　　A．树　　　　　　　B．网络　　　　　　C．图　　　　　　　D．二维表
20. 下列有关数据库系统的描述中，正确的是（　　）。
　　A．数据库系统避免了一切冗余
　　B．数据库系统减少了数据冗余
　　C．数据库系统与文件系统相比能管理更多的数据
　　D．数据的一致性是指数据类型的一致
21. 数据库管理系统中能实现对数据库中的数据进行查询、插入、修改和删除，这类功能称为（　　）。
　　A．数据定义功能　　B．数据管理功能　　C．数据操纵功能　　D．数据控制功能
22. 对数据库而言，能支持它的各种操作的软件系统称为（　　）。
　　A．命令系统　　　　B．数据库系统　　　C．操作系统　　　　D．数据管理系统

23. 数据库设计的根本目标是要解决（   ）。

    A．数据共享问题   B．数据安全问题

    C．大量数据存储问题   D．简化数据维护问题

24. Microsoft SQL Server 是一种（   ）。

    A．数据库   B．操作系统   C．数据库系统   D．数据库管理系统

25. 在数据库设计中，在概念设计阶段可以用 E-R 方法设计的图称为（   ）。

    A．实物图   B．数据流图   C．实体联系图   D．实体表示图

26. 公司中有多个部门和多名职员，每名职员只能属于一个部门，一个部门可以有多名职员，从职员到部门的联系类型是（   ）。

    A．一对一   B．一对多   C．多对一   D．多对多

27. 在数据库中，数据的物理独立性是指（   ）。

    A．数据库与 DBMS 的相互独立

    B．应用程序与 DBMS 的相互独立

    C．用户的应用程序与存储在磁盘上数据库中的数据是相互独立的

    D．应用程序与数据库中数据的逻辑结构相互独立

单元 6
计算机网络技术基础

06

随着计算机技术和网络技术的飞速发展，人们的生活、工作已经离不开计算机，离不开网络。几乎每个家庭、每个办公室，很多的图书馆、餐厅、候机厅等都有有线或无线网络。虽然会依据用户数目的不同、使用需求的不同、使用环境的不一致等因素，建立网络规模有大有小、有复杂有简单、需要的设备有多有少，但基本的需求都一样，那就是实现信息资源共享、通信交流、协同工作等。

分析思考

1. 借助百度网站检索标题中包含"量子通信"关键词的所有页面

启动浏览器，然后在地址栏中输入网址"www.baidu.com"，按"Enter"键，打开百度首页。在百度首页搜索文本框中输入"intitle:量子通信"，按"Enter"键或单击"百度一下"按钮就可以得到检索结果，可以看到每个页面的标题中都包含"量子通信"关键词，如图 6-1 所示。

图 6-1　检索标题中包含"量子通信"关键词的结果

2. 借助抖音网页版搜索有关"云计算"的视频

启动网页版的"抖音"软件，在左侧分类列表中选择"知识"，在搜索文本框中输入"云计算"，如图 6-2 所示。

图 6-2 在分类列表中选择"知识"并在搜索文本框中输入"云计算"

然后单击"搜索"按钮，搜索与"云计算"相关的视频，同时自动播放找到的第 1 个视频，如图 6-3 所示。

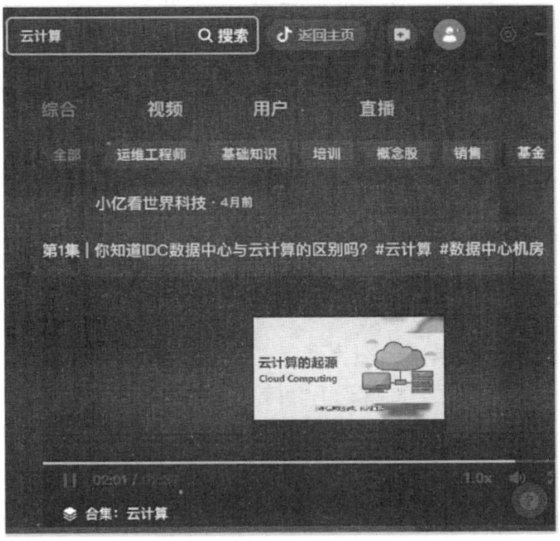

图 6-3 播放搜索到的视频文件

学习领会

6.1 计算机网络概述

在当今这个时代，网络和我们息息相关，别说断网了，网络卡顿一会儿都会影响我们的生活。这时候大家会不会很想知道网络出现问题的原因是什么呢？是不是很想了解一下网络呢？其实网络还有个名字叫作计算机网络，顾名思义就是由计算机组成的网络。

6.1.1 计算机网络的概念

计算机网络是将地理上分散的、具有独立功能的两台或两台以上的计算机通过通信线路或者通信网络、网络设备连接起来所组成的一个系统，再配置功能完善的网络软件及协议，在原本独立的计算机之间实现软硬件资源共享、数据通信、信息传递以及协同完成某些数据处理工作的系统。

关于计算机网络的简单定义：一些相互连接的、以共享资源为目的的、自治计算机的集合。

① 自治是指相互连接的计算机系统彼此独立，不存在主从或者控制与被控制的关系。

② 计算机不仅指计算机设备，还包括能连接网络的网络设备、通信设备，也包括智能手机、智能设备、平板电脑、交换机、路由器等。

③ 互连是指利用通信链路连接相互独立的计算机系统。通信链路可以是双绞线、光纤、微波、通信卫星等。不同链路的传输速率不同，在计算机网络中传输速率也被称为带宽，单位为 bit/s。

计算机网络定义中的"自治计算机"，通常称为"主机"（Host）或"端系统"（End System）。只要是连接到互联网上的设备，都可以被称为主机或端系统。

家庭用户端系统构成小型家庭网络，并借助电话网络、有线电视网络等接入区域或本地互联网服务提供商（Internet Service Provider，ISP）。企业网络、校园网等机构网络，通常构成一定规模的局域网，然后接入区域或本地 ISP。区域或本地 ISP 与更大规模的国家级 ISP 相互连接，国家级 ISP 再与其他国家级 ISP 或全球 ISP 相互连接，实现全球所有 ISP 网络的相互连接，从而实现全球端系统的相互连接。

6.1.2　计算机网络的常用术语

1. 数据通信

数据通信指数据经过一定的处理，能在有线或无线的传输系统中进行的通信，其处理的目的是要保证准确、无误地传送数据。

2. 传送队列——并行传输和串行传输

数据传送要有一定的顺序，如果顺序错了，"字"的含义就变了。因此，当发送端把数据通过信道传送到接收端时，一定要按规格并保证顺序不变的原则。所谓规格，就是一个字占多少位，所谓顺序，就是位的排列。

通常数据的传递有两种方式：一种称为"并行传输"；另一种称为"串行传输"。

联想一下方块队行进的情形，方块队有多行，每行有 8 人（列），并行传输就好像每一行的 8 人"齐步走"，一起到达终点。确切地讲，并行传输就是把每一个字符所包含的几个位（如 8 位）同时从发送端传送出去。隔一段时间之后，再按同样的方法传送下一个字符。

串行传输就是使每一行的 8 人按顺序一个个地行进，依次到达终点。确切地讲，串行传输就是在发送端把每一个字符所包含的几个位（如 8 位）按顺序一个个地传送出去，隔一段时间之后，再按同样的方法传送下一个字符。

3. 单行线与双行线——单工、半双工和全双工

数据的流动就好像火车行驶一样，火车要有车头、车厢和车尾，数据（如报文）也要有报头、数据信息和报尾。火车要在铁路上行驶，数据也要在信道中流动。铁路有双线和单线，公路也有双行线和单行线，通信信道也是这样。

（1）单工通信

所谓单工通信，就是指传送的数据始终向一个方向传送，而不能进行与此相反方向的传送，好像单行线一样。

（2）半双工通信

所谓半双工通信，就是指传送的数据可以向两个方向传送，但不是同时，就像单线铁路一样，某时允许 A 站发出列车到 B 站，某时又允许 B 站发出列车到 A 站，火车往返运行要由调度控制。

（3）全双工通信

所谓全双工通信，就是指传送的数据可以同时向两个方向传送，好像双线铁路一样，其中一条线路只允许 A 站发出列车到 B 站，另一条线路只允许 B 站发出列车到 A 站，两站可同时或不同时发送列车。让两路数据通过调制的方法，在共同的信道中传输而不冲突，就像在马路中间画一条黄线，只要司机开车不越黄线逆行，就不会发生碰撞。

4．交通指挥——同步和转接

在十字路口，通常会有红绿灯转换，或者由交通警察指挥，交通指挥是汽车流量和流向控制的重要环节。数据信息的流动也同样需要有"交通指挥"，来指挥一组组数据的传输。指挥时要注意两个问题：一是"同步"，即每一组数据都要有它明显的头、尾标志，以便每到一个"节点"（分岔口）转向一条新路时，该组数据能完整转向，也就是说，节点能准确截断数据流，防止出现一组数据中间被截断；二是"转接"，即数据流的流向控制，要能准确地将其按地址转接到规定的路径。

数据同步主要是区分每一组数据首尾，它要求一组数据的前和后要有明显的标记，也就是说发送端要给接收端（或中转站）以明显的同步标记。正如在公路上看到的迎宾车队，前面第一辆车要发出闪光和警报信号（表示起始），最后一辆车则打着双转向黄色闪光灯（表示结束），这样，交警指挥时就不会出现车队被截断的情况。

数据从发送端传递到接收端时，中间要通过很多转接的节点，该节点有时称为"交换中心"。节点就好像车队到了交叉路口，由红绿灯或交警决定车辆何时行驶及行驶方向。我们知道，为确保每个车队能顺利到达终点有两种方法：一是事先联系并通知各交叉路口，建立好一条专用通道，然后快速通过完整的一组车队，最后解除该专用通道，此间其他各路车队都不得驶入这条通道，正如前面介绍的迎宾车队，这类似于"电路转接方式"；二是司机根据地址行驶，每到一个交叉路口，用转向灯告知交警将要转向的路径，这类似于"存储转接方式"。

5．客户端和服务器

客户端/服务器（Client/Server，C/S）系统是计算机网络（尤其是互联网）中最重要的应用技术之一，其系统结构是指把一个大型的计算机应用系统变为多个能互相独立的子系统，而服务器便是整个应用系统资源的存储与管理中心，多台客户端则各自处理相应的功能，共同实现完整的应用。用户使用应用程序时，首先启动客户端通过有关命令告知服务器进行连接以完成各种操作，而服务器则按照有关命令提供相应的服务。

在局域网中，计算机硬件一般就在附近并且看得见，人们通常用"服务器"这个词来称呼运行服务器程序的计算机。在互联网中，通常看不到计算机硬件，其中的"客户端"和"服务器"一般是指装载有相应程序的计算机，前者是请求服务的计算机，后者是可提供服务的计算机。

（1）服务器

服务器（Server）一般是高性能的计算机，用于网络管理、运行应用程序、处理各网络客户端成员的信息请求等，并连接一些外部设备。根据其作用的不同分为文件服务器、应用程序服务器和数据库服务器等。互联网网管中心就有 Web 服务器、FTP 服务器等各类服务器。

广义上的服务器是指为运行在其他计算机上的客户端程序提供某种特定服务的计算机或软件包。一台单独的服务器上可以同时有多个服务器软件包在运行，也就是说，它们可以向网络上的客户提供多种不同的服务。

（2）客户端

客户端也称工作站（Workstation），是指连入网络的计算机，它接受网络服务器的控制和管理，能够共享网络上的各种资源。客户端的性能可以很好，以便用于复杂的数学计算或者图形处理；性能也可以很一般，如仅用于文字处理或者运行其他简单的应用软件，具体视实际需求而定。

网络客户端需要运行网络操作系统的客户端软件。客户端的任务是连接上相对应的服务器，并确保对应的指令正确执行。用户的任务就是启动客户端，并让它执行程序。

6. P2P 模式

P2P 模式即对等连接，是指两台主机在通信时并不区分哪一个是服务请求方、哪一个是服务提供方。只要两台主机都运行了对等连接软件，它们就可以平等地通信，每一个主机既是客户端又是服务器，当然本质上仍是 C/S。

7. C/S 模式

C/S 模式即客户端/服务器模式，客户端和服务器是指通信中所涉及的两个应用进程，客户端是服务请求方，服务器是服务的提供方。客户端必须知道服务器的地址，反之不必。

8. 浏览器

浏览器是用来检索、展示以及传递 Web 信息资源的应用程序。Web 信息资源由统一资源标识符（Uniform Resource Identifier，URI）标记，它是一个网页、一张图片、一段视频或者任何在 Web 上所呈现的内容。使用者可以借助超链接（Hyperlink），通过浏览器浏览互相关联的信息。主流的浏览器分为 Microsoft Edge、Chrome、Firefox、Safari 等几大类。

9. B/S 模式

B/S 模式即浏览器/服务器方式。在服务器中安装 MySQL、SQL Server、Oracle 等数据库管理系统，浏览器通过 Web 服务器与数据库进行数据交换。

10. Web 缓存器

Web 缓存器（Web Cache）是一种特殊的 HTTP 代理服务器，可以将经过代理传送的常用文档复制并保存下来，下一个请求同一文档的客户端就可以享受缓存的私有副本提供的服务了。

11. 网关

网关（Gateway）是一种特殊的服务器，用作其他服务器的中间体，通常用于将 HTTP 转换成其他协议。网关接收请求时就好像自己是资源的源端服务器一样，客户端可能并不知道自己在和一个网关进行通信。

12. 代理

代理（Proxy）位于客户端与服务器之间，它将客户端的请求转发给服务器，所以，它还可以对请求和响应进行过滤。

13. 节点

节点可以是计算机、集线器、路由器、交换机等设备。

14. 链路

链路指无源的点到点的物理连接。有线通信时，链路指两个节点之间的物理线路，如电缆或光纤。无线通信时，链路指基站和终端之间传播电磁波的路径空间。水声通信时链路指换能器和水听器之间的传播声波的路径空间。

15. 实体

实体指任何可发送或接收信息的硬件或软件进程。

16. 对等实体

对等实体指位于同等层中相互通信的两个实体，对等实体之间处理相同的协议数据单元（Protocol Data Unit，PDU）。

17. 服务

在协议的控制下，本层向上一层提供服务，本层使用下一层所提供的服务。

18. 套接字

不同计算机上的进程通过套接字收发报文，套接字=IP 地址+端口，可以将套接字理解为插座的一公一母，连起来就是一个 TCP 连接。

19. MAC 地址

介质访问控制（Medium Access Control，MAC）地址是指网络设备在出厂前由厂家写入硬件的地址，当设备连入互联网后，计算机会使用地址解析协议（Address Resolution Protocol，ARP）来建立 IP 地址和 MAC 地址之间的关系。

20. Cookie

Cookie 存在于客户端，用于保存用户状态。

21. Session

Session 用来追踪每个用户的会话，使用服务器生成的 Session_id 进行标识，用来区别用户。Session 存放在服务器的内存中，Session_id 存放在服务器内存以及客户端的 Cookie 中。

当用户请求来自应用程序的 Web 页时，如果该用户还没有会话，则 Web 服务器将自动创建一个 Session 对象。当会话过期或被放弃后，服务器将终止该会话。

当用户发送请求的时候，服务器将用户 Cookie 里面记录的 Session_id 和服务器内存中存放的 Session_id 进行比对，从而找到用户对应的 Session 进行操作。

如果客户端禁用了 Cookie，那么 Session 也就没有办法使用了。

22. MIME

在互联网上有很多不同的数据类型，HTTP 为每种需要通过 Web 传输的对象都打上了一个名为 MIME 类型的数据格式标签。Web 服务器在数据传输中会为所有 HTTP 对象数据附加一个 MIME 类型。当 Web 浏览器从服务器中取回一个对象时，会去查看相关的 MIME 类型，看看它是否知道该如何处理这个对象。简言之，MIME 类型就是 HTTP 报文中的 Content-type，起到标记的作用，浏览器根据这个类型决定如何处理数据。

6.1.3 计算机网络的性能参数

1. 速率

速率指数据的传送速率，单位是 bit/s。

2. 带宽

在计算机网络中，带宽表示单位时间内网络中某信道所能通过的"最高数据量"，单位为 bit/s。

3. 吞吐量

吞吐量表示在发送端与接收端之间实际的传送数据速率，单位为 bit/s。

4. 时延

时延指数据从网络的一端传送到另外一端所需的时间。

（1）发送时延

发送时延是主机或路由器发送数据帧所需要的时间。发送时延=数据帧长度（单位为 bit）/发送速率（单位为 bit/s）。

（2）传播时延

传播时延是电磁波在信道中传播一定的距离需要花费的时间。传播时延=信道长度（单位为 m）/电磁波在信道上的传播速率（单位为 m/s）。

（3）处理时延

主机或路由器在收到分组时对其进行处理需要花费的时间。

（4）排队时延

在分组进入路由器后在输入队列中排队等待处理需要花费的时间。

5．往返时间

往返时间指从发送方发送数据开始，到发送方收到来自接收方的确认，总共经历的时间。

6．信道利用率

信道利用率指某信道有百分之几的时间是有数据通过的。信道利用率并非越高越好，因为当利用率增大时，该信道引起的时延也会迅速增加。

6.1.4　计算机网络的主要功能

计算机网络有很多用处，其中十分重要的 3 个功能是数据通信、资源共享、分布处理。

1．数据通信

数据通信是计算机网络基本的功能，其他的重要功能也都需要依赖数据通信来完成，它用来快速传送计算机与终端、计算机与计算机之间的各种信息，包括文字信息、新闻消息、咨询信息、图片资料、报纸版面等。利用这一特点，可实现将分散在各个地区的单位或部门用计算机网络联系起来，进行统一的调配、控制和管理。

2．资源共享

资源共享是建立计算机网络的主要目的，可以共享的不仅是数据资源，还有软件资源和硬件资源。这里的"资源"指的是网络中所有的软件、硬件和数据资源。通过在不同主机之间实现快速的信息交换，计算机网络可实现资源共享这一核心功能。

计算机网络把具有独立功能的多个计算机系统通过通信设备和通信信道连接起来，并通过网络软件（网络协议、信息交换方式及网络操作系统等）实现网络中各种资源的共享。

"共享"指的是网络中的用户都能够部分或全部地享受这些资源。信息检索、看视频、刷微博等是数据资源共享；我们使用的各种应用软件就是典型的软件资源共享；云服务器、云桌面等就是硬件资源共享。例如，某些地区或单位的数据库（如飞机机票、酒店客房等）可供全网使用；某些单位设计的软件可供需要的地方有偿调用或办理一定手续后调用；一些外部设备如打印机，可面向用户，使不具有这些设备的地方也能使用这些硬件设备。如果不能实现资源共享，各地区都需要有一套完整的软件、硬件及数据资源，这将大大地增加全系统的投资。

3．分布处理

当某台计算机负担过重时，或该计算机正在处理某项工作时，网络可将新任务转交给空闲的计算机来完成，这样处理能均衡各计算机的负载，提高处理问题的实时性；对大型综合性问题，可将问题各部分交给不同的计算机分头处理，充分利用网络资源，增强计算机的处理能力，即增强实用性。对解决复杂问题来讲，可联合使用多台计算机并将其构建成高性能的计算机体系，这种协同工作、并行处理要比单独购置高性能的大型计算机便宜得多。

6.1.5　计算机网络的典型应用

随着计算机网络的发展与普及，网络上的应用也越来越多样化。下面列举一些典型的网络应用。

1．信息检索

计算机网络使信息检索变得更加高效、快捷，通过网上搜索、Web 浏览、FTP 下载，人们可以非常方便地从网络上获得所需要的信息和资料。网上图书馆更是以其信息容量大、检索方便赢得人们的青睐。

2. 网络通信

网络上应用非常广泛的电子邮件目前已经成为快捷、廉价的通信手段之一。人们可以在几分钟，甚至几秒内就把信息发给对方，信息的表达形式不仅可以是文本，还可以是声音和图片等。其低廉的通信费用更是其他通信方式如信件、电话、传真等所不能相比的。

3. 办公自动化

企业或政府机关的办公计算机及其外部设备的互联，既可以节约购买多个外部设备的成本，又可以共享许多办公数据，并且可对信息进行计算机综合处理与统计，避免了许多单调、重复的劳动。

4. 管理信息化

通过在企业中实施基于网络的管理信息系统和企业资源计划，可以实现企业的生产、销售、管理和服务的全面信息化，从而有效提高生产率。常用的医院管理信息系统、民航/铁路的购票系统、学校的学生管理信息系统等都是管理信息化的实例。

5. 电子商务

企业与企业之间、企业与个人之间可以通过网络来实现贸易、购物。

6. 电子政务

政府部门可以通过电子政务工程实现政务公开化、审批程序标准化，提高政府的办事效率，更好地为企业或个人服务。

7. 远程教育

网络为我们提供了新的实现自我教育和终身教育的渠道。基于网络的远程教育、网络学习、在线课程，使得我们可以突破时间、空间和身份的限制，方便地获取网络上的教育资源并接受教育。

8. 丰富的娱乐和消遣

网络不仅改变了我们的工作与学习方式，也给我们带来了新的丰富多彩的娱乐和消遣方式，如视频点播、网上聊天、网络游戏、网上影院等。

6.1.6　计算机网络的传输介质

网络传输介质是指在网络中传输信息的载体，常用的网络传输介质包括有线传输介质（同轴电缆、双绞线、光纤等）和无线传输介质（无线电波、红外线、微波、卫星和激光等）。不同的传输介质，其特性各不相同，不同的特性对网络中数据通信质量和通信速度有较大影响。无线传输的优点在于安装、移动以及变更都较容易，不会受到环境的限制。但信号在无线传输过程中容易受到干扰和被窃取，且初期的安装费用较高。在局域网中，通常只使用无线电波和红外线作为传输介质。

1. 同轴电缆

同轴电缆是一种信号传输线，一般由 4 层物料组成：最内里是一条导电铜线，线的外面有一层塑胶（作绝缘体、电介质）围拢，塑胶外面又有一层薄的网状导电体（一般为铜或合金），导电体最外层是作为外皮的绝缘物料，如图 6-4 所示。

图 6-4　同轴电缆

同轴电缆一般用于早期以太网，传输速率通常在 10 Mbit/s 以内。粗缆的传输速率可以在 1 Gbit/s～2 Gbit/s，不过现在几乎被双绞线取代了。

2. 双绞线

双绞线是目前使用十分普遍的传输介质。双绞线是由多组绝缘铜导线相互缠绕而成的线缆，双绞线内部介质也是铜线，内部传输为电信号。根据电磁原理，变化的电流会产生磁场，缠绕线缆的目的是：两两抵消磁场，降低信号干扰。

市面上的双绞线通常为八芯双绞线，如图 6-5 所示，建议传输距离不超过 10 m。目前常见的网线标准有 5 类线、超 5 类线、6 类线、超 6 类线和 7 类线这 5 种。不同标准的网线传输速率不同，但是都不建议传输距离超过 100 m。5 类非屏蔽双绞线（Unshielded Twisted Pair，UTP）的频率带宽为 100 MHz，6 类、7 类双绞线可以分别工作在 200 MHz、600 MHz 的频率带宽上，并且采用特殊设计的 RJ45 插头。

双绞线常用在 10Base-T 和 100Base-T 的以太网中，双绞线每端需要一个 RJ45 插头，如图 6-6 所示，利用双绞线通过集线器互联，可以连接更多的站点。

图 6-5　八芯双绞线

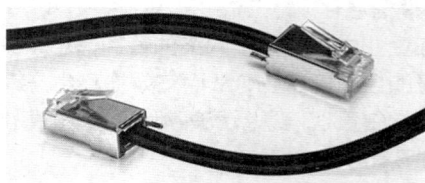

图 6-6　RJ45 插头

双绞线可以分为非屏蔽双绞线和屏蔽双绞线（Shielded Twisted Pair，STP）。

（1）非屏蔽双绞线

非屏蔽双绞线由 4 组两条一对的、互相缠绕的，并包装在绝缘管套中的铜线组成，每对颜色相同的线传递来回两个方向的电脉冲，这样设计是为利用电磁感应相互抵消的原理来屏蔽频率小于 30 MHz 的电磁干扰。由于非屏蔽双绞线有绝缘管套作为屏蔽层，因此其适用于网络流量不大的场合，并且价格较低，我们日常项目中使用较多的是非屏蔽双绞线。

（2）屏蔽双绞线

非屏蔽双绞线之外加屏蔽层即为屏蔽双绞线，通过屏蔽的方式，减少了衰减和噪声，从而提供了更加洁净的电信号和更长的电缆，但是屏蔽双绞线价格更加昂贵，重量更重并且不易安装。

由于屏蔽双绞线有锡箔保护层，对电磁干扰有较强的抵抗力，能有效防止数据泄露，因此其适合网络流量较大的高速网络协议应用，同时可减少外部环境对数据传输的干扰。

3．光纤

光纤全称光导纤维，通常由玻璃或塑料制成，最外层会涂一层隔绝光线的材料，可作为光传导介质，如图 6-7 所示。光纤利用内部全反射原理来传导光束，通过光电信号转换器可进行光电信号的转换。

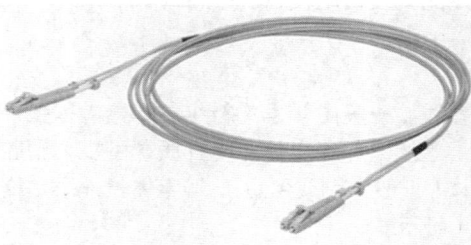

图 6-7　光纤

光纤具有绝缘性能好、信号衰减小、传输速度快、传输距离大的优势，是远距离传输的理想之选，通常应用于主干网的连接，不受外界电磁场的影响，带宽几乎无限制，可以实现每秒万兆位的数据传送，传输距离可达数百千米。

光纤有单模光纤和多模光纤之分，介绍如下。

① 单模光纤一般采用激光注入二极管为光源，光信号可以沿着光纤的轴向传播，定向性好、损耗少、效率高、传输距离长（可在 20 km～120 km），但价格昂贵。

② 多模光纤一般采用发光二极管（Light Emitting Diode，LED）或垂直腔面发射激光器（Vertical Cavity Surface Emitting Laser，VCSEL）作为光源，价格便宜，定向性较差，适用于低速、短距离的场景。例如，一个局域网里的交换机之间的互联，交换机和路由器之间的互联都可以用多模光纤，传输距离在 2 km 以内。

4. 无线电波

随着终端的多样化以及有线网络对设备移动范围的限制，我们使用电磁波作为对有线网络的扩展，电磁波可以突破网线限制。电磁波的范围很广，适合作为信号传输的介于 3 Hz～300 GHz 的无线电波，无线电波又被称为射频（Radio Frequency，RF）电波，无线网络用的就是无线电波中超高频的部分。国内常用的频段是 2.4 GHz 和 5 GHz。

无线电波可以穿透墙壁，也可以到达普通网络线缆无法到达的地方。用无线电链路连接计算机的时候，无须考虑墙壁阻挡和视线的问题。另外，无线电不受雨雪天气的干扰。

5. 微波

微波是无线电波的一种形式，是指频率在 300 MHz～300 GHz 的电磁波。微波具有易于集聚成束、高度定向性以及直线传播的特性，可用来在无阻挡的自由空间传输高频信号。微波频率比一般的无线电波频率高，通常也称为"超高频电磁波"。

6. 红外线和激光

红外线通信和激光通信也像微波通信一样有很强的方向性，都是沿直线传播的。红外线通信和激光通信要把传输的信号分别转换为红外光信号和激光信号，直接在空间传播。其优点是不需要铺设电缆，非常适合搭建公共场所的局域网，但受气候影响比较大。

（1）红外线

红外线是频率大概在 1×10^{12} Hz～1×10^{14} Hz 的电磁波。无导向的红外线被广泛应用于短距离通信。电视、录像机使用的遥控设备都利用了红外线装置。红外线有一个主要缺点：不能穿透坚实的物体。但正是这个原因，一个房间里的红外系统不会对其他房间里的系统产生串扰，所以红外系统防窃听的安全性要比无线电系统的好。

（2）激光

装在楼顶的激光装置可以连接两栋建筑物里的局域网。由于激光信号是单向传输的，因此每栋楼房都得有自己的激光以及测光的装置。激光传输不能穿透雨和浓雾，但是在晴天里可以工作得很好。

7. 卫星通信

卫星通信以人造卫星为微波中继站，属于微波通信的特殊形式。其优点是容量大、距离远，缺点是传播时延长。

由地面向卫星发送定向的微波，然后由卫星将信息转发回地面，卫星返回信息实际上是一种散射方式的通信，这一点和微波定向通信稍有区别。地面接收信息时，要配置锅形天线和接收设备，而且天线要始终对准通信卫星。

6.2 计算机网络的类型

网络中计算机设备之间的距离可近可远，网络覆盖地域面积可大可小。按照联网的计算机之间的距离和网络覆盖面的不同，一般分为个域网、局域网（Local Area Network，LAN）、城域网（Metropolitan Area Network，MAN）、广域网（Wide Area Network，WAN）和无线网。局域网相当于公司、学校的内部电话网，城域网犹如某地只能拨通市话的电话网，广域网好像国内直拨电话网或国际长途电话网。

按交换方式分类，计算机网络可以分为电路交换网络、报文交换网络和分组交换网络。

1. 个域网

个域网是由个人设备通过无线通信技术构成的小范围的网络，通过蓝牙可以进行个人设备的相连。个域网的覆盖范围一般为 1 m～10 m。

2. 局域网

所谓局域网，就是在局部区域内由多台计算机互联而成的网络，它所覆盖的区域较小。局域网在计算机数量配置上没有太多的限制，少的可以只有两台，多的可有几百台。局域网所涉及的地理距离一般来说小于 10 km。

在计算机网络中，倘若每台计算机的地位平等，都可以平等地使用其他计算机内部的资源，每台计算机磁盘上的空间和文件都成为公共财产，这种网就称为对等局域网（Peer to Peer LAN），简称对等网。对等网中计算机资源的共享方式将会导致计算机的速度比平时慢，但对等网非常适用于小型的、任务少的局域网，例如，在普通办公室、家庭、游戏厅、学生宿舍内建设的小局域网。

如果网络所连接的计算机较多（在 10 台以上）且共享资源较多时，就需要考虑专门设立一个计算机来存储和管理需要共享的资源，这台计算机被称为文件服务器，其他的计算机称为客户端，客户端里硬盘的资源不必与他人共享。如果想与某人共享一份文件，就必须先把文件从客户端复制到文件服务器上，或者一开始就把文件存储在文件服务器上，这样其他客户端上的用户才能访问到这份文件。这种网络称为客户端-服务器网络。

局域网可以实现文件管理、应用软件共享、打印机共享、工作组内的日程安排、电子邮件和传真通信服务等功能。

3. 城域网

城域网的作用范围一般是一个城市，可跨越几个街区甚至整个城市，不在同一地理区域内的计算机可互连。城域网的传输速率在 1 Mbit/s 以上，连接距离为 5 km～50 km，其作用范围在局域网和广域网之间，采用的是 IEEE 802.6 标准。

城域网与局域网相比，扩展的距离更长，连接的计算机数量更多，在地理范围上可以说是局域网的延伸，一个城域网通常连接着多个局域网。

4. 广域网

广域网覆盖的范围比城域网更广，其任务是通过长距离传输主机所发送的数据，它一般用于实现不同城市之间的局域网或者城域网的互联，作用范围可从几十千米至几万千米，一个国家或国际间建立的网络都是广域网，因而有时也称为远程网。因为距离较远，信息衰减比较严重，所以这种网络一般要租用专线，通过接口消息处理器（Interface Message Processor，IMP）协议和线路连接起来，构成网状结构。在广域网内，用于通信的传输装置和传输介质可由电信部门提供，它常利用公共载波提供的条件进行传输。通常在路由器中会有一个广域网端口，也指接入互联网等相对更广的数据通信网络的端口。

互联网是一个巨大的广域网，是全球信息资源和资源共享的集合。有一种粗略的说法，认为互联网是由许多小的网络（子网）互联而成的一个逻辑网，每个子网中连接着若干台计算机（主机）。互联网以相互交流信息资源为目的，基于一些共同的协议，并通过许多路由器连接而成。

5. 无线网

随着笔记本计算机和个人数字助理等便携式计算机的日益普及和发展，人们经常要在路途中接听电话、发送传真和电子邮件、阅读网上信息以及登录到远程计算机等。然而在汽车或飞机上是不可能通过有线介质与公司的网络相连接的，这时候就需要使用无线网了。虽然无线网与移动通信经常是联系在一起的，但这两个概念并不完全相同。

（1）无线局域网

无线局域网（Wireless Local Area Network，WLAN）是指应用无线通信技术将计算机互联起来，构成可以互相通信和实现资源共享的网络体系。无线局域网本质的特点是不使用通信电缆将计算机与网络连接起来，而是通过无线的方式连接，从而使网络的构建和终端的移动更加灵活。

（2）虚拟局域网

虚拟局域网（Virtual Local Area Network，VLAN）是一组逻辑上的设备和用户，这些设备和用户不受物理位置的限制，可以根据功能、部门及应用等因素将它们组织起来，相互之间的通信就好像它们在同一个网段中一样。

6.3　计算机网络的拓扑结构

所谓网络拓扑结构，是指用传输介质把计算机等各种设备互相连接起来的物理布局，就是把网络中的计算机等设备连接起来的方式。

网络拓扑图，就是指将这种网络连接结构呈现出来的几何图形，它能表示出网络服务器、客户端的网络配置和互相之间的连接。网络拓扑图示例如图 6-8 所示。

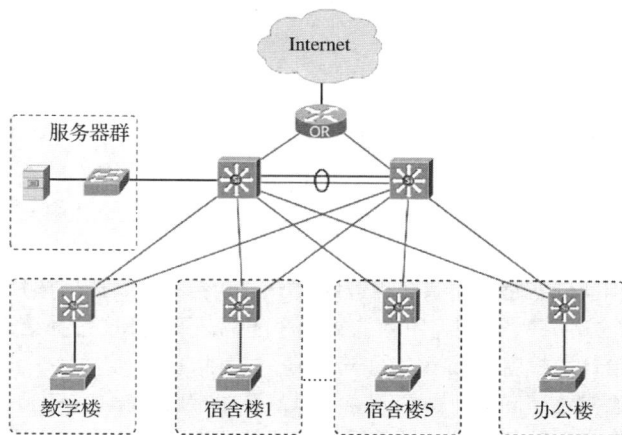

图 6-8　网络拓扑图示例

网络拓扑图的常见结构有星形拓扑结构、环形拓扑结构、总线型拓扑结构、树形拓扑结构、网状拓扑结构、混合型拓扑结构等。

1. 星形拓扑结构

星形拓扑结构也称为中心辐射形拓扑结构。星形拓扑结构网络有一个中央节点，网络中的其他节点（客户端、服务器）通过点对点通信链路与中央节点直接相连，所有的数据必须经过中央节点，中央节点控制全网的通信，任意两节点之间的通信都要通过中央节点，中央节点采用分时或轮询的方法为入网计算机提供服务。中央节点通常是集线器、交换机等设备，这种结构以中央节点为中心，因此又称为集中式网络。星形拓扑结构如图 6-9 所示。

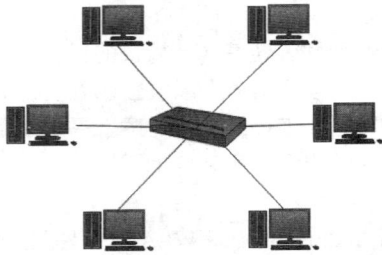

图 6-9　星形拓扑结构

（1）适用场合

星形拓扑结构多用于局域网中，一般使用双绞线或光纤作为传输介质，符合综合布线标准，能够满足多种宽带需求。

（2）优点

① 控制简单。

任意一节点只需和中央节点相连接，因而介质访问控制方式简单，访问协议也十分简单。

② 结构简单，连接方便，便于维护和管理。

每台设备通过各自的线缆连接到中心设备，当网络中某个节点或者某条线缆出现问题时，只会影响到那一台设备，不会影响其他节点的正常通信，不会影响整个网络的运行，维护比较容易。

③ 易于监控与管理，容易诊断故障和隔离。

中央节点对连接线路可以逐一隔离进行故障检测和定位，单个节点的故障只影响一台设备，不会影响全网。

④ 方便服务。

中央节点可以方便地对各个节点提供服务和重新配置网络。

（3）缺点

① 通信线路专用，电缆成本高，实现费用高。

② 中央节点是全网的可靠瓶颈，中央节点出现故障会导致网络的瘫痪。

③ 每台入网计算机均需通过物理线路与中心处理机相连，线路利用率低。

2．环形拓扑结构

环形拓扑结构利用通信链路将所有节点连接成一个闭合的环，环形拓扑结构中的传输介质从一个端用户连到另一个端用户，直到将所有的端用户连成环形。环形拓扑结构就如一串珍珠项链，环形拓扑结构上的每台计算机就是项链上的一个珠子。

环中的数据传递通常是单向的，每个节点可以从环中接收数据，并向环中进一步转发数据，数据在环路中沿着一个方向在各个节点间传输，信息从一个节点传到另一个节点。环形拓扑结构如图 6-10 所示。

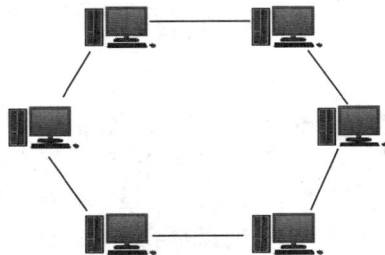

图 6-10　环形拓扑结构

（1）适用场合

环形网络所能实现的功能非常简单，仅能实现一般的文件服务模式，多见于早期的局域网、园区网和城域网中，适用于实时性要求较高的环境。环形拓扑结构一般仅适用于 IEEE 802.5 的令牌环网（Token Ring Network），在这种网络中，"令牌"在环形连接中依次传递。所用的传输介质一般是同轴电缆。

（2）优点

① 结构简单，控制简便，结构对称性好，传输速率高。

② 所需电缆长度短，可以使用光纤，易于避免冲突。

③ 信息流在网中是沿着固定方向流动的，两个节点间仅有一条道路，简化了路径选择的控制。

④ 环路上各节点都是自举控制的，控制软件简单。

⑤ 实时性较好，信息在网络中传输的最长时间固定，传输时延确定。

（3）缺点

① 可靠性低，从其网络结构可以看到，整个网络各节点间直接串联，环中的每个节点均成为网络可靠性的瓶颈，环中任意一个节点出现故障都可能会造成网络中断、瘫痪。

② 由于信息源在环路中串行地穿过各个节点，当环中节点过多时，势必影响信息传输速率，使网络的响应时间延长。

③ 环路是封闭的，不便于扩充。

④ 维护困难，节点故障检测困难，对分支节点故障定位较难。

⑤ 需要设计复杂的环维护协议。

⑥ 扩展性能差，环形拓扑结构决定了它的扩展性能远不如星形拓扑结构的好，如果要添加或移动节点，就必须中断整个网络，在环的两端做好连接器才能连接。

3. 总线型拓扑结构

总线型拓扑结构采用一条广播信道作为公共传输介质，称为总线，所有节点与总线连接。总线型拓扑结构使用同一介质或电缆连接所有端用户，连接端用户的物理介质由所有设备共享，各客户端地位平等，无中央节点控制，节点间的通信均通过共享的总线进行。总线型拓扑结构就像一片树叶，有一条主干线，主干线上面有很多分支。总线型拓扑结构如图 6-11 所示。

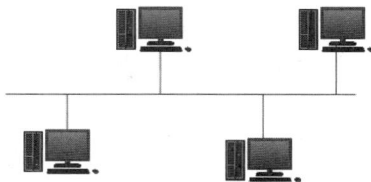

图 6-11　总线型拓扑结构

总线型拓扑结构是指将网络中的所有设备通过相应的硬件接口直接连接到一条公共物理传输线路上，网络中所有的站点共享一条数据通道，所有的数据发往同一条线路。节点之间按广播方式发送和接收数据，一个节点发出的信息，总线上的其他节点均可"收听"到。一个节点发送数据时，其他节点只能接收数据。多个节点同时发送数据会出现冲突，造成传输失败。

由于各个节点之间通过电缆直接连接，所以总线型拓扑结构中所需的电缆长度是最短的，但总线的负载能力有限，一条总线只能连接一定数量的节点。

（1）适用场合

总线型拓扑结构多见于早期的局域网，适用于对实时性要求不高的环境，著名的总线型网络是共享介质式以太网。

169

（2）优点

① 结构简单，布线容易，使用的电缆少，且安装容易。

② 使用的设备相对简单，可靠性高。

③ 多台计算机共用一条传输信道，信道利用率较高。

④ 成本低、组网费用低。这种结构不需要另外的互联设备，直接通过一条总线进行连接，所以组网费用较低。

⑤ 易于扩展。网络用户扩展较灵活，需要扩展节点时，只需要在总线上增加一个接线器即可。

（3）缺点

① 因为各节点是共用总线带宽的，所以传输速率会随着接入网络用户的增多而下降。

② 总线利用率不高。因为所有节点共享一条总线，在某一时刻，其中一个节点发送数据，其他节点只能接收数据，必须等待获得发送权。

③ 所有的数据需经过总线传送，总线成为整个网络的瓶颈，总线自身的故障会导致网络瘫痪。

④ 由于信道共享，出错节点的排查比较困难，因此节点不宜过多。

⑤ 维护困难，故障诊断、隔离较困难，容易产生冲突。

4. 树形拓扑结构

在实际建造一个大型网络时，往往是采用多级星形网络，将多级星形网络按层次方式排列即形成树形网络。树形网络可以看作总线型或星形网络的扩展，树形拓扑结构如图 6-12 所示。树形拓扑结构是一种层次结构，节点按层次连接，可以看成星形拓扑结构的一种扩展，形状像一棵倒置的树，顶端是树根，树根以下带分支，每个分支还可再带子分支。树形拓扑结构的数据交换主要在上、下节点之间进行，兄弟节点之间一般不进行数据交换，或数据交换量比较小。

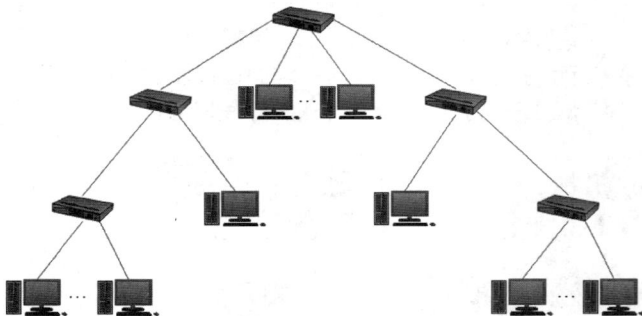

图 6-12 树形拓扑结构

（1）适用场合

树形拓扑结构适用于组建局域网。

（2）优点

① 网络结构简单、控制简单，便于管理、成本低。

② 易于扩展。网络中节点扩充方便、灵活，树形拓扑结构可以延伸出很多分支和子分支，这些新节点和新分支都能容易地加入网络内。

③ 故障隔离较容易，管理维护方便。如果某一分支的节点或线路发生故障，很容易将故障分支与整个系统隔离开来。

④ 网络时延较短，误码率较低。

（3）缺点

① 网络共享能力较差，可靠性低，中央节点负荷太重。

② 对根节点的依赖大，一旦根节点出现故障，则可能导致网络大范围无法通信，甚至会导致全网不能工作。

③ 通信线路利用率不高，电缆成本高。

5. 网状拓扑结构

网状拓扑结构是另一种非分层结构，各节点通过传输线互联起来，并且每一个节点通过多条链路与不同的节点直接连接，入网设备直接接入节点进行通信。网状网络通常利用冗余的设备和线路来提高网络的可靠性，因此，节点可以根据当前的网络信息流量有选择地将数据发往不同的线路。

在网状拓扑结构中，网络中的每台设备有点到点的链路连接，这种连接不经济，只有每个站点要频繁发送信息时才使用这种方法。网状拓扑结构有时也称为分布式结构。网状拓扑结构如图 6-13 所示。

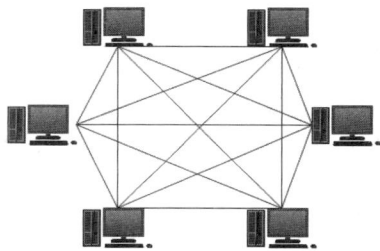

图 6-13　网状拓扑结构

（1）适用场合

网状拓扑结构是广域网中常采用的一种拓扑结构，是典型的点到点结构，主要用于地域范围大、入网主机多的环境，常用于构造广域网，但不常用于局域网。

（2）优点

① 网络可靠性高，一般通信子网中任意两个节点交换机之间存在着两条或两条以上的通信路径，这样，当某一线路或节点有故障时，网络依然可连通，可以通过另一条线路把信息送至节点交换机，不会影响整个网络的工作。

② 网状拓扑确保了巨大的网络弹性，如果连接断开，既不会发生中断也不会丢失连接，可以重新路由。

③ 由于有多条路径可供选择，因此可以选择最佳路径，以减小传输时延，改善流量分配，提高网络性能。

④ 网络可组建成各种形状，采用多种通信信道、多种传输速率。

⑤ 网内节点共享资源容易。

⑥ 可以改善线路的信息流量分配。

（3）缺点

① 网络结构复杂，线路成本高，不易管理和维护。

② 由于有多条路径，路径选择比较复杂，必须采用路由选择算法、流量控制与拥塞控制方法等。

6. 混合型拓扑结构

混合型拓扑结构就是指同时使用前文所述的 5 种网络拓扑结构中 2 种或 2 种以上的网络拓扑结构。这样的拓扑结构可以对网络的基本拓扑取长补短，更能满足较大网络的拓展需求，解决星形拓扑结构在传输距离上的局限问题，同时又解决了总线型拓扑结构在连接用户数量上的限制。这种网络拓扑结构兼顾了星形拓扑结构与总线型拓扑结构的优点，在缺点方面得到了一定的弥补。

（1）适用场合

混合型拓扑结构适用于绝大多数实际网络。

（2）优点

① 应用广泛。这主要是因为它弥补了星形和总线型拓扑结构的不足，满足了大型公司组网的实际需求，目前在一些智能化的信息大厦中的应用非常普遍。在一幢大厦中，各楼层间采用光纤作为总线传输介质，一方面可以保证网络传输距离，另一方面，光纤的传输性能要远好于同轴电缆，所以，在传输性能上也给予了充分保证。当然投资成本会有较大增加。在一些较小建筑物中也可以采用同轴电缆作为总线传输介质，各楼层内部仍普遍采用使用双绞线的星形以太网。

② 扩展灵活。易于扩展，可以构建不同规模的网络，可根据需求优选网络结构。但由于仍采用广播式的消息传送方式，所以在总线长度和节点数量上会受到限制，不过在局域网中的影响并不是很大。

（3）缺点

① 性能差。因为其骨干网段（总线段）采用总线型网络连接方式，所以各楼层和各建筑物之间的网络互联性能较差，仍局限于最高 16 Mbit/s 的速率。另外，这种结构的网络具有总线型网络的弱点，网络速率会随着用户的增多而下降。当然在采用光纤作为传输介质的混合型网络中，这些影响还是比较小的。

② 网络结构复杂，管理与维护复杂。这主要受到总线型拓扑结构的制约，如果总线断，则整个网络也就瘫痪了。但是如果是分支网段出现故障，则不影响整个网络的正常运行。整个网络非常复杂，不容易维护。

6.4　计算机网络体系结构与协议

计算机网络体系结构是计算机之间相互通信的层次，以及各层次的协议和层次之间接口的集合。

6.4.1　网络协议的概念

1. 网络协议的定义

"没有规矩，不成方圆"，协议本质上是一套行为规则，网络协议就是网络通信实体之间在数据交换过程中需要遵循的规则或约定，是计算机网络有序运行的重要保证。就像日常生活中的交通规则，我们可以称之为十字路口的公路交通协议，这种协议可以确保车辆的安全通过。网络通信也要遵循各种协议。

一台计算机需要准确地知道信息在网络里以什么形式传递，发送方怎样保证数据的完整性和正确性，接收方如何应答，只有这样，网络才能将数据顺利地传递至目的地。

2. 协议的三要素

协议约定了实体之间交换的信息类型、信息各部分的含义、信息交换顺序以及收到特定信息或出现异常时应采取的行为。任何一个协议都会显式或隐式地定义 3 个基本要素，即语法（Syntax）、语义（Semantics）和时序（Timing），称为协议三要素。

（1）语法

语法定义实体之间交换信息的格式与结构，或者定义实体（如硬件设备）之间传输信号的电平等，包括数据格式、编码及信号电平等。

（2）语义

语义定义实体之间交换的信息中需要发送（或包含）哪些控制信息、这些信息的具体含义，以及针对不同含义的控制信息，接收信息端应如何响应等。

有的协议还需要进行差错检测，这类协议通常会在协议信息中附加差错编码等控制信息。语义还需要定义采用何种差错编码，以及采取何种差错处理机制等。

（3）时序

时序也称为同步，定义实体之间交换信息的顺序以及如何匹配或适应彼此的速度。

6.4.2　计算机网络的分层结构

计算机网络结构中采用了分层描述的方法，将整个网络的通信功能划分为多个层次，每层各自完成一定的任务，而且功能相对独立。相邻两层由接口连接，以便实现功能的过渡，该过渡条件是接口协议，使本层通过接口向上一层提供服务；依靠层间接口连接和各层的特定功能，可实现有机组合，完成不同类别及要求的两个系统（或计算机用户）间的信息传递。

例如，某间公司由上至下有总经理、部门经理、项目组长、普通职员 4 个层次，他们各自的职能不一样，他们之间有对上服务、对下管辖的关系。假如这家公司想与另外一家具有同样架构的公司进行合作，并且合作是在两公司的普通职员之间进行实际接触，那么合作的指示将从这家公司的总经理开始下达，一路通过部门经理、项目组长到普通职员，然后由普通职员与对方的普通职员碰面洽谈细节问题，接着对方的普通职员又向对方公司的项目组长进行汇报，再经过部门经理把合作意向反映到总经理那里。

这个实例说明了网络分层通信的一个简单过程，而实际的网络通信中数据都是通过底层传送的。

两个系统之间要进行通信，一是要求两个系统必须是对等层，就好像经理跟经理谈，普通职员跟普通职员谈；二是要求两对等层通信时遵守一系列的约定（即协议），正如双方会谈时要按事先安排好的程序进行。

计算机网络目前包括 3 个体系结构，即 OSI 的 7 层体系结构、TCP/IP 的 4 层体系结构、5 层协议体系结构。

1. OSI 的 7 层体系结构

开放系统互连（Open System Interconnection，OSI）的体系结构有 7 层，由下而上分别为物理层、数据链路层、网络层、传输层、会话层、表示层、应用层。其中第 1~3 层主要负责完成数据交换和数据传输，称为网络底层；第 5~7 层主要完成信息处理服务的功能，称为网络高层。底层与高层之间由第 4 层衔接。每一层负责一项具体的工作，然后把数据传送到下一层。

这里以发邮件为例，说明 OSI 的 7 层体系结构。

主机 A 向主机 B 发送数据，该数据是由一个应用层的程序产生的，如浏览器或者 E-mail 的客户端等。这些程序在应用层需要有不同的接口，浏览器使用 HTTP 实现网页浏览，那么 HTTP 就是应用层为浏览网页的软件留下的网络接口。E-mail 客户端使用 SMTP 和邮局协议第 3 版（Post Office Protocol Version 3，POPv3）来收发电子邮件，所以 SMTP 和 POPv3 就是应用层为电子邮件软件留下的接口。

（1）应用层

我们假设主机 A 向主机 B 发送了一封电子邮件，因此主机 A 会使用 SMTP 来处理该数据，即在数据前加上 SMTP 的标记，以便接收端在收到后知道使用什么软件来处理该数据。

（2）表示层

应用层将数据处理完成后会交给表示层，表示层会对其进行必要的格式转换，使用一种通信双方都能识别的编码来处理该数据。同时将处理数据的方法添加在数据中，以便接收端知道怎样处理数据。

（3）会话层

表示层处理完成后，将数据交给会话层，会话层会在主机 A 和主机 B 之间建立一条只用于传输该数据的会话通道，并监视它的连接状态，直到数据同步完成，断开该会话。

> **注意** 主机 A 和主机 B 之间可以同时有多条会话通道出现，但每一条会话通道都不能和其他的会话通道混淆。会话层的作用就是区别不同的会话通道。

（4）传输层

会话通道建立后，为了保证数据传输的可靠性，就需要对数据进行必要的处理，如分段、编号、差错校验、确认、重传等。这些处理的实现必须依赖通信双方的控制，传输层的作用就是在通信双方之间利用上面的会话通道传输控制信息，完成数据的可靠传输。

（5）网络层

网络层是实际传输数据的层次，在网络层中必须将传输层中处理完成的数据再次封装，添加上自己的地址信息和接收端接收者的地址信息，并且要在网络中找到一条由自己到接收者的最佳路径，然后按照最佳路径将数据发送到网络中。

（6）数据链路层

数据链路层对网络层的数据再次进行封装，该层会为其添加能唯一标识每台设备的地址信息（MAC 地址），这个数据在相邻的两个设备之间一段段地传输，最终到达目的地。

（7）物理层

物理层是将数据链路层的数据转换成电信号传输的物理线路。

电信号通过物理线路传递给主机 B 后，主机 B 会将电信号转换成数据链路层的数据，数据链路层去掉数据中本层的硬件地址信息和其他的接收端添加的内容后将该数据上交给网络层，网络层同样去掉数据中对端网络层添加的内容后将该数据上交给自己的上层。最终数据到达主机 B 的应用层，应用层看到数据使用 SMTP 封装，就知道应用电子邮件软件来处理。

2．TCP/IP 的 4 层体系结构

TCP/IP 的体系结构分为 4 层，由下而上分别为网络接口层、网络层、传输层、应用层。其中，网络接口层对应着 OSI 的物理层和数据链路层，并且去掉了表示层和会话层。

TCP/IP 体系结构去掉表示层和会话层的原因在于会话层、表示层、应用层都是在应用程序内部实现的，最终产出的是一个应用数据包，而应用程序之间几乎无法实现代码的抽象共享，这也就造成 OSI 设想中的应用程序维度的分层是无法实现的。

TCP/IP 体系结构中各层的功能如表 6-1 所示。

表 6-1　TCP/IP 体系结构中各层的功能

层次名称	功能
网络接口层	负责通过网络发送和接收 IP 数据包
网络层	网络层也称为网际层、互联层，对应 OSI 参考模型的第 3 层，负责网络间的寻址数据传输，主要功能是处理来自传输层的分组，将分组形成数据包（IP 数据包），并为该数据包进行路径选择，最终将数据包从源主机发送到目的主机
传输层	传输层又称为主机至主机层，与 OSI 的传输层类似，负责主机到主机之间的端到端通信，提供可靠的传输服务
应用层	负责实现一切与应用程序相关的功能，对应 OSI 参考模型的上 3 层

TCP/IP 模型是与 ISO/OSI 模型等价的。当一个数据单元从网络应用程序向下传送到网卡时，它通过了一列的 TCP/IP 模块。其中的每一步，数据单元都会与网络另一端对等 TCP/IP 模块所需的信息一起被打成包。在数据传送中，可以将其形象地理解为有两个信封，TCP 和 IP 就像是信封，要传递的信息被划分成若干段，每一段被塞入一个 TCP 信封，并在该信封封面上记录有分段号的信息，再将 TCP 信封塞入 IP 这个大信封，发送上网。在接收端，一个 TCP 软件包收集信封、抽出数据，按发送前的顺序还原，并加以校验，若发现差错，TCP 将会要求重发。因此，TCP/IP 在互联网中几乎可以无差错地传送数据。

3. 5 层协议体系结构

5 层协议体系结构由下而上分别为物理层、数据链路层、网络层、传输层、应用层。TCP/IP 模型将 OSI 参考模型中的会话层、表示层和应用层的功能合并到应用层实现，通过不同的应用层协议为不同的应用程序提供数据传输服务。5 层协议体系结构是综合了 OSI 和 TCP/IP 体系结构优点的一种协议，只是为介绍网络原理而设计的，实际应用的还是 TCP/IP 的 4 层体系结构。

5 层协议体系结构中各层的功能如表 6-2 所示。

表 6-2　5 层协议体系结构中各层的功能

层次名称	功能
物理层	保证数据可以在各种物理介质上进行传输，为数据的传输提供可靠的环境，主要解决的是怎样在传输介质上传输数据比特流，尽可能屏蔽传输介质和通信手段的差异，使数据链路层感觉不到这些差异
数据链路层	在两个相邻节点之间传输数据时，将网络层传送下来的 IP 数据报组装成帧，在两个相邻节点之间的链路上传送帧，也提供链路访问、差错检测、流量控制、可靠交付等功能
网络层	负责为分组网络中的不同主机提供通信服务，并通过选择合适的路由和交换节点将数据传递到目标主机，确保数据及时传送。在发送数据时，网络层把传输层产生的报文段或用户数据封装成分组或包进行传送
传输层	为两台主机进程之间的通信提供通用的数据传输服务，应用层利用该服务传送应用层报文
应用层	定义应用进程间的通信和交互规则，针对具体应用，如微信、视频等，提供服务

4. 各层的数据单元

用户数据在应用层以报文的形式进行封装，形成数据段、数据报、数据帧，最后以比特流的形式进行传输。在中间节点处，分别从对应的数据报、数据帧中取出相应的路由或地址信息并对其进行处理，依据转发策略向正确的接口转发数据报或帧。当数据到达目的主机后，自下而上，逐层处理并去掉相应的头部信息，最终将其还原为最初的报文，交付给用户。

在 OSI 参考模型中，习惯把每层的数据单元称为 PDU，PDU 是每一层的最小单位。例如，第 6 层的数据单元称为 L6 PDU，第 3 层的数据单元称为 L3 PDU，其中 L 代表"层"。

在 TCP/IP 参考模型中，习惯将物理层的数据单元称为比特（Bit），把数据链路层的数据单元称为帧（Frame），把网络层的数据单元称为分组或包（Packet）。

对于传输层，习惯将通过 TCP 封装的数据单元称为段（Segment），即 TCP 段（TCP Segment）。对于应用层，通过 HTTP 封装的数据单元被称为 HTTP 数据报（HTTP Datagram），通过 FTP 封装的数据单元被称为 FTP 数据报（FTP Datagram），以此类推。

5. 比较 OSI 参考模型与 TCP/IP 参考模型

OSI 参考模型与 TCP/IP 参考模型的比较如表 6-3 所示。

表 6-3　OSI 参考模型与 TCP/IP 参考模型的比较

相同点	不同点
① OSI 参考模型与 TCP/IP 参考模型都采用了层次结构，都能够提供面向连接和无连接两种通信服务机制 ② TCP/IP 参考模型封装数据的流程与 OSI 参考模型封装数据的流程一致，发送方从高层向底层封装数据，接收方收到封装数据后，从底层向高层解封装数据，将解封装后的数据交给应用层处理	① OSI 采用 7 层结构，TCP/IP 采用 4 层或 5 层结构 ② OSI 参考模型虽然划分为 7 层，但实现起来较困难。TCP/IP 参考模型作为一种简化的分层结构，是容易实现的 ③ OSI 参考模型对服务和协议做了明确的区分；TCP/IP 参考模型没有对网络接口层进行细分，只进行一些概念性的描述

6.4.3　TCP/IP

TCP/IP 是指能够在多个不同网络间实现信息传输的协议族，TCP 提供传输层服务，IP 提供网络层服务。

TCP/IP 是网络中使用的基本通信协议，是国际互联网络的基础。虽然从名字上看 TCP/IP 包括两个协议，即 TCP 和 IP，但 TCP/IP 实际上是一组协议，它包括上百个具有各种功能的协议，如远程登录协议、FTP 和 SMTP 等，而 TCP 和 IP 是保证数据完整传输的两个基本的重要协议，TCP/IP 是上百个关联协议（用来连接计算机和网络的）合起来的共有名字，不同功能的协议分布在不同的协议层。

TCP/IP 数据的传输基于 TCP/IP 的 4 层结构，即应用层、传输层、网络层、网络接口层。在发送端，数据在传输时每通过一层就要在数据上加个包头，其中的数据供接收端同一层协议使用；而在接收端，每经过一层要把用过的包头去掉，这样可以保证传输数据的格式完全一致。

TCP/IP 的基本传输单元是数据包。TCP 负责把数据分成若干个数据包，并给每个数据包加上包头（就像给一封信加上信封），包头上有相应的编号，以保证在数据接收端能将数据还原为原来的格式。IP 在每个包头上加上接收端主机地址，这样数据才可以找到自己要去的地方（就像信封上要写明地址一样）。如果传输过程中出现数据丢失、数据失真等情况，TCP 会自动要求数据重新传输，并重新组包。总之，IP 保证数据的传输，TCP 保证数据传输的质量。

TCP/IP 最大的优点之一是它与所有可采用的方法无关：不依赖于网络模型，无论是环形还是星形，TCP/IP 都适用；与传输介质无关，有线传输或卫星传输都可以；不受具体的销售商的限制；不取决于操作系统和计算机硬件。TCP/IP 能够连接任意网络并在其上运行。

1. TCP

TCP 是一种面向连接的、可靠的、基于字节流的传输层通信协议，为应用程序提供可靠的通信连接，适合一次传输大批数据的情况，并适用于要求得到响应的应用程序。

TCP 具有高可靠性，确保传输数据的正确性，不出现丢失或乱序。TCP 可以保证接收端毫无差错地接收到发送端发出的比特流，为应用程序提供可靠的通信服务。对可靠性要求高的通信系统往往使用 TCP 传输数据。

2. IP

IP 是整个 TCP/IP 协议族的核心，是网络互联层的核心协议，也是构成互联网的基础，包括 IPv4、IPv6。IP 负责主机间数据的路由和网络上数据的存储，同时为 ICMP、TCP、UDP 提供分组发送服务。

IP 位于 TCP/IP 参考模型的网络层（相当于 OSI 参考模型的网络层），对上可传送传输层各种协议的信息，如 TCP、UDP 等；对下可将 IP 数据包放到数据链路层，通过以太网、令牌环网等各种技术来传送。

为了能适应异构网络，IP 强调适应性、简洁性和可操作性，但在可靠性上做了一定的牺牲。IP 不保证分组的交付时限和可靠性，所传送分组有可能出现丢失、重复、时延或乱序等问题。

6.5 局域网基础知识

局域网在企业办公自动化、工业自动化、计算机辅助教学等方面得到广泛的使用，为了在计算机之间进行信息交流，共享数据资源和某些昂贵的硬件（如高速打印机等）资源，将多台计算机连成一个网络系统，实现分布式处理和互相通信。

6.5.1 局域网的基本概念

局域计算机网通常简称为局域网，所谓的局域网，是指在一个特定的区域内或较小的地域范围内，将分散的各种计算机、外部设备等通过同轴电缆、双绞线、光纤等介质互相连接起来，组成资源和信息共享的计算机互联网络，从而实现文件管理、软件共享、打印机共享等，以及实现不同计算机之间的电子邮件、传真通信服务等功能。由于局域网是封闭的网络，因此即使是两台甚至是上千台计算机都是可以组成一个局域网的。

局域网通常是由网络硬件、网络的输出介质、网络软件组成的。典型的局域网由一台或多台服务器和若干个客户端组成。早期的计算机网络服务器是一台大型计算机，现代的计算机局域网则使用一台高性能的计算机作为服务器，客户端可以使用各档次的计算机。客户端一方面为用户提供本地服务，相当于单机使用；另一方面可通过客户端向网络系统请示服务和访问资源，实现资源共享。

局域网可以分为两类：共享介质局域网和交换式局域网。共享介质局域网又可分为以太网（Ethernet），也称为 802.3 LAN；令牌总线网，也称为 802.4 LAN；令牌环网，也称为 802.5 LAN。另外，还有光纤分布式数据接口（Fiber Distributed Data Interface，FDDI）等，以及在此基础上发展起来的快速以太网、快速令牌网等。交换式局域网可以分为交换以太网与 ATM 局域网。

6.5.2 局域网的主要特点

局域网主要特点如下。

① 覆盖的地理范围较小，主要用于企业内部联网或校园内部联网，其网络硬件设备集中在一座办公楼或相邻的建筑群中，可覆盖一个办公室、一栋大楼、一个公司、一个企业、一个校园等，通常为一个单位所拥有，且地理范围和站点数目均有限。

② 所有站点共享较高的总带宽，具有较高的数据传输速率。早期的局域网一般具有 10 Mbit/s～100 Mbit/s 的传输速率，目前传输速率为 1000 Mbit/s 的高速局域网非常普遍，可适用于如语音、图像、视频等各种业务数据信息的高速交换。

③ 通信质量较好，与广域网相比，具有较低的误码率，这是因为局域网通常采用短距离基带传输，可以使用高质量的传输介质，从而提高了数据传输质量。

④ 具有较低的时延，传输时延在 1 毫秒到几十毫秒之间。

⑤ 支持各种通信传输介质，如电缆（细电缆、粗电缆和双绞线）、光纤和无线传输。

⑥ 通常使用分组交换技术。

⑦ 可以使用不同的拓扑结构，通常使用的拓扑结构为总线型、环形或树形拓扑结构。

⑧ 支持的客户端数可达几千个，各客户端之间为平等关系而非主从关系。

⑨ 支持多种媒体访问协议，包括令牌环、令牌总线和带碰撞检测的载波侦听多址访问

（Carrier Sense Multiple Access with Collision Detection，CSMA/CD）等。

⑩ 能进行广播（一站发所有站收）或组播（一站发一组站收）。

⑪ 一般侧重于信息处理，通常不设中央主机，但配置外部共享设备，可被网络中的客户端共同使用。

⑫ 安装相对简单，安装周期也比较短，具有良好的可扩展性。

⑬ 建网成本较低，局域网覆盖面积小，因此通信设备价格相对低廉。

⑭ 便于管理与维护，局域网一般铺设在企业或校园中，由专业人员统一搭建和管理；另外，局域网内部软件针对性强，也便于批量安装、统一管理。

6.5.3 局域网的基本组成

局域网中常见的要素有：终端设备（客户端、服务器、打印机、平板计算机等）、互联设备（网卡、传输介质等）、网络设备（常见的有路由器和交换机）以及网络操作系统、操控网络设备的技术和协议［以太技术和 IP、ARP、动态主机配置协议（Dynamic Host Configuration Protocol，DHCP）等］。

局域网的组成可分为硬件和软件两大类。

1．硬件组成

局域网硬件是组成局域网物理结构的设备，主要由计算机设备、网络连接设备、网络传输介质 3 部分构成。常见局域网硬件组成如图 6-14 所示，在该图中，多台交换机通过网络传输介质将多台终端（包括服务器、个人计算机和打印机等）连接起来。

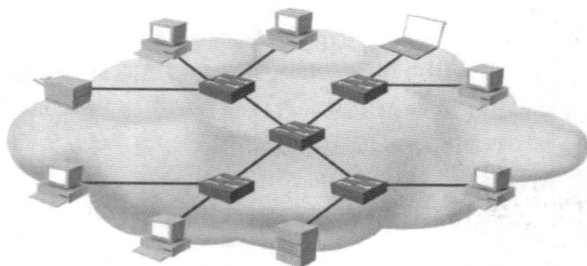

图 6-14 常见局域网硬件组成

根据设备的功能，局域网硬件可分为以下几种。

（1）客户端

客户端是局域网中用户使用的计算机，通常是一台微型计算机。客户端也称为工作站，其中一般配置有网络适配器（网卡），通过传输介质与网络相连。

（2）服务器

服务器是局域网中管理和提供资源的主机，可与诸多客户端相连，并为其提供资源或其他服务，因此服务器一般需具备更高的性能，如可高效处理数据、存储较多数据、更快地访问磁盘等。

（3）专用通信设备

专用通信设备是网络中的节点，局域网中常用的专用通信设备有网卡、集线器、交换机、无线接入点（Access Point，AP）、路由器、调制解调器等，这些设备可实现局域网中设备的连接、数据的转发、交换以及转换信号类型等。

（4）传输介质

传输介质用于连接局域网中的专用通信设备和服务器或主机，局域网中常用的传输介质有同轴电缆、光纤和双绞线。

除以上设备外，根据局域网的职能，局域网中还可能包含打印机、扫描仪、绘图仪等外部设备。

2. 软件组成

局域网中的软件主要包含网络操作系统和协议软件。

（1）网络操作系统

网络操作系统是局域网硬件设备必备软件之一，它的基本任务是用统一的方法实现各主机之间的通信，管理和利用各主机中共享的本地资源，以提升设备与网络相关的特性。对网络用户而言，网络操作系统是其与计算机网络之间的接口，它应屏蔽本地资源与网络资源的差异，为用户提供各种基本的网络服务，并保证数据的安全性。

局域网中的网络操作系统和硬件设备相辅相成，缺一不可。硬件设备可能搭载不同的操作系统，其中客户端中常用的网络操作系统有 Windows 和 macOS，服务器中常用的网络操作系统有 Windows、Linux 等；专用通信设备中使用的操作系统与前两者有所不同，一般由硬件生产厂家独立开发，常见的专用通信设备厂家有华为 HUAWEI、中兴 ZTE、中国信科 CICT、新华三 H3C、TP-Link 等。

（2）协议软件

完整的通信流程会使用到许多协议，以支持网络通信功能。网络操作系统中使用的协议一般为 TCP/IP 协议族中的协议，如 DHCP、DNS、HTTP 等。

除以上两种软件外，局域网设备中还可能搭载一些系统管理软件和网络应用软件，根据涉及的领域和应用方向，这些软件又可以有不同的分类。但这些软件有一个共同之处，即都能屏蔽网络细节，方便用户使用网络。

6.5.4 局域网的常见技术

局域网是当今计算机网络技术应用与发展非常活跃的一个领域。局域网技术是当前计算机网络研究与应用的一个热点，也是目前技术发展最快的领域之一。

1. 以太网

以太网（Ethernet）是一种计算机局域网技术，电气电子工程师学会（Institute of Electrical and Electronics Engineers，IEEE）组织的 IEEE 802.3 标准制定了以太网的技术标准，它规定了包括物理层的连线、电子信号和介质访问层协议的内容。以太网上发送的数据是按一定格式进行的，并将此数据格式称为帧，帧由 8 个字段组成，每一个字段有一定的含义和用途，每个字段长度不等。

以太网技术非常成熟且很简单，为技术人员所熟悉。由于十兆位和百兆位以太网网卡的价格十分低廉，已成为客户端的标准配件，大部分网卡和互联网的网络端口都是以太网。以太网是目前应用非常普遍的局域网技术，取代了其他局域网技术，如令牌环网和 FDDI。

2. 令牌环网

令牌环网（Token Ring Network）是 IBM 公司开发的一种网络技术，21 世纪以后这种网络比较少见。和以太网一样，令牌环网也采用接线与存取方式，符合 IEEE 802.5 国际标准。令牌环网与采用广播方式的以太网不同，它是一种顺序向下一站广播的局域网。

老式的令牌环网中，数据传输速率为 1 Mbit/s、4 Mbit/s 或 16 Mbit/s，新型的快速令牌环网数据传输速率可达 100 Mbit/s。令牌环网的传输方法在物理上采用了星形拓扑结构，但逻辑上仍是环形拓扑结构。其通信传输介质可以是非屏蔽双绞线、屏蔽双绞线和光纤等。节点间采用多站访问部件（Multistation Access Unit，MAU）连接在一起。MAU 是一种专业化集线器，它围绕客户端的环路进行传输。在这种网络中，有一种专门的帧称为"令牌"，在环路上持续地传输以确定一个节点何时可以发送包。

3. FDDI 网络

FDDI 是一项局域网数据传输标准，是局域网技术中传输速率（高达 100 Mbit/s）较高的一种。FDDI 是于 20 世纪 80 年代中期发展起来的一项局域网技术，它提供的高速数据通信能力要强于当时的以太网（10 Mbit/s）和令牌环网（4 Mbit/s 或 16 Mbit/s）。FDDI 网络常被用作校园环境的主干网。这种环境的特点是站点分布在多个建筑物中。FDDI 网络也常常被划分在城域网的范围。

其使用光纤作为传输介质具有以下优点。

① 支持多种拓扑结构，能实现较长的传输距离，相邻站间的最大长度可达 2 km，最大站间距离为 200 km。

② 具有较大的带宽，FDDI 网络的设计带宽为 100 Mbit/s。

③ 具有对电磁和射频干扰的抑制能力，在传输过程中不受电磁和射频噪声的影响，也不影响其设备。

④ 光纤可防止传输过程中被分接偷听，也杜绝了辐射波的窃听，因而是十分安全的传输介质。

由光纤构成的 FDDI 网络，其基本结构为逆向双环。一个环为主环，另一个环为备用环；一个顺时针传送信息，另一个逆时针传送信息。当主环上的设备失效或光缆发生故障时，通过从主环向备用环的切换可继续维持 FDDI 网络的正常工作。这种故障容错能力比其他网络的要强。

FDDI 网络的主要缺点是价格与"快速以太网"相比贵很多，且因为它只支持光缆和 5 类电缆，所以使用环境受到限制，从以太网升级更是面临大量的移植问题，目前应用较少。

4. ATM 网络

异步传输方式（Asynchronous Transfer Mode，ATM）的开发始于 20 世纪 70 年代后期，是一种单元交换技术。与以太网、令牌环网、FDDI 网络等使用可变长度包技术不同，ATM 网络使用 53 B 固定长度的单元进行交换，它没有共享介质或包传递带来的时延，非常适合音频和视频数据的传输。

① ATM 是一项数据传输技术，适用于局域网和广域网，具有高数据传输速率，支持许多种类型（如声音、数据、传真、实时视频、音频和图像）的通信。

② ATM 是在局域网或广域网上传送声音、视频图像和数据的宽带技术，它是一项信元中继技术，数据分组大小固定。可将信元想象成一种运输设备，能够把数据块从一个设备经过 ATM 网络交换设备传送到另一个设备。所有信元具有同样的大小，不像帧中继及局域网系统数据分组大小不定。使用相同大小的信元可以提供一种方法，预估和保证提供应用所需的带宽，可变长度的数据分组容易在交换设备处引起通信时延。

③ 无线 ATM 是一种面向交换的传输技术。其特点是信道统计复用、信元长度固定、采用虚通道（Virtual Path，VP）与虚拟通道（Virtual Channel，VC）的交换技术、带宽动态分配、服务质量（Quality of Service，QoS）保证，能综合多种业务。特别是其信道带宽利用率高，最高达 99.9%，一般能在 90% 以上。

④ 将 ATM 技术与无线移动通信技术结合就形成了无线异步传送模式（Wireless Asynchronous Transfer Mode，WATM）。WATM 实质上是将 ATM 网络上的宽带业务延伸至无线移动网，把 ATM 技术无缝隙地扩展到移动通信终端。

5. 无线局域网

无线局域网指应用无线通信技术，将计算机设备相互连接，形成能够相互通信和共享资源的网络系统。无线局域网的本质不是使用通信电缆将计算机连接到网络，而是通过无线连接，使网络建设和终端移动更加灵活，利用无线技术在空中传输数据、语音、视频信号。无线局域网可作为传统有线网络的替代方案或扩展。

无线局域网是工作于 2.4 GHz 或 5 GHz 频段，以无线方式构成的局域网，一般用在同一座建筑内。

（1）无线局域网的优点

① 灵活性和移动性好。在有线网络中，网络设备的安放位置受网络位置的限制，而无线局域网在无线信号覆盖区域内的任何一个位置都可以接入网络。无线局域网的另一个优点在于其移动性，连接到无线局域网的用户可以移动且能与网络保持连接。

② 安装便捷。无线局域网可以免去或最大限度地减少网络布线的工作量，一般只要安装一个或多个接入点设备，就可建立覆盖整个区域的局域网。

③ 易于进行网络规划和调整。对有线网络来说，办公地点或网络拓扑的改变通常意味着重新建网。重新布线是一个昂贵、费时、费力且琐碎的过程，无线局域网可以避免或减少以上情况的发生。

④ 故障定位容易。有线网络一旦出现物理故障，尤其是线路连接不良而造成的网络中断，往往很难查明，而且检修线路需要付出很大的代价。无线局域网则很容易定位故障，只需更换故障设备即可恢复网络连接。

⑤ 易于扩展。无线局域网有多种配置方式，可以很快从只有几个用户的小型局域网扩展到有上千个用户的大型网络，并且能够提供节点间"漫游"等有线网络无法实现的特性。

由于无线局域网有以上诸多优点，因此其发展十分迅速。最近几年，无线局域网已经在企业、医院、商店、工厂和学校等场合得到了广泛的应用。

（2）无线局域网的缺点

无线局域网的缺点表现在以下 3 个方面。

① 性能。无线局域网依赖于电磁波进行传输，这些电磁波通过无线发送设备发送，建筑物、车辆、树木和其他障碍物可能阻碍电磁波的传输，因此影响网络的性能。

② 速率。无线信道的传输速率比有线信道的低很多。无线局域网的最大传输速率为 1 Gbit/s，仅适用于个人终端和小型联网 App。

③ 安全性。本质上电磁波不需要建立物理连接信道，无线信号发散。理论上，电磁波广播范围内的所有信号容易被监听，导致通信信息泄露。

（3）无线局域网的硬件设备

① 无线网卡。无线网卡的作用和以太网中的网卡的作用基本相同，它作为无线局域网的接口，能够实现无线局域网各客户端间的连接与通信。

② 无线 AP。无线 AP 是用于无线局域网的交换机，用来接入无线终端，是无线局域网中的核心设备。

无线 AP 的功能和无线路由器上的天线的功能是一样的，都用来接入无线终端。无线路由器上通常还会标有"LAN"和"WAN"，LAN 口一般都是交换口，也就是一个小交换机，WAN 口承担的就是路由功能。

③ 无线天线。当无线局域网中各网络设备相距较远时，随着信号的减弱，传输速率会明显下降以致无法实现无线局域网的正常通信，此时就要借助无线天线对所接收或发送的信号进行增强。

6.6　计算机网络的基本组成与常用的网络设备

图 6-15 所示是一个简单的计算机网络的拓扑结构。

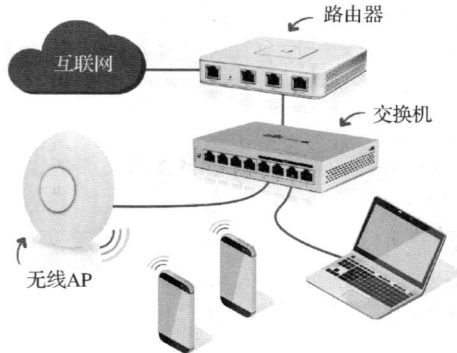

图 6-15 简单的计算机网络的拓扑结构

从图 6-15 中可以看出，有交换机、路由器、无线 AP 这些网络设备，还有笔记本计算机、手机这些终端。其中交换机、路由器、无线 AP 是计算机网络通信线路的组成部分。

1. 网卡

网卡也称网络适配器、网络接口卡（Network Interface Card，NIC），是一块插入计算机 I/O 槽中以实现计算机通信的集成电路卡，在局域网中用于将用户计算机与网络相连，大多数局域网采用以太网卡。网卡拥有独一无二的 MAC 地址（48 位串行号）。

网卡和局域网之间的通信是通过电缆或双绞线以串行传输方式进行的，而网卡和计算机之间的通信则是通过计算机主板上的 I/O 总线以并行传输方式进行的。因此，网卡的一个重要功能就是要进行串行/并行转换。

网卡种类繁多，我们常见的是有线网卡和无线网卡。一般来说，在相同的配置条件下，无线网卡会比有线网卡慢。不过在无遮挡、短距离的信号传输中，二者其实速度差不多。

2. 调制解调器

调制解调器也叫 Modem，俗称"猫"。它是一个通过电话拨号接入互联网的必备硬件设备。通常计算机内部使用的是数字信号，而通过电话线路传输的信号是模拟信号。调制解调器的作用就是进行数字信号和模拟信号的转换。当计算机发送信息时，将计算机内部使用的数字信号转换成可以用电话线传输的模拟信号，通过电话线发送出去；接收信息时，把电话线上传来的模拟信号转换成数字信号传送给计算机，供其接收和处理。

按调制解调器与计算机的连接方式可分为内置式调制解调器与外置式调制解调器。内置式调制解调器体积小，使用时插入主机板的插槽，不能单独携带；外置式调制解调器体积大，使用时与计算机的通信接口（COM1 或 COM2）相连，有通信工作状态指示，可以单独携带，能方便地与其他计算机连接使用。

目前，我国正在大力普及光纤宽带，使用调制解调器连接电话线上网已经被淘汰。光纤和"光猫"已经成为上网的主力军。对于近年新建的住房，一般运营商都会将光纤接入楼内，用户直接从家里墙上的网口连接无线路由器就可以享受高速宽带了。

3. 中继器和集线器

要扩展局域网的规模，就需要用通信线缆连接更远的计算机设备，但信号在线缆中传输时会受到干扰，产生衰减。如果信号衰减到一定的程度，信号将不能被识别，计算机之间不能通信，必须使信号保持原样，继续传播才有意义。

（1）中继器

中继器（Repeater）又被称为转发器或放大器，执行物理层协议，是工作在 OSI 物理层上的连接设备，是对信号进行再生和还原的网络设备。中继器的作用是放大信号、补偿信号衰减、支持远距离的通信。

中继器用于连接同类型的两个局域网或延伸一个局域网，其主要功能是通过对数字信号的重新发送或者转发，来延长网络传输的距离。当我们安装一个局域网而物理距离又超过了线路的规定长度时，就可以用它进行延伸。中继器也可以收到一个网络的信号后将其放大发送到另一个网络，从而起到连接两个局域网的作用。它本身不执行信号的过滤功能。

（2）集线器

集线器（Hub）是一种典型或特殊的转发器，是一种集中完成多台设备连接的专用设备，提供了检错和网络管理等有关功能，主要功能是对接收到的信号进行再生、整形、放大，以延长网络的传输距离，同时把所有节点集中在以它为中心的节点上。

集线器是一种特殊的中继器，可作为多个网段的转接设备，因为几个集线器可以级联起来。智能型集线器（Intelligent Hub）还可将网络管理、路径选择等网络功能集成其中。目前若按配置形式可分为独立型集线器、模块化集线器和堆叠式集线器 3 种。

智能型集线器弥补了一般集线器的缺点，增加了桥接的能力，可滤掉不属于自己网段的帧（类似于网桥），增大网段的频宽，且具有网管能力和自动检测端口所连接的计算机网卡速度的能力，目前智能型集线器被大量用于交换式局域网。市场上常见到的是 10 Mbit/s、100 Mbit/s 或 10/100 Mbit/s 等速率的集线器。集线器的连接应考虑所使用的网络传输介质，一般集线器应具有 BNC 和 RJ45 两个接口或 BNC、RJ45 和 AUI 这 3 个接口。集线器接口数通常有 8 口、12 口、16 口等几种。

4. 网桥、路由器和网关

（1）网桥

网桥（Bridge）也叫桥接器，是连接两个局域网的一种存储/转发设备，负责数据链路层的数据中继，用于连接两个独立的、仅在低两层实现上有差异的子网。两个或多个以太网通过网桥连接后，就成为一个覆盖范围更广的以太网，而原来的每个以太网就成为一个网段。

网桥增加了过滤帧的功能，一个网络的物理连线距离虽然在规定范围内，但由于负荷很重，可以用网桥把一个网络分割成两个网络。这是因为网桥会检查帧的发送地址和目的地址，如果这两个地址都在网桥的这一边，那么这个帧就不会被发送到网桥的另一边，这就可以减轻整个网络的通信负荷，这个功能就叫"过滤帧"。

网桥可以是专门的硬件设备，也可以由计算机加装的网桥软件来实现，这时计算机上会安装多个网络适配器（网卡）。

现在的局域网中，网桥的作用越来越小，一般对路由器进行专门的配置后将其作为网桥来使用，或直接使用智能型网桥组合——交换机。

（2）路由器

如果需要连接两种不同类型的局域网，就得使用路由器（Router），它可以连接遵守不同网络协议的网络。路由器能识别数据的目的地址所在的网络，并能从多条路径中选择最佳的路径发送数据。

路由器是连接两个或多个网络的硬件设备，在网络间起网关的作用，是读取每一个数据包中的地址然后决定如何传送的专用的智能型网络设备。它能够理解不同的协议，例如，某个局域网使用的以太网协议，互联网使用的 TCP/IP。这样，路由器可以分析各种不同类型网络传来的数据包的目的地址，把非 TCP/IP 转换成 TCP/IP；再根据选定的路由算法把各数据包按最佳路径传送到指定位置，所以路由器可以把非 TCP/IP 网络连接到互联网上。计算机网络中的路由器如图 6-16 所示。

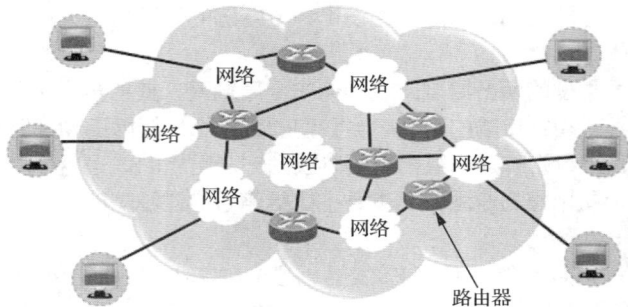

图 6-16　计算机网络中的路由器

路由器与网桥相比具有更强的异构网互联能力、更强的拥塞控制能力和更强的网络隔离能力。

网桥和路由器在功能上的差别经常很模糊。由于网桥变得越来越复杂，其现在能处理一些之前由路由器处理的日常杂务，这使很多路由器"失了业"。执行路由功能的网桥有时也称为网桥路由器（Brouter）。

（3）网关

如果两个网络不仅网络协议不一样，而且硬件和数据结构都大相径庭，那么这种情况就得用网关（Gateway）。不过，路由器和网关在一般的局域网中几乎是派不上用场的。

网关又称网间连接器、协议转换器。网关在传输层上实现网络互联，是非常复杂的网络互联设备，仅用于两个高层协议不同的网络互联。网关的结构和路由器的类似，不同的是互联层。网关既可以用于广域网互联，也可以用于局域网互联。网关是一种负责转换重任的计算机系统或设备。在使用不同的通信协议、数据结构或语言，甚至体系结构完全不同的两种系统之间，网关是一个翻译器。与网桥只是简单地传达信息不同，网关对收到的信息要重新进行打包，以满足目的系统的需求。同时，网关也可以提供过滤和安全功能。大多数网关运行在 OSI 参考模型的顶层——应用层。

5．交换机

交换机（Switch）实质上是一个多接口的网桥，是用于数据转发、交换的设备，通常用于路由器和各终端直接的连接，可将交换机视为路由器接口的拓展。交换机在同一时刻可进行多个端口之间的数据传输，其主要优点是使各个站点独占全部带宽，实现高速网络通信，而集线器使各个端口共享带宽。

交换机是使用硬件来完成以往网桥使用软件完成的过滤、学习和转发过程的任务，它可以为接入交换机的任意两个网络节点提供独享的电信号通道。随着网络的发展，也出现了三层交换机来承载部分内网寻路的工作，交换机的主要工作是内网交换，大型网络寻路还是要通过路由器来实现。路由器的工作是不同网络之间的寻路，不要将路由器作为交换机使用，尤其是终端较多的情况下。多层交换机（Multilayer Switch）是结合了二层交换和三层路由功能的一种交换机，它同时具备数据交换和路由转发两种功能，但其主要功能还是数据交换。

6．防火墙

防火墙（Firewall）工作于网络层，通过构建屏障隔离内网、外网。防火墙技术是通过结合各类用于安全管理与筛选的软件和硬件设备，帮助计算机网络于其内网、外网之间构建一道相对隔绝的保护屏障，以保护用户数据与信息安全的一种技术。

7．不间断电源

不间断电源（Uninterruptible Power Supply，UPS）是计算机常用的外部设备之一。UPS 逐渐发展成一种具备稳压、稳频、滤波、抗电磁和射频干扰、防电压浪涌等功能的电力保护系统。目前在市场上可以购买到种类繁多的 UPS 设备，其输出功率从 500 W 到 3000 kW 不等。配备 UPS 的主要目的是防止突然停电而导致计算机信息丢失或硬盘损坏。

6.7 互联网基础知识

目前规模最大、应用最广泛的计算机网络就是互联网（Internet），Internet 正以一种令人难以置信的速度在发展，互联网所包含数据的丰富程度远远超出了人们的想象。

互联网络与虚拟互联网络示意如图 6-17 所示。

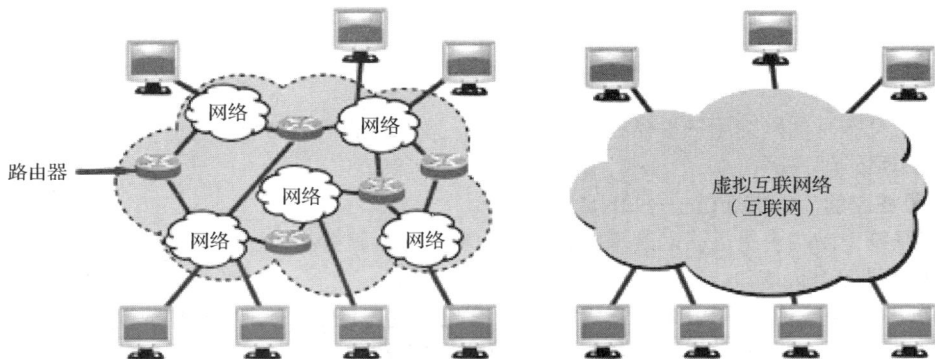

图 6-17　互联网络与虚拟互联网络示意

6.7.1 互联网的基本概念

从网络通信技术的角度看，互联网是一个以 TCP/IP 连接各个国家、各个地区以及各个机构的计算机网络的数据通信网。从信息资源的角度看，互联网是一个集各个部门、各个领域的各种信息资源于一体，供网上用户共享的信息资源网。今天的互联网已远远超过了网络的含义，它是一个"社会"。虽然至今还没有一个准确的定义概括互联网，但是这个定义应从通信协议、物理连接、资源共享、相互联系、相互通信等角度综合考虑。一般认为互联网的定义应包含下面 3 个方面的内容。

① 互联网是一个基于 TCP/IP 协议族的网络。

② 互联网是一个网络用户集团，用户使用网络资源，同时也为该网络的发展壮大贡献力量。

③ 互联网是所有可被访问和利用的信息资源的集合。

6.7.2 互联网在我国的发展历程

互联网的迅速崛起，引起了全世界的瞩目，我国也非常重视信息基础设施的建设，注重与互联网的连接。目前，已经建成和正在建设的信息网络，对我国科技、经济、社会的发展以及与国际社会的信息交流产生着深远的影响。

1994 年，我国正式接入国际互联网，此后，我国开始了对互联网的研究和试验，建立了一系列的试验网络，如 CERNET 等。这个阶段主要是引进和借鉴国外的技术和经验，为后续的互联网建设奠定了基础。

1995 年，我国开始正式商业化互联网服务。此后，互联网的发展开始加速，出现了一批知名的互联网企业，如搜狐、网易、新浪等。这个阶段互联网用户开始增加，网络技术也得到了进一步的发展。

2016 年我国正式加入互联网国际组织——互联网名称与数字地址分配机构（Internet Corporation for Assigned Names and Numbers，ICANN）后，我国的互联网进入高速发展期，互联网用户数量快速增长，网络应用也得到了广泛推广。同时，我国的互联网企业也开始崛起，如百度、阿里巴巴、腾讯等，成为全球范围内的重要互联网公司。

近年来，我国互联网用户已经超过 10 亿，互联网应用也已经涵盖各个领域。同时，随着移动互联网的普及，我国的互联网开始向更广泛的群体普及。此外，我国的互联网企业也开始探索如人工智能、区块链等技术和应用，为我国互联网的创新和发展注入新的动力。

在我国，互联网逐渐成为人们科研、工作甚至是日常生活中的重要部分。

6.7.3　互联网的常用服务

目前，互联网为网络用户提供的服务非常多，其中比较常用的服务包括 DNS、WWW 服务、FTP 服务和电子邮件等。

1．勇往直前，精准定位——DNS

域名系统（DNS）是互联网的基础服务，众多的网络服务都是建立在 DNS 体系基础之上的，DNS 的重要性不言而喻。

互联网中的域名地址和 IP 地址是等价的，它们之间是通过 DNS 完成映射的。DNS 采用 C/S 模式，整个系统由解析器和域名服务器组成，通过请求及回答获取主机和网络相关的信息。解析器负责查询域名服务器、解释从服务器返回的应答、将信息返给请求方。域名服务器保存着部分域名空间的全部信息，这部分域名空间称为区，一个域名服务器可以管理一个或多个区。

在互联网上，网络设备需要依靠 IP 地址进行寻址定位，才能建立起连接。DNS 的主要功能是通过域名和 IP 地址之间的相互对应关系，来精确定位网络资源，DNS 可以将人们熟悉的域名解析成 IP 地址，这样用户就可以通过域名顺利访问网站服务器了。因此，DNS 在上网过程中有着非常重要的作用。一旦 DNS 服务器出现故障，就会导致用户打不开网站，或者网速慢等问题。

2．包罗万象，应有尽有——WWW 服务

我们通常所说的在网上看信息，主要是通过万维网来实现的。万维网通过 HTML 组织文件，为所有浏览信息的用户提供了一种方便获取信息的方式。

万维网（简称为 3W 或 Web），是一个基于超文本方式的信息检索工具。万维网由 Web 服务器（提供信息资源）、Web 浏览器（客户端浏览）、HTTP 组成。

通过 WWW 服务可以对互联网上的所有信息进行查询，而不管这些信息存储在什么位置。网络用户可以使用 WWW 服务访问互联网上的各类信息，包括文本、图像、动画、声音等。

WWW 服务采用 C/S 模式。万维网中的所有信息都以主页的形式存储在 WWW 服务器中，用户通过 WWW 客户端程序（浏览器）向 WWW 服务器发出请求。WWW 服务器接收到客户端的请求后，将保存在服务器中的相应页面发送给客户端。客户端的浏览器对接收到的页面进行解释，最终将图、文、声并茂的画面呈现给用户。

3．任劳任怨，服务到家——FTP 服务

FTP 服务是互联网中最早提供的服务功能之一，是互联网上最主要的一种文件传输手段，目前仍然在广泛使用。人们利用远程登录服务先登录到互联网的一台远程计算机上，然后利用 FTP 程序将信息文件传输到远程计算机系统中。同样，我们也可以从远程计算机系统中下载文件。FTP 服务允许互联网上的用户将一台计算机上的文件传输到另一台上，几乎所有类型的文件，包括文

本文件、二进制可执行文件、声音文件、图像文件、数据压缩文件等，都可以用 FTP 传送。

互联网上有许多公用的计算机，采用匿名 FTP 的方式，对所有用户提供文件下载服务。我们把这种用来做匿名 FTP 服务的计算机称作 FTP 服务器，对于每个连入互联网的用户，只要知道这些 FTP 服务器的地址，就可以与它们连接并获取其上的各种资源。

我们通常是不需要去关心 FTP 服务器地址的，在网页上经常有软件下载专区，只需按上面的提示下载就可以了。FTP 可以给我们带来许多共享软件，尤其是一些大型软件公司，他们常在其主页上提供大量免费或试用软件下载，给网络使用者提供了便利。

4．传情达意，互通信息——电子邮件

电子邮件（E-mail）是互联网上非常基础，也是使用非常多的一项服务，可以帮助人们在任何时间、任何地点实现与朋友、亲人之间的互动交流。信息以电子邮件的形式在网上传送，一封国际邮件可能在几秒内完成传送。而且价格便宜，用普通的上网费用就可以完成国际邮件的发送。

电子邮件是利用计算机进行信息交换的电子媒体信件，采用网络的通信手段实现邮件信息的传输。电子邮件格式为 username@hostname。其中，username 是邮箱的用户名，hostname 是邮件服务器的域名。例如，某电子邮件地址为 li-ming@163.com，表明此邮箱的用户名为 li-ming，邮件服务器的域名为 163.com。电子邮件的地址在全网中是唯一的。

用户只要能与互联网连接，具有能收发电子邮件的程序以及个人的电子邮件地址，就可以与互联网上具有电子邮件地址的所有用户方便、快速、经济地交换电子邮件，可以在两个用户间交换，也可以向多个用户发送同一封邮件，或将收到的邮件转发给其他用户。

收发电子邮件的前提是，用户要拥有一个属于自己的"邮箱"，也就是电子邮件地址。有了自己的邮箱，同时又知道别人的邮箱，就可以在网上收发电子邮件了。在互联网中，要完成电子邮件的传输过程，需要两台服务器，分别是发信服务器和收信服务器。其中发信服务器的功能是帮助用户把电子邮件发出去，就像发信的邮局。收信服务器的功能是接收他人的来信并且把它保存起来，供收件人阅读，就像收信的邮局。

5．远程登录，资源共享——远程登录服务

远程登录服务是互联网中最早提供的服务功能之一，利用这种服务，人们可以远距离操作其他计算机系统。

远程登录服务基于 Telnet 协议，Telnet 将用户计算机与远程主机连接起来，允许用户从一台联网的计算机上登录另一台远程计算机，在远程计算机上运行程序，然后将相应的屏幕显示传送到本地计算机，就像使用本地的计算机一样使用该远程计算机，并将本地的输入传送给远程计算机。Telnet 由客户端软件、服务器软件、Telnet 通信协议 3 部分组成。端口号默认为 23。

6．有缘千里，咫尺天涯——网际交谈

网际交谈是互联网为社会做出的又一巨大贡献，它影响和改变着人们交友的方式。网际交谈为人们提供了一种崭新的交流方式，通过网上交谈带来了另一种乐趣，而且网络取消了距离和其他外界限制，既可以实时地与远在异国他乡的朋友交谈，也可以和陌生人畅谈。

常用的网际交谈工具有网络电话（Internet Phone）、公告板系统（Bulletin Board System，BBS）、网络聊天室（Chat Room）、互联网中继交谈（Internet Relay Chat，IRC）等。网际交谈的原理是通过 TCP/IP，使多个用户登录到一台远程服务器上，通过这台服务器交换信息。

7．与时俱进，更多更广——其他互联网服务

其他互联网服务还有许多，使用比较多的有 Usenet 新闻讨论组、Gopher 信息系统、网上寻呼、互联网电视会议系统、网络购物、网络视频、微博、网络社区等。

6.7.4 互联网的主要应用

互联网其实并不是简单的网络，而是一种科技的表现，互联网代表了一种新的社会形态。互联网上的各种应用不断增加，从各方面取代人们传统的获取信息、传送信息的方式。随着网络技术、计算机技术的发展，互联网正以惊人的速度发展着，成为人类生活中至关重要的一个环节。

1. 信息检索

信息时代，在浩如烟海的信息库中，通过互联网，就可以迅速地找到自己所需的各个方面的信息。

2. 网络通信

人们可以利用电子邮件、网络电话、视频会议、BBS 和聊天功能来交流信息、相互通信。例如，使用即时通信就可以让相距几千千米，甚至横跨半个地球的两个人实现信息实时分享。

3. 电子商务

通过互联网，可以进行网上购物、网上商品销售、网上拍卖、电子支付等。电子商务正向一个更加深入的方向发展，随着社会金融基础设施及网络安全设施的进一步健全，电子商务正在世界上引起一轮新的革命。

4. 企业管理

企业通过建立信息网络并与互联网相连，可以实现企业内部、本地与分支机构、企业与客户的全面信息化管理。

5. 网上教学

在知识经济和信息时代，教育教学的根本目标是提高教育教学的效益和效率，通过互联网提供的 Web 技术、视频传输技术、实时交流功能等可以开展远程学历教育和非学历教育，举办各种培训，提供各种自学和辅导信息。

6. 网络媒体

互联网作为媒体主要的承载体系，由于具有强大的信息共享能力，因此现在几乎所有的新闻网站、企业门户等都通过互联网进行宣传。

7. 网络娱乐

互联网可以看成一个虚拟的社会空间，每个人都可以在这个网络社会上充当一个角色，可以在网上玩游戏、听音乐、看电影，与别人聊天、交朋友等。

8. 医疗咨询

互联网可为广大医务工作者和患者提供各种网上医疗咨询和信息服务。

6.7.5 IP 地址与 DNS

IP 地址和 DNS 是使用互联网时的网络地址，符合 TCP/IP 规定的地址方案，这种地址方案与日常生活中涉及的通信地址和电话号码相似。

1. IP 地址

IP 要求互联网中的每台计算机有一个统一规定格式的地址，简称 IP 地址。IP 地址相当于门牌号，用于定位。

在互联网中，每一台计算机都分配有一个 IP 地址，这个 IP 地址在整个互联网中必须是唯一的，指明连接到某个网络上的一台主机。

（1）IP 地址的基本构成

为了便于寻址，了解目标主机的位置，每个 IP 地址包括两个标识码，即网络号（net-id）和主机号（host-id）。同一个物理网络中的所有主机使用同一个网络号，网络中的主机（包括网络上的客户端、服务器和路由器等）有一个主机号与其对应。

网络号和主机号含义如下。

① 网络号。用于识别主机所在的网络，网络号的位数直接决定了可以分配的网络数量。

② 主机号。用于识别该网络中的主机，主机号的位数则决定了网络中最大的主机数量。

IP 地址为 32 位地址，如果网络号的位数为 n 位，那么主机号的位数为 $32-n$，如图 6-18 所示。

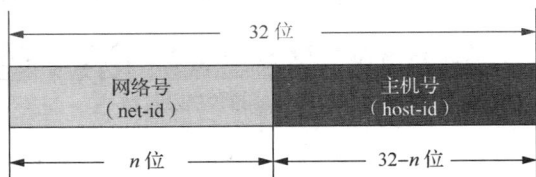

图 6-18 IP 地址位数示意

（2）IP 地址的分类和格式

大型网络包含大量的主机，而小型网络包含少量的主机。根据用户需求不同，一个网络包含的主机数量也会不同。为了满足不同场景的需求，网络必须使用一种方式来判断 IP 地址中哪一部分是网络号，哪一部分是主机号。

32 位 IP 地址被分为 4 个 8 位段，可用 4 个十进制数表示，每个十进制数的取值范围为 0～255，每个十进制数之间用"."隔开，例如：202.108.22.5、166.111.4.100。

为了方便对 IP 地址进行管理，将 IP 地址基本分为 5 类，如表 6-4 所示。

表 6-4　每类 IP 地址的比较

IP 地址的分类	IP 地址范围	IP 地址组成特点	适用场合
A 类	0.0.0.0～127.255.255.255	高 8 位代表网络号，后 3 个 8 位代表主机号。32 位的高 3 位为 000	分配给政府机关单位使用，一般用于主机多达 160 万台的大型网络
B 类	128.0.0.0～191.255.255.255	前 2 个 8 位代表网络号，后 2 个 8 位代表主机号。32 位的高 3 位为 100	分配给中等规模的企业使用，一般用于中等规模的各地区网管中心
C 类	192.0.0.0～223.255.255.255	前 3 个 8 位代表网络号，低 8 位代表主机号。32 位的高 3 位为 110	一个 C 类地址可连接 256 个主机，一般用于规模较小的本地网络，如校园网、企业网等
D 类	224.0.0.0～239.255.255.255	不分网络号和主机号，32 位的高 4 位为 1110	用于多播地址
E 类	240.0.0.0～255.255.255.254	不分网络号和主机号，32 位的高 4 位为 1111	保留为今后使用

（3）IP 地址分类的判断

IP 地址被分类以后，如何判断一个 IP 地址是 A 类、B 类还是 C 类、D 类、E 类地址呢？为了更好地进行区分，将每类地址的开头部分设置为固定数值，如图 6-19 所示。

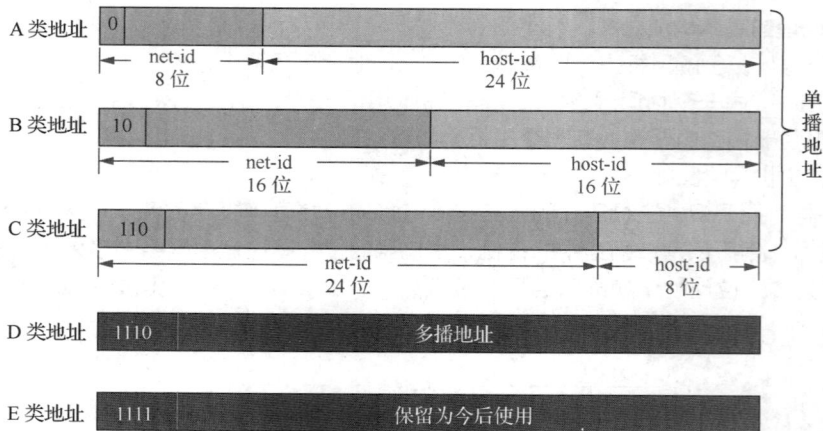

图 6-19　IP 地址的分类及位数

从图 6-19 中可以看出，每类 IP 地址都是以 32 位的二进制数据格式显示的，由于每类地址的开头是固定的，因此每类地址都有自己的范围。每类 IP 地址的比较如表 6-4 所示。

在进行 IP 地址分配时，有一些 IP 地址具有特殊含义，不会被分配给互联网的主机。例如，保留了一些 IP 地址，用于私有网络，这些地址被称为私有地址；保留一部分地址用于测试，这些地址被称为保留地址。

（4）子网的划分

数据在网络中进行传输是指通过识别 IP 地址中的网络号，从而将数据发送到正确的网络中，然后根据主机号将数据发送到目标主机上。

如果一个网络中包含上百万台主机，数据通过网关找到对应的网络后，很难快速地发送到目标主机上。为了能够在大型网络中实现更高效的数据传输，需要进行子网划分，将网络划分为更小的网络。

子网划分是指将一个较大的 IP 地址范围划分为多个较小的地址范围。子网掩码则用来指明地址中多少位用于网络地址，保留多少位用于实际的主机地址。

2．DNS

我们平时在访问网站时，不使用 IP 地址，而使用网站域名。但是抓包发现，交互报文是以 IP 地址进行的。这是因为 DNS 把网站域名自动转换为 IP 地址了。那么 IP 地址是从哪儿来的呢？

（1）DNS 出现

TCP/IP 是基于 IP 地址进行通信的，但是 IP 地址不太好记。于是出现了一种方便记忆的标识符，那就是主机名。为计算机配置主机名，则可以在进行网络通信时，直接使用主机名，而不用输入一长串的 IP 地址。同时，系统通过一个叫 hosts 的文件，实现将主机名转换为 IP 地址的功能。hosts 文件中包括主机名和 IP 地址的对应关系。当需要通过主机名访问主机时，计算机就会查看本地的 hosts 文件，从文件中找到对应的 IP 地址，然后进行报文发送。如果在 hosts 文件中没有找到相关信息，则主机访问失败。

hosts 文件是主机的本地文件，优点是查找响应速度快。它主要用来存储一些本地网络的主机名和 IP 地址的对应信息。因此，主机在以主机名访问本地网络主机时，通过 hosts 文件可以迅速获得相应的 IP 地址。

每台主机的 hosts 文件都需要单独手动更新。随着网络规模的不断扩大、接入计算机的数量不断增加，维护难度越来越大，每台主机同步更新几乎是一件不可能完成的任务。

为了解决 hosts 文件维护困难的问题，出现了 DNS，一个可以实现主机名和 IP 地址互相转换的系统。无论网络规模变得多么庞大，都能在一个小范围内通过 DNS 进行管理。

（2）DNS 介绍

为了使基于 IP 地址的计算机在通信时便于被用户识别，互联网在 1985 年开始采用 DNS。DNS 采用 C/S 模式，DNS 客户端发出查询请求，DNS 服务器响应请求。DNS 客户端通过查询 DNS 服务器获得主机的 IP 地址，进而完成后续的 TCP/IP 通信过程。

当 Windows 系统用户使用 nslookup hostname 命令时，DNS 会自动查找注册了主机名和 IP 地址的数据库，并返回对应的 IP 地址。

（3）域名

先了解什么是域名，才能理解 DNS。互联网采用了层次树状结构的命名方法，任何一个连接在互联网上的主机或路由器，都有一个唯一的层次结构的名字，即域名。

域名是为了识别主机名或机构的一种分层的名称。因为单独的一台域名服务器不可能知道所有域名信息，所以 DNS 是一个分布式数据库系统，域名（主机名）到 IP 地址的解析可以由若干个域名服务器共同完成。每一个站点维护自己的信息数据库，并运行一个服务器程序供互联网上的客户端查询。DNS 提供了客户端与服务器的通信协议，也提供了服务器之间交换信息的协议。由于 DNS 是分布式系统，即使单个服务器出现故障，也不会导致整个系统失效，消除了单点故障。

（4）域名组成

DNS 域的本质是一种管理范围的划分，最大的域是根域，向下可以划分为顶级域、二级域、三级域、四级域等，相对应的域名是根域名、顶级域名、二级域名、三级域名等，如图 6-20 所示。不同等级的域名使用点"."分隔，级别最低的域名写在最左边，而级别最高的域名写在最右边，类似于这样："….三级域名.二级域名.顶级域名"。

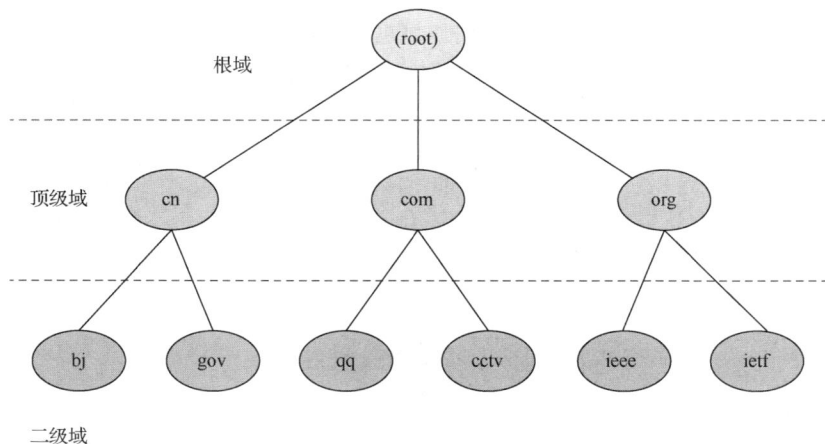

图 6-20　DNS 域

例如，在网站域名 www.tsinghua.edu.cn 中，从右到左开始，cn 是顶级域名，代表中国；edu 是二级域名，代表教育机构；tsinghua 是三级域名，表示清华大学；www 则表示三级域名中的主机，并提供 Web 服务，如图 6-21 所示。

除了 www 主机外，常见的主机还有 mail，清华大学的常见域名如图 6-22 所示。

图 6-21　清华大学域名

mail.tsinghua.edu.cn 清华大学电子邮件系统

图 6-22　清华大学的常见域名

每一级的域名都由英文字母和数字组成，域名不区分大小写，长度不能超过 63 个字节，一个完整的域名不能超过 255 个字节。目前我们看到的域名示例都是全限定域名（Fully Qualified Domain Name，FQDN），FQDN 的完整格式是以点结尾的域名。接入互联网的主机、服务器或其他网络设备都可以拥有一个唯一的 FQDN。与 FQDN 对应的，系统中的默认域名是非全限定域名，会把当前的区域域名添加到尾部。例如，在 tsinghua 域内的主机上查找 mail，本地解析器就会将这个名称转换为 FQDN，即 mail.tsinghua.edu.cn，然后解析出 IP 地址。

（5）域名空间

域名空间结构像是一棵倒过来的树，也叫作树形结构。根域名就是树根（root），用点"."表示，往下是这棵树的各层枝叶。根域名的下一层叫顶级域名，顶级域名包括三大类：国家和地区顶级域名、通用顶级域名和新顶级域名。

① 国家和地区顶级域名。例如：us 表示美国，uk 表示英国等。目前国家和地区顶级域名大约有 316 个。

② 通用顶级域名。最早的通用顶级域名共有 7 个，分别为：com，表示公司企业；net，表示网络服务机构；org，表示非营利组织；edu，表示教育机构；gov，表示政府部门；mil，表示军事部门；int，表示国际组织。

随着互联网用户的不断增加，又增加了 13 个通用顶级域名，分别为：aero，用于航空运输业；biz，用于公司和企业；coop，用于合作团体；info，用于各种情况；museum，用于博物馆；name，用于个人；pro，用于有证书的专业人员；asia，表示亚太地区；cat，表示使用加泰隆人的语言和文化团体；jobs，表示人力资源管理者；mobi，表示移动产品与服务的用户和提供者；tel，表示 Telnic 股份有限公司；travel，表示旅游业。

③ 新顶级域名。新顶级域名后缀是在传统域名后缀资源日趋枯竭的情况下开放注册的，首批新顶级域名由 ICANN 于 2012 年批准，面向全球开放注册。例如，"top/vip/xin/xyz"：top，表示高端、顶级、事业突破；vip，表示尊贵、会员、特别；xin，表示诚信、可信赖；xyz，作为字母表最后三个字母，组合含义灵活，没有限制。

顶级域名下面是二级域名。国家和地区顶级域名下注册的二级域名均由国家和地区自行确定。我国二级域名分为类别域名和行政域名两大类，类别域名分别代表不同的机构，如 com、edu、gov 等；行政域名代表我国各省、自治区及直辖市等，如 bj 表示北京，sh 表示上海。我国的二级域名示例如图 6-23 所示。

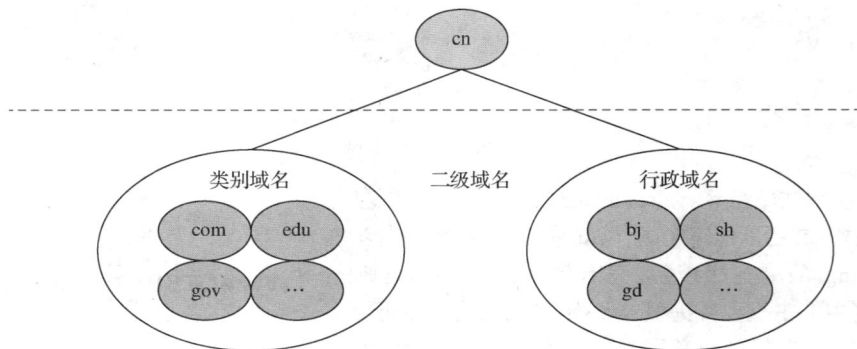

图 6-23　我国的二级域名示例

二级域名下面是三级域名、四级域名等。命名树上任何一个节点的域名就是将从这个节点到最高层的域名串起来形成的，中间以 "." 分隔。

在域名结构中，节点在所属域中的主机名标识可以相同，但是域名必须不同。例如，清华大学和新浪公司下都有一台主机的标识是 mail，但是两者的域名是不同的，前者为 mail.tsinghua.edu.cn，而后者为 mail.sina.com.cn。

（6）域名解析

将域名转换为对应的 IP 地址的过程叫作域名解析。域名解析过程如图 6-24 所示，在域名解析过程中，DNS 客户端的主机调用解析器（Resolver），向 DNS 服务器发出请求，DNS 服务器完成域名解析。

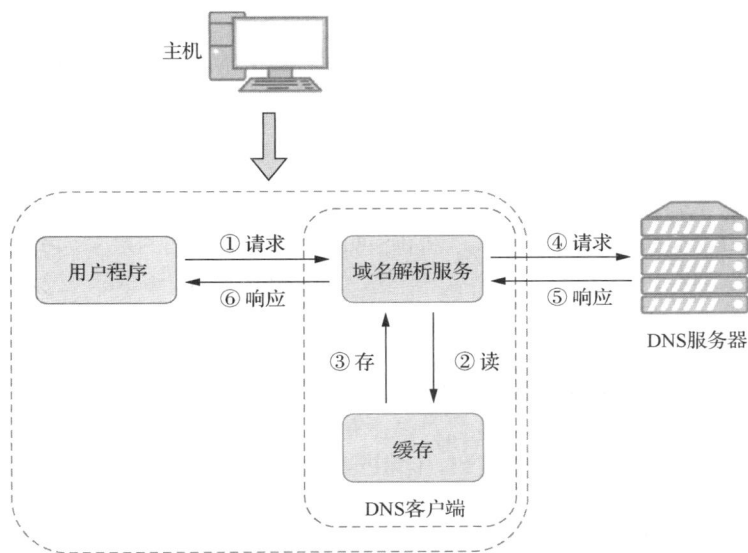

图 6-24　域名解析过程

域名解析是按照 DNS 分层结构的特点自顶向下进行的。但是如果每一个域名解析都从根域名服务器开始，那么根域名服务器有可能无法承载海量的流量。在实际应用中，大多数域名解析都是在本地域名服务器中完成的。通过合理设置本地域名服务器，由本地域名服务器负责大部分的域名解析请求，提高域名解析效率。

（7）DNS 解析器

从应用程序的角度看，访问 DNS 是通过一个叫解析器的应用程序来完成的。发送一个 TCP 或 UDP 数据包之前，解析器必须将域名（主机名）转换为 IP 地址。一个解析器至少要注册一个域名服务器的 IP 地址。通常，它至少包括本地域名服务器的 IP 地址。

3. DNS 反向查询

在 DNS 查询中，客户端希望知道域名对应的 IP 地址，这种查询称为正向查询。大部分的 DNS 查询都是正向查询。DNS 客户端通过 IP 地址查找对应的域名，这种查询称为反向查询，如图 6-25 所示。

在 DNS 标准中定义了特色域——in-addr.arpa 域，并将其保留在域名空间中，以便执行反向查询。为创建反向域名空间，in-addr.arpa 域中的子域是按照与 IP 地址相反的顺序构造的。例如，www.tsinghua.edu.cn 的 IP 地址是 166.111.4.100，那么在 in-addr.arpa 域中对应的节点就是 100.4.111.166。

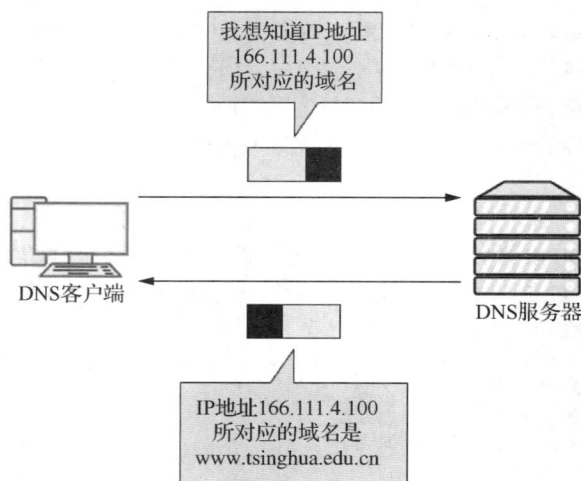

图 6-25　DNS 反向查询

4．IPv6

目前常用的 IP 地址有 IPv4 和 IPv6，我们所说的 IP 地址通常指的是 IPv4 地址。IPv4 是指 IP 版本 4，该版本之前有 IPv1、IPv2、IPv3，该版本之后有 IPv5、IPv6，IPv5 未投入使用，替代 IPv4 的是 IPv6。

（1）IPv6 的主要特点

IPv6 在 IP 数据包的格式上对 IPv4 进行了扩展，具有以下主要特点。

① 大幅度扩展了编址能力。

IPv6 的地址表示使用 128 位二进制数，比 IPv4 增长了 4 倍，编址空间增加了 296 倍，并可能支持更多的编址层次。IPv6 还在单播（Unicast）和多播（Multicast）之外定义了一种新的地址格式：任播（Anycast）地址。

② 简化了 IP 首部格式。

IPv4 的首部中包括版本、包长度、服务类型等 12 项，在 IPv6 中已被简化为 8 项。

③ 改进了对扩展和选项的支持。

IP 首部选项的使用可以进行更有效的包转发，减少了对选项长度的严格限制，增强了将来引入新功能的可扩展性。

④ 增加了流标记功能。

通过对 IP 包编号进行标记，可将包划归至不同的数据流，并可根据流号进行非默认质量及实时服务等特殊处理。

⑤ 增加了校验与加密能力。

通过扩展首部，支持身份验证，保证数据完整性和可信任度。

从上面 IPv6 所做的扩展来看，IPv6 不仅加长了 IP 地址，而且在数据包的优先级、安全性方面进行了定义，这给互联网上的一些新业务打下了基础。

（2）IPv4 与 IPv6 的联系

IPv4 和 IPv6 用于用户标识和互联网上不同设备之间的通信，IPv4 有 4 段数字，每一段由 0～255 的数字组成。由于 IPv4 主要的问题在于网络地址资源有限，因此严重制约了互联网的应用和发展。所以就有了 IPv6，IPv6 的使用不仅能解决网络地址资源数量的问题，而且能解决多种接入设备连入互联网的问题。

（3）IPv4 与 IPv6 的主要区别

① IPv4 是数字地址，用点分隔。IPv6 是字母数字地址，用冒号分隔。

② 对于 IPv4，最小数据包大小为 576 B。对于 IPv6，最小数据包大小为 1208 B。

③ IPv4 具有可选字段，而 IPv6 没有。但是，IPv6 可以扩展首部，可以在将来扩展协议而不会影响主包结构。

④ 在 IPv4 中，新装的系统必须配置好才能与其他系统通信。在 IPv6 中，配置是可选的，它允许用户根据所需功能进行选择配置。

⑤ 在 IPv4 中，安全性主要取决于网站和应用程序，它不是针对安全性而开发的 IP。而 IPv6 集成了互联网络层安全协议（Internet Protocol Security，IPsec）。IPv6 在网络安全方面是强制性的。

⑥ IPv4 不适用于移动网络，因为它使用点分十进制表示法。而 IPv6 使用冒号，是移动设备的更好选择。

⑦ IPv6 允许直接寻址，因为存在大量可能的地址。但是，IPv4 已经被广泛传播并得到许多设备的支持，这使其更易于使用。

6.7.6　接入互联网的方式

接入互联网的常见方式可划分为有线接入和无线接入两种。常见的有线接入方式包括电话拨号接入、非对称数字用户线（Asymmetric Digital Subscriber Line，ADSL）接入、同轴电缆调制解调器（Cable Modem）和光纤接入等，主要的形式为一点对多点接入。目前电话拨号接入、ASDL 接入已基本被淘汰。无线接入方式主要有 Wi-Fi、数字微波和卫星通信等，主要以本地多点分配业务、无线室内覆盖、无线宽带大范围接入等方式实现。

1. 通过调制解调器拨号接入互联网

计算机用户通过调制解调器接入公用电话网络，再通过公用电话网络连接到 ISP，通过 ISP 的主机接入互联网，在建立拨号连接以前，向 ISP 申请拨号连接的使用权，获得使用账号和密码，每次上网前需要通过账号和密码拨号。拨号上网方式又称为拨号 IP 方式。因为采用拨号上网方式，在上网之后会被动态地分配一个合法的 IP 地址，在用户和 ISP 之间要用专门的通信协议，如串行线路网际协议（Serial Line Internet Protocol，SLIP）或点到点协议（Point-to-Point Protocol，PPP）。

其特点是能方便地实现分散的家庭用户接入网络，只需有效的电话线及自带调制解调器的计算机就可完成接入。但网速慢，速率不超过 56 kbit/s。

2. 通过 ISDN 接入互联网

综合业务数字网（Integrated Service Digital Network，ISDN）提供端到端的数字连接网络，除支持电话业务外，还支持网络中传输传真、数字和图像等业务。ISDN 专线接入又称为"一线通"，因为它通过一条电话线就可以实现集语音、数据和图像通信于一体的综合业务。ISDN 连接通过网络终端、用户终端和 ISDN 终端适配器等以电话网络连接到 ISP。不过需要强调的是，这与拨号上网不同，电话线上传输的是数字信号。

由于 ISDN 使用数字传输技术，因此 ISDN 线路抗干扰能力强，传输质量高且支持同时打电话和上网，速度较快且方便，能支持多种不同设备，最高网速可达到 128 kbit/s。

3. 通过 DDN 专线接入互联网

数字数据网（Digital Data Network，DDN）是利用铜缆、光纤、数字微波或卫星等数字传输通道，提供永久或半永久连接电路，以传输数字信号为主的数字传输网络。在接入互联网时，通过 DDN 专线连接到 ISP，再通过 ISP 连接到互联网。局域网通过 DDN 专线连接互联网时，一般需要使用基带调制解调器和路由器。

DDN 提供点到多点的连接，适合广播发送信息，也适合集中控制等业务，适用于大型企业。DDN 采用数字电路，传输质量高，时延小，通信速率可根据需要选择；电路可以自动迂回，可靠性高。

4．通过 DSL 接入互联网

数字用户线（Digital Subscriber Line，DSL）可以利用双绞线高速传输数据。现有的 DSL 技术已有多种，如高比特率数字用户线（High-Bitrate Digital Subscriber Line，HDSL）、ADSL、甚高比特率数字用户线（Very High-Bit-Rate Digital Subscriber Line，VDSL）、对称数字用户线（Symmetric Digital Subscriber Line，SDSL）等。

这里以 ADSL 为例，ADSL 采用了先进的数字处理技术，将上传频道、下载频道和语音频道的频段分开，在一条电话线上同时传输 3 种不同频段的数据且能够实现数字信号与模拟信号同时在电话线上传输。ADSL 利用现有的电话网络的用户线路实现接入网络，主机通过 DSL 调制解调器连接到电话线，再连接到 ISP，通过 ISP 连接到互联网。

ADSL 基于频分多路复用（Frequency Division Multiplexing，FDM）技术实现电话语音通信与数字通信（网络数据传输）共享一条用户线路。在 ADSL 接入网络中，用户线路上实现的上行（从用户端向网络上传数据）带宽比下行（从网络向用户端下传数据）带宽小。所以 ADSL 被称为"非对称"数字用户线。

ADSL 提供的下载传输带宽最高可达 8 Mbit/s，上传传输带宽范围为 64 kbit/s～1 Mbit/s 的宽带网络。与拨号上网或 ISDN 相比，ADSL 减轻了电话交换机的负载，不需要拨号，属于专线上网，不需另缴电话费。ADSL 常用于家庭接入网络。

5．混合光纤同轴电缆 HFC 接入互联网

混合光纤同轴电缆（Hybrid Fiber/Coax，HFC）也称为电缆调制解调器，其接入互联网，是利用有线电视网实现的。

目前，我国有线电视网遍布全国，且现在能够利用一些特殊的设备把网络的信号转化成计算机网络数据信息，这个设备就是电缆调制解调器。我国目前有线电视网传输的是模拟信号，通过电缆调制解调器把数字信号转换成模拟信号，从而可以与电视信号一起通过有线电视网传输。在用户端，电缆分线器将电视信号和数字信号分开。

这种方式的用户端使用电缆调制解调器连接有线电视网的入户同轴电缆，同轴电缆连接到光纤节点，再通过光纤链路连接电缆调制解调器接系统，进而连接网络。

HFC 基于频分多路复用技术，利用有线电视网同轴电缆剩余的传输能力实现电视信号传输与网络数据传输的共享。HFC 也是"非对称"的，典型上行带宽为 30.7 Mbit/s，下行带宽为 42.8 Mbit/s。

HFC 接入是共享式接入，即连接到同一段同轴电缆上（如同一个小区内）的用户共享上行带宽和下行带宽。可见，当 HFC 共享用户数较多时，每个用户获得的实际带宽可能并不高。

这种方法通过有线电缆传输数据，不需要布线，连接速率高、接入方便、成本低，并且提供非对称的连接，这与使用 ADSL 一样，用户上网不需要拨号，提供了一种永久性连接；不受距离的限制，可实现各类视频服务、高速下载；适用于拥有有线电视网的家庭、个人或中小团体。

这种方法的不足之处在于有线电视是一种广播服务，同一信号被发向所有用户，从而带来很多网络安全问题。另外，由于是共享信道，如果一个地方的用户较多，那么数据传输速率就会受到影响。

6．光纤宽带接入互联网

宽带是现在接入互联网的一种常用方式，实现过程是"光纤+局域网"的方式。ISP 通过光纤将信号接入小区节点或楼道，然后通过交换机接入家庭，提供一定区域的高速互联接入。其特点

是速率高、抗干扰能力强，适用于家庭、个人或各类企事业团体，可以实现各类高速率的互联网应用，如视频服务、高速数据传输、远程交互等。

光纤接入方式是宽带接入网的发展方向，可以划分为 FTTx（Fiber To The x），x 可以是路边（Curb，C）、大楼（Building，B）和家（Home，H）等。

7. 移动接入互联网

移动接入互联网主要利用移动通信技术，如 3G/4G/5G 网络，实现智能手机、移动终端等设备的网络接入。移动接入互联网是不可替代的，而且是个人设备接入网络的首选途径。

8. 无线接入互联网

无线接入是有线接入的一种延伸技术，使用无线射频技术隔空收发数据，减少使用电线连接。在公共开放的场所或者企业内部，无线网络一般会作为已存在有线网络的一种补充方式，装有无线网卡的计算机通过无线手段可以方便地接入互联网。

用户通过高频天线和 ISP 连接，距离在 10 km 左右，带宽为 2 Mbit/s～11 Mbit/s，费用低廉，但是受地形和距离的限制，适合城市里距离 ISP 不远的用户。

9. Wi-Fi 接入互联网

Wi-Fi 上网通俗地讲就是无线上网，目前几乎所有智能手机、平板计算机和笔记本计算机都支持 Wi-Fi 上网。Wi-Fi 全称 Wireless Fidelity，是当今使用非常广的一种无线网络传输技术。实际上就是把有线网络信号转换成无线信号，使用无线路由器供支持其技术的相关笔记本计算机、智能手机、平板计算机等接收。Wi-Fi 信号其实也是由有线网络提供的，如家里的 ADSL、小区宽带等，只要接一个无线路由器，就可以把有线信号转换成 Wi-Fi 信号。

Wi-Fi 主要的优势在于不需要布线，可以不受布线条件的限制，因此非常适合移动办公用户，并且由于发射信号功率低于 100 mW，低于手机信号发射功率，所以 Wi-Fi 上网相对也是非常安全、健康的。

现在很多公共场合都有 Wi-Fi 信号，这便于用户免费上网查找信息和娱乐，只需要知道信号的名称和密码即可。其中不少地方还设置了无须密码即可连接上网，非常方便、实用，适用于笔记本计算机、智能手机、平板计算机等用户。

随着通信、计算机、图像处理等技术的进步，电信网、有线电视网和计算机网都在向宽带高速的方向发展，各网络所能提供的业务类型也越来越多，网络功能也越来越相似，"三网"的专业性界限已逐渐消失，"三网合一"已是大势所趋。但是，在光纤到户普及之前，为了在接入互联网的同时享受数据、语音和视频，普通用户只能在公用电话交换网（Public Switched Telephone Network，PSTN）模拟接入、ISDN 接入、ASDL 接入、电缆调制解调器接入、DDN 和 X.25 租用线路接入、卫星无线接入等方式中选择其一。PSTN、ISDN 和 ADSL 接入都是基于电话线路的，而电缆调制解调器接入则是基于有线电视 HFC 线路的。PSTN 模拟接入速率太慢，早已被 ISDN 和 ADSL 取代。ISDN 尽管可以达到 128 kbit/s 的速率，但也没有成为主流的接入方式。DDN 和 X.25 租用线路接入以及卫星无线接入费用高昂，非个人用户所能接受。就目前来看，由于带宽或费用的原因，ADSL 和电缆调制解调器接入成为主流选择。

6.7.7　浏览器简介与使用

浏览器（Browser）是用户通向 WWW 的桥梁和获取 WWW 信息的窗口，通过浏览器，用户可以在浩瀚的互联网海洋中漫游，搜索和浏览自己感兴趣的信息。

Web 客户端一般称为 Web 浏览器，浏览器向 Web 服务器发送各种请求，并对从服务器发来的由 HTML 定义的超文本信息和各种多媒体数据格式进行解释、显示和播放。

浏览器是一个用户终端软件，它的核心作用是作为 HTML 句法的译码器，它能够将由 HTML 句法定义的文本、图像、格式等很好地翻译出来，并将它们按照既定的格式显示在用户终端的显示屏中。

浏览器让更多的新用户能更快地掌握"网络航海"的技术，极大地推动了互联网的发展。随着 Web 技术应用的日益广泛，人们对浏览器的期望也越来越高，希望它能提供越来越强的表达能力。为此，HTML 版本一再升级，浏览器软件版本也一再升级，以求满足用户不断增长的需求。

1. 主流浏览器内核

主流浏览器内核包括：Quantum、WebKit、Blink。

（1）Quantum

Quantum 代表作是 Firefox。1998 年，Netscape 公司牵头成立了非正式组织 Mozilla，由其开发新一代内核，后将其命名为"Gecko"。他们在 2017 年打造了 Quantum，该项目使浏览器的速度更快了，支持多核处理器，同时使用多个 CPU 内核处理网站数据。

（2）WebKit

WebKit 代表作是 Safari 和谷歌浏览器的旧版本，这是苹果公司开发的内核，也是其旗下产品 Safari 浏览器使用的内核。WebKit 引擎包含 WebCode 排版引擎和 JavaScript Code 解析引擎，分别是从 K 桌面环境（K Desktop Environment，KDE）的 KHTML 和 KJS 衍生而来的，它们都是自由软件，同时支持伯克利软件套件（Berkeley Software Distribution，BSD）系统开发。

旧版 Chrome、360 极速浏览器以及搜狗高速浏览器也使用 WebKit 作为内核，在脚本理解方面，Chrome 使用自己研发的 V8 引擎。

（3）Blink

Blink 代表作是 Chrome 和 Opera，这是由谷歌和 Opera Software 开发的浏览器渲染引擎。这一渲染引擎是开源引擎 WebKit 中 WebCore 组件的一个分支，并且在 Chrome（28 及往后版本）、Opera（15 及往后版本）浏览器中使用。

2. 互联网浏览器的类型

（1）Chrome

Chrome 是谷歌公司开发的 Web 浏览器，用户界面简单、高效，稳定性和安全性好，速度快，属于高端浏览器。

Chrome 浏览器内核统称为 Chromium 内核或 Chrome 内核，以前是 WebKit 内核，现在是 Blink 内核。

（2）Safari 浏览器

Safari 是一款由苹果公司开发的网页浏览器，是各类苹果设备（如 Mac、iPhone、iPad、iPod Touch）的默认浏览器。Safari 使用 WebKit 浏览器引擎。

Safari 作为苹果计算机操作系统 macOS 中的浏览器，它用来取代之前的 Internet Explorer for Mac。Safari 以惊人的速度渲染网页，可与 Mac 及 iPod Touch、iPhone、iPad 兼容。

（3）Firefox 浏览器

Firefox 浏览器支持多种操作系统，如 Windows、macOS X、GNU/Linux 等。Firefox 的开发目标是"自由浏览互联网"和"为大多数人提供最好的互联网体验"。

Firefox 浏览器内核是 Quantum 内核，俗称 Firefox 内核。

（4）Opera 浏览器

Opera 浏览器是挪威 Opera Software ASA 公司制作的一款支持多页面选项卡式浏览的网页浏览器，是一款跨平台浏览器，可以在 Windows、macOS 和 Linux 这 3 个操作系统平台上运行。Opera

浏览器创始于 1995 年 4 月，Opera 浏览器内核最初是自己的 Presto 内核，后来是 WebKit，现在是 Blink 内核。

（5）IE 浏览器

Internet Explorer（IE）是微软公司推出的一款网页浏览器，原名为 Microsoft Internet Explorer（6 版本以前）和 Windows Internet Explorer（7、8、9、10、11 版本）。在 IE 7 以前，中文直译为"网络探路者"，但在 IE 7 以后官方便直接称其为"IE 浏览器"。

2015 年 3 月，微软公司确认放弃 IE 品牌，转而在 Windows 10 上用 Microsoft Edge 取代了 Internet Explorer。2016 年 1 月 12 日，微软公司宣布停止对 Internet Explorer 8/9/10 这 3 个版本的技术支持，用户将不会再收到任何来自微软官方的 IE 安全更新，作为替代方案，微软建议用户改用 Microsoft Edge 浏览器。2022 年 6 月 15 日，微软停止支持 Internet Explorer，取而代之的是 Edge 浏览器。

IE 浏览器内核为 Trident 内核，即俗称的 IE 内核。

（6）UC 浏览器

UC 浏览器（UC Browser）是广州动景计算机科技有限公司开发的一款软件，分为 UC 手机浏览器和 UC 浏览器电脑版，UC 浏览器是全球主流的第三方手机浏览器。

UC 浏览器的内核为 Trident（兼容模式）+WebKit（高速模式）。

（7）QQ 浏览器

QQ 浏览器是腾讯科技（深圳）有限公司开发的一款浏览器，其前身为 TT 浏览器。QQ 浏览器秉承 TT 浏览器 1～4 系列方便、易用的特点，但技术架构不同，交互和视觉表现也进行了重新设计。新一代 QQ 浏览器采用"Trident（兼容模式）+WebKit（高速模式）"双内核，让浏览快速、稳定，拒绝卡顿，支持 HTML5 和各种新的 Web 标准。它同时可以安装众多 Chrome 的拓展程序，支持 QQ 快捷登录，登录浏览器后即可自动登录腾讯系列网页。

（8）360 安全浏览器

360 安全浏览器（360 Security Browser）是 360 安全中心推出的一款基于 Internet Explorer 和 Chrome 双核的浏览器，是凤凰工作室和 360 安全中心合作开发的产品。其与 360 安全卫士、360 杀毒等软件产品一同成为 360 安全中心的系列产品。360 安全浏览器拥有非常大的恶意网址库，采用恶意网址拦截技术，可自动拦截木马、欺诈、网银仿冒等恶意网址。独创沙箱技术，在隔离模式下即使访问木马网址也不会被感染。

6.7.8　搜索引擎简介

搜索引擎（Search Engine）是指根据一定的策略，运用特定的计算机程序搜集互联网上的信息，对信息进行组织和处理后，将处理后的信息显示给用户，为用户提供检索服务的系统。

1. 搜索引擎的工作原理

搜索引擎的工作原理简述如下。

（1）抓取网页

每个独立的搜索引擎都有自己的网页抓取程序（如 Spider）。Spider 顺着网页中的超链接，可连续地抓取网页。被抓取的网页称为网页快照。由于互联网中超链接的应用很普遍，理论上，从一定范围的网页出发就能收集到绝大多数的网页。

（2）处理网页

搜索引擎抓取到网页后，还要做大量的预处理工作，才能提供检索服务。其中，非常重要的就是提取关键词，建立索引文件。其他还包括去除重复网页、分词（中文）、判断网页类型、分析超链接、计算网页的重要度和丰富度等。

（3）提供检索服务

用户输入关键词进行检索，搜索引擎从索引数据库中找到匹配该关键词的网页；为了便于用户判断，除了网页标题和 URL 外，搜索引擎还会提供一段来自网页的摘要以及其他信息。

2. 搜索引擎的基本使用方法

搜索引擎的基本使用方法如下。

从站点给出的分类目录中选出主题类别或次级类别，然后就可以看到一系列与这些页面有关的链接表。可以层层向下搜索，直到找到你想要的东西。

如果你很清楚自己要找的网站（或新闻）主题，可以直接在检索文本框内输入关键字（Keyword），并单击旁边的搜索按钮，搜索引擎会返回两类搜索结果：如果用户从"网站搜索"中搜索，搜索结果页会列出该网站名称、网站简介或网站关键字中含有与用户输入的关键字相匹配的所有相关网站；如果用户从"网页搜索"中搜索，除了相关搜索的一些链接之外，搜索结果页会列出整个互联网上与用户输入的关键字相匹配的所有相关网页。

搜索引擎会根据类目及网站信息与关键字的相关程度排列出相关的类目和网站。相关程度越高，排列位置越靠前。

在"网页搜索"的结果页面中，还有相关搜索的一些链接，可以输入新的关键字，重新进行搜索；或者在结果中搜索，以对用户的搜索进行精确化。例如，第一次查找"计算机"时返回了太多网页，可以输入"家用电脑"并在结果中查询，引擎会为用户查出更为相关的内容。

如果此时用户没有得到满意的结果，使用逻辑操作符的高级搜索会为用户提供更加智能和专业的搜索服务。

传统的搜索引擎拥有一套标准语法和逻辑操作符。事实上，用户可以同时使用几个关键字，通过选择适当的逻辑操作符（"与""或"）得到相应的结果。

① AND 表示前后两个词是"与"的逻辑关系。例如，关键字"中国 AND 北京""中国北京""中国 and 北京"都会将所有包含"中国"并且包含"北京"的页面搜索出来。

② OR 表示前后两个词是"或"的逻辑关系。例如，关键字"中国 OR 北京"会将所有包含"中国"或者包含"北京"的页面搜索出来。

6.8 虚拟专用网络

虚拟专用网络（Virtual Private Network，VPN）技术是企业比较常用的通信技术，如一个企业的分公司和总部的互访，或者出差员工需要访问总部的网络，都会使用 VPN 技术。

6.8.1 VPN 技术的出现背景

一种技术的出现都是由某种需求触发的。为什么会出现 VPN 技术？VPN 技术解决了什么问题呢？

在出现 VPN 之前，企业的总部和分部之间、企业分部之间的数据传输只能依靠现有物理网络实现，如采用运营商的互联网进行通信。由于互联网中存在多种不安全因素，通信的内容可能被窃取或篡改等，从而造成数据泄露、重要数据被破坏等后果。

那么有没有一种技术既能实现总部和分部间的互通，也能够保证数据传输的安全性呢？答案是当然有。一开始大家想到的是专线，在总部和分部之间拉一条物理专线，只传输自己的业务，但是这条专线的费用非常昂贵，一般公司无法承受，而且专网的搭建和维护也很困难。

那么有没有成本比较低的方案呢？有，那就是 VPN。VPN 通过在现有的互联网中构建专用的虚拟网络，实现企业总部和分部的通信，通过虚拟的企业内部专线，能在外网访问企业内网的资源数据，解决了互通、安全、成本方面的问题。

6.8.2　什么是 VPN 技术

公共网络又经常被称为 VPN 主干网（VPN Backbone Network），公共网络可以是互联网，也可以是企业自建专网或运营商租赁专网。

VPN 表示的是虚拟专用网络，属于远程访问技术的一种，VPN 泛指通过 VPN 技术在公共网络中构建的虚拟专用网络。VPN 用户在此虚拟网络中传输流量，VPN 网关通过对数据包的加密和数据包目标地址的转换实现远程访问。在不改变网络现状的情况下，在互联网中实现安全、可靠的连接。

（1）专用

VPN 是专门给 VPN 用户使用的网络，对用户而言，使用的是 VPN 还是互联网，是感知不到的，VPN 为用户提供安全保证。

（2）虚拟

对公共网络而言，VPN 是虚拟的，是逻辑意义上的一个专网。

VPN 的使用如图 6-26 所示。

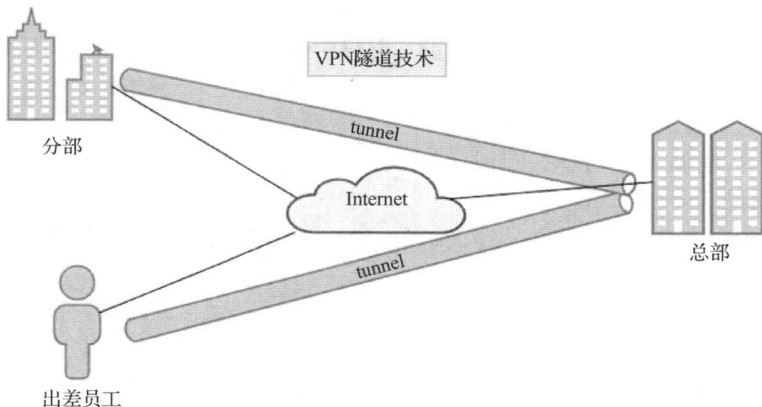

图 6-26　VPN 的使用

6.8.3　VPN 的主要优势

VPN 是建立在实际网络（或物理网络）基础上的一种功能性网络。它利用低成本的公共网络作为企业骨干网，同时又弥补了公共网络缺乏保密性的弱点。在 VPN 中，在公共网络上传输信息时，其信息都是经过安全处理的，可以保证数据的完整性、真实性和私有性。

和传统的公共互联网相比，VPN 具有如下优势。

（1）安全

在远端用户、驻外机构、合作伙伴、供应商与公司总部之间建立可靠的连接，保证数据传输的安全性。这对于实现电子商务或金融网络与通信网络的融合特别重要。

（2）成本低

利用公共网络进行信息通信，企业可以用更低的成本连接远程办事机构、出差人员和业务伙伴。

（3）支持移动业务

支持出差的 VPN 用户在任何时间、任何地点的移动接入，能够满足不断增长的移动业务需求。

（4）可扩展性

由于 VPN 为逻辑上的网络，因此在物理网络中增加或修改节点不影响 VPN 的部署。

VPN 的优点很多，但是 VPN 也是有缺点的，主要表现在：企业不能直接控制基于互联网的 VPN 的可靠性和性能；企业创建和部署 VPN 线路并不容易；混合使用不同厂商的产品可能会出现技术问题，因为不同的厂家采用的标准与规范不同；通过无线设备使用 VPN 有一定的安全风险。

6.8.4　VPN 的关键技术

1．隧道技术

VPN 的关键技术其实就是隧道技术，其原理类似于火车的轨道、地铁的轨道，从 A 站点到 B 站点都是直通的，不会堵车。对乘客而言，就是专车。

隧道技术其实就是对传输的报文进行封装，利用公网建立专用的数据传输通道，从而完成数据的安全、可靠传输。原始报文在隧道的一端进行封装，封装后的数据在公网上传输，在隧道另一端进行解封装，从而实现数据的安全传输。报文在隧道中传输前后都要通过封装和解封装两个过程。隧道通过隧道协议实现，如通用路由封装（Generic Routing Encapsulation，GRE）、二层隧道协议（Layer 2 Tunneling Protocol，L2TP）等。隧道协议通过在隧道的一端给数据加上隧道协议头（即进行封装），使这些被封装的数据都能在网络中传输；在隧道的另一端去掉该数据携带的隧道协议头，即进行解封装。

2．身份认证、数据加密、数据验证

身份认证、数据加密、数据验证可以有效保证 VPN 和数据的安全性。

（1）身份认证

VPN 网关对接入 VPN 的用户进行身份认证，保证接入的用户都是合法用户。

（2）数据加密

将明文通过加密技术变成密文，哪怕信息被获取了，也无法被识别。

（3）数据验证

通过数据验证技术对报文的完整性和真伪进行检查，防止数据被篡改。

操作训练

【操作训练 6-1】制作合格的网线

如果联网的网线被损坏，出现了接口老化、松动或是网线被损坏导致接触不良等现象，这时需要我们自己制作网线。

首先要准备好工具（水晶头、网线钳、测试仪）和双绞线。接下来按正确的方法制作合格的网络即可。

1．剥线

计算出所需网线长度，用网线钳扭转剪出线头大约 2 cm 的胶皮，拔下胶皮，如图 6-27 所示，也可用专门的剥线工具来剥线，剥线的长度一般为 12～15 mm。

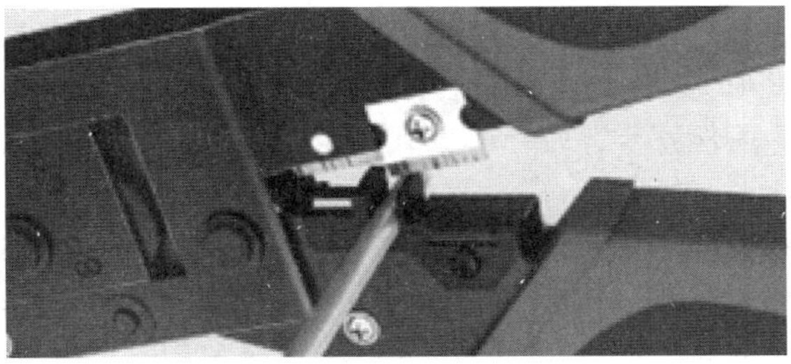

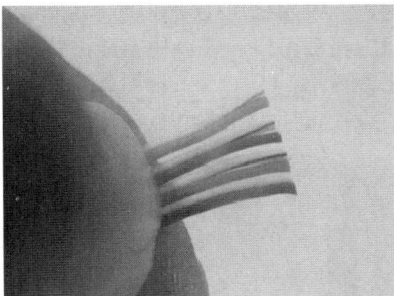

图 6-27　剥线

提 示　网线钳挡位离剥线刀口长度通常恰好为水晶头长度，这样可以有效避免剥线过长或过短。剥线过长一方面不美观，另一方面网线会被水晶头卡住，容易松动；剥线过短，因有胶皮存在，网线不能完全插到水晶头的底部，致使水晶头插针不能与网线芯线良好接触，制作的网线就有可能不合格。

2．理线

剥完胶皮后将两两绞在一起的双绞线分开，按照线序把它们从左到右排好，如图 6-28 所示，线序为橙白、橙、绿白、蓝、蓝白、绿、棕白、棕，每根线上都有对应的颜色，清晰明了。

3．剪线

将 4 对线都捋直并按顺序排列好后，再用网线钳的剪线口剪齐线头，如图 6-29 所示。

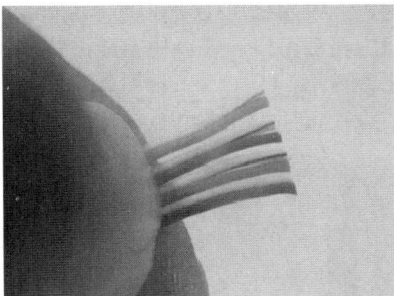

图 6-28　理线

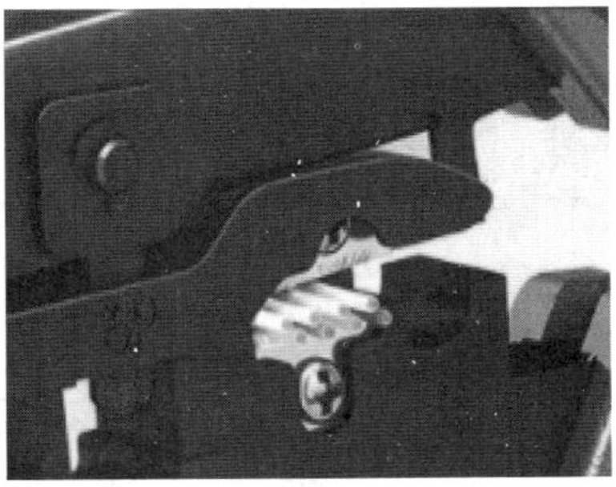

图 6-29　剪线

注 意　压线钳的剪线刀口应垂直于芯线，一定要剪齐，否则有的线会与水晶头的金属片接触不良，引起信号不通。

4．插线

用手水平握住水晶头（有弹片一侧向下），然后把剪齐、并列排列的 8 根芯线对准水晶头开口并排插入水晶头中（左边第一根线是橙白色的），注意一定要使各芯线都插到水晶头的底部，不能弯曲。

5．压线

确认所有芯线都插到水晶头底部后，即可将插入网线的水晶头直接放入压线钳夹槽中，水晶头放好后，双手握住网线钳，用力压下网线钳手柄，使水晶头的插针都能插入网线芯线之中，与之接触良好，如图 6-30 所示。然后用手轻轻拉一下网线与水晶头，看是否压紧，最好多压一次，重要的是要注意所压位置一定要正确。

203

压线这一步很重要，压好了网线才能接通。好的网线钳通常采用优质碳钢锻造，强度高、硬度好，保证紧密压接不变形。

这样，网线的一端就制作完毕，另一端的制作与之相同。

6. 测线

一段网线做好了，我们可以测试其连通性。可以用这段网线连接一台计算机进行测试，看看计算机是否能够正常上网。或者使用网线测试仪（见图 6-31）对做好的网线进行测试，方法如下：将制作好的网线两端分别插在测线器上，测线器上有 1～8 个灯，一般只要第 1、第 2、第 3、第 6 个灯亮，网线就是可以正常使用的。如果灯不亮，那就要更换水晶头重新进行制作。

图 6-30 压线

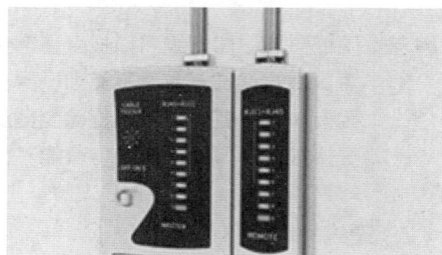

图 6-31 网线测试仪

【操作训练 6-2】通过手机配置无线路由器

随着智能手机、平板计算机等无线设备的普遍使用，无线网络也逐渐普及。而无线路由器作为无线网络的载体，自然成为必不可少的设备。很多路由器都可以通过手机完成设置，如果家中没有计算机，则可以通过手机完成无线路由器的初始化设置。

通过手机正确配置图 6-32 所示的无线路由器，路由器的型号为 TL-WDR7660。

图 6-32 无线路由器

1. 连接线路

一根网线的一头连接计算机的网卡接口，另一头连接无线路由器的 LAN 口或 WAN/LAN 口；另一根网线的一头连接无线路由器的 WAN 口，另一头连接到宽带接入口；接通无线路由器电源，确认指示灯亮起，如图 6-33 所示。

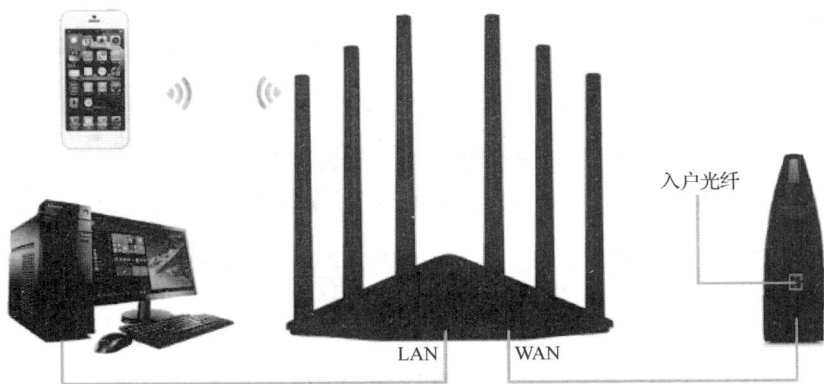

图 6-33　正确连接路由器

　　线路连好后，如果 WAN 口对应的指示灯不亮，则表明线路连接有问题，请检查确认网线连接牢固或尝试换一根网线。

2. 设置路由器上网

　　① 在路由器的底部标签上查看路由器出厂的无线名称。

　　路由器出厂的无线名称如图 6-34 所示。

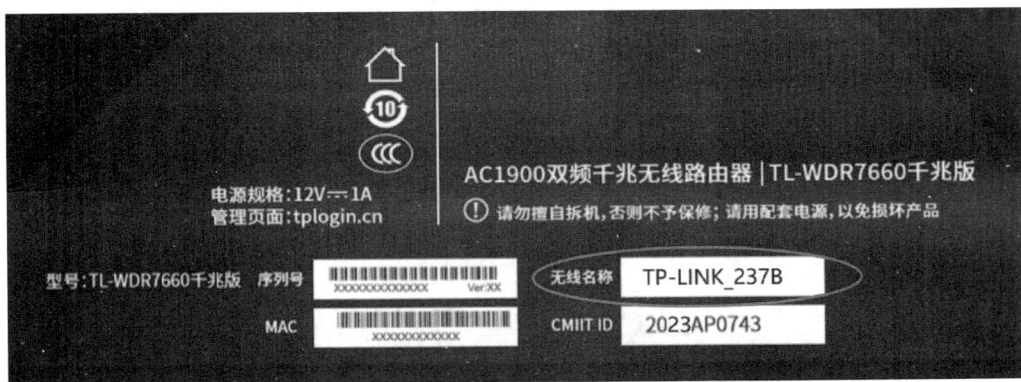

图 6-34　路由器出厂的无线名称

　　② 在手机中打开无线网络设置，连接路由器出厂的无线信号。如果是新的路由器，一般接通电源后，路由器会自动创建一个初始化无线网络，直接选择连接就可以了，不用关心有没有网络。

　　③ 连接 Wi-Fi 后，手机会自动弹出路由器的设置页面。若未自动弹出，请打开浏览器，在地址栏输入"tplogin.cn"（不同品牌的路由器的登录地址有所不同，具体可以看看路由器机身上的铭牌标注）并点击"转到"按钮。在弹出的登录界面中输入路由器的初始用户名和密码，例如，初始用户名为 admin，初始密码为 admin 或 123456。如果没有初始密码，初次设置时需设置好路由器的登录密码（密码长度范围为 6～32 位），该密码用于以后管理路由器（登录界面），请妥善保管。

　　④ 路由器登录成功后，会自动检测上网方式。

　　若上网方式检测为自动获取 IP 地址上网，则直接单击"下一步"按钮，无须更改上网方式。

　　若检测到上网方式为宽带拨号上网，则需要输入运营商提供的宽带账号和密码，输入完成后点击"下一步"按钮进行设置。

⑤ 接下来就是无线网络设置，也就是创建 Wi-Fi 网络，设置 Wi-Fi 名称和 Wi-Fi 密码，这一步完成后，点击"下一步"按钮继续。

注意 Wi-Fi 名称建议设置为字母或数字，尽量不要使用中文、特殊字符，避免部分无线客户端不支持中文或特殊字符而导致搜索不到或无法连接。

最后可以看到设置完成提示，点击"完成"按钮，路由器会自动重启，重启之后路由器就设置好了。

3. 手机上网

手机搜索设置后的 Wi-Fi 名称，并输入 Wi-Fi 密码，如果可以正常上网，则说明通过手机设置无线路由器成功，如果无法上网，请检查前面填写的名称与密码是否正确。

4. 计算机上网

① 配置与路由器连接的计算机，设置计算机 IP 地址和 DNS 地址为自动获取。

② 设置路由器连接互联网。由连接路由器的计算机启动浏览器进入路由器管理界面，根据向导连接互联网，设置路由器各项参数，设置 Wi-Fi 密码，重启路由器。

③ 网线连接路由器的方式可直接上网；无线设备连接互联网实现 Wi-Fi 上网可搜索"网络"，找到无线路由器对应的服务集标识符（Service Set Identifier，SSID）对应的无线网络，输入密码即可。

【操作训练 6-3】通过 Wi-Fi 接入互联网

通过 Wi-Fi 接入互联网的前提条件：必须拥有一块无线网卡以及正确的驱动程序。

接入互联网的过程如下。

① 在 Windows 10 桌面的任务栏右侧会看到一个右下角带有禁用标志的"地球"形状的图标，这个状态表示不可上网，如图 6-35 所示。

图 6-35　Windows 10 桌面与任务栏中的"地球"形状的图标

② 在任务栏中单击"地球"形状的图标，打开 Wi-Fi 的名称列表。在列表中单击选择一个需要连接的 Wi-Fi（SSID），这里选择"Xiaomi_1406"，如图 6-36 所示。

③ 单击连接按钮，在弹出的密码输入框中输入正确的密码并单击"下一步"按钮，开始连接无线网络，连接成功后会出现"已连接，安全"的提示信息。并且任务栏中"地球"形状图标会变为 Wi-Fi 信号的标志，如图 6-37 所示。

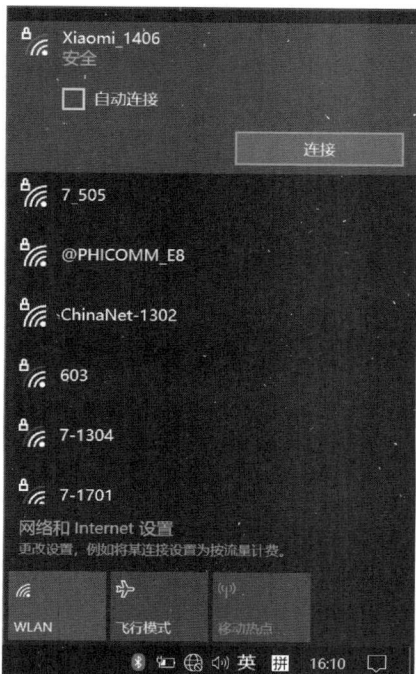

图 6-36 在 Wi-Fi 的名称列表选择"Xiaomi_1406"

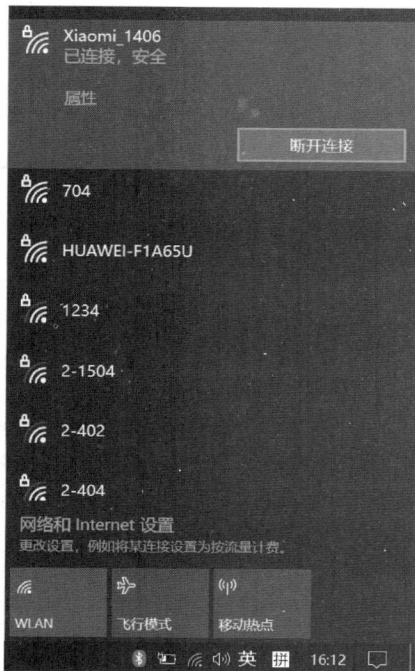

图 6-37 连接成功后会出现提示信息

④ 在浏览器中访问指定的网址，测试网络是否正常连接。

练习测试

1. IP 地址由（　　　）位二进制数组成。
   A. 16 　　　　　　　 B. 8 　　　　　　　 C. 32 　　　　　　　 D. 64
2. 下列电子邮件地址中，（　　　）是正确的。
   A. http://www.sina.com 　　　　　 B. good@163.com
   C. pku.edu.cn 　　　　　　　　　　 D. www.baidu.com
3. 根据网络的地理覆盖范围分类，校园网是一种（　　　）。
   A. 互联网 　　　　 B. 局域网 　　　　 C. 广域网 　　　　 D. 城域网
4. 下面（　　　）不是计算机局域网的主要特点。
   A. 覆盖的地理范围较小 　　　　　 B. 数据传输速率高
   C. 通信时延短，可靠性高 　　　　 D. 网络构建较复杂
5. 局域网的常用传输介质主要有（　　　）、同轴电缆和光纤。
   A. 激光 　　　　　 B. 微波 　　　　　 C. 红外线 　　　　 D. 双绞线
6. 局域网常用的网络拓扑结构有（　　　）、环形和星形。
   A. 总线型 　　　　 B. 树形 　　　　　 C. 网状 　　　　　 D. 层次型

7. 在组建局域网时，若线路的物理距离超过了规定的长度，一般需要增加（　　　）。

    A．网卡　　　　　　　　B．调制解调器　　　C．中继器　　　　　　　D．服务器

8. 下列关于计算机组网的目的，描述错误的是（　　　）。

    A．数据通信

    B．提高计算机系统的可靠性和可用性

    C．全部信息自由共享

    D．实现分布式信息处理

9. IP 位于 OSI 参考模型的（　　　）层。

    A．应用　　　　　　　　B．传输　　　　　　　C．网络　　　　　　　　D．数据链路

10. 互联网主要使用的是（　　　）网络体系结构。

    A．OSI/RM　　　　　　　B．TCP/IP　　　　　　C．ATM　　　　　　　　D．Internet

11. 将不同类型的计算机网络相连所使用的网络互联设备是（　　　）。

    A．集线器　　　　　　　B．交换机　　　　　　C．路由器　　　　　　　D．网关

12. 在 TCP/IP 网络中，任何一台计算机必须有一个 IP 地址，而且（　　　）。

    A．任意两台计算机的 IP 地址不允许重复

    B．任意两台计算机的 IP 地址允许重复

    C．不在同一城市的两台计算机的 IP 地址允许重复

    D．不在同一单位的两台计算机的 IP 地址允许重复

13. 以下 IP 地址中，正确的是（　　　）。

    A．10.1.10.2　　　　　　　　　　　　　B．110.221.10.256

    C．110.225.3　　　　　　　　　　　　　D．10.1.10.P

14. 在顶级域名中，（　　　）表示公司企业。

    A．com　　　　　　　　B．mil　　　　　　　　C．int　　　　　　　　D．edu

15. 以下协议中，（　　　）是发送邮件的协议。

    A．POP3　　　　　　　　B．IMAP　　　　　　　C．SMTP　　　　　　　D．HTTP

16. WWW 使用的应用层协议是（　　　）。

    A．FTP　　　　　　　　B．DNS　　　　　　　C．HTTP　　　　　　　D．Telnet

17. HTML 是（　　　）。

    A．WWW 编程语言　　　　　　　　　　　B．主页制作语言

    C．程序设计语言　　　　　　　　　　　D．超文本标记语言

18. 计算机网络中实现互联的计算机之间是（　　　）进行工作的。

    A．独立　　　　　　　　B．并行　　　　　　　C．相互制约　　　　　　D．串行

19. 在 TCP/IP 族中，TCP 是一种（　　　）协议。

    A．网络层　　　　　　　B．应用层　　　　　　C．传输层　　　　　　　D．数据链路层

20. E-mail 地址的格式为（　　　）。

    A．用户名@邮件主机域名　　　　　　　B．@用户邮件主机域名

    C．用户名邮件主机域名　　　　　　　　D．用户名@域名邮件

21. 在互联网中，下列域名的书写方式中正确的是（　　　）。

    A．ftp→uestc→edu→cn　　　　　　　　B．ftp.uestc.edu.cn

    C．ftp-uestc-edu-cn　　　　　　　　　D．以上都不对

单元 7
软件工程基础

07

软件行业是一个极具挑战性和创造性的行业，软件开发是一项复杂的系统工程，牵涉到各方面的因素。在实际工作中，经常会出现各种各样的问题，甚至面临失败。如何总结、分析失败的原因，取得有益的教训，是软件项目开发取得成功的关键。

软件工程就是为了适应软件开发和处理软件危机应运而生的，其教给我们的是一种开发软件的思维，并非开发软件的实际操作。软件工程通常会给予我们软件开发过程的模型，如瀑布模型、快速原型模型、增量模型、喷泉模型等。通过学习软件工程，编程人员在开发软件的过程中可以更加规范，以便后续软件的修改和优化。软件工程可以使软件开发变得有组织性并提高有效性，提升开发的效率。软件工程是软件开发工作中的核心主线，是高质量、进度可控、成本可控地完成软件生产过程的支撑，其将需求、设计、开发、测试等工程科学规范地串联起来，高效地驱动各环节传递与传承。

分析思考

ATM 操作用例图如图 7-1 所示，假设某银行的 ATM 内目前的现金为 5000 元，卡号尾数为 468596 的银行卡的账面金额为 600 元，该银行卡的密码为 123456，应用场景法设计测试用例，对 ATM 的密码验证功能和取款功能进行测试。这里只要求测试 ATM 的密码验证功能和取款功能，但不测试 ATM 的存款功能、转账功能和启动系统的功能。

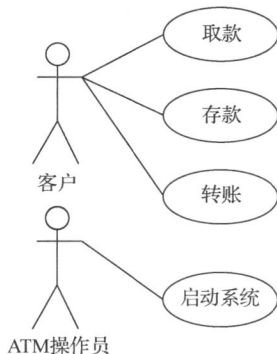

图 7-1 ATM 操作用例图

1. 设计软件测试用例
（1）分析 ATM 取款的基本流和备选流
ATM 取款的基本流和备选流如表 7-1 所示。

表 7-1　ATM 取款的基本流和备选流

流的类型		流的描述
基本流		正常取款
备选流	备选流 1	ATM 内没有现金
	备选流 2	ATM 内现金不足
	备选流 3	密码有误（限制 3 次输入机会）
	备选流 4	账户不存在或账户类型有误
	备选流 5	账户余额不足

（2）分析设计场景

ATM 取款的场景设计如表 7-2 所示。

表 7-2　ATM 取款的场景设计

场景编号	场景名称	流类型	
场景 1	成功取款	基本流	
场景 2	ATM 内没有现金	基本流	备选流 1
场景 3	ATM 内现金不足	基本流	备选流 2
场景 4	密码有误（第 1 次密码错误）	基本流	备选流 3
场景 5	密码有误（第 2 次密码错误）	基本流	备选流 3
场景 6	密码有误（第 3 次密码错误）	基本流	备选流 3
场景 7	账户不存在或账户类型有误	基本流	备选流 4
场景 8	账户余额不足	基本流	备选流 5

（3）构造测试用例设计矩阵

表 7-2 中的 8 个场景都需要确定测试用例，可以采用矩阵或决策表来确定和管理测试用例。测试用例设计矩阵如表 7-3 所示，表中 v 表示有效（Valid），i 表示无效（Inefficacy），n 表示不适用（Not Applicable）。

表 7-3　测试用例设计矩阵

用例编号	场景	密码	账号	输入或选择的金额	账面金额	ATM 内的现金	预期结果
bankCardTest01	场景 1	v	v	v	v	v	成功取款
bankCardTest02	场景 2	v	v	v	v	i	取款功能不可用
bankCardTest03	场景 3	v	v	v	v	i	警告重新输入取款金额
bankCardTest04	场景 4	i	v	n	v	v	警告重新输入密码
bankCardTest05	场景 5	i	v	n	v	v	警告重新输入密码
bankCardTest06	场景 6	i	v	n	v	v	警告没有机会重新输入密码
bankCardTest07	场景 7	n	i	n	i	v	警告账户不能用
bankCardTest08	场景 8	v	v	v	i	v	警告账户余额不足

2. 执行软件测试与分析测试结果

确定了测试用例，就应对这些用例进行复审和验证以确保其准确且适用，并取消多余或等效的测试用例。测试用例一经认可，就可以确定实际数据，将数据填入测试用例实施矩阵中，并实施测试，测试用例实施矩阵如表 7-4 所示。

表 7-4　测试用例实施矩阵

测试顺序	场景	密码	账号	输入或选择的金额	账面金额	ATM 内的现金	操作结果	测试结论
1	场景 1	123456	468596	200	600	5000	成功取款 200 元，账户余额为 400 元	合格
2	场景 2	123456	468596	200	600	0	取款选项不可见，取款功能不可用	合格
3	场景 3	123456	468596	200	600	100	重新输入取款金额 100 元或 50 元	合格
4	场景 4	222222	468596	n	600	5000	警告重新输入密码	合格
5	场景 5	333333	468596	n	600	5000	警告重新输入密码	合格
6	场景 6	444444	468596	n	600	5000	警告没有机会重新输入密码	合格
7	场景 7	123456	46m596	n	600	5000	警告账户不能用	合格
8	场景 8	123456	468596	1000	600	5000	警告账户余额不足	合格

按预先设计的测试用例进行测试，测试结论为合格。

学习领会

7.1　软件工程的概念

7.1.1　软件工程的概念

软件工程是一门研究以工程化方法，开发和维护高质量软件的工程学科。软件工程缺乏一个统一的定义，本书选用的定义如下：软件工程是应用计算机科学、数学、工程科学及管理科学等原理，开发软件的工程，其借鉴传统工程的原则、方法以提高质量、降低成本和改进算法。其中，计算机科学、数学用于构建模型与算法，工程科学用于制定规范、设计范型、评估成本及确定权衡，管理科学用于管理计划、资源、质量、成本等。

被较为认可的一种对软件工程的定义为：软件工程是研究和应用如何以系统化、规范化、定量化的过程化方法去开发和维护软件，以及如何把经过时间检验而证明正确的管理技术和当前能够得到的最佳技术方法结合起来。

7.1.2　软件生命周期

软件生命周期又称为软件生存周期，是指软件从立项开始，经过开发、使用，直到最后废弃的整个过程。通常将软件的生命周期划分为系统调查、系统分析、系统设计、程序设计、系统测试、运行维护等阶段。概括地说，软件生命周期由软件定义、软件开发和运行维护 3 个时期组成，每个时期又进一步被划分成若干个阶段。

下面简要介绍软件生命周期每个阶段的基本任务。

1. 系统调查阶段

通过对客户的访问调查，开发者了解现行系统的组织分工、业务流程以及资源，提出新系统的目标，并从技术、经济、社会等方面进行软件开发的可行性研究。

2. 系统分析阶段

开发者对现行系统的业务流程进行分析研究，确定新系统必须具备哪些功能，包括哪些界面，并且建立新系统的逻辑模型，如数据流程图、数据字典和处理过程等。该阶段的主要任务是明确目标系统必须"做什么"。系统分析阶段确定的系统逻辑模型是以后设计和实现目标系统的基础，因此必须准确完整地体现用户的要求。这个阶段的一项重要任务是用正式文档准确地记录目标系统的需求，这份文档通常被称为需求规格说明书。

3. 系统设计阶段

系统设计阶段主要解决"怎么做"的问题，即提出系统的物理模型。系统设计阶段细分为概要设计阶段和详细设计阶段。概要设计阶段又称为总体设计阶段，这个阶段必须回答的关键问题是："概括地说，应该怎样实现目标系统？"。概要设计阶段以比较抽象的方式提出了解决问题的办法。详细设计阶段的任务就是把解法具体化，也就是回答下面这个关键问题："应该怎样具体地实现这个系统呢？"。详细设计阶段也称为模块设计阶段，这个阶段将详细地设计每个模块，确定实现模块功能所需要的算法和数据结构。这个阶段的任务还不是编写程序，而是设计出程序的详细规格说明。这种规格说明的作用类似于其他领域中工程师经常使用的工程蓝图，它们应该包含必要的细节，程序员可以根据它们写出实际的程序代码。

4. 程序设计阶段

程序设计阶段的关键任务是编写出正确的、容易理解的、容易维护的程序代码。程序员根据目标系统的性质和实际环境，选取一种适当的高级程序设计语言，把详细设计阶段的结果转化成用计算机语言编写的程序，并且仔细测试编写出的每一个程序模块。

5. 系统测试阶段

系统测试阶段的关键任务是通过各种类型的测试以及相应的调试使软件系统达到规定的要求。最基本的测试是集成测试和验收测试。所谓集成测试是根据设计阶段的软件结构，把经过单元测试检验的模块按某种选定的策略装配起来，在装配过程中对程序进行必要的测试。所谓验收测试则是按照需求规格说明书的规定，由用户对目标系统进行验收。必要时还可以再通过现场测试或平行运行等方法对目标系统做进一步测试检验。

分析软件测试的结果可以预测软件的可靠性，反之，根据对软件可靠性的要求，也可以决定测试和调试过程的结束时间。开发者应该使用正式的文档资料把测试计划、详细测试方案以及实际测试结果保存下来，作为软件配置的一个组成部分。

6. 运行维护阶段

系统投入运行，开发者需要对软件进行必要的修改和维护。系统维护的关键任务是通过各种必要的维护活动使系统持久满足用户的需要。维护活动通常有 4 类：改正性维护，也就是诊断和改正软件在使用过程中发现的错误；适应性维护，即修改软件以适应环境的变化；完善性维护，即根据用户的要求改进或扩充软件，使它更完善；预防性维护，即修改软件以为将来的维护活动做准备。

7.2 软件体系结构的模型

软件体系结构（Software Architecture）为软件系统提供了一个结构、行为和属性的高级抽象，由构成系统的元素的描述、这些元素的相互作用、指导元素集成的模式以及这些模式的约束组成。软件体系结构不仅指定了系统的组织结构和拓扑结构，并且显示了系统需求和构成系统的元素之间的对应关系，提供了一些设计决策的基本原理。

软件体系结构是项目相关人员进行交流的手段，明确对系统实现的约束条件，决定开发和维护组织的结构，制约系统的质量属性。软件体系结构使推理和控制更改更简单，有助于循序渐进地进行原型设计，可以作为培训的基础。软件体系结构是可传递和可复用的模型，通过研究软件体系结构可以预测软件的质量。

设计软件体系结构的首要问题是如何表示软件体系结构，即如何对软件体系结构进行建模。根据建模的侧重点不同，可以将软件体系结构的模型分为 5 种，分别是结构模型、框架模型、动态模型、过程模型和功能模型。在这 5 种模型中，较常用的是结构模型和动态模型。

1. 结构模型

结构模型是一个非常直观、非常普遍的模型。这种模型以体系结构的构件、连接件和其他概念来刻画结构，并力图通过结构来反映系统的重要语义内容，包括系统的配置、约束、隐含的假设条件、风格、性质等。研究结构模型的核心是体系结构描述语言。

2. 框架模型

框架模型与结构模型类似，但它不太侧重描述结构的细节而更侧重于整体的结构。框架模型主要以一些特殊的问题为目标建立只针对和适应该问题的结构。

3. 动态模型

动态模型是对结构模型或框架模型的补充，其研究系统的"大颗粒"的行为性质，例如，描述系统的重新配置或演化。动态可以指系统总体结构的配置、建立或拆除通信通道或计算的过程。

4. 过程模型

过程模型研究构造系统的步骤和过程，因此，结构是遵循某些过程脚本的结果。

5. 功能模型

功能模型认为体系结构是由一组功能构件按层次组成的，下层向上层提供服务。它可以看作一种特殊的框架模型。

7.3 软件开发模型

软件开发模型是指软件开发全部过程、活动和任务的结构框架。软件开发模型能清晰、直观地表达软件开发的全过程，明确规定了要完成的主要活动和任务，用来作为软件项目工作的基础。对于不同的软件系统，可以采用不同的开发方法、使用不同的程序设计语言，允许各种不同技能的人员参与工作、运用不同的管理方法和手段等，以及允许采用不同的软件工具和不同的软件工程环境。

软件开发模型的发展实际上体现了软件工程理论的发展。在软件开发的早期，软件开发模型处于无序、混乱的状态。有些人为了能够控制软件的开发过程，就把软件开发严格地分为多个不同的阶段，并在阶段间加上严格的审查，这就是瀑布模型产生的起因。瀑布模型体现了人们对软件开发过程的一种希望：严格控制、确保质量。但瀑布模型根本达不到这个过高的要求，因为软件开发的过程往往难以预测，反而导致了其他的负面影响，如大量的文档、烦琐的审批。因此人们开始尝试用其他的方法来改进或替代瀑布模型，如把过程细分来增加过程的可预测性。

典型的软件开发模型主要包括瀑布模型、快速原型模型、渐增式模型、喷泉模型、迭代模型、螺旋模型、混合模型等，下面分别予以介绍。

1. 瀑布模型

瀑布模型在 1970 年由温斯顿·罗伊斯（Winston Royce）提出，该模型是一种结构化模型，其特征是：各阶段的衔接顺序犹如瀑布流水，自上而下、逐级下落。前一阶段结束后才能开始后一阶段的工作，前一阶段的输出是后一阶段的输入。其缺点是：缺乏灵活性，不能适应用户需求的变化，最终得到的产品可能并不能满足用户需求。其适合于软件需求比较明确或很少变化，并且开发人员可以一次性获取到全部需求的场合。

在 20 世纪 80 年代之前，瀑布模型一直是被广泛采用的软件开发模型，现在它仍然是软件工程中应用得非常广泛的模型。传统软件工程方法学的软件过程，基本上可以用瀑布模型来描述。图 7-2 所示为传统的瀑布模型。

传统的瀑布模型过于理想化了，事实上，程序员在工作过程中不可能不犯错误。在设计阶段可能发现规格说明文档中的错误，而设计上的缺陷或错误可能在实现过程中才显现出来，在综合测试阶段可能发现需求分析、设计或编码阶段的许多错误。因此，实际的瀑布模型是带"反馈环"的，如图 7-3 所示（图中实线箭头表示开发过程，虚线箭头表示维护过程）。当在后面阶段发现前面阶段的错误时，需要沿图中左侧的反馈线返回前面的阶段，修正前面阶段的产品之后再继续完成后面阶段的任务。

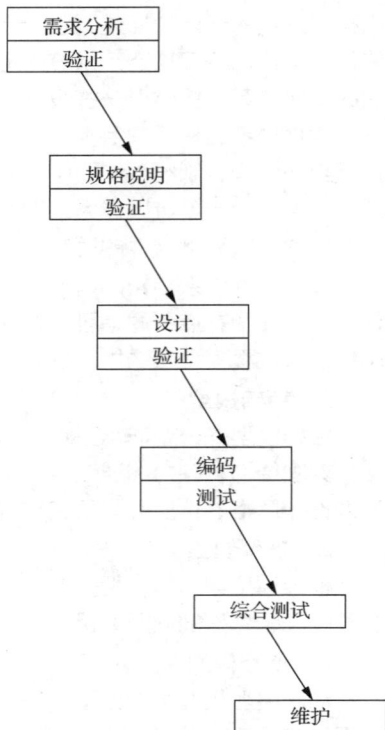

图 7-2　传统的瀑布模型

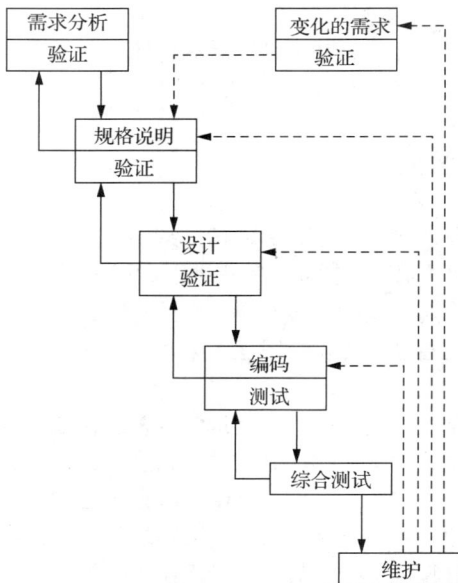

图 7-3　实际的瀑布模型

瀑布模型严格地规定了每个阶段必须提交的文档，要求每个阶段交出的所有产品必须经过质量保证小组的仔细验证。

2. 快速原型模型

快速原型类似于工程上先制作"样品"，用户试用后做适当改进，然后再批量生产。其优点是用户参与性强，需求逐步明确。快速原型模型的第一步是建造一个快速原型以实现客户或未来用户与系统的交互，客户或用户对原型进行评价，进一步细化待开发软件的需求。通过逐步调整原型，使其满足客户的要求，开发人员可以确定客户的真正需求是什么。第二步则在第一步的基础上开发令客户满意的软件产品。

快速原型的本质是"快速"，开发人员应该尽可能快地构建出原型系统，以加速软件开发过程，节约软件开发成本。原型的用途是获知用户的真正需求，一旦需求确定了，原型将被抛弃。因此，原型系统的内部结构并不重要，重要的是，必须迅速地构建原型然后根据用户意见迅速地修改原型。当快速原型的某个部分是利用软件工具由计算机自动生成的时候，可以把这部分用到最终的软件产品中。例如，用户界面通常是快速原型的一个关键部分，当使用屏幕生成程序和报表生成程序自动生成用户界面时，实际上可以把得到的用户界面用在最终的软件产品中。

快速原型模型适用于预先不能确切定义需求的软件系统，或需求多变的系统。

3. 渐增式模型

渐增式模型也称为增量式模型，它把软件产品作为一系列增量构件来设计、编码、集成和测试，在项目开发过程中，以开发一系列增量的方式来逐步开发系统。增量模型在各个阶段并不交付一个可运行的完整产品，而是交付满足客户需求的一个可运行的子集产品。整个产品被分解成若干个构件，开发人员逐个交付构件，这样做的好处是软件开发可以较好地适应变化，客户可以不断地看到所开发的软件，从而降低开发风险。

在使用增量模型时，第一个增量往往是实现基本需求的核心产品。核心产品交付用户使用后，经过评价形成下一个增量的开发计划，这个开发计划包括对核心产品的修改和一些新功能的发布。这个过程在每个增量发布后不断重复，直到产生最终的完整产品。

4. 喷泉模型

喷泉模型主要用于采用面向对象技术的软件开发项目，"喷泉"一词本身就体现了迭代和无间隙的特征。无间隙指在各项活动之间无明显边界，如分析、设计和编码之间没有明显的界限。由于对象概念的引入，需求分析、设计、实现等活动只用对象类和关系来表达，因而可以较为容易地实现活动的迭代和无间隙，并且使得开发过程自然地包括复用。

喷泉模型是一种以用户需求为动力，以对象为驱动的模型，主要用于描述面向对象的软件开发过程。该模型认为软件开发过程自下而上的周期的各阶段是相互重叠和多次反复的，就像水喷上去又可以落下来，类似喷泉，故称为喷泉模型。各个开发阶段没有特定的次序要求，并且可以交互进行，可以在某个开发阶段中随时补充其他任何开发阶段中的遗漏。

5. 迭代模型

迭代模型是统一软件开发过程（Rational Unified Process，RUP）推荐的周期模型。在某种程度上，开发迭代是一次完整地经过所有工作流程的过程，至少包括需求工作流程、分析设计工作流程、实施工作流程和测试工作流程。实质上，它类似小型的瀑布式项目。RUP 认为，所有的阶段都可以被细分为迭代。每一次的迭代都会产生一个可以发布的产品，这个产品是最终产品的一个子集。

6. 螺旋模型

软件开发几乎总要经历一定风险，例如，产品交付给用户之后用户可能不满意，到了预定的交付日期软件可能还未开发出来，实际的开发成本可能超过预算，在产品完成前一些关键的开发人员可能"跳槽"了，产品投入市场之前竞争对手发布了一个功能相近、价格更低的软件等。软件风险是软件开发项目中普遍存在的实际问题，项目越大，软件越复杂，承担该项目的风险也越大。软件风险可能在不同程度上损害软件开发过程和软件产品质量。因此，在软件开发过程中必须及时识别和分析风险，并且采取适当措施以消除或减少风险的危害。

构建原型是一种能使某些类型的风险降低的方法，为了降低交付给用户的产品不能满足用户需求的风险，一种行之有效的方法是在需求分析阶段快速地构建一个原型。

螺旋模型的基本思想是，使用原型及其他方法来尽量降低风险。理解这种模型的一个简便方法是，把它看作在每个阶段之前都增加了风险分析过程的快速原型模型。

螺旋模型是一种侧重风险分析的设计模型，它是迭代模型与快速原型模型的结合，在每个阶段之前都增加了"风险分析"过程，形成迭代过程，直到系统完成。

完整的螺旋模型如图 7-4 所示，螺旋线每个周期对应一个开发阶段。每个阶段开始时（左上象限）的任务是，确定该阶段的目标、为完成这些目标选择方案及设定这些方案的约束条件。接下来的任务是，从风险角度分析上一步的工作结果，努力排除各种潜在的风险（通常用构建原型的方法来排除风险）。如果风险不能排除，则停止开发工作或大幅度地削减项目规模。如果成功地排除了所有风险，则启动下一个开发步骤（右下象限），这个步骤的工作过程相当于纯粹的瀑布模型。最后是评价该阶段的工作成果并计划下一个阶段的工作。

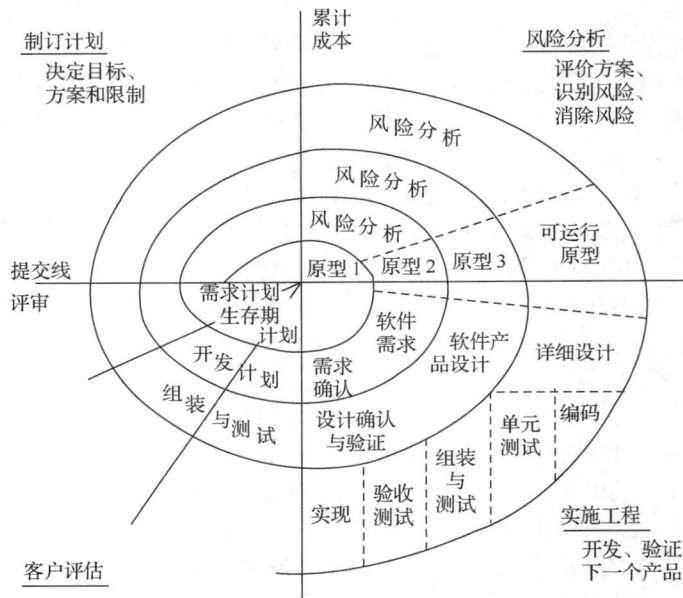

图 7-4　完整的螺旋模型

7.　混合模型

几种不同模型组合成一种模型，并允许一个项目能沿着最有效的路径发展，这就是混合模型（或过程开发模型）。实际上，一些软件开发单位都是使用几种不同的开发模型组成自己的混合模型。每个软件开发组织应该选择适合该组织的软件开发模型，并且开发模型应该随着当前正在开发的产品特性而变化，以减少所选模型的缺点，充分利用其优点。

7.4　软件开发方法

软件开发是一项复杂的系统工程，20 世纪 60 年代爆发了软件危机，促使人们探讨科学的软件开发方法。经过长期的开发实践，提出了许多软件开发方法，其中主要有生命周期法、原型法、结构化方法、模块化方法、面向对象方法、可视化方法等。

7.4.1 生命周期法

软件开发严格按系统调查与分析、系统设计、系统实现、系统调试、运行维护和废弃等阶段进行。这种方法要求系统说明书应准确地表达用户的要求，且在以后阶段不会发生变化。

生命周期法采用结构化系统分析与设计的思想，其突出优点是强调系统开发过程的整体性和全局性，避免了开发过程中的混乱状态。其主要缺陷是开发周期长，工作效率低，难以适应新型开发工具的发展，但其基本思想在其他开发方法中仍然适用。

7.4.2 原型法

开发人员首先构造系统初步模型，运行这个模型并根据用户的要求不断修改、补充，直到取得让用户完全满意的原型为止，最后实现系统。

原型法的主要优点是开发周期短、见效快，可以边开发边使用，比较适用于管理体制和结构不稳定、需要经常变化的环境。其缺点是初始原型设计比较困难，容易陷入软件危机，对于开发大型、复杂的应用系统时一般不宜采用。

原型法比较适用于用户需求不清、需求经常变化的情况。当系统规模不是很大也不太复杂时，采用该方法比较好。

7.4.3 结构化方法

结构化方法是一种面向数据流的开发方法，总的指导思想是自顶向下、逐层分解，其基本思想是软件功能的分解和抽象。它适用于解决数据处理领域的问题，不适用于大规模的、特别复杂的项目，且难以适应需求的变化。

在结构化方法中，利用数据流图模型对系统进行层层分解，将一个大的系统分解为多个程序模块，数据流图中需要存储的信息通过 E-R 图建立数据模型，其功能模型和数据模型是分离的，也就是说在结构化方法中，程序和数据是分离的。另外，程序的结构要遵循每个程序模块只有一个入口和一个出口，在程序模块内部只能采用顺序、选择、循环 3 种基本的控制结构。

7.4.4 模块化方法

模块化方法是一种软件开发方法，是指把一个待开发的软件分解成若干小的简单的部分，采用对复杂事物分而治之的经典原则。模块化方法涉及的主要问题是模块设计的规则，系统如何分解成模块。每一模块可独立开发、测试，最后组装成整个软件。对一个规约进行分解，以得到模块系统结构的方法有数据结构设计法、功能分解法、数据流设计、面向对象的设计等。

7.4.5 面向对象方法

面向对象方法将面向对象的思想应用于软件开发过程中，指导开发活动，是建立在"对象"概念基础上的方法。面向对象方法的本质是主张参照人们认识现实系统的方法，完成分析、设计与实现一个软件系统，提倡用人类在现实生活中常用的思维方法来认识、理解、描述客观事物，强调最终建立的系统能映射问题域，使得系统中的对象，以及对象之间的关系能够如实地反映问题域中固有的事物及其关系。

面向对象方法的基本思想是：客观事物都是由对象组成的，对象具有属性和方法，属性反映对象的特征，方法则是改变属性的各种动作；对象之间的联系主要通过传递消息来实现；对象可以按属性归为类，类有一定的结构，而且可以有子类，对象与类之间的层次关系是通过继承来维持的。

按照上述思想，面向对象方法分为 4 个阶段：系统调查和需求分析，解决系统干什么；面向对象分析，识别出对象及其行为、结构、属性和方法，简称 OOA（Object-Oriented Analysis），主要的分析和设计模型一般使用 UML 建模语言的用例图、类图等模型；面向对象设计，对分析结果进一步抽象、归类和整理，最终以范式的形式确定下来，简称 OOD（Object-Oriented Design），一般使用 UML 的实现类图、顺序图、部署图等模型；面向对象编程，利用面向对象程序设计语言编制应用程序，简称 OOP（Object-Oriented Programming）。面向对象方法采用的模型主要是基于 UML 建模语言的。UML 从系统的不同角度出发，定义了用例图、类图、对象图、状态图、活动图、顺序图、协作图、构件图、部署图等 9 种图。这些图形模型从不同的侧面对系统进行描述。在实际分析和设计中，这 9 种图形模型不一定全部用到，常用的图形模型有用例图、类图、顺序图、部署图等。

面向对象方法弥补了传统结构化方法中的许多缺陷，缩短了开发周期，是软件开发技术的一次重大革命。但同原型法一样，面向对象方法需要有一定的软件支持工具才能应用。

7.4.6　可视化方法

可视化方法就是指在可视开发工具提供的图形用户界面上，通过操作界面元素，诸如菜单、按钮、对话框、编辑框、单选框、复选框、列表框和滚动条等，由可视开发工具自动生成应用软件。这类应用软件的工作方式是事件驱动，对每一事件，由系统产生相应的消息，再将其传递给相应的消息响应函数。这些消息响应函数是由可视开发工具在生成软件时自动装入的。

7.5　软件过程和项目管理

软件过程是为了获得高质量软件所需要完成的一系列任务的框架，它规定了完成各项任务的工作步骤。

7.5.1　软件过程

概括地说，软件过程描述为了开发出客户需要的软件，需要什么人（Who）、在什么时候（When）、做什么事（What）以及怎样（How）做这些事以实现某一个特定的具体目标。

完成开发任务必须进行一些开发活动，并且使用适当的资源（例如，人员、时间、计算机硬件、软件工具等），在过程结束时把输入（例如，软件需求）转化为输出（例如，软件产品）。因此，ISO 9000 把软件过程定义为"使用资源将输入转化为输出的活动所构成的系统"。此处，"系统"的含义是广义的："系统是相互关联或相互作用的一组要素"。

软件过程定义了运用方法的顺序、应该交付的文档资料、为保证软件质量和协调变化需要采取的管理措施，以及标志软件开发各个阶段任务完成的里程碑。为获得高质量的软件产品，软件过程必须科学、有效。

科学、有效的软件过程应该定义一组适合于所承担的项目特点的任务集合。通常，一个任务集合包括一组软件工程任务、里程碑和应该交付的产品（软件配置成分）等。通常使用生命周期模型简洁地描述软件过程，生命周期模型规定了把生命周期划分成哪些阶段及各个阶段的执行顺序，因此，也称为过程模型。

7.5.2　软件工程过程

软件工程过程是把输入转化为输出的一组彼此相关的资源和活动，是建造高质量软件所需完成的任务的框架，即形成软件产品的一系列步骤，包括中间产品、资源、角色及过程中采取的方法、工具等范畴。

软件过程主要针对软件生产和管理进行研究，为了获得实现工程目标的软件，不仅涉及工程开发，而且涉及工程支持和工程管理。

对于一个特定的项目，可以通过剪裁过程定义所需的活动和任务，使活动并发执行。与软件有关的单位，根据需要和目标，可采用不同的过程、活动和任务。

软件工程过程是指将软件工程的方法和工具综合起来，以达到合理、及时地进行计算机软件开发的目的。

7.5.3　项目管理

项目管理是 20 世纪 50 年代后期发展起来的一种计划管理方法。所谓项目管理，是指在一定资源（包括人力、设备、材料、经费、能源、时间等）约束条件下，运用系统、科学的原理和方法对项目及其资源进行计划、组织和控制，旨在实现项目的既定目标（包括质量、速度、经费）的管理方法体系。

1. 项目管理的必要性

① 从系统的观点进行全局又切合实际的安排，使得预期的多目标能达到最优的结果。

软件系统是一个投资较大、建设周期较长的系统工程，要重点考虑各分项目之间的关系与协调、众多资源的调配与利用。在此基础上制订出切实可行的计划，避免不必要的返工或重复劳动，也避免高估能力而导致计划不能执行。

② 为估计人力资源的需求提供依据。

在项目的计划安排中，对软件的工作量做了估计，包括需要什么级别的软件开发人员，系统的设计与编程的工作量等，还对硬件的安装调试、对使用人员的配置都给出了详细的要求，以便对系统建设需要的人力资源提出一个比较准确的数字。同时，可以通过计划的执行来考查各级人员的素质及效率。

③ 能通过计划安排来进行项目的控制。

当制订了项目执行的计划日程表后，就可以定期检查计划的进展情况，分析拖延或超前的原因，决定如何采取行动或措施，使其回到计划日程表上来。同时，系统追踪记录各项目的运行时间及费用，并与预计的数字进行比较，以便项目管理人员为下一步行动做出决策。

④ 提供准确一致的文档数据。

项目管理要求事先整理好有关基础数据，使每个项目的建设者都能使用统一的文件及数据。同时，在项目进行过程中生成的各类数据又可以为大家所共享，保证项目建设者之间的工作协调有序。

2. 软件项目的特点

软件系统的建设是一类项目，它具有项目的一般特点，同时还具有自己独有的特点，可以用项目管理的思想和方法来指导软件系统的建设。

① 软件系统的目标是不精确的，任务的边界是模糊的，质量要求更多是由项目团队来定义的。

对于软件系统的开发，许多客户一开始只有一些初步的功能要求，给不出明确的想法，提不出确切的要求。软件系统项目的任务范围很大程度上取决于项目组所做的系统规划和需求分析。

② 软件系统项目进行过程中，客户的需求会不断被激发，并不断地被进一步明确，导致项目的进度、费用等计划不断更改。

客户需求的每一次明确，系统的相关内容就得随之修改，而在修改的过程中可能产生新的问题，并且这些问题很可能过了相当长的时间以后才会被发现。因此，就要求项目经理不断监控和调整项目计划的执行情况。

③ 软件系统是智力密集、劳动密集型项目，受人力资源影响较大，项目成员的结构、责任心、能力和稳定性对软件系统项目的质量以及是否成功有决定性的影响。因而在软件系统项目的管理过程中，要将人力放在与进度、成本一样高的地位来对待。

3. 项目管理的主要任务

项目管理的主要任务有以下几个。

① 明确总体目标、制订项目计划，对开发过程进行组织管理，保证总体目标的顺利实现。

② 严格选拔和培训人员，合理组织开发机构和管理机构。

③ 编制和调整开发计划进程表。

④ 开发经费的概算与控制。

⑤ 组织项目复审和书面文件资料的复查与管理。

⑥ 系统建成后运行与维护过程的组织管理。

7.6 软件测试

7.6.1 软件测试的概念

简单地说，软件测试就是为了发现错误而执行程序的过程。软件测试是一个找错的过程，测试要求以较少的用例、时间和人力找出软件中潜在的各种错误和缺陷，以确保软件系统的质量。

在 IEEE 所提出的软件工程标准术语中，软件测试的定义为"使用人工或自动手段来运行或测试某个系统的过程，其目的在于检验它是否满足规定的需求或弄清楚预期结果与实际结果之间的差别"。软件测试与软件质量密切联系在一起，软件测试归根到底是为了保证软件质量，软件质量是以"满足需求"为基本衡量标准的。该定义明确提出了软件测试以检验软件是否满足需求为目标。

软件测试的主要工作是验证（Verification）和确认（Validation），验证是保证软件正确实现特定功能的一系列活动，即保证软件做了用户所期望的事情；确认是一系列的活动和过程，其目的是证实在一个给定的外部环境中软件的逻辑正确性。

软件测试的对象不仅有程序，还包括整个软件开发期间各个阶段所产生的文档。

软件测试是软件质量保证的主要手段之一，也是在将软件交付给客户之前所必须完成的步骤。目前，软件的正确性证明尚未得到根本解决，软件测试仍是发现软件错误和缺陷的主要手段。软件测试的目的就是在软件投入生产运行之前，尽可能多地发现软件产品（主要是指程序）中的错误和缺陷。

7.6.2 软件测试的目的和原则

1. 软件测试的目的

软件测试的目的是保证软件产品的最终质量，在软件开发过程中，对软件产品进行质量控制。测试可以完成许多事情，但最重要的是衡量正在开发的软件的质量。

对于软件测试的目的，格伦福德·迈尔斯提出以下观点。

① 软件测试是一个为了发现错误而执行程序的过程。

② 软件测试是为了证明程序有错，而不是为了证明程序无错。

③ 一个好的测试用例在于它能发现至今尚未发现的错误。

④ 一个成功的测试是发现了至今尚未发现的错误的测试。

这些观点提醒人们测试要以查找错误为中心，而不是为了演示软件的正确功能。首先，软件测试不仅是为了找出错误，也是为了对软件质量进行度量和评估，以提高软件的质量。软件测试是以评价一个程序或者系统属性为目标的活动，从而验证软件的质量满足客户的需求的程度，为客户选择与接受软件提供有力的依据。通过分析错误产生的原因和错误的分布特征，可以帮助软件项目管理者发现当前所采用的软件过程的缺陷，以便改进软件过程。同时，通过分析也能帮助项目管理者设计出有针对性的检测方法，改善测试的有效性。其次，没有发现错误的测试也是有价值的，完整的测试是评定测试质量的一种方法。

2. 软件测试的原则

为了进行有效的测试，测试人员需理解和遵循以下基本原则。

① 应当把"尽早地和不断地进行软件测试"作为软件开发者的座右铭。

由于软件系统的复杂性和抽象性，软件开发各个阶段工作的多样性，以及开发过程中各种层次的人员之间工作的配合关系等因素，软件开发的每个环节都可能产生错误。所以不应把软件测试仅仅看作软件开发的一个独立阶段，而应当使它贯穿软件开发的各个阶段，坚持在软件开发的各个阶段进行技术评审，这样才能在开发过程中尽早发现和预防错误，杜绝某些隐患，提高软件质量。

② 程序员应避免检查自己编写的程序。

人们常常由于各种原因而产生一些不愿意否定自己的心理，认为揭露自己编写的程序中的问题不是一件愉快的事情。这一心理状态就成为测试自己编写的程序的障碍。另外，程序员对软件规格说明理解错误而引入的错误则更难发现。如果由别人来测试程序员编写的程序，可能会更客观、更有效，并更容易取得成功。但要区分程序测试和程序调试，调试程序由程序员自己来做可能更有效。

③ 测试用例应由测试输入数据和与之对应的预期输出结果两部分组成。

在进行测试之前应当根据测试的要求选择测试用例，测试用例不但需要测试性地输入数据，而且需要针对这些输入数据输出预期的结果。如果没有对测试输入数据给出预期的输出结果，那么就缺少检验实测结果的基准，就有可能把一个似是而非的错误结果当成正确结果。

④ 在设计测试用例时，应当包括合理的输入条件和不合理的输入条件。

合理的输入条件是指能验证程序正确性的输入条件，而不合理的输入条件是指异常的、临界的、可能引起问题变异的输入条件。在测试程序时，人们常常倾向于过多地考虑合法的和期望的输入条件，以检查程序是否做了它应该做的事情，而忽视了不合法的和预想不到的输入条件。事实上，软件系统在投入运行以后，用户对其的使用往往不遵循事先的约定，使用了一些意外的输入，如用户在键盘上按错了键或输入了非法的命令。如果软件对这种异常情况不能做出适当的反应，给出相应的信息，那么就容易产生故障，轻则输出错误的结果，重则导致软件失效。因此，软件系统处理非法命令的能力也必须在测试时受到检验。用不合理的输入条件测试程序时，往往比用合理的输入条件进行测试更能发现错误。

⑤ 充分注意软件测试时的群集现象。

测试时不要以为找到了几个错误就不需要继续测试了。在所测试的程序中，若发现的错误数目较多，则残存的错误数目也会比较多，这种错误群集现象已被许多程序的测试实践所证实。根据这一现象，应当对错误群集的程序进行重点测试，以提高测试效率。

⑥ 严格执行测试计划，排除测试的随意性。

测试计划的内容要完整、描述要明确，并且不能被随意更改。

⑦ 应当对每一个测试结果做全面检查。

有些错误的征兆在输出实测结果时已经明显地出现了，但是如果不仔细、全面地检查测试结果，就会使这些错误被遗漏掉。所以必须对预期的输出结果明确定义，对实测的结果仔细分析、检查，发现错误。

⑧ 妥善保存测试过程中产生的各种数据和文档。

对于测试过程中产生的测试计划、测试用例、出错统计和分析报告等数据和文档应妥善保存，为日后维护提供方便。

⑨ 注意回归测试的关联性。

对回归测试的关联性一定要充分注意，修改一个错误而引起更多错误出现的现象并不少见。

7.6.3 软件测试流程

软件测试流程是指从软件测试开始到软件测试结束所经过的一系列准备、执行、分析的过程，一般可划分为制订测试计划、设计测试用例和测试过程、实施软件测试、评估与总结软件测试等几个主要阶段。

1. 制订测试计划

制订测试计划的主要目的是识别任务、分析风险、规划资源和确定进度。测试计划一般由测试负责人或测试经验丰富的专业人员制订，其主要依据是项目开发计划和测试需求分析结果。

测试计划一般包括以下几个方面。

（1）软件测试背景

软件测试背景主要包括软件项目介绍、项目涉及人员等。

（2）软件测试依据

软件测试依据主要有软件需求文档、软件规格说明书、软件设计文档以及其他内容等。

（3）测试范围的界定

测试范围的界定就是确定测试活动需要覆盖的范围。确定测试范围之前，需要分解测试任务，分解任务有两个方面的目的，一是识别子任务，二是方便估算对测试资源的需求。

（4）测试风险的确定

软件项目中总是有不确定的因素，这些因素一旦出现，对项目的顺利执行会产生很大的影响。所以在软件项目中，首先需要识别出存在的风险。识别风险之后，需要对照风险制定规避风险的方法。

（5）测试资源的确定

确定完成任务需要消耗的人力资源和物质资源，主要包括测试设备需求、测试人员需求、测试环境需求以及其他资源需求等。

（6）测试策略的确定

主要包括采取的测试方法、搭建的测试环境、采用的测试工具和管理工具以及对测试人员进行的培训等。

（7）制订测试进度表

在识别出子任务和资源之后，可以将任务、资源和时间关联起来形成测试进度表。

2. 设计测试用例和测试过程

测试用例是为特定目标开发的测试输入、执行条件和预期结果的集合，这些特定目标可以是验证一个特定的程序路径，或核实是否符合特定需求。

设计测试用例就是设计针对特定功能或组合功能的测试方案，并将其编写成文档。测试的目的是暴露软件中隐藏的缺陷，所以在设计测试用例时要考虑那些易于发现缺陷的测试用例和数据，结合复杂的运行环境，在所有可能的输入条件和输出条件中确定测试数据，来检查软件是否都能产生正确的输出。

测试过程一般分成几个阶段：代码审查、单元测试、集成测试、系统测试和验收测试等。尽管这些阶段在实现细节方面都不相同，但其工作流程是一致的。设计测试过程就是确定测试的基本执行过程，为测试的每个阶段的工作建立一个基本框架。

3. 实施软件测试

实施测试包括测试准备、建立测试环境、获取测试数据、执行测试等。

（1）测试准备和建立测试环境

测试准备主要包括全面、准确地掌握各种测试资料，进一步了解、熟悉测试软件，配置测试的软件、硬件环境，搭建测试平台，充分熟悉和掌握测试工具等。

测试环境很重要，不同软件产品对测试环境有着不同的要求，符合要求的测试环境能够帮助我们准确地测试出软件存在的问题，并且做出正确的判断。测试环境的一个重要组成部分是软件、硬件配置，只有在充分认识测试对象的基础上，才有可能知道每一种测试对象需要什么样的软件、硬件配置，才有可能配置出相对合理的测试环境。

（2）获取测试数据

获取测试数据即使用测试事务创建有代表性的处理情形，创建测试数据的难点在于要确定使用哪些事务作为测试事务。需要测试的常见情形有正常事务的测试和使用无效数据的测试。

（3）执行测试

执行测试的步骤一般由输入、执行过程、检查过程和输出 4 个部分组成。测试执行过程可以分为单元测试、集成测试、系统测试、验收测试等阶段，其中每个阶段还包括回归测试等。

从测试的角度而言，测试执行包括量和度的问题，即测试范围和测试程序的问题。例如，一个软件版本需要测试哪些方面？每个方面要测试到什么程度？从管理的角度而言，在有限的时间内，在人员有限甚至短缺的情况下，要考虑如何分工，如何合理地利用资源来开展测试。

4. 评估与总结软件测试

软件测试的主要评估方法包括缺陷评估、测试覆盖和质量评测。质量评测是对测试对象的可靠性、稳定性以及性能的评测，它建立在对测试结果的评估和对测试过程中确定的变更请求分析的基础上。

测试工作的每一个阶段都应该有相应的测试总结，测试软件的每个版本也应该有相应的测试总结。当软件项目完成测试后，一般要对整个项目的测试工作进行回顾总结。

操作训练

【操作训练 7-1】认知软件系统用户登录模块的 UML 图

用户登录界面的设计和用户登录模块的编码都属于软件开发的实施阶段，在系统实施之前还应包括系统分析和设计，在系统分析和设计阶段通过建立软件模块来确定用户需求和系统功能。

与建房类似，施工之前必须先进行绘图设计，设计阶段主要绘制图纸、建立模型，施工阶段则根据事先设计好的图纸进行施工。开发软件系统也必须经过系统分析、系统设计、系统实施等主要阶段，在界面设计和编码之前必须先建立软件模块。

1. 认知用户登录模块的用例图

软件系统（如图书管理系统）的用户登录模块的参与者通常是"用户"，基本功能有两个：①输入用户名和密码；②验证用户身份。UML 的用例图用来描述系统的功能，并指出各功能的参与者，用户登录模块的用例图如图 7-5 所示。

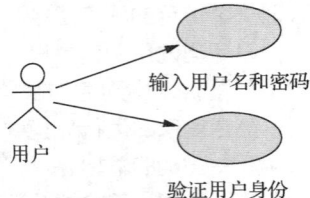

图 7-5　用户登录模块的用例图

在用户登录模块的用例图中，参与者"用户"用人形图标表示，用例"输入用户名和密码"和"验证用户身份"用椭圆形图标表示，连线描述它们之间的关系。

2. 认知用户登录模块的类图

用户在"用户登录界面"输入"用户名"和"密码"，然后通过单击"确定"按钮，触发 Click 事件，执行验证用户身份的操作。在面向对象程序设计环境中，窗体也被定义为类，由于采用多层架构，在"业务处理层"调用相应的类执行业务处理，在"数据操作层"调用相应的类执行数据操作。在系统分析和设计阶段使用 UML 的类图定义系统的类以及类的属性和操作。图 7-6 所示为"登录界面类"的类图，图 7-7 所示为"用户登录类"的类图，图 7-8 所示为"数据库操作类"的类图。

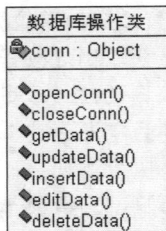

图 7-6　"登录界面类"的类图　　图 7-7　"用户登录类"的类图　　图 7-8　"数据库操作类"的类图

UML 使用有 3 个预定义分栏的图标表示类，从上至下 3 个分栏表示的内容分别为类名称、类的属性和类的操作（操作的具体实现称为方法），它们对应着类的基本元素，如图 7-6 至图 7-8 所示。以"数据库操作类"为例说明类图的组成，"数据库操作类"即该类的类名，类名通常为一个名词，"数据库操作类"包含一个属性"conn"，类的属性描述了类在软件系统中代表的事物（即对象）所具备的特性，这些特性是该类的所有对象共有的。一个对象可能有很多属性，在系统建模时，只抽取那些对系统有用的特性作为类的属性，通过这些属性可以识别该类的对象。"数据库操作类"包含 7 个方法，分别为 openConn()、closeConn()、getData()、updateData()、insertData()、editData()和 deleteData()，这些方法可以看作类的接口，通过这些接口可以实现内、外信息的交互。

3. 认知用户登录模块的活动图

UML 的活动图描述为满足用例要求所要进行的活动，描述业务过程的工作流程中涉及的活动。活动图由多个动作组成，当一个动作完成后，动作将会改变，转移到一个新的动作。活动图可用于简化一个过程或操作的工作步骤，例如，软件开发公司可以使用活动图对一个软件的开发过程进行建模，会计师事务所可以使用活动图对财务往来进行建模，工业企业可以使用活动图对订单批准过程进行建模。

用户登录模块的活动图如图 7-9 所示。该活动图描述的用户登录过程如下。

① 启动软件系统，显示登录界面。

② 用户在登录界面分别输入"用户名"和"密码"。

③ 用户单击"确定"按钮，系统通过验证用户输入的"用户名"和"密码"的正确性，判断用户身份是否合法。

④ 如果用户身份合法，则成功登录。如果用户输入的"用户名"或者"密码"有误，则显示提示信息，此时用户可以单击"取消"按钮，退出登录状态，也可以重新输入"用户名"和"密码"，系统重新验证用户的身份。

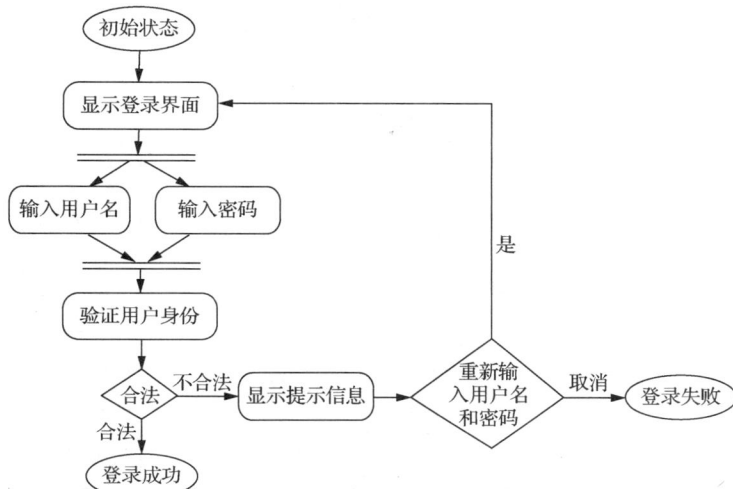

图 7-9　用户登录模块的活动图

【操作训练 7-2】对 Windows 操作系统自带的计算器的功能和界面进行测试

对 Windows 操作系统自带的计算器的功能实现情况和用户界面进行测试，检验计算器的功能和界面是否符合规格说明书。主要测试计算器的加、减、乘、除、平方根、倒数等数学运算功能和用户界面，但不测试计算器的科学计算、统计计算、数字分组功能。

1. 设计软件测试用例

（1）功能测试用例设计

计算器的功能测试用例如表 7-5 所示。

表 7-5　计算器的功能测试用例

测试用例编号	测试算式	预期输出	测试用例编号	测试算式	预期输出
calcTest01	3+2 − 9	− 4	calcTest06	$5 \times 20\%$	1
calcTest02	$2 \times 3+1$	7	calcTest07	$\sqrt{16}+\dfrac{1}{-4}$	3.75
calcTest03	$12 \times 0.25 − 0.6$	2.4	calcTest08	$0 \div 12$	0
calcTest04	$2.5 \div 0.25 \times 10+6.2 − 2.3$	103.9	calcTest09	$12 \div 0$	除数不能为零
calcTest05	$6 \times (− 4)+8.3 − 7.9$	− 23.6	calcTest10	$\sqrt{-25}$	无效输入

（2）用户界面测试用例设计

目前的软件广泛使用图形用户界面，图形用户界面主要由窗口、下拉菜单、工具栏、各种按钮、滚动条、文本框、列表框等组成，这些都是一般图形界面中具有代表性的控件。在对各控件进行测试时，主要对照规格说明书和设计说明书中对各控件的描述，来检验控件能否完成规定的各项操作，以及各项功能是否能够实现。

计算器的用户界面测试用例如表 7-6 所示。

表 7-6　计算器的用户界面测试用例

测试用例编号	测试范围	测试用例	预期输出
calcTest11	窗口界面	窗体大小、控件布局、前景与背景颜色	合理
calcTest12		快速或慢速移动窗体	背景及窗体本身刷新正确
calcTest13		改变屏幕显示分辨率	显示正常
calcTest14	菜单界面	菜单功能	齐全且能正确执行
calcTest15		菜单的快捷命令方式	合适
calcTest16		菜单文本的字体、字号和格式	合适
calcTest17		菜单名称	具有自解释性
calcTest18		菜单标题	简明、有意义
calcTest19	命令按钮	命令按钮的标识与操作响应	一致
calcTest20		单击命令按钮响应操作	正确
calcTest21		非法的运算式	给出对应的提示信息
calcTest22	文本框	显示运算结果与提示信息	正确

2. 执行软件测试与分析测试结果

（1）执行功能测试

Windows 操作系统自带的计算器的运行外观如图 7-10 所示。

图 7-10　Windows 操作系统自带的计算器的运行外观

计算器功能测试的执行过程如表 7-7 所示。

表 7-7　计算器功能测试的执行过程

测试顺序	算式	按键与测试过程	实际输出结果	测试结论
1	3+2 − 9	依次按 3、+、2、−、9、=	− 4	正确
2	2 × 3+1	依次按 2、×、3、+、1、=	7	正确
3	12 × 0.25 − 0.6	依次按 1、2、×、0、.、2、5、−、0、.、6、=	2.4	正确
4	2.5 ÷ 0.25 × 10+6.2 − 2.3	依次按 2、.、5、÷、0、.、2、5、×、1、0、+、6、.、2、−、2、.、3、=	103.9	正确
5	6 × （ − 4 ）+8.3 − 7.9	依次按 6、×、4、+/−、+、8、.、3、−、7、.、9、=	− 23.6	正确
6	5 × 20%	依次按 5、×、2、0、%、=	1	正确
7	$\sqrt{16}+\dfrac{1}{-4}$	依次按 1、6、$\sqrt[2]{x}$、+、4、+/−、1/x、=	3.75	正确
8	0 ÷ 12	依次按 0、÷、1、2、=	0	正确
9	12 ÷ 0	依次按 1、2、÷、0、=	除数不能为零	正确
10	$\sqrt{-25}$	依次按 2、5、+/−、$\sqrt[2]{x}$	无效输入	正确

（2）执行用户界面测试

计算器用户界面的测试过程如表 7-8 所示。

表 7-8　计算器用户界面的测试过程

测试顺序	测试范围	测试内容	测试方法	测试结论
1	窗口界面	窗体大小、控件布局、前景与背景颜色	目测	合格
2		快速或慢速移动窗体	移动操作、目测	合格
3		改变屏幕显示分辨率	操作、目测	合格
4	菜单界面	菜单功能	操作、目测	合格
5		菜单的快捷命令方式	目测	合格
6		菜单文本的字体、大小和格式	目测	合格
7		菜单名称	目测	合格
8		菜单标题	目测	合格
9	命令按钮	命令按钮的标识与操作响应	操作、目测	合格
10		单击命令按钮响应操作	操作、目测	合格
11		非法的运算式	操作、目测	合格
12	文本框	显示运算结果与提示信息	操作、目测	合格

经测试，Windows 操作系统自带计算器的功能和用户界面符合需求规格说明书和设计规格说明书的要求。

练习测试

1. 开发软件所需高成本和产品的低质量之间有着尖锐的矛盾，这种现象是（　　　）的一种表现。

　　A. 软件工程　　　　B. 软件周期　　　　C. 软件危机　　　　D. 软件产生

2. 软件开发的需求分析是在（　　）进行的。

    A. 不同用户之间　　　　　　　　　　B. 用户和分析设计人员之间

    C. 开发人员内部　　　　　　　　　　D. 使用和维护人员之间

3. 需求分析是软件生命周期中的一个重要阶段，它应该在（　　）进行。

    A. 维护阶段　　　　　B. 软件开发全过程　　C. 软件定义阶段　　　D. 软件运行阶段

4. 软件的主要结构和功能是在（　　）阶段决定的。

    A. 分析设计　　　　　B. 编程　　　　　　　C. 测试　　　　　　　D. 维护

5. 软件工程的出现是由于（　　）。

    A. 软件危机的出现　　　　　　　　　B. 计算机硬件技术的发展

    C. 软件社会化的需要　　　　　　　　D. 计算机软件技术的发展

6. 软件质量作为一个极为重要的问题贯穿软件的（　　）。

    A. 开发　　　　　　　B. 生命周期　　　　　C. 度量　　　　　　　D. 测试

单元 8
计算机信息系统安全基础

08

以云计算、大数据、物联网、人工智能为代表的新兴技术的快速发展，计算机安全风险全面泛化，复杂程度也在不断加深。在加速企业数字化转型进程的同时，计算机安全风险开始出现在越来越多的场景之中。网络安全问题日趋严峻，各地发生多起重大网络安全事件，既有公民信息遭泄露，也有多起因为遭遇勒索软件攻击而被迫停工、停产的事件。计算机安全中非常重要的是存储数据的安全，其面临的主要威胁包括计算机病毒、非法访问、计算机电磁辐射、硬件损坏等。

📝 分析思考

针对表 8-1 中所列出的各项安全措施，你在日常生活、学习、工作中哪些已完全做到了，养成了良好习惯，请在"日常行为"列画"√"。对于暂时还没有做到的，今后应努力做到。

表 8-1   保证智能手机和网络通信安全的措施

场景类型	安全措施	日常行为
安全使用智能手机	① 手机设置自动锁屏功能，避免手机被其他人恶意使用	
	② 手机系统升级通过自带的版本检查功能联网更新，不通过第三方网站下载系统更新包进行更新	
	③ 尽可能通过手机自带的应用市场下载手机应用程序	
	④ 为手机安装杀毒软件	
	⑤ 经常为手机做数据同步备份	
	⑥ 手机中访问 Web 站点应提高警惕	
安全使用电子邮件	① 为电子邮箱设置高强度密码，并设置每次登录时必须进行用户名和密码验证	
	② 开启防病毒软件实时监控，检测收发的电子邮件是否带有病毒	
	③ 定期检查邮件自动转发功能是否关闭	
	④ 不转发来历不明的电子邮件及附件	
	⑤ 收到涉及敏感信息的邮件时，对邮件内容和发件人信息进行反复确认，尽量进行线下沟通	
	⑥ 不要随意单击不明邮件中的链接、图片、文件	
	⑦ 使用电子邮件地址作为网站注册的用户名时，应设置与原邮件密码不相同的网站密码	
	⑧ 适当设置找回密码的提示问题	
	⑨ 当收到与个人信息和金钱相关（如中奖、集资等）的邮件时要提高警惕	

续表

场景类型	安全措施	日常行为
安全使用 QQ、微博等 账号	① 账号和密码尽量不要相同，定期修改密码，增加密码的复杂度，不要直接用生日、电话号码、证件号码等有关个人信息的数字作为密码	
	② 密码尽量由大小写字母、数字和其他字符混合组成，适当增加密码的长度并经常更换	
	③ 不同用途的网络应用，应该设置不同的用户名和密码	
	④ 在网吧使用计算机前重启机器，警惕输入账号密码时被人偷看	
	⑤ 为防止账号被监听，可先输入部分账号、部分密码，然后输入剩下的账号、密码	
	⑥ 涉及网络交易时，要注意通过电话与交易本人确认	

学习领会

8.1 计算机安全基础

随着计算机信息系统功能的日益完善和速度的不断提高，系统组成越来越复杂，系统规模越来越大，特别是互联网的迅速发展，存取控制、逻辑连接数量不断增加，软件规模空前膨胀，各种隐含的缺陷、失误都能造成巨大损失。必须不断提高计算机安全意识和安全保障能力。

8.1.1 基本概念界定

《中华人民共和国计算机信息系统安全保护条例》的第二条规定：本条例所称的计算机信息系统，是指由计算机及其相关的和配套的设备、设施（含网络）构成的，按照一定的应用目标和规则对信息进行采集、加工、存储、传输、检索等处理的人机系统；第三条规定：计算机信息系统的安全保护，应当保障计算机及其相关的和配套的设备、设施（含网络）的安全，运行环境的安全，保障信息的安全，保障计算机功能的正常发挥，以维护计算机信息系统的安全运行。该条例所涉及的计算机信息系统适用于本单元。

1. 计算机信息系统安全的基本范畴

本单元涉及的计算机信息系统安全、计算机安全、计算机网络安全和计算机信息安全的基本概念及基本范畴说明如下。

计算机信息系统安全工作的目的就是在法律、法规、政策的支持与指导下，通过采用合适的安全技术与安全管理措施，维护计算机信息系统安全。计算机信息系统安全主要涉及计算机单机安全、计算机信息安全和计算机网络安全3个方面。

① 计算机单机安全（以下简称为计算机安全）是计算机信息系统安全的重要环节，主要是指管理和保护计算机信息系统的硬件部分，包括计算机本身的硬件和各种接口、各种相应的外部设备、计算机网络通信设备、线路和信道等，以保证在计算机单机环境下，硬件系统和软件系统不受意外或恶意的破坏和损坏，得到物理上的保护。

② 计算机信息安全（以下简称为信息安全）是指信息在传输、处理和存储的过程中，没有被非法或恶意地窃取、篡改和破坏。

③ 计算机网络安全（以下简称为网络安全）是指在计算机网络系统环境下的安全，主要涵盖两个方面，一是信息系统自身即内部网络的安全，二是信息系统与外部网络连接情况下的安全。网络安全的概念比较宽泛，是指网络系统的硬件、软件及系统中的数据受到保护，不因偶然或恶意的原因遭受到破坏、更改或泄露，系统连续、可靠、正常地运行，保障网络服务不中断。网络安全是我国国家安全的一项基本内容。

2. 计算机安全概念

ISO 将计算机安全定义为"为数据处理系统建立和采取的技术和管理的安全保护，保护计算机硬件、软件和数据不因偶然和恶意的原因而遭到破坏、更改和泄露"。此概念偏重静态信息保护，因此通常将其视为"信息保护"的概念范畴。也有人将计算机安全定义为"计算机的硬件、软件和数据受到保护，不因偶然和恶意的原因而遭到破坏、更改和泄露，系统连续、正常运行"。该定义着重于动态信息描述，而且提出了用户访问系统时系统的可用性要求，因此也将其视为"信息保障"的概念范畴。

由于网络技术的发展和进步，当今世界上很少有人使用未接入网络、不与其他计算机相连接的计算机了。如何对连接在同一网络中的多台计算机以及它们之间的连接设备进行保护，属于"网络安全"的定义范围。

3. 信息安全的概念

从历史角度来看，信息安全早于网络安全。随着信息化的深入，信息安全和网络安全的内涵不断丰富，对网络的发展提出了新的信息安全目标和要求，网络安全技术在此过程中也得到不断创新和发展。

随着个人计算机和互联网的普及，越来越多的公司依赖于使用互联网经营其业务，行政机构和政府借助计算机存储重要的信息和数据，个人利用计算机与各式各样的终端设备享受互联网带来的快捷和便利。但是，大量敏感的信息（大到维系公共安全的重要行政信息和军事信息，小到个人隐私）不可避免地在互联网上传递和存储；大量的资金通过网络进行流通，通过网上银行进行支付。对怀有恶意的计算机攻击者来说，这些都是他们垂涎的目标。如果对其没有进行适当的保护以满足其安全性的要求，那么个人、公司或各种组织将会面临巨大的经济风险和信任风险。

从技术角度看，信息安全是一个涉及计算机科学、网络技术、通信技术、密码技术、信息安全技术、应用数学、数论、信息论等多种学科的边缘性综合学科。

狭义上讲，信息安全就是网络系统上的信息安全，是指网络系统的硬件、软件和系统中的数据受到保护，不因偶然的或者恶意的攻击而遭到破坏、更改、泄露，系统连续、可靠、正常地运行，网络服务不中断。

广义上讲，信息安全是指信息在生产、传输、处理和存储过程中不被泄露或破坏，防止信息资源被故意地或偶然地非授权泄露、更改、破坏或使信息被非法阅读；确保信息的完整性、保密性、真实性、可用性和不可否认性，并保证信息系统的可靠性和可控性；避免攻击者利用系统的安全漏洞进行窃听、冒充、诈骗等有损于合法用户的行为。

4. 网络安全的概念

网络安全（Network Security）不仅包括网络信息的存储安全，还涉及信息的产生、传输和使用过程中的安全。网络安全的目的是确保经过网络厂商和交换的数据不会发生增加、修改、丢失和泄露等。

网络安全从其本质上来讲就是网络上的信息安全。广义上讲，凡是涉及网络上信息的保密性、完整性、可用性、真实性和可控性的相关技术和理论都是网络安全的研究领域。所以广义的网络安全还包括信息设备的物理安全，如场地环境保护、防火措施、静电防护、防水/防潮措施、电源保护、空调设备、计算机辐射等。

网络安全与信息安全有很多相似之处，两者都对信息（数据）的生产、传输、存储和使用等过程有相同的基本要求，如可用性、保密性、完整性和不可否认性等。但两者又有区别，不论是狭义的网络安全，还是广义的网络安全，都是信息安全的子集。

5. 计算机安全、网络安全和信息安全三者的关系

三者之间的关系如下。

信息安全是计算机信息系统安全的核心问题，计算机安全和网络安全的实现都是为了确保数据在传输、处理和存储全过程的安全、可靠。

计算机安全和网络安全是确保信息安全的重要条件和保证，信息安全贯穿于计算机安全和网络安全的所有环节。计算机安全、网络安全和信息安全三者之间是紧密联系、不能割裂的。只有计算机安全、网络安全和信息安全都得到切实的保障，才能保证计算机信息系统功能的发挥和目标的实现，真正起到为管理决策者提供信息和支持的作用。

可能从广义上来说它们都可以用来表示安全这样一个笼统的概念。但如果从狭义上理解，它们应该是有区别的，区别在哪呢？

计算机安全主要指单机（非网络环境下）的安全，网络安全主要考虑在网络环境下的安全问题，信息安全一般专指密码学，主要考虑信息的完整性、机密性、真实性等。

6. 信息安全与网络安全的联系与区别

信息安全、网络安全一直存在争议，它们通常被认为是一回事，导致它们在安全领域容易被混淆。不过每天都有如此多的术语涌现和新技术出现，信息安全和网络安全的争论也就不足为奇了。

有人说，网络安全是信息安全的一部分，因为信息安全不仅包括网络安全，还包括电话、电报、传真、卫星、纸质媒体的传播等其他通信手段的安全。也有人说，从纯技术的角度看，信息安全专业的主要研究内容为密码学，如各种加密算法、公共基础设施、数字签名、数字证书等，而这些只是保障网络安全的手段之一。这些说法是否准确，可以从以下几个方面来分析。

（1）信息安全与网络安全的关系

广义上，信息安全是一个包括信息本身安全（信息内容安全）、信息载体安全（包括网络安全）、信息程序安全，以及影响和危害信息安全的因素和信息安全保障、维护等在内的内容广泛的安全问题，信息安全包括网络安全、操作系统安全、数据库安全、硬件设备和设施安全、物理安全、人员安全、软件开发、应用安全等。

网络安全只是一种信息载体安全，是信息安全的一种，也是信息安全的一个方面。当然，在信息存储和流动越来越依赖网络的今天，网络安全不仅是信息安全的一个方面，而且是信息安全的一个非常重要的方面，同时也是信息本身安全的重要保障和条件。

（2）信息安全与网络安全的概念区分

广义的信息安全是指信息在生产、传输、处理和存储过程中不被泄露或破坏。可以这样说，信息不一定存在于网络空间中，因此一切都有可能造成信息被泄露、被篡改等，除了常见的网络入侵窃密，还包括网络之外的场景，如利用人性的弱点、间谍等造成的信息安全事件。

网络安全是指利用网络管理控制和技术措施，保证在一个网络环境里，数据的保密性、完整性及可用性等受到保护。

（3）信息安全与网络安全的性质区分

信息安全关注数据相关的安全，监督未经授权的访问、修改、删除，保护数据免受任何威胁；网络安全深入了解恶意软件，预防数据丢失，做好恢复计划，侧重于计算机数据和信息的安全。

网络安全关注网络环境下的计算机安全，更注重在网络层面，例如，通过部署防火墙、入侵检测等硬件设备来实现链路层面的安全防护。而信息安全的覆盖面要比网络安全的覆盖面大得多，信息安全从数据的角度来看安全防护，通常采用的手段包括部署防火墙、入侵检测、审计、渗透测试、风险评估等，安全防护不仅是在网络层面，而且更加关注的是应用层面，可以说信息安全更贴近于用户的实际需求及想法。

网络安全主要涉及网络安全域、防火墙、网络访问控制、抗分布式拒绝服务（Distributed Denial of Service，DDoS）等场景，更多指向整个网络空间的环境。网络信息和数据都可以存在于网络空间之内，也可以在网络空间之外。"数据"可以看作"信息"的主要载体，信息则是对数据进行有意义分析后得到的价值资产，常见的信息安全事件有网络入侵窃密、信息泄露和信息被篡改等。

8.1.2　计算机信息系统安全涉及的内容

计算机信息系统安全包括实体安全（硬件安全）、软件安全、数据安全、运行安全和管理安全等几个部分。

1．实体安全

在计算机信息系统中，计算机及其相关的设备、设施（含网络）统称为计算机信息系统的"实体"。实体安全是指保护计算机设备、设施（含网络）以及其他媒体免遭地震、火灾、水灾、雷电、噪声、外界电磁干扰、电磁信息泄露、有害气体和其他环境事故（如电磁污染等）破坏的措施。实体安全保证计算机信息系统硬件安全、可靠地运行，确保它们在对信息进行采集、处理、传送和存储的过程中，不会受到人为或者其他因素造成的危害。特别是避免由于电磁泄漏产生信息泄露，从而干扰他人或受他人干扰。实体安全包括环境安全、设备安全和媒体安全 3 个方面。

计算机信息系统的实体安全是整个计算机信息系统安全的前提，因此，保证实体安全是十分重要的。对计算机信息系统实体的威胁和攻击，不仅会造成国家财产的重大损失，而且会使信息系统的机密信息被严重泄露和破坏。因此，对计算机信息系统实体的保护是防止对信息进行威胁和攻击的首要一步，也是防止遭受威胁和攻击的屏障。

实体安全是组织能够较好实现计算机信息系统整体安全的基础，但是较高的实体安全基础不能取代运行安全和管理安全。例如，一台昂贵的、具有良好安全性的服务器并不能防止因组织人员缺少责任心而导致的盗窃。

2．软件安全

软件安全首先是指使用的软件（包括操作系统和应用软件）本身是正确、可靠的，即不但要确保它们在正常的情况下运行结果是正确的，而且也不会因某些偶然的失误或特殊的条件而得到错误的结果。软件安全还指对软件的保护，即软件应当具有防御非法使用、非法修改和非法复制的能力，例如，操作系统本身的用户账号、口令、文件、目录存取权限的安全措施。

3．数据安全

数据安全是指防止数据资产被故意地或偶然地非法授权泄露、更改、破坏或信息被非法辨识、控制，确保数据的完整性、保密性、可靠性、可用性、可控性等，防止信息被非法修改、删除、使用和窃取，保证信息使用完整、有效、合法。

4．运行安全

运行安全是计算机信息系统安全的重要环节，因为只有计算机信息系统运行过程中的安全得到保证，才能完成对信息和数据的正确处理，达到发挥系统各项功能的目的。

运行安全指对运行中的计算机信息系统的实体和数据进行保护，其目标是保证系统能连续、正常地运行，保护范围包括计算机的软件系统和硬件系统。为保障系统功能的安全实现，运行安全提供一套安全措施（如风险分析、审计跟踪、备份与恢复、应急等）来保护信息处理过程的安全。它侧重于保证系统正常运行，避免因为系统的崩溃和损坏而对系统存储、处理和传输的信息造成破坏和损失。

运行安全与实体安全和管理安全密不可分。运行安全可以弥补实体安全的不足引起的缺陷。例如，一台不具有安全密码控制的主机，可以借助制订并实施密码轮换计划来提升其安全性，也可以根据已制定的管理条例向相关机构申请更换或附加安全密码控制功能。不过，运行安全的保障严重依赖于良好的管理安全。例如，若已经制订和实施了密码轮换计划（30 天更新一次密码，密码必须是不低于 8 位的混合大写字母、小写字母和数字的字符串），但是相关操作人员未在规定更改期间按照要求进行密码修改操作，则这种密码轮换计划并不能提升安全性。

5. 管理安全

管理安全和安全政策为整个组织的安全提供了最高级别的指导、规则和程序实施的安全环境。信息安全方面的专业人员可以向管理层提供有效的政策或相关建议，并需要得到管理层充分的支持。一个得不到管理层支持的安全人员不可能有效地实施任何安全措施。安全政策应用于整个组织而非组织内某一个或特定的层级。组织管理层应将管理安全定位在组织文化或组织人力资源战略相同的重要地位。

管理安全是组织安全中最高级也是最重要的一环。现实情况是大多数公司成员能够说出他们有多少假期或收入情况，但是不能说出公司哪些信息能够公开，哪些必须保证不被泄露。管理安全需要持续不断、自上而下地加强，包括所有组织成员的教育和培训。

所有计算机管理和操作人员必须经过专业技术培训，熟练掌握计算机安全操作技能，熟知计算机安全相关的法律知识，不断增强计算机使用人员的安全意识、法律意识、安全技能，以确保计算机信息系统的正常运行，增强信息系统的技术防范能力，保障信息系统安全。

8.1.3　计算机信息系统安全面临的主要潜在威胁

随着科学技术的迅猛发展，威胁计算机信息系统安全的因素层出不穷。目前发现的主要风险如下。

（1）数据传输中的链路风险

数据在传输过程中很难保证不被非法窃取、篡改。入侵者在传输线路上安装窃听装置，监视网络数据流动，截取敏感信息造成泄密，或者通过篡改破坏数据的完整性。

（2）网络体系的安全风险

入侵者通过探测、扫描网络及操作系统存在的安全漏洞，利用相应攻击手段对网络发起攻击。

（3）系统的安全风险

当前操作系统与应用系统都存在许多安全漏洞，有巨大的安全隐患。

（4）应用的安全风险

网络系统的目的是实现资源的共享，在进行资源共享时可能会造成重要信息的泄露。

（5）管理的安全风险

系统管理是计算机信息系统中信息安全的重要组成部分，是防止网络攻击的重要部分。缺乏有效的管理措施如身份认证、权限认证等，势必引发安全风险。

对计算机信息系统安全的威胁大致可以分为以下类型。

1. 自然灾害

计算机信息系统仅仅是一个智能的机器，易受火灾、水灾、风暴、地震等自然灾害的破坏以及环境（温度、湿度、振动、冲击、污染等）的影响。

2. 恶意软件

恶意软件（Malware）由"恶意"（Malicious）和"软件"（Software）这两个词合并而来，是一个通用术语，是一种对计算机有害的程序或文件。常见的恶意软件类型有计算机病毒（Computer Virus）、计算机蠕虫（Computer Worms）、广告软件（Adware）、特洛伊木马（Trojan Horse）、间谍软件（Spyware）、勒索软件（Ransomware）等。恶意软件的目标是破坏设备的正常运行。这种破坏的范围很广，如未经许可在设备上显示广告，或者获得计算机 root 访问权限。恶意软件可能试图向用户进行自我掩饰，从而暗自收集用户敏感信息，或删除、修改文件，或者可能锁定系统和截留数据以进行勒索。在 DDoS 攻击中，Mirai 等恶意软件会感染易受攻击的设备，在攻击者的控制下将其转变为机器人。遭到篡改后，这些设备便可作为"僵尸网络"的一部分用于进行 DDoS 攻击。

恶意软件在于它是故意为恶的，任何无意间造成损害的软件均不被视为恶意软件。

（1）计算机病毒

计算机病毒是非常有名的恶意软件类型，是能够进行自我复制的、具有破坏作用的一组计算机指令或程序代码。它们能将自身附着在各种类型的文件上，当文件被复制或从一个用户传送到另一个用户时，它们就能随文件一同蔓延开来。

随着计算机及网络的发展，计算机病毒传播造成的恶劣结果越来越受到人们的关注。与以往的计算机病毒相比，互联网上出现的很多新病毒的破坏性和传播性更大，给用户和整个网络造成了极大的损失。

不仅个人计算机容易受到病毒的侵害，手机也容易感染病毒。手机病毒可以通过短信、电子邮件、网站和蓝牙等方式传播，可能导致手机关机、死机、自动拨打电话、自动发送短信和资料被盗取等。

（2）计算机蠕虫

计算机蠕虫是一种独立存在的程序，利用网络和电子邮件进行复制和传播，危害计算机信息系统的正常运行。计算机蠕虫不必附着在其他程序上传播，而是可以自己生存并通过网络等渠道传播。计算机蠕虫会进行自我复制并通过网络传播，因此用户无须运行任何软件就能成为受害者，只要连接到受感染的网络便已足够。这种病毒虽然不会破坏用户的计算机数据和硬件，但是它不断扩散，与正常程序展开计算机内存的争夺战，成千上万的计算机的运行变得越来越慢，最后陷于瘫痪。

计算机蠕虫与计算机病毒类似，都是在用户不知情的情况下，偷偷执行预期外的恶意行为，通过各种途径将自身或变种传播到其他计算机终端上，以达到破坏计算机环境、窃取用户信息或传播自身等目的。

（3）广告软件

广告软件是一种附带广告，以广告作为盈利来源，此类软件往往会自行安装到用户的计算机中，很难卸载。然后通过在后台收集用户信息，窃取用户隐私来牟利，消耗系统资源，使系统运行变慢。

有时我们可能会合法地下载广告软件，例如，当用户同意软件的服务条款，允许软件向自身展示广告，以换取免费试用软件时，就会发生这种情况。有时，它可能会在未经用户同意的情况下安装，并可能会做出其他恶意行为，而不仅仅是显示广告。

（4）特洛伊木马

特洛伊木马是一种恶意软件，是攻击并侵入计算机的主要方式之一，是指计算机中隐藏在正常程序中的一段具有特殊功能的恶意代码，是具备破坏和删除文件、发送密码、记录键盘等特殊功能的"后门程序"。

这一类恶意软件能将计算机病毒或破坏性程序传入计算机网络，且通常会将这些恶意程序隐藏在正常的程序中，尤其是热门软件或游戏，一些用户下载并执行这些热门软件或游戏时，其中的病毒便会发作。例如，一个编译软件除了编译任务以外，还把用户的源程序偷偷地复制下来，则这种编译程序就是一种特洛伊木马。安装流行软件的盗版、副本常常会感染特洛伊木马。

（5）间谍软件

间谍软件是一种旨在监视用户的恶意软件，是一种能够在用户不知情的情况下，在计算机上安装"后门"、收集用户信息的软件。这可能意味着监控用户的计算机屏幕、按键、网络摄像头、Web 浏览活动，用户的隐私数据和重要信息会被"后门程序"捕获，并被发送给黑客、商业公司等。这些"后门程序"甚至能使用户的计算机被远程操纵。一些间谍软件使用所谓的"键盘记录器"来记录用户的按键行为，键盘记录程序是一种常见的间谍软件，用于记录用户的每次按键，它可以捕获用户输入的所有消息等，从而使攻击者能够访问包括用户名和密码在内的敏感信息。

（6）勒索软件

勒索软件是一种流行的木马，它通过骚扰、恐吓，甚至采用绑架用户文件等方式，劫持用户的数据或系统，使用户数据或资源无法正常使用，并以此作为条件向用户勒索钱财。这类用户数据包括文档、邮件、数据库、源代码、图片、压缩文件等多种文件。例如，2017 年 5 月的 WannaCry 勒索软件利用旧 Windows 系统中的漏洞，感染了全球数十万台计算机，攻击并摧毁了世界各地的许多计算机系统。

3. 系统漏洞

系统漏洞是指应用软件或操作系统在逻辑设计上的缺陷或错误。不同的软件、硬件设备和不同版本的系统都存在系统漏洞，容易被不法分子通过病毒进行控制，从而窃取用户的重要资料。不管是计算机操作系统、手机系统，还是应用软件，都容易因为漏洞问题遭受攻击，因此，建议用户使用最新版本的应用程序，并及时更新应用商提供的漏洞补丁。

4. 非法侵入计算机信息系统

所谓"侵入"，是指非法用户利用技术手段或者其他手段突破或者绕过计算机信息系统的安全保卫机制"访问"计算机信息系统的行为。也就是指未经允许，采取各种手段，突破、穿越、绕过或解除特定计算机信息系统的安全防护体系，擅自进入该系统窥视、偷览信息资源的行为。这里，从用户的身份特征和访问权限来看，非法侵入行为可以分为两类：一是非法用户侵入计算机信息系统，即无权访问特定信息系统者非法侵入该信息系统；二是合法用户的越权访问，即行为人对特定信息系统有一定的访问权限和合法账号，但未经授权对无权访问的系统资源进行访问的行为。

非法侵入的行为方式多种多样，如非法用户、冒充合法用户，利用计算机技术进行技术攻击，通过"后门""陷阱门"进行非法入侵，利用安全漏洞等。

非法侵入计算机信息系统罪是针对入侵者违反国家关于计算机信息系统管理的各项法律、法规，不具有合法身份或者条件而未经授权地擅自侵入计算机信息系统的行为的罪名。目前我国关于计算机信息系统管理方面的法律、法规主要有《中华人民共和国计算机信息系统安全保护条例》《中华人民共和国计算机信息网络国际联网管理暂行规定》《中国公用计算机互联网国际联网管理办法》《计算机信息网络国际联网安全保护管理办法》等，违反上述条例、规定、办法均可视为违反国家规定。

如果行为人访问计算机信息系统没有违反国家有关规定，即访问是合法的，不构成本罪。

5. 网络攻击

网络攻击（Cyber Attack）是指利用计算机信息系统存在的漏洞和安全缺陷，针对计算机信息系统、基础设施、计算机网络的任何类型的进攻动作。对计算机和计算机网络来说，破坏、揭露、修改、使软件或服务失去功能、在没有得到授权的情况下窃取或访问任何一台计算机的数据，都被视为对计算机和计算机网络的攻击。

网络的复杂性会导致出现很多难以想象的漏洞，其复杂性表现在主机系统配置、信任网络关系、网络进出难以控制等。由于 TCP/IP 是公开发布的，数据包在网络上通常采用明码传送，容易被窃听和欺骗；网络协议本身存在的安全缺陷；网络结构存在的安全缺陷，如以太网的窃听；攻破广域网上的路由器来窃听；网络服务的漏洞，如 Web 服务、电子邮件服务等的漏洞。网络攻击者正是利用这些不安全因素来攻击网络的。

网络攻击的出现，并非黑客制造了入侵的机会，而是他们善于发现漏洞。即信息网络本身的不完善性和缺陷，成为被攻击的目标或被用作攻击的途径，并构成自然或人为的破坏。就目前网络技术的发展趋势来看，网络攻击的方式越来越多样化，对没有网络安全防护设备（防火墙）的网站和系统具有强大的破坏力，这给信息安全防护带来了严峻的挑战。

6. 网络犯罪

网络犯罪多表现为诈取钱财和信息破坏，犯罪内容主要包括金融欺诈、网络赌博、网络贩黄、非法资本操作和电子商务领域的侵权欺诈等。随着信息社会的发展，目前的网络犯罪主体更多地由松散的个人转化为信息化、网络化的高智商集团和组织，其跨国性也不断增强。日趋猖獗的网络犯罪已对国家的信息安全以及基于信息安全的经济安全、文化安全、政治安全等构成了严重威胁。

8.1.4 影响计算机信息安全的主要因素

影响计算机信息安全的主要因素如下。

1. 个人操作因素

计算机的使用由人完成，因此在使用的过程中信息安全受到多种人为因素的影响，在实际生活中影响信息数据安全的人为因素具有多种形式，常见的就是黑客、计算机病毒入侵等。黑客通过一定手段进入个人或者企业计算机的内部，进而窃取个人或者企业的信息数据，对个人或者企业往往造成较大影响。由于对黑客的入侵难以准确掌握其规律，因此在实际应用中对这种因素的防范具有一定的困难。

2. 非人为因素

计算机本身在使用过程中会出现各种故障或者受到一定的感染，常见的就是计算机硬件损坏、操作系统失效或者相关器材的更换等，这也会造成计算机信息的外泄。例如，在维修计算机的过程中维修人员可以检查计算机硬盘内的信息资料；当计算机的正常运转受到影响如电磁波干扰时，会导致计算机运行不利，也会造成信息的泄露。

8.1.5 计算机网络攻击的常用手段及方式

网络攻击是某种安全威胁的具体实现，当信息从信源向信宿流动时，可能受到各种类型的攻击。网络攻击可以分为主动攻击、被动攻击、物理临近攻击、内部人员攻击、分发攻击等几类。

1. 主动攻击

主动攻击是指攻击信息来源的真实性、信息传输的完整性和系统服务的可用性，有意对信息进行修改、插入和删除。主动攻击会导致某些数据流被篡改和虚假数据流的产生。这类攻击可分为篡改消息、伪造消息、拒绝服务。预防手段主要有防火墙、入侵检测技术等。

（1）篡改消息

篡改消息是指一个合法消息的某些部分被改变、删除，消息被延迟或改变顺序，通常用以产生未授权的效果。例如，修改传输消息中的数据，将"允许甲执行操作"改为"允许乙执行操作"。

（2）伪造消息

伪造指的是某个实体（人或系统）发出含有其他实体身份信息的数据信息，假扮成其他实体，从而以欺骗方式获取一些合法用户的权利。

（3）拒绝服务

拒绝服务即常说的 DoS（Deny of Service），会导致对通信设备的正常使用或管理被无条件地中断。拒绝服务通常是对整个网络实施破坏，以达到降低性能、中断服务的目的。这种攻击也可能有一个特定的目标，如到某一特定目的地（如安全审计服务）的所有数据包都被阻止。

2. 被动攻击

被动攻击是指对信息的保密性进行攻击，即通过窃听网络上传输的信息并加以分析从而获得有价值的信息或相关数据，但攻击者并不修改信息的内容。它的目标是获得正在传送的信息，其特点是偷听或监视信息的传递，通常包括窃听、流量分析等攻击方式。被动攻击的主要预防手段是数据加密等。

（1）窃听

窃听是常用的攻击手段。应用广泛的局域网上的数据传送是基于广播方式进行的，这就使一台主机有可能收到在子网上传送的所有信息。而计算机的网卡工作在杂收模式时，它就可以将网络上传送的所有信息传送到上层，以供进一步分析。如果没有采取加密措施，通过协议分析，可以完全掌握通信的全部内容。窃听还可以用无线截获方式得到信息，通过高灵敏接收装置接收网络站点辐射的电磁波或网络连接设备辐射的电磁波，通过对电磁信号的分析恢复出原数字信号从而获得网络信息。尽管有时数据信息不能通过电磁信号全部恢复，但可能得到极有价值的情报。

（2）流量分析

流量分析攻击方式适用于一些特殊场合，如敏感信息都是保密的，攻击者虽然从截获的消息中无法得知消息的真实内容，但攻击者通过观察这些数据报的模式，可以分析确定出通信双方的位置、通信的次数及消息的长度，从而获知相关的敏感信息。

3. 物理临近攻击

未授权者可在物理上接近网络、系统或设备，其目的是修改、收集或拒绝访问信息。

4. 内部人员攻击

有的内部人员被授权在信息安全处理系统的物理范围内工作，或对信息安全处理系统具有直接访问权，他们可能会攻击网络。

5. 分发攻击

分发攻击是指在软件和硬件开发出来之后、安装之前这段时间，或者当它从一个地方传到另一个地方时，攻击者恶意修改软件、硬件。

8.1.6　常用的安全防御技术

信息技术的不断普及和应用，虽然为人们的生活带来了便利，但网络环境中信息资源的开放性和共享性等特点，也为信息的管理带来了一些安全性问题，从而使信息安全面临着巨大的威胁，因此有必要采取一定的信息安全防御技术来维护信息安全。

安全防御技术主要用于防止系统漏洞、防止外部黑客入侵、防御病毒破坏和对可疑访问进行有效控制等，同时还应该包含数据灾难与数据恢复技术，即在计算机发生意外或灾难时，可以使用备份还原及数据恢复技术将丢失的数据找回。

学习一些常用的信息系统安全防御技术，有助于我们更好地保护信息安全。典型的安全防御技术有以下几大类。

1．数据加解密技术

数据加解密是指在信息系统的传输过程或存储过程中进行数据的加密和解密。数据加密的目的是保护网内的数据、文件、口令和控制信息等，以及保护网上传输的数据。数据加密技术主要分为数据传输加密和数据存储加密。

加密技术是实现信息保密性、真实性和完整性的前提。它是一种主动的安全防御策略，通过基于数学方法的程序和密钥对信息进行编码，将计算机数据变成一堆杂乱无章、难以理解的字符，即将明文变为密文，从而阻止非法用户对信息的窃取。

加密技术与密码学息息相关，涉及信息（明文、密文）、密钥（加密密钥、解密密钥）和算法（加密算法、解密算法）等概念。明文是指传输的原始信息，对信息进行加密后，明文变为密文。密钥和算法都是加密的技术，密钥是明文与密文转换算法中的一组参数，可以是数字、字母或词语。算法将明文与密钥相结合，明文通过加密运算成为密文，密文通过解密运算变为明文。

数据加解密的算法有很多种，按照发展进程来分，经历了古典密码、对称密钥密码和公开密钥密码阶段。目前，加解密技术主要包括对称加解密技术和非对称加解密技术。目前在数据通信中使用较普遍的加密算法有 DES 算法、RSA 算法和 PGP 算法。

（1）对称加解密技术

对称加解密技术要求发送方和接收方使用相同的密钥，即文件加密与解密使用相同的密钥。对称加解密技术的算法主要有数据加密标准（Data Encryption Standard，DES）、高级加密标准（Advanced Encryption Standard，AES）和三重数据加密标准（Triple-DES）等。这种技术的优点是速度很快，很容易在硬件和软件中实现。

（2）非对称加解密技术

非对称加解密技术使用公开密钥（简称公钥）和私有密钥（简称私钥）分别进行加密和解密。公钥是公开的，私钥则由用户自己保存。非对称加解密算法主要有 RSA、背包密码、McEliece 密码、椭圆曲线等。

一般来说，非对称加解密技术比对称加解密技术的安全性更好，就算攻击者截获了传输的密文并得到公钥，也无法破解，但非对称加解密技术需要的时间更长，速度更慢。因此，非对称加解密技术只适合对少量数据进行加密。目前互联网中常用的电子邮件和文件加密软件颇好保密性（Pretty Good Privacy，PGP）协议就采用了非对称加解密技术。

2．认证技术

加密技术主要用于网络信息传输的通信保密，不能保证网络通信双方身份的真实性，因此还需要认证技术来验证网络活动对象是否属实、有效。常见的认证技术主要包括身份认证技术、数字摘要、数字信封、数字签名和数字时间戳。

（1）身份认证技术

身份认证技术是用来确定访问或介入信息系统的用户或者设备身份的合法性的技术，通过对用户的身份进行认证，判断用户是否具有对某种信息的访问和使用权限，以保证网络系统的正常运行，防止非法用户冒充并攻击系统。身份认证技术主要基于加密技术的公钥加密体制，普遍采用 RSA 算法。典型的手段有用户名口令、身份识别、公钥基础设施（Public Key Infrastructure，PKI）证书和生物认证等。

（2）数字摘要

数字摘要可以用于证实消息来源的有效性，以防止数据被伪造和篡改。它通过采用单向哈希函数将需要加密的明文"摘要"成 128 位的密文，并在传输信息时将密文加入文件一并传送给接收方。

（3）数字信封

数字信封又称数字封套，是一种结合对称加解密技术与非对称加解密技术进行信息安全传输的认证技术。使用数字信封时，只有规定的收件人才能阅读通信的内容。

（4）数字签名

数字签名是基于公钥加密技术来实现的，因此又叫公钥数字签名。数字签名可以帮助数据单元的接收者判断数据的来源，保证数据的完整性并防止数据被篡改。

（5）数字时间戳

数字时间戳（Digital Time Stamp，DTS）是一种对交易日期和时间采取的安全措施，由专门的机构提供。

3. 防火墙技术

防火墙技术是针对互联网不安全因素所采取的一种保护措施，是一种获取安全性方法的形象说法。防火墙用于在内部网与外部网、专用网与公共网等多个网络系统之间构造一道安全的保护屏障，阻挡外部不安全的因素，防止未授权用户的非法侵入。防火墙由软件和硬件设备组合而成，主要由服务访问规则、验证工具、包过滤和应用网关 4 个部分组成，任何程序或用户都需要通过层层关卡才能进入网络，从而达到降低风险的目的。

防火墙可以监控进出网络的通信量，仅让安全、核准的信息进入，同时又抵制对网络构成威胁的数据。防火墙主要有包过滤防火墙、代理防火墙和双穴主机防火墙 3 种类型。

在实际应用防火墙时可以设置防火墙的保护级别，对不同的用户和数据进行限制。设置的保护级别越高，限制越强，可能会禁止一些服务，如视频流。在受信任的网络上通过防火墙访问互联网时，经常会出现延迟或需要多次登录的情况。

防火墙可以达到以下几个目的：① 可以限制他人进入内部网络，过滤掉不安全服务和非法用户；② 防止入侵者接近防御设施；③ 限定用户访问特殊站点；④ 为监视互联网安全提供方便。目前防火墙技术已经在计算机网络中得到了广泛应用。

4. 入侵检测技术

入侵检测技术是一种积极主动的安全防护技术，提供了针对内部入侵、外部入侵和误操作的实时保护，在网络系统受到危害之前拦截相应入侵。随着时代的发展，入侵检测技术将朝着 3 个方向发展：分布式入侵检测、智能化入侵检测和全面的安全防御方案。入侵检测系统（Intrusion Detection System，IDS）是进行入侵检测的软件与硬件的组合，其主要功能是检测，除此之外还有评估网络遭受威胁的程度和入侵事件的恢复等功能。

入侵检测系统能够帮助网络系统快速发现攻击，它扩展了系统管理员的安全管理范围，提高了信息安全基础结构的完整性。本质上，入侵检测系统是一种典型的"窥探设备"。它不跨接多个物理网段，无须转发任何流量，只需要在网络上被动地、无声息地收集它所关心的报文即可。

5．访问控制技术

访问控制技术是指计算机信息系统对用户身份及其所属的预先定义的策略组的限制，例如，对用户访问计算机资源的权限进行控制的技术。访问控制技术是网络安全防御和资源保护的关键技术之一，可以保证合法用户的访问权限，防止非法用户访问受保护的网络资源。

访问控制的操作流程较简单：先验证用户身份的合法性，并合理设置控制规则，确保合法用户在授权范围内合理使用信息资源；然后对计算机网络环境进行检查和验证，并做出相应的评价与审计。

6．系统容灾技术

系统容灾是指为计算机信息系统提供能应对各种灾难的环境，主要包括数据容灾和应用容灾。

（1）数据容灾

数据容灾通过系统容灾技术来保证数据的安全。它使用两个存储器，并在两者之间建立复制关系，一个放在本地，另一个放在异地，本地容灾备份存储器供本地备份系统使用，异地容灾备份存储器实时复制本地备份存储器中的关键数据，以保证本地系统的数据或整个系统出现问题时，能够通过异地系统查看和恢复本地系统的数据或整个系统。

数据容灾的典型应用是数据备份，其实现方式主要有备份数据到移动存储设备（如 U 盘、移动硬盘等）、备份数据到其他计算机和备份数据到网络（如百度网盘等）3 种。数据备份是数据保护的最后屏障，不允许有任何闪失，但离线介质不能保证绝对安全。

（2）应用容灾

应用容灾是指在数据容灾的基础上，在异地建立一个完整的且与本地系统一致的备份应用系统（可以互为备份）。应用容灾的过程较复杂，不仅需要提供可供使用的数据备份，还要有网络、主机、应用，甚至 IP 等资源。

7．防治病毒技术

随着计算机技术的不断发展，计算机病毒变得越来越复杂，计算机病毒防范不仅仅是一个产品、一个策略或一个制度，而是一个汇集了硬件、软件、网络以及它们之间相互关系和接口的综合系统。

杀毒软件也称反病毒软件或防治病毒软件，主要帮助计算机清除病毒、木马程序和恶意软件等威胁。大多数的杀毒软件都集成了防火墙、监控识别、病毒扫描和清除、自动升级、主动防御、数据恢复、网络流量控制等功能，能保障计算机信息系统不受外部威胁。目前，主流的杀毒软件有 360 杀毒软件、金山毒霸、瑞星杀毒软件等。

8．VPN 技术

VPN 是目前解决信息安全问题的最成功的技术之一，所谓 VPN 技术就是在公共网络上建立专用网络，使数据通过安全的"加密管道"在公共网络中传播。用于在公共网络上构建 VPN 的主流技术为路由过滤技术和隧道技术。目前 VPN 主要采用了如下 4 项技术来保障安全：隧道技术、加解密技术、密钥管理技术和使用者与设备身份认证技术。

9．安全审计技术

安全审计包含日志审计和行为审计。通过日志审计协助管理员在受到攻击后查看网络日志，从而评估网络配置的合理性、安全策略的有效性，追溯分析安全攻击的轨迹，并能为实时防御提供手段。通过对员工或用户的网络行为进行审计，确认行为的合规性，确保信息及网络使用的合规性。

8.2　计算机病毒及其防治

　　随着计算机在社会生活各个领域的广泛运用，计算机病毒攻击与防范技术也在不断发展。据报道，世界各国遭受计算机病毒感染和攻击的事件数以亿计，严重干扰了正常的人类社会生活，给计算机系统和网络带来了巨大的潜在威胁和破坏。可以预见，随着计算机、网络运用的不断普及、深入，防范计算机病毒将越来越受到各国的高度重视。

8.2.1　计算机病毒的概念

　　计算机病毒之所以引人注目，是因为它带有一种神秘感，并且与生物学上的病毒非常相像。计算机也会感染病毒，需要接种"疫苗"，这些都令普通人感到好奇与恐惧。

　　《中华人民共和国计算机信息系统安全保护条例》中对计算机病毒的定义为"编制或者在计算机程序中插入的破坏计算机功能或者毁坏数据，影响计算机使用，并能够自我复制的一组计算机指令或者程序代码"。

　　计算机病毒是一组程序或一段可执行的程序代码，就像生物病毒一样，具有自我繁殖、互相传染以及激活再生等特征。计算机病毒有独特的复制能力，它们能够快速蔓延，又常常难以根除。

　　计算机病毒干扰或破坏计算机的正常运行，使之无法正常使用甚至使整个操作系统或者硬盘损坏。病毒程序不是独立存在的，它们能把自身附着在各种类型的文件上，当文件被复制或从一个用户传送到另一个用户时，它们就随同文件一起蔓延开来，轻则影响计算机运行速度，重则使计算机系统瘫痪，会给用户带来不可估量的损失。

　　互联网的广泛使用，给计算机病毒的传播增加了新的途径，它的发展使计算机病毒可能成为灾难，计算机病毒的传播更迅速，反计算机病毒的任务更加艰巨。互联网带来两种不同的安全威胁，一种威胁来自文件下载，这些被浏览的或是被下载的文件可能存在计算机病毒；另一种威胁来自电子邮件。大多数互联网邮件系统提供了在网络间传送附带格式化文档邮件的功能，因此，遭受计算机病毒的文档或文件就可能通过网关和邮件服务器涌入局域网，网络使用的便捷性和开放性使得这种威胁越来越严重。

8.2.2　计算机病毒的特征

　　计算机病毒一般具有如下特征。

　　（1）传染性

　　传染性是计算机病毒的基本特征，是判断一段程序代码是否为计算机病毒的依据。计算机病毒可以通过各种渠道从已经被感染的计算机扩散到未被感染的计算机，使被感染的计算机工作失常甚至瘫痪，病毒程序一旦侵入计算机信息系统就开始寻找可以感染的程序或者磁介质，然后通过自我复制迅速传播。由于目前计算机网络日益发达，计算机病毒的传播更为迅速，破坏性更大。

　　（2）破坏性

　　计算机病毒不仅占用系统资源，还可以删除或者修改文件或数据，加密磁盘中的一些数据、格式化磁盘、降低运行效率或者中断系统运行，甚至使整个计算机网络瘫痪，造成灾难性的后果。

（3）潜伏性

一个编制精巧的计算机病毒程序进入系统之后不会立即发作，可以在几周甚至几年内隐藏在合法文件中，对其他文件进行传染而不被人发现，只有条件满足时才被激活，开始进行破坏性活动。潜伏性越好，它在系统中的时间就会越长，传染范围就会越大，危害也就越大。

（4）可触发性

计算机病毒因某个事件或者数值的出现，实施感染或进行攻击的特性称为可触发性。计算机病毒的触发机制用来控制感染和破坏动作的频率。计算机病毒具有预定的触发条件，这些条件可能是时间、日期、文件类型或者某些特定数据等。计算机病毒运行时，触发机制检查预定条件是否满足，如果满足，启动感染或破坏动作；如果不满足，计算机病毒则继续潜伏。

（5）衍生性

计算机病毒的传染性和破坏性是其设计者的目的和意图。如果这种行为被其他一些恶作剧者或者恶意攻击者所模仿，就可能衍生出不同于原版本的新的计算机病毒（又称为变种），这就是计算机病毒的衍生性。这种变种病毒造成的后果可能要比原版的严重很多。

除了以上特征外，计算机病毒还有其他的一些特征，如攻击的主动性、执行的非授权性、欺骗性、持久性、检测的不可预见性、对不同操作系统的针对性等。

8.2.3　计算机病毒的传播途径

计算机病毒的传播主要通过文件复制、文件传送、文件执行等方式进行。计算机病毒的主要传播途径有以下几种。

① 通过移动存储设备进行传播。例如，U 盘、移动硬盘、光盘等都可以是传播计算机病毒的途径，用户在互相复制文件的同时也就造成了病毒的扩散。因为移动存储设备经常被移动和使用，所以它们更容易得到计算机病毒的"青睐"，成为计算机病毒的携带者。

② 通过计算机网络进行传播。网页、电子邮件、聊天工具、BBS、下载软件等都可以是计算机病毒的传播途径，例如，下载了携带病毒的软件，打开了不安全的链接和电子邮件等。勒索病毒 WannaCry 就是通过网络传播的，"熊猫烧香"病毒通过被绑定病毒的软件进行传播，也可以通过移动存储设备进行传播，这充分说明了计算机病毒的传播途径不唯一。计算机病毒附着在正常文件中，然后通过网络进入一个又一个系统，是目前计算机病毒传播的首要途径之一，其传播速度呈几何级数增长。

③ 通过点对点通信系统和无线通道传播。计算机病毒可以从正常、无毒的文件中进入系统中，目前，这种方式并不是计算机病毒传播的主流途径，但是在未来可能会被黑客大肆利用。

④ 利用计算机信息系统和应用软件的弱点传播。近年来，越来越多的计算机病毒利用计算机信息系统和应用软件的弱点进行传播，因此这种途径也被划分在计算机病毒基本传播途径中。

8.2.4　计算机病毒的危害

计算机病毒的危害可以分为对计算机网络系统的危害和对计算机信息系统的危害两方面。

1. 计算机病毒对计算机网络系统的危害

计算机病毒对计算机网络系统的危害如下。

① 病毒程序通过"自我复制"传染正在运行其他程序的计算机网络系统，并与正常运行的程序争夺系统的资源，使系统瘫痪。

② 病毒程序不仅侵害正在使用的计算机网络系统，而且通过网络侵害与之联网的其他计算

机网络系统。

③ 破坏计算机网络系统，主要包括非法使用网络资源、破坏电子邮件、发送垃圾信息、占用网络带宽等。

④ 病毒程序可导致计算机控制的空中交通指挥系统失灵，卫星、导弹失控，使银行金融系统瘫痪，自动生产线控制紊乱等。

⑤ 病毒程序可在发作时"冲毁"系统存储器中的大量数据，致使计算机及其用户的数据丢失而蒙受巨大损失。

2. 计算机病毒对计算机信息系统的危害

计算机病毒对计算机信息系统的危害如下。

① 破坏硬盘中存储的程序或数据，主要包括在磁盘上标记虚假的坏簇、更改或重新写入磁盘的卷标号、删除硬盘上可执行文件或覆盖文件等。

② 对整个磁盘进行特定的格式化，破坏全盘的数据。

③ 破坏磁盘的系统数据区，使磁盘上的信息丢失，主要攻击的是硬盘主引导扇区、BOOT扇区、文件分配表和文件目录等区域。通过对 CMOS 区进行写入动作，破坏 CMOS 中的数据，损坏硬盘。

④ 对可执行文件反复传染并复制，造成磁盘的存储空间减少，并影响系统运行效率。

⑤ 影响内存常驻程序的正常执行，主要是大量占用计算机内存、禁止分配内存、修改内存容量和消耗内存等。例如，计算机病毒在运行时额外占用和消耗大量的内存资源，导致系统资源匮乏，进而导致死机。

⑥ 将非法数据写入内存参数区，造成死机甚至引起系统崩溃。

⑦ 修改或破坏文件和数据，主要包括重命名，删除、替换内容，颠倒或复制内容，丢失部分程序代码，写入时间空白，分割或假冒文件，丢失文件簇、数据文件，对文件进行加密等。

⑧ 干扰系统运行，使计算机运行速度下降，包括使系统延迟程序启动、不执行命令、干扰内部命令的执行、虚假报警、打不开文件、堆栈溢出、占用特殊数据区、时钟倒转、重启动、死机、扰乱串并接口、在时钟中纳入循环计数、导致计算机系统空转等。

⑨ 干扰键盘、喇叭、显示器、打印机，如响铃、封锁键盘或显示器、换字、抹掉缓存区字符、重复输入字符、输入紊乱等。计算机病毒扰乱显示的方式包括字符跃落、环绕、倒置、显示前一屏、光标下跌、滚屏、抖动、乱写、"吃"字符等。计算机病毒扰乱打印的方式包括出现假报警、间断性打印、更换字符等。

计算机"中毒"的主要症状如下。

① 计算机经常死机。

② 文件打不开。

③ 经常报告内存不够。

④ 提示硬盘空间不够。

⑤ 出现大量来历不明的文件。

⑥ 经常出现数据丢失。

⑦ 系统运行速度变慢。

⑧ 操作系统自动执行操作。

8.2.5 网络反病毒技术

由于在网络环境下，计算机病毒具有不可估量的威胁性和破坏力，因此计算机病毒的防范也是网络安全性建设中重要的一环，网络反病毒技术得到了相应的发展。

网络反病毒技术包括预防病毒、检测病毒和查杀病毒 3 种技术。

① 预防病毒技术通过自身常驻系统内存，优先获得系统的控制权，监视和判断系统中是否有病毒存在，进而阻止计算机病毒进入计算机信息系统和对系统进行破坏。这类技术包括加密可执行程序、引导区保护、系统监控与读写控制等。

② 检测病毒技术是通过对计算机病毒的特征进行判断来检测病毒的技术，如自身校验、关键字、文件长度的变化等。

③ 查杀病毒技术通过对计算机病毒的分析，开发出具有删除病毒程序并恢复原文件的能力的软件。

网络反病毒技术的实施对象包括文件型病毒、引导型病毒和网络病毒等。网络反病毒技术的具体实现方法包括对网络服务器中的文件进行频繁的扫描和监测，在工作站上采用防病毒芯片和对网络目录及文件设置访问权限等。

8.2.6 计算机病毒的查杀与防治

计算机一旦感染了计算机病毒，计算机病毒会进入计算机的存储系统，如内存，感染其中运行的程序，计算机中的程序将受到损坏，用户信息会被非法盗取，用户自身权益将受到损害。可以通过杀毒软件清除与查杀计算机病毒，用户应养成定期查杀计算机病毒的习惯，以保护自己的切身利益。

对计算机病毒的防治，应采取以"防"为主、以"治"为辅的方法，阻止其侵入比其侵入后再查杀重要得多。

（1）安装并使用正版安全软件

① 最好选择知名厂商的杀毒软件和防火墙软件，因为知名厂商的产品质量比较好，更新病毒库的速度及时，很快就能查杀最新出现的计算机病毒。

② 建议采取如下的安装顺序：操作系统→杀毒软件→其他应用软件，这样可以最大限度地减小病毒感染的概率。

③ 使用计算机时打开防火墙软件的实时监视功能，及时升级病毒库，保证其版本是最新的，并经常进行病毒的查杀。

（2）提高系统自身安全性

修改系统安全配置，关闭不必要的默认共享、网络端口，保障系统安全性；对计算机信息系统的各个账号设置密码，及时删除或禁用过期账号。

（3）及时修补系统漏洞

加强预警，及时安装操作系统漏洞补丁和应用软件补丁，能够有效提高系统的安全性。

（4）使用正版软件

使用经过授权的正版软件；不反编译、不修改、不破解未经授权的软件；不下载、不试用、不传播破解软件。

（5）杜绝外来病毒源

① 使用 U 盘、光盘、移动硬盘时，要先检测并进行病毒查杀。

② 打开可执行文件、Word 文档和 Excel 前，最好仔细检查，尤其是第一次在用户的系统上运行这些文件时，一定要先检查一下。

③ 打开所有的邮件附件时要三思而后行，不论它是来自好友还是陌生人的，建议将那些邮件主题十分奇怪的邮件直接删除，因为计算机病毒通常就隐藏在那些邮件中。

（6）备份好重要数据

定期备份重要数据，以便遭到计算机病毒严重破坏后能迅速修复。对硬盘引导区、主引导区、分区表、操作系统等做好备份，将重要数据备份到非系统盘。

① 对于重要的数据，一定要定期备份。

② 对于十分重要的数据，最好在别的计算机上再备份一次。

③ 特别重要的数据，即使进行多次备份也是值得的。

（7）安全文明上网

① 启动在线监控程序，不要浏览不安全的网站。

② 不打开来历不明的电子邮件和聊天消息。

③ 不随意打开不明网页链接，尤其是不良网站的链接，收到陌生人通过 QQ 传来的链接时，要谨慎处理。

④ 不轻信抽奖、免费等网络欺诈信息。

⑤ 使用网络通信工具时不随意接收陌生人的文件；若已接收，可通过取消"隐藏已知文件类型扩展名"的功能来查看文件类型。

（8）谨慎下载软件和资料

① 下载软件时尽量到官方网站或大型软件下载网站。

② 需要从互联网等公共网络上下载资料并将其转入内网计算机时，用刻录光盘的方式实现转存。

（9）定期进行安全检查

使用拥有最新病毒库的杀毒软件进行系统查杀。要定期使用安全检查工具对系统的自启动项、进程等关键部位进行检查。对公共磁盘空间加强权限管理，定期查杀病毒。

8.3　反黑客技术基础

互联网发展至今，也出现了一些不良现象，其中黑客攻击是非常令广大网民头痛的事情，它是计算机网络安全的主要威胁。黑客攻击以侵入他人计算机系统、盗窃系统保密信息、破坏目标系统的数据等为目的，从而给攻击目标造成严重的经济损失及影响。为了把损失降低到最低，我们一定要有安全观念，并掌握一定的安全防范措施，让黑客无机可乘。

8.3.1　计算机黑客的概念

计算机黑客是指利用系统安全漏洞对网络进行攻击、破坏或窃取资料的人。"黑客"一词最早源自英文 Hacker。最初的黑客是指热心于计算机技术、水平高超的计算机专家，尤其是一些编程高手，他们能发现系统安全漏洞并进行修补。但到了今天，"黑客"一词已被用于泛指那些专门运用计算机技术制造恐怖或从事破坏活动的人，黑客出于各种各样的目的，利用黑客技术攻入系统以获得敏感资料，甚至使系统瓦解、崩溃。

8.3.2　计算机黑客的主要攻击方式

黑客入侵计算机的方法有很多种，常见的入侵方式如下。

1. 口令入侵

口令入侵是指黑客使用某些合法用户的账户和密码登录目的主机，然后实施攻击活动。口令入侵的前提是必须得到目的主机上一个合法的用户账户，然后对该账户密码进行破译。

2. 植入木马

木马病毒常常夹带在文件或程序中，如邮件附件、网页等。当用户打开带有木马病毒的文件或直接从网络上单击下载时，木马病毒便入侵用户的计算机并进行破坏。此外，黑客植入木马"后门"后，能够轻易地再次对木马实现利用，这相当于在被入侵的计算机系统中弄了一个备用钥匙，想要进出就非常轻松了。

3. 欺骗攻击

欺骗攻击是指创造一个易于误解的上下文环境，以诱骗受攻击者进入并做出缺乏安全考虑的决策。常见的有 Web 欺骗、ARP 欺骗、IP 欺骗等。

网络用户可以通过多种类型的浏览器查询信息、访问 Web 站点。正在访问的网页已经被黑客篡改过，网页上的信息是虚假的，然而一般的用户恐怕不会想到有这些问题存在。例如，黑客将用户要浏览的网页的 URL 改写为指向黑客自己的服务器，当用户浏览目标网页的时候，实际上是向黑客服务器发出请求，那么黑客就可以达到欺骗的目的了。

4. 电子邮件攻击

电子邮件是互联网上运用得十分广泛的一种通信方式。黑客可以使用一些邮件"炸弹"软件或通用网关接口（Common Gateway Interface，CGI）程序向目的邮箱发送大量内容重复、无用的垃圾邮件，从而使目的邮箱被撑爆而无法使用。当垃圾邮件的发送流量特别大时，还有可能造成邮件系统对正常的工作反应缓慢，甚至瘫痪。这一点和后面要讲到的拒绝服务（DoS）攻击比较相似。

5. 通过一个节点攻击其他节点

黑客常常伪装成一台合法的计算机与目的主机进行通信，并骗取目的主机的信任。黑客在攻破一台计算机后，往往以该计算机作为对其他计算机进行攻击的基础。他们可以使用网络监听的方法，尝试攻破同一网络内的其他主机，也可以通过 IP 地址欺骗攻击其他计算机。

6. 网络监听

网络监听是主机的一种工作模式，在这种模式下，计算机可以接收到本网段同一条物理通道上传输的所有消息，而不管发送端和接收端是哪台计算机。

系统在进行密码校验时，用户输入的密码需要从用户端传送到服务器端，而黑客能在两端之间进行数据监听。虽然通过网络监听获得用户账号和密码有一定的局限性，但监听者往往能够获得其所在网段的所有用户账号和密码。

7. 利用黑客软件攻击

利用黑客软件攻击是互联网上使用比较多的一种攻击手法。Back Orifice 2000、冰河等都是比较有名的木马软件，它们可以非法取得用户计算机的超级用户权利，进而对其进行完全控制，除了可以进行文件操作外，也可以进行桌面抓图、获取密码等操作。

8. 利用漏洞攻击

到今天为止，还不存在完全没有漏洞（bug）的操作系统和软件，如果存在紧急漏洞或者是高危漏洞，就很容易被利用，通过漏洞能够实现多种攻击。黑客常常利用这些安全漏洞进行攻击，如盗取数据库信息、植入木马、篡改页面等，所以有漏洞一定要及时修复。对于系统本身的漏洞，可以安装软件补丁；另外网络管理员也要尽量避免因疏忽而让他人有机可乘。

9. 端口扫描

端口扫描就是利用 Socket 编程与目标主机的某些端口建立 TCP 连接、进行传输协议的验证等，从而获知目标主机的扫描端口是否处于激活状态、主机提供了哪些服务、提供的服务中是否含有某些缺陷等。常用的扫描方式有 TCP Connect 扫描、TCP SYN 扫描、TCP FIN 扫描、IP 段扫描和 FTP 返回攻击等。

10. 拒绝服务攻击

DoS 攻击的目的是使计算机或网络无法提供正常的服务。DoS 指借助 C/S 技术，将多个计算机联合起来作为攻击平台，对一个或多个目标发动 DoS 攻击，成倍提高了 DoS 攻击的威力；通过大量合法的请求占用大量网络资源，以达到网络瘫痪的目的。

现在常见的蠕虫病毒或与其同类的病毒都可以对服务器进行 DoS 攻击。它们的繁殖能力极强，一般通过向众多邮箱发出带有病毒的邮件，使邮件服务器无法承担如此庞大的数据处理量而瘫痪。

对个人上网用户而言，也有可能遭到大量数据包的攻击使其无法进行正常的网络操作，所以上网时一定要安装好防火墙软件，同时也可以安装一些可以隐藏 IP 地址的程序，这样能大大降低受到攻击的可能性。

11. 利用账号进行攻击

有的黑客会利用操作系统提供的默认账户和密码进行攻击，例如，许多 UNIX 主机都有 FTP 和 Guest 等默认账户，有的甚至没有密码。黑客用 UNIX 操作系统提供的命令如 Finger 和 Ruser 等收集信息，不断提高自己的攻击能力。对于这类攻击，只要系统管理员提高警惕，将系统提供的默认账户关掉或提醒无密码用户增加密码一般都能克服。

12. 窃取特权

窃取特权指利用各种特洛伊木马程序、后门程序和黑客自己编写的导致缓冲区溢出的程序进行攻击，这种攻击手段，一旦奏效，危害性极大。

13. 解密攻击

在互联网上，密码是十分常见并且十分重要的安全保护方法，用户时时刻刻都需要输入密码进行身份校验。而现在的密码保护手段大都认密码不认人，只要有密码，系统就会认为你是经过授权的正常用户，因此，取得密码也是黑客进行攻击的一种重要手法。

取得密码有好几种方法，其中一种是对网络上的数据进行监听，因为系统在进行密码校验时，用户输入的密码需要从用户端传送到服务器端，而黑客能在两端之间进行数据监听；另一种就是使用穷举法对已知用户名的密码进行暴力解密。

为了防止受到这种攻击，用户在进行密码设置时一定要将其设置得复杂些，也可使用多层密码，或者变换思路使用中文密码，并且不要以自己的生日和电话，甚至用户名作为密码，因为一些密码破解软件可以让破解者输入与被破解用户相关的信息，如生日等，然后对由这些数据构成的密码进行优先尝试。另外应该经常更换密码，使其被破解的可能性下降。

8.3.3 计算机黑客攻击的防范

黑客的攻击会给用户的计算机或网络造成一定的危害，用户除了要提高安全意识外，还要采取一定的防范措施对黑客进行防范。目前情况下，用户可以使用以下几种方法防范黑客攻击。

1. 及时下载补丁，更新杀毒软件

网络攻击大部分需要依附于系统的漏洞，现在还不存在完美的、没有漏洞的软件，用户可设置更新提醒，及时更新软件，下载漏洞补丁，使计算机处于一个比较安全的系统环境。

计算机病毒会随着计算机网络系统的完善而不断更新，所以，用户需要及时更新病毒库，使杀毒软件更好地发挥查杀病毒的功能。

2. 有效控制权限

控制权限是计算机网络安全防范的核心措施，无法获得授权就无法对计算机网络安全施行攻击、破坏。在安装软件前，会有授权勾选以及安装可能存在的风险提示，计算机用户应该综合多个因素进行风险评估，决定是否安装此软件；决定安装后，对于授权选项应格外注意。在计算机用户连接互联网时，可以隐藏 IP 地址，降低被攻击的可能性。

3. 增强个人信息的防范意识

通过控制进行网络安全防范的过程中，越来越多地用到了通过个人信息确认来确认是否为授权用户。在注册授权的时候，首先要确认对方是否为可信任用户，进行细致、全面的风险评估后谨慎注册。在注册设置密码时，避免使用自己以及家人的出生日期、身份证号码、银行卡密码等重要私人信息，防止私人信息的泄露以及黑客通过个人信息进行解码。尽量设置复杂的密码，不使用简单重复或有规律的纯数字或字母等密码，可以有效防止解密软件进行暴力解码。

4. 培养良好的上网习惯

很多的黑客都是通过网页、链接、软件等进行攻击的，用户在浏览一些陌生的网站时很有可能遭到攻击而不自知。所以养成良好的上网习惯可以大大减少黑客的可乘之机，降低计算机信息系统遭到攻击的可能性。那么，如何养成良好的上网习惯呢？做到"四不一专门"：不浏览无安全证书、不被信任的网页；不登录陌生的网站；不单击来历不明的邮件消息；不下载来历不明的附件；下载需要的软件程序时，要去专门的网站进行下载与安装。

8.4 防火墙技术基础

如图 8-1 所示，内部网络和外部网络互访时，内部网络可能存在一些安全隐患，可能被攻击。

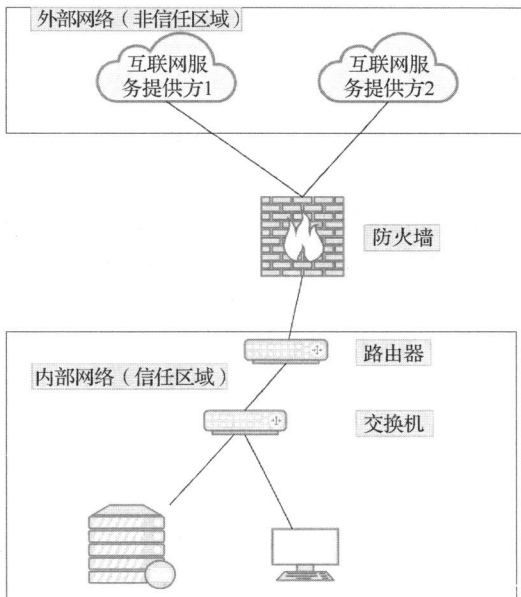

图 8-1 防火墙示意

这个时候就需要在内部网络（内网）和外部网络（外网）之间配置一个设备，以保护内部网络。这个设备就是防火墙。

防火墙能够实现如下业务诉求。

① 外部网络安全隔离。
② 内部网络安全管控。
③ 内容安全过滤。
④ 入侵防御。
⑤ 防病毒。

防火墙是位于内部网络和外部网络之间的保护屏障，它按照系统管理员预先定义好的规则来控制数据包的进出。防火墙是系统的第一道防线，其作用是防止非法用户的进入。

8.4.1　防火墙的基本概念

防火墙（Firewall）就是一个或一组网络设备，用来在两个或多个网络间加强访问控制，其主要作用是对网络进行安全保护，保护一个网络区域不受来自另一个网络区域的攻击和入侵，防火墙通常被部署在网络边界，如企业互联网出口。可以这样理解，相当于在网络周围挖了一条护城河，在唯一的桥上设立了安全哨所，进出的行人都要接受安全检查。

防火墙是建立在内、外网络边界上的过滤封锁机制，它认为内部网络是安全和可信赖的，而外部网络是不安全和不可信赖的。所有来自外部网络的传输信息和内部网络发出的传输信息都要穿过防火墙，由防火墙进行分析，确保它们符合站点设定的安全策略，以提供一种内部节点或网络与外部网络的安全屏障。

防火墙作为一种逻辑隔离部件，它所遵循的原则是：在保证网络畅通的情况下，通过边界控制强化内部网络的安全性，防止不希望的、未经授权的通信进出被保护的内部网络。防火墙主要的功能是访问控制、内容控制、全面的日志审计等，此外一般还兼有流量控制、网络地址转换（Network Address Translation，NAT）和 VPN 的功能。防火墙的功能简单来说就是边界保护机制。但是防火墙不具有查毒功能和漏洞扫描功能。

8.4.2　防火墙的功能

防火墙是网络安全策略的有机组成部分，它通过控制和监测网络之间的信息交换和访问行为来实现对网络安全的有效管理。从基本要求上看，防火墙还是在两个网络之间执行控制策略的系统（包括硬件和软件），目的是不被非法用户侵入。它遵循的是一种允许或禁止业务来往的网络通信安全机制，也就是提供可控的过滤网络通信，只允许授权的通信。因此，对数据和访问的控制、对网络活动的记录，是防火墙发挥作用的根本和关键。

防火墙可以对流经它的网络通信进行扫描，这样能够过滤掉一些攻击，以免其在目标计算机上被执行；可以关闭不使用的端口，而且它能禁止特定端口的流出通信，封锁特洛伊木马；可以禁止来自特殊站点的访问，从而防止来自不明入侵者的所有通信。

不同种类的防火墙都应具有以下基本功能。

1. 过滤进出网络的数据

任何信息进出网络都要经过防火墙，防火墙检查所有数据的细节，并根据事先定义好的策略允许或禁止这些数据通行。这种安全策略是强制实施的，更多地考虑内部网络的整体安全共性，不为网络中的部分计算机提供特殊的安全保护，可提高管理效率。

2. 管理进出网络的访问行为

网络数据的传输更多是通过不同的网络访问服务而获取的，只要对这些网络访问服务加以限制，包括禁止易受攻击的服务进出网络，也能够达到保障安全的目的。

3. 封堵某些禁止的业务

传统的内部网络系统与外界相连后，往往把自身的一些并不安全的服务完全暴露在外，使它们成为外界主机侦探和攻击的主要目标，可利用防火墙对相应的服务进行封堵。

4. 监视网络安全并报警

对一个内部网络已经连接到外部网络的机构来说，重要的问题并不是网络是否会受到攻击，而是何时会受到攻击。网络管理员必须审核并记录所有通过防火墙的重要信息，以便进行及时的相应报警。

5. 包过滤与访问控制

包过滤是防火墙所要实现的基本功能，它可将不符合要求的包过滤掉。包过滤技术已经由原来的静态包过滤发展到了动态包过滤，静态包过滤只是在网络层对包的地址、端口等信息进行判定、控制；而动态包过滤是在所有通信层对包的状态进行检测、分析，判断包是否符合安全要求。动态包过滤技术支持多种协议和应用程序，易扩展、易实现。

防火墙能够通过包过滤机制对网络间的访问进行控制，它按照网络管理员制定的访问规则，通过对比数据包中的标识信息，拦截不符合规则的数据包并将其丢弃。

防火墙通过控制不安全的服务、站点访问控制、集中安全保护、统计并使用网络连接的日志记录来提高整体主机的安全性。

6. 防御常见攻击

防火墙能够扫描通过 FTP 上传与下载的文件或者电子邮件的附件，以发现其中包含的危险信息，也可以通过控制、检测与报警机制，在一定程度上防止或者减轻 DoS 攻击。

7. 强化集中安全策略

通过以防火墙为中心的安全方案配置，能将所有安全软件（如口令、加密、身份认证、审计等）配置在防火墙上。与将网络安全问题分散到各个主机上相比，防火墙的集中安全管理更经济。尤其对于口令系统或其他的身份认证软件等，放在防火墙系统中优于放在每个外部网络能访问的主机上。

8. 审计和报警

审计是一种重要的安全措施，用以监控通信行为和完善安全策略，检查安全漏洞和错误配置，并对入侵者起到一定的威慑作用。报警机制是指在通信违反相关策略以后，以多种方式如声音、邮件、电话、手机短信等及时报告管理人员。防火墙的审计和报警机制在防火墙体系中是很重要的，有了审计和报警，管理人员才可能知道网络是否受到了攻击。

9. 日志记录与事件通知

如果所有进出网络的数据都必须经过防火墙，防火墙通过日志对其进行记录，同时也能提供网络使用的详细统计信息，那么当发生可疑事件时，防火墙更能根据机制进行报警和通知，提供网络是否受到威胁和攻击的详细信息。另外，收集一个网络的使用和误用情况也是非常重要的，可以清楚防火墙是否能够抵挡攻击者的探测和攻击，并且清楚防火墙的控制是否充足。同时，网络使用统计对网络需求分析和威胁分析等而言也是不可或缺的。

10. 防止内部信息的外泄

通过利用防火墙对内部网络的划分，可实现内部网络重点网段的隔离，从而限制了局部重点或敏感网络安全问题对全局网络造成的影响。再者，隐私是内部网络非常关心的问题，一个内部网络中不引人注意的细节可能包含有关安全的线索而引起外部攻击者的兴趣，甚至因此而暴露了内部网络的某些安全漏洞。使用防火墙可以隐藏那些透露的内部细节如 Finger、DNS 等服务。Finger 显示主机的所有用户的注册名、真名，最后登录的时间和使用的 Shell 类型等，但是 Finger

显示的信息非常容易被攻击者获悉。攻击者可以知道一个系统使用的频繁程度，这个系统是否有用户正在连线上网，这个系统是否在被攻击时引起注意，等等。防火墙可以同样隐藏有关内部网络中的 DNS 信息，这样各主机的域名和 IP 地址就不会被外界了解。

除了安全作用，防火墙还支持具有互联网服务的企业内部网络技术体系 VPN。在以往的网络安全产品中，VPN 是一个单独的产品，现在大多数厂商把 VPN 与防火墙捆绑在一起，进一步增强和扩展了防火墙的功能，这也是产品整合的一种趋势。

11. 远程管理

远程管理是防火墙管理功能的扩展之一，也是非常实用的功能，防火墙是否具有这种远程管理功能已成为选择防火墙产品的重要参考指标之一。防火墙的远程管理功能可以在办公室直接管理托管在网络运营部门的防火墙，甚至管理员坐在家中就可以重新调整防火墙的安全规则和策略。

12. 流量控制、统计分析和流量计费

流量控制（带宽管理）可以分为基于 IP 地址的控制和基于用户的控制。基于 IP 地址的控制是指对通过防火墙各个网络接口的流量进行控制，基于用户的控制是指通过用户登录来控制每个用户的流量，从而防止某些应用或用户占用过多的资源。并且通过流量控制可以保证重要用户和重要接口的连接。

统计分析是建立在流量控制基础之上的。一般防火墙通过对 IP 地址、服务、时间、协议等进行统计，并与管理界面实现挂接，实时或者以统计报表的形式输出结果。

流量计费也非常容易实现。防火墙可以审计和记录互联网使用费用，网络管理员可以结合防火墙提供的账单向管理部门提供互联网连接费用的情况，查出潜在的带宽瓶颈位置，并能够依据本机构的核算模式提供部门级的计费。

13. 网络地址转换

绝大多数防火墙都具有 NAT 功能。目前防火墙一般采用双向 NAT，即源网络地址转换（Source Network Address Translation，SNAT）和目的网络地址转换（Destination Network Address Translation，DNAT）。SNAT 用于对内部网络地址进行转换，对外部网络隐藏内部网络的结构，使得对内部网络的攻击更加困难；并可以节省 IP 地址资源，有利于降低成本。DNAT 主要用于实现外网主机对内网和非军事区（Demilitarized Zone，DMZ）主机的访问。

8.4.3 防火墙的应用场景

1. 企业边界防护

如图 8-2 所示，企业内网业务部署在 trust（信任）区，服务器部署在 DMZ。

① 企业内网访问互联网时经过防火墙，防火墙通过控制内外网流量，进行安全控制。

② 外网用户访问服务器时经过防火墙，防火墙对内网服务器进行保护。

2. 内网安全隔离

假设公司分为市场部、生产部、财经部、研发部，不同部门之间经过防火墙互访，通过防火墙进行安全控制。

3. 数据中心边界防护

数据中心网络访问互联网时，需要经过防火墙进行安全控制，对内网业务进行安全保护。

4. 数据中心安全联动

数据中心网络一般采用 Spine-Leaf 架构，其中 Spine 为骨干节点，负责流量高速转发，Leaf 为叶子节点，负责服务器、防火墙或其他设备接入。

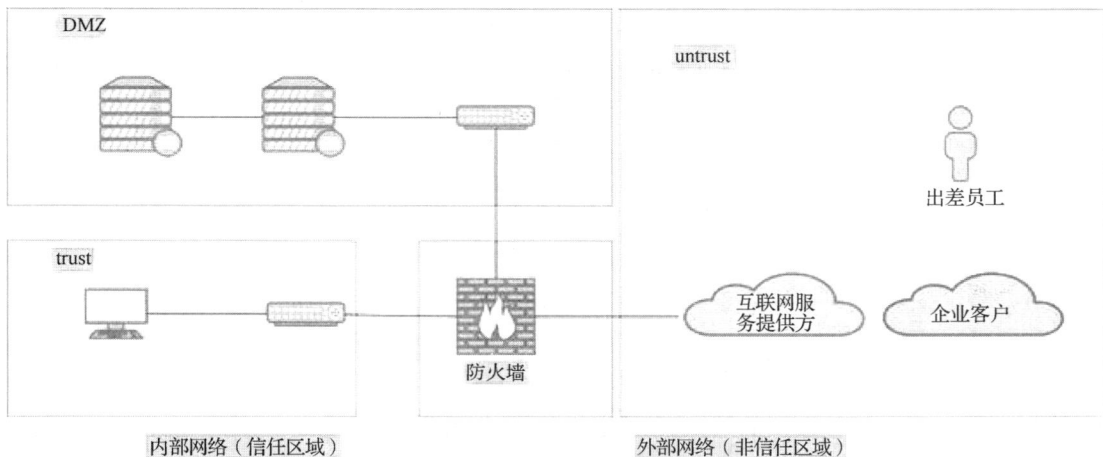

图 8-2　防火墙用于企业边界防护

8.5　入侵检测技术基础

入侵检测是继防火墙、数据加密等传统技术之后的新一代网络安全技术。入侵检测作为整体安全方案的一种主动防御技术，可以一定程度地实时检测到入侵行为并及时做出反应。入侵检测系统通过网络或计算机信息系统中的若干关键点，收集信息并对其进行分析，从中发现是否有违反安全策略的行为和遭到攻击的迹象，从而尽早发现入侵以及入侵企图，并采取记录、报警、隔断等有效措施来阻止入侵。

随着技术的发展，网络攻击事件层出不穷，新的攻击手段也在不断变化，利用入侵检测技术可以了解网络的安全状况，并根据攻击事件来调整安全策略和防护手段，同时改进实时响应和事后恢复的有效性，为定期的安全评估和分析提供依据，从而提高网络安全的整体水平。

8.5.1　入侵检测的概念

入侵检测是用于检测任何损害或企图损害系统的保密性、完整性或可用性的一种网络安全技术。通过监视受保护系统的状态和活动，采用滥用检测（Misuse Detection）或异常检测（Anomaly Detection）的方式，发现非授权或恶意的系统及网络行为，为防范入侵行为提供有效的手段。

入侵检测提供了一种用于发现入侵攻击与合法用户滥用特权的方法，入侵检测是对计算机和网络系统资源的恶意使用行为进行识别和相应处理的技术。恶意行为包括系统外部的入侵和内部用户的非授权行为。入侵检测是为保证计算机信息系统的安全而设计与配置的、一种能够及时发现并报告系统中未授权或异常现象的技术，是一种用于检测计算机网络中违反安全策略行为的技术。

8.5.2　入侵检测系统的功能

入侵检测系统的主要功能如下。
① 监视用户和网络信息系统的活动，查找非法用户和合法用户的越权操作。
② 核查系统配置的正确性和安全漏洞，并提示管理员修补漏洞。

253

③ 对用户的非正常活动进行统计分析，发现入侵行为的规律。

④ 检查系统程序和数据的一致性与正确性。

⑤ 能够实时地对检测到的入侵行为进行反应。

⑥ 对操作系统进行审计、跟踪、管理。

入侵检测系统通过执行以下各项任务来实现其功能。

① 监视、分析用户及系统的活动。

② 对系统的构造和弱点进行审计。

③ 识别和反映已知的攻击行为，并向安全管理员报警。

④ 对系统异常行为进行统计分析。

⑤ 评估重要系统的关键资源和数据文件的完整性。

8.5.3 入侵检测过程

入侵检测过程可以分为 3 个步骤：信息收集、信息分析和结果处理。

1. 信息收集

入侵检测的第一步是收集信息。收集的内容主要包括系统、网络、数据及用户活动的状态和行为，由放置在不同网段的传感器或不同主机的代理来收集信息。

2. 信息分析

系统在收集到有关系统、网络、数据及用户活动的状态和行为等信息后，将它们送到入侵检测引擎。入侵检测引擎一般通过 3 种技术手段进行信息分析：模式匹配、统计分析和完整性分析。依照某种规则对这些收集到的信息进行分析处理，从而判断是否发生入侵。当检测到某种入侵时，就会产生告警并将其发送给入侵检测系统控制台。

3. 结果处理

入侵检测系统控制台按照告警产生预先定义的响应并采取相应措施。可以是重新配置路由器或防火墙、终止进程、切断连接、改变文件属性，也可以只是简单地将情况告警给系统管理员。

8.6 数据加密技术基础

8.6.1 数据加密概述

加解密技术是网络安全技术的基石，它的核心是密码学。密码技术是通信双方按约定的法则进行信息特殊变换的一种保密技术，根据特定的法则，变明文（Plaintext）为密文（Ciphertext）。从明文变成密文的过程称为加密（Encryption），由密文恢复出原明文的过程称为解密（Decryption）。数据加密是计算机信息系统对信息进行保护的一种可靠的办法。它利用密码技术对信息进行加密，实现信息隐蔽，从而起到保护信息安全的作用。数据加密是一门历史悠久的技术，指通过加密算法和加密密钥将明文转变为密文，而解密则是通过解密算法和解密密钥将密文恢复为明文。

和防火墙配合使用的数据加密技术，是为提高信息系统和数据的安全性和保密性，防止秘密数据被外部破译而采用的主要技术手段之一。在技术上分别从软件和硬件两方面采取措施。按照作用的不同，数据加密技术可分为数据传输加密技术、数据存储加密技术、数据完整性鉴别技术和密钥管理技术。

① 数据传输加密技术的目的是对传输中的数据流进行加密，通常有线路加密与端-端加密两

种。线路加密侧重在线路上而不考虑信源与信宿，对保密信息通过各线路采用不同的加密密钥提供安全保护。端–端加密指信息由发送端自动加密，并且由 TCP/IP 进行数据包封装，然后使其作为不可阅读和不可识别的数据穿过互联网，当这些信息到达目的地时，将被自动重组、解密，成为可读的数据。

② 数据存储加密技术的目的是防止在存储环节上的数据失密，数据存储加密技术可分为密文存储和存取控制两种。前者一般通过加密算法转换、附加密码、加密模块等方法实现；后者则对用户资格、权限加以审查和限制，防止非法用户存取数据或合法用户越权存取数据。

③ 数据完整性鉴别技术的目的是对介入信息传送、存取和处理的人的身份和相关数据内容进行验证，一般包括口令、密钥、身份、数据等的鉴别。系统通过对比验证对象输入的特征值是否符合预先设定的参数，实现对数据的安全保护。

④ 密钥管理技术包括密钥的产生、分配、保存、更换和销毁等各个环节上的保密措施。值得注意的是，能否切实有效地发挥加密机制的作用，关键在于密钥的管理，包括密钥的生成、分发、安装、保管、使用以及作废全过程的管理。

8.6.2 密钥的类型

数据加密技术要求只有在指定的用户或网络下，才能解除密码而获得原来的数据，这就需要给数据发送方和接收方以一些特殊的信息用于加解密，这就是所谓的密钥。

1. 对称密钥

对称密钥又称为专用密钥或私钥加密，指加密和解密时使用同一个密钥，即同一个算法。例如，美国麻省理工学院（Massachusetts Institute of Technology）开发的 Kerberos 算法，最初使用 DES 算法进行加密通信。单密钥是非常简单的方式，通信双方必须交换彼此的密钥，当需要给对方发信息时，用自己的加密密钥进行加密，而在接收方收到数据后，用对方所给的密钥进行解密。由于对称密钥运算量小、速度快、安全强度高，因而如今仍被广泛采用。

在对称加密算法中，密钥的管理极为重要，一旦密钥丢失，密文将无密可保。这种方式在与多方通信时因为需要保存很多密钥而变得很复杂，而且密钥本身的安全就是一个问题。

DES 是一种采用数据分组的加密算法，它将数据分成长度为 64 位的数据块，其中 8 位用作奇偶校验，剩余的 56 位作为密码的长度。DES 加密算法的步骤为：第一步将原文进行置换，得到 64 位的杂乱无章的数据组；第二步将其分成均等两段；第三步用加密函数进行变换，并在给定的密钥参数条件下，进行多次迭代而得到加密密文。

2. 非对称密钥

非对称密钥又称公钥加密，指加密和解密时使用不同的密钥，即不同的算法，虽然两者之间存在一定的关系，但不能轻易地从一个推导出另一个。例如，RSA 算法，其有一把公用的加密密钥，有多把解密密钥。

非对称加密算法需要两个密钥，由于两个密钥（加密密钥和解密密钥）不相同，因此可以将一个密钥公开，称为"公钥"，而将另一个密钥保密，称为"私钥"，它们两个必须配合使用，否则不能打开加密文件。

公开密钥的加密机制虽提供了良好的保密性，但难以鉴别发送者，即任何得到公开密钥的人都可以生成和发送报文。数字签名机制提供了一种鉴别方法，以解决伪造、抵赖、冒充和篡改等问题。

解密时只需要用私钥就可以，这样就避免了密钥的传输安全问题。

8.7　安全认证技术基础

8.7.1　消息鉴别

消息鉴别就是验证消息的完整性，当接收方收到发送方的报文时，接收方能够验证收到的报文是真实的和未被篡改的。它包含两层含义：一是验证消息的发送者是真正的而不是冒充的，即数据起源认证；二是验证消息在传送过程中未被篡改、重放或延迟等。

它在票据防伪中具有重要应用（如税务的金税系统和银行的支付密码器）。

消息鉴别所用的摘要算法与一般的对称或非对称加密算法不同，它并不用于防止信息被窃取，而是用于证明原文的完整性和准确性，也就是说，消息鉴别主要用于防止信息被篡改。

8.7.2　数字签名

所谓数字签名（Digital Signature）又称公钥数字签名、电子签章，是一种类似写在纸上的普通的物理签名，使用了公钥加密领域的技术实现，用于鉴别数字信息的方法。一套数字签名通常定义两种互补的运算，一种用于签名，另一种用于验证。数字签名普遍用于银行、电子贸易等。

数字签名一般采用非对称加密技术（如RSA），通过对整个明文进行某种变换，得到一个值，将其作为核实签名。接收者使用发送者的公开密钥对签名进行解密运算，如其结果为明文，则签名有效，证明对方的身份是真实的。当然，签名也可以采用多种方式，例如，将签名附在明文之后。

数字签名不同于手写签字：数字签名随文本的变化而变化，手写签字反映某个人的个性特征，是不变的；数字签名与文本信息是不可分割的，而手写签字是附加在文本之后的，与文本信息是分离的。

数字签名技术能够验证信息的完整性。数字签名技术将摘要信息用发送者的私钥加密，与原文一起传送给接收者。接收者用发送者的公钥解密被加密的摘要信息，然后用哈希函数使收到的原文产生一个摘要信息，将其与解密的摘要信息进行对比。如果相同，则说明收到的信息是完整的，在传输过程中没有被修改，否则说明信息被修改过。

数字签名是加密的过程，数字签名验证是解密的过程。

8.7.3　PKI

PKI是一种遵循既定标准的、利用公钥加密技术，为电子商务的开展提供一套安全基础平台的技术和规范。PKI技术的基础是加密技术，核心是证书服务，支持集中自动的密钥管理和密钥分配，能够为所有的网络应用提供加密和数字签名等密码服务及所需要的密钥和证书管理体系。

通俗理解，PKI就是利用公开密钥理论和技术建立提供安全服务的、具有通用性的基础设施，是创建、颁发、管理、注销公钥证书所涉及的所有软件、硬件的集合体，PKI可以用来建立不同实体间的"信任"关系，它是目前网络安全建设的基础与核心。PKI的主要任务是在开放环境中为开放性业务提供基于非对称加密技术的一系列安全服务，包括身份证书和密钥管理、数据保密、数据完整、身份认证和数字签名等。

因此，用户可利用 PKI 平台提供的服务进行电子商务和电子政务应用。

PKI 是一个包括硬件、软件、人员、策略和规程的集合，用来实现基于公钥密码体制的密钥和证书的产生、管理、存储、分发和撤销等功能。

PKI 体系是计算机软硬件、权威机构及应用系统的结合。它为实施电子商务、电子政务、办公自动化等提供了基本的安全服务，从而使那些彼此不认识或距离很远的用户能通过信任链安全地交流。

PKI 的应用非常广泛，其为网上金融、电子商务、电子政务等网络中的数据交换提供了完备的安全服务功能。

操作训练

【操作训练 8-1】优化账户密码

以下各项是对账户密码的具体要求，自查所设置的各类密码是否符合标准，然后根据以下要求对各类密码进行优化处理。

① 应尽快修改初始密码。

② 密码长度不少于 8 个字符。

③ 不要使用单一的字符类型，如只用小写字母，或只用数字。

④ 用户名与密码不要使用相同的字符。

⑤ 尽量避免设置常见的弱口令为密码。

⑥ 避免设置自己、家人、朋友、亲戚、宠物的名字为密码。

⑦ 避免设置生日、结婚纪念日、电话号码等个人信息为密码。

⑧ 避免设置工作中用到的专业术语、职业特征为密码。

⑨ 密码中不应包含单词，或者在单词中插入其他字符。

⑩ 所有系统尽可能使用不同的密码。

⑪ 防止网页自动记住用户名与密码。

⑫ 上网注册账号时，用户名密码不要与公司内部用户名密码相同或有关联。

⑬ 通过密码管理软件保管好密码的同时，应对密码管理软件设置高强度安全措施。

⑭ 应定期更换密码。

【操作训练 8-2】防治计算机病毒

以下各项是防治计算机病毒的主要措施，自查一下哪些在日常学习、生活、工作中已经做到了，哪些还需要不断改进，努力做到。

① 谨慎使用公共和共享的软件，因为使用这种软件的人多而杂，它们携带病毒的可能性较大。应尽量不使用外来的移动存储设备，特别是公用计算机上使用过的 U 盘。对外来的移动存储设备要查杀病毒，确认无病毒后再使用。

② 提高病毒防范意识，尽量使用正版软件，不使用盗版软件和来历不明的软件，以保护所有的系统文件。

③ 密切关注有关媒体发布的计算机病毒信息，及时打好补丁，修复杀毒软件、操作系统和应用软件中的漏洞。

④ 除非是原始盘，否则绝不用来历不明的启动盘去引导硬盘。

⑤ 在计算机中安装正版杀毒软件，定期对引导系统进行查毒、杀毒，对杀毒软件要及时进行升级。使用防火墙软件实时监控计算机病毒，抵抗大部分的计算机病毒入侵。及时升级病毒库，保证它处于最新的版本，并经常进行计算机病毒的查杀。

⑥ 对重要的数据、资料、分区表要进行备份，创建一张无毒的启动盘，用于重新启动或安装系统。不要把用户数据或程序写到系统盘中。

⑦ 如果无法防止计算机病毒入侵，至少应尽早发现，如果能够在计算机病毒产生危害之前发现和排除它，则可以使系统免受危害；如果能够在计算机病毒广泛传播之前发现它，则可以使修复系统的任务较轻和较容易。总之，计算机病毒在系统中存在的时间越长，产生的危害就越大。

⑧ 计算机染上计算机病毒后，应尽快予以清除，对付计算机病毒比较快捷和简便的方法就是使用优秀的杀毒软件进行查杀，几乎所有的杀毒软件都能事先备份正常的硬盘引导区，当硬盘被计算机病毒感染时，先清除计算机病毒再将引导区重新复制回硬盘，以保证硬盘能正确引导系统。

【操作训练 8-3】有效防范网络攻击

1. 对个人来说

① 密码不少于 8 位，应包含数字、字符、符号，不用完整词汇、用户名、姓名、生日等。
② 安装杀毒软件并定期查杀。
③ 及时修复系统补丁。
④ 安装从正规途径下载的软件，不安装来路不明的软件。
⑤ 不浏览不正规的网站。

2. 对单位和企业来说

① 加强内部安全意识培训，加强网络安全防范意识，从源头上把好网络安全关口。
② 坚持做好基础防范、安全风险评估和定期巡查，制定网络安全制度和应急预案，提高应急处理能力。
③ 加强服务器、网络安全设备、机房等设施的管控，及时、准确填写设备新增、检修和变更配置记录表，定期修改服务器密码。
④ 优化网络安全策略，配备专业防火墙，对内部网络进行运行监控、流量监控和威胁监控，并生成网络安全日志。
⑤ 定期对软件、计算机防火墙及杀毒软件进行检测，及时更新升级，修复存在的漏洞，及时备份数据库，加强对计算机外接设备的管理。

练习测试

1. 由设计者有意建立起来的、进入用户系统的方法是（　　）。
　　A. 超级处理　　　　　　B. 后门　　　　　　C. 计算机病毒　　　　D. 特洛伊木马
2. 计算机病毒是指（　　）。
　　A. 编制有错误的计算机程序　　　　　　B. 设计不完善的计算机程序
　　C. 已被破坏的计算机程序　　　　　　　D. 以危害系统为目的的特殊计算机程序

3. 计算机病毒产生的原因是（　　　）。

  A．用户程序错误   B．计算机硬件故障

  C．人为制造   D．计算机系统软件有错误

4. 网络病毒感染的途径可以有很多种，但发生得非常多又非常容易被人们忽视的是（　　　）。

  A．软件商演示光盘   B．系统维护盘   C．网络传播   D．用户个人 U 盘

5. 最简单的防火墙采用的是（　　　）技术。

  A．安全管理   B．配置管理   C．ARP   D．包过滤

6. 针对数据包过滤和应用网关技术存在的缺点而引入的防火墙技术，是（　　　）防火墙。

  A．包过滤   B．应用级网关型   C．复合型   D．代理服务型

7. 蠕虫病毒主要通过（　　　）传播。

  A．U 盘   B．光盘   C．互联网   D．手机

8. 下列不属于系统安全的技术是（　　　）。

  A．防火墙   B．加密狗   C．认证   D．防病毒

单元 9
计算机职业道德

09

随着计算机技术和网络技术的飞速发展，当今社会正快速向信息社会前进，信息系统的作用也越来越大，网络在人们工作、学习、生活中扮演着越来越重要的角色，网络也在深刻地改变着整个世界的面貌，同时也给社会带来了很多和计算机职业相关的问题，如网络环境下的隐私问题、知识产权问题、信息的真实性问题、计算机犯罪问题、计算机从业人员的职业道德问题等。作为计算机从业人员，如何对待和处理这些问题已成为一个重要的课题。必须了解计算机相关的文化、社会、法律和道德等方面的知识，才能有助于使用好计算机和网络，让它在保护自己、有利于他人、有利于社会的前提下发挥作用。

分析思考

【案例1】××市杨××涉嫌侵犯公民个人信息案

【案例描述】

××市杨××在上学期间趁办公室无人，秘密窃取存储在计算机里的学生信息（其中包含学生及家长姓名、手机号等隐私、敏感信息）3000余条，并将其转卖给××培训学校从而获利。

【案例分析】

在使用个人信息时切勿随意将信息泄露给他人，注意个人信息保护，如果合法持有公民个人信息后，将信息泄露将会受到法律的制裁。

根据《中华人民共和国刑法》第二百五十三条规定：违反国家有关规定，向他人出售或者提供公民个人信息，情节严重的，处三年以下有期徒刑或者拘役，并处或者单处罚金；情节特别严重的，处三年以上七年以下有期徒刑，并处罚金。

【案例2】××区××公司计算机信息系统被破坏案

【案例描述】

202×年5月19日，××市××区××公司向公安机关报案称，其公司服务器数据被人恶意删除，导致相关业务受到严重损害。

【案例分析】

根据《中华人民共和国刑法》第二百八十六条规定：违反国家规定，对计算机信息系统功能进行删除、修改、增加、干扰，造成计算机信息系统不能正常运行，后果严重的，处五年以下有期徒刑或者拘役；后果特别严重的，处五年以上有期徒刑。

【案例3】王××等人涉嫌帮助信息网络犯罪活动

【案例描述】

202×年5月，犯罪嫌疑人王××伙同犯罪嫌疑人杨××、张××、惠××等人为获取非法利益，在明知是帮助违法犯罪分子转移涉案资金的情况下，仍使用自己名下的银行卡在××市××区多家酒店使用手机网银、微信转移涉案资金。

【案例分析】

根据《中华人民共和国刑法》第二百八十七条规定：明知他人利用信息网络实施犯罪，为其犯罪提供互联网接入、服务器托管、网络存储、通信传输等技术支持，或者提供广告推广、支付结算等帮助，情节严重的，处三年以下有期徒刑或者拘役，并处或者单处罚金。

【案例 4】网络服务第三方提供者不履行网络风险消除和告知义务案

【案例描述】

××市××区××科技有限公司作为××区××网站设计建设方和日常运维提供方，在明知系统存在漏洞的情况下，未遵循《中华人民共和国网络安全法》第二十二条第一款法定要求，对其提供的网络产品、服务的安全缺陷、漏洞等风险未及时采取补救措施、未及时告知用户并向主管部门报告，导致该网站被境外黑客攻击篡改。

【案例分析】

产品服务很重要，谁来提供谁负责；责任义务要履行，否则迟早要惹祸；千言万语一句话，网络安全系你我。

【案例 5】××市××工作室发布虚假警情摆拍视频被约谈

【案例描述】

××市××工作室为吸引观众，赚取网络流量，专门事先写好剧本，找人扮演摆拍迷晕他人、公交车站盗窃、街头抢劫等各种违法事件短视频，在短视频平台播放。

【案例分析】

自媒体时代，每个人都应坚持尊重事实的本来面目，不造谣、不传谣、不信谣，不为虚假的"正能量"买单，不做无良"毒流量"的收割对象，自觉维护风清气正的网络生态环境。网络传播平台也应加强视频审核机制，落实监管责任，严格把关真实性和内容质量，承担起相应的社会责任，不做假新闻的批发地。

学习领会

9.1 计算机职业道德概述

9.1.1 职业道德的基本范畴

所谓职业道德，就是与人们的职业活动紧密联系的、符合职业特点所要求的道德准则、道德情操与道德品质的总和。每个从业人员，不论从事哪种职业，在职业活动中都要遵守道德。职业道德不仅是从业人员在职业活动中的行为规范和要求，而且是本行业对社会所承担的道德责任和义务。职业道德是社会道德在职业生活中的具体化，是职业品德、职业纪律、专业胜任能力及职业责任等的总称，属于自律范围，它通过公约、守则等对职业生活中的某些方面加以规范。

职业道德作为一种特殊的道德规范，有以下 4 个主要特点。

① 在内容方面，职业道德总是要鲜明地表达职业义务、职业责任以及职业行为上的道德准则。

② 在表现形式方面，职业道德往往比较具体、灵活、多样。它总是从本职业的交流活动的

实际出发，采用制度、守则、公约、承诺、誓言、标语、口号等形式。

③ 从调节范围来看，职业道德一方面用来调节从业人员内部关系，加强职业、行业内部人员的凝聚力，另一方面也用来调节从业人员与其服务对象之间的关系，塑造本职业从业人员的形象。

④ 从产生效果来看，职业道德既能使一定的社会或阶级的道德原则和规范"职业化"，又能使个人道德品质"成熟化"。

简要来说，职业道德主要包括以下几方面的内容：爱岗敬业、诚实守信、办事公道、服务群众、奉献社会。

良好的职业修养是每一个优秀员工必备的素质，良好的职业道德是每一个员工必须具备的基本品质，这两点是企业对员工最基本的规范和要求，同时也是每个员工担负起自己的工作责任必备的素质。

9.1.2　计算机职业道德的基本概念

计算机职业作为一种不同于其他职业的特殊职业，有着与众不同的职业道德和行为准则，这些职业道德和行为准则是每一个计算机专业人员都要共同遵守的。

计算机职业道德是指在计算机行业及其应用领域所形成的社会意识形态与伦理关系下，调整从业人员之间、人与知识产权之间、人与计算机之间以及人与社会之间关系的行为规范总和。

计算机行业的特点决定了计算机专业人员应遵守严格的职业道德规范。

① 利用大量的信息。利用现代的电子计算机系统收集、加工、整理、存储信息，为各行业提供各种各样的信息服务，如计算机中心、信息中心和咨询公司等。这使得从业人员应当尊重客户的隐私。

② 软件开发与制造。从事电子计算机的研究和生产（包括相关机器的硬件制造）、计算机的软件开发等活动，要求从业人员尊重包括著作权和专利在内的人身权、财产权。

③ 信息及时、准确、完整地传到目的地。这要求从业人员能够重视合同、协议和指定的责任。

计算机专业人员应当具备的职业道德规范包括基本的道德规则和特殊的职业责任。

① 基本的道德规则包括：为社会和人类的美好生活作出贡献；避免伤害他人；做到诚实守信；恪守公正并在行为上无歧视；尊重包括版权和专利在内的财产权；尊重他人的隐私；保守机密。

② 特殊的职业责任包括：努力在职业工作的程序与产品中实现最高的质量、最高的效益和高度的尊严；获得和保持职业技能；了解和尊重现有的与职业工作有关的法律；接受和提出恰当的职业评价；对计算机系统和它们可能引起的危机等方面做出综合的理解和彻底的评估；重视合同、协议和指定的责任。

9.1.3　计算机职业道德教育的重要性

由于职业道德能起到促进社会生活的稳定发展，帮助劳动者树立正确的劳动态度，为社会做出更大的贡献，促进劳动者自我完善的重要作用，所以计算机职业道德在计算机领域起到不可替代的作用。

由于计算机信息系统本身的缺陷和人类社会存在的利益驱使，计算机信息系统不可避免地面临着自然灾害、偶然事故、计算机犯罪、计算机病毒、信息战等方面的威胁。加之人为地针对信息保密性、完整性、可用性、可控性的攻击，信息容易遭到破坏。

计算机信息安全面临这样或那样的危害，我们要加强对信息安全的保护。计算机信息安全体系保护有 7 个层次，即信息，安全软件，安全硬件，安全物理环境，法律、规范、纪律，职业道德和人，可得到计算机信息安全保护途径的两个方面：一是加强计算机信息和网络安全技术的研究和开发，通常采用的是发展信息运行安全技术、信息安全技术、计算机网络安全技术等；二是加强计算机职业道德教育，尤其是计算机从业人员的职业道德教育。

信息是最有价值的商业资源之一，先于竞争对手获得信息，并对信息进行分析、综合及评估的企业就有可能在竞争中获取优势。信息技术系统的目标之一就是高效率地将大量数据转换成信息和有用知识，但对许多企业（包括一些信息技术企业）而言，这些技术是非常昂贵的。为了使自身在竞争中处于有利地位，就会出现用非法手段来获取有益自己的信息或破坏竞争对手的信息的情况，这种用计算机犯罪获取信息的方式虽然被法律严格禁止，但并非靠法律一种手段就能彻底解决。作为自律范畴的道德正是法律行为规范的有益补充。另外，计算机应用的日益发展和互联网应用的日益广泛，已经带来很多社会问题。对于计算机从业人员，掌握一定的技术、有一定的技术优势，不仅要加强自我防范意识，而且要加强计算机道德规范意识，增强道德观念。计算机信息技术越是迅速发展，越是要求相关联的个人具备与之相适应的计算机职业道德，因此强化计算机职业道德教育显得尤其重要。

9.1.4　计算机协会道德与职业行为准则

计算机专业人员的行为改变世界，他们应反思其工作的广泛影响，始终如一地支持公众利益，才能负责任地行事。《计算机协会道德与职业行为准则》（下称《准则》）体现了行业良知，本《准则》旨在激励和指导包括现有和胸怀抱负的从业者、教师、学生、影响者以及任何以有影响力的方式使用计算机技术的人士等的道德行为。此外，本《准则》亦可作为发生违规行为时的补救措施依据。基于了解公众利益始终是首要考虑因素，本《准则》包括作为责任声明制定的原则。每项原则都辅以诠释指南，以帮助计算机专业人员理解和应用该原则。

1．一般道德原则

① 为社会和人类的幸福做出贡献，承认所有人都是计算的利益相关者。

② 避免伤害。

③ 诚实可靠。

④ 做事公平，采取行动无歧视。

⑤ 尊重需要产生新想法、新发明、创造性作品和计算部件的工作。

⑥ 尊重隐私。

⑦ 尊重保密协议。

2．职业责任

① 努力在专业工作的过程和产品生产中实现高质量。

② 保持高标准的专业能力、行为和道德实践。

③ 了解并尊重与专业工作相关的现有规则。

④ 接受并提供适当的专业审查。

⑤ 对计算机系统及其影响进行全面彻底的评估，包括分析可能的风险。

⑥ 仅在能力范围内开展工作。

⑦ 培养公众对计算机、相关技术及后果的认识和理解。

⑧ 仅当获得授权或仅为公众利益之目的才能访问计算和通信资源。

⑨ 设计和实施稳固又可用的安全的系统。

3. 专业领导原则

① 确保公众利益是所有专业工作的核心要求。

② 明确、鼓励接受并评估组织或团体成员履行社会责任的情况。

③ 管理人员和资源，提高工作、生活质量。

④ 阐明、应用和支持反映本《准则》原则的政策和流程。

⑤ 为组织或团队成员创造机会，让其成长为专业人员。

⑥ 谨慎修改或停用系统。

⑦ 识别并特别关注那些融入社会基础设施里的系统。

4. 遵守《准则》

① 坚持、促进和尊重《准则》。

② 将违反本《准则》的行为视为不符合计算机协会会员的身份标准。

9.1.5　计算机从业人员的职业道德准则

职业道德不仅是从业人员在职业活动中的行为标准和要求，而且是本行业对社会所承担的道德责任和义务。

任何一个行业的职业道德都有其基础的、具有行业特点的原则，计算机行业也不例外，计算机从业人员的职业道德准则主要有以下两项。

一是计算机从业人员应当以公众利益为目标。这一准则可以解释为以下 8 点。

① 对负责的工作承担完全的责任。

② 用公众的利益来协调软件工程师、公司、客户和用户之间的利益。

③ 批准软件，应在确信软件是安全的、符合规格说明的、经过合适测试的，在不会降低生活品质、影响隐私权或有害环境的条件之下，以大众利益为前提。

④ 当有理由相信有关的软件和文档可能对用户、公众或环境造成任何实际或潜在的危害时，应向有关部门揭发。

⑤ 通过合作来解决由软件及其安装、维护、支持或文档引起的社会密切关注的各种事项。

⑥ 在所有有关软件、文档、方法和工具的申述中，特别是与公众相关的，力求实事求是，避免欺骗。

⑦ 认真考虑诸如体力残疾、资源分配、经济缺陷和其他可能影响使用软件的因素。

⑧ 应致力于将自己的专业技能用于公众事业和公共教育的发展。

二是在客户和公司与公众利益一致的原则下，计算机专业人员应注意协调客户和公司的利益。这一准则可以解释为以下 9 点。

① 在胜任的领域提供服务，对经验和教育方面的不足应持诚实和坦率的态度。

② 不故意使用非法或从非合理渠道获得的软件。

③ 在客户或公司知晓和同意的情况下，只在适当准许的范围内使用客户或公司的资产。

④ 保证遵循的文档按要求经过授权批准。

⑤ 只要工作中所接触的机密文件不违背公众利益和法律，对这些文件所记载的信息必须严格保密。

⑥ 根据判断，如果一个项目有可能失败，或者费用过高，违反知识产权法规，或者存在问题，应立即确认、做文档记录、收集证据并报告公司或客户。

⑦ 当知道软件或文档有涉及社会关切的明显问题时，应确认后做好文档记录，并报告给公司或客户。

⑧ 不接受不利于本公司工作的外部工作。

⑨ 不提倡与公司或客户的利益冲突，除非出于符合更高道德规范的考虑。在后者情况下，应通报公司或另一方涉及这一道德规范的适当当事人。

除了以上基础要求和准则外，作为一名计算机从业人员，还有一些其他的职业道德规范应当遵守，主要包括：

① 按照有关法律、法规和有关机关的内部规定建立计算机信息系统。

② 以合法用户的身份进入计算机信息系统。

③ 在工作中尊重各类著作权人的合法权利。

④ 在收集、发布信息时尊重相关人员的名誉、隐私等合法权益。

9.1.6　网络道德建设

在信息技术日新月异发展的今天，人们无时无刻不在享受着信息技术给人们带来的便利与好处。然而，随着信息技术的深入发展和广泛应用，计算机网络中已出现许多不容回避的道德与法律的问题。因此，在我们充分利用网络提供的好处的同时，抵御其负面效应，大力进行网络道德建设已刻不容缓。

1. 维护知识产权

1990 年 9 月我国颁布了《中华人民共和国著作权法》，把计算机软件列为享有著作权保护的作品；1991 年 6 月，颁布了《计算机软件保护条例》，规定计算机软件是个人或者团体的智力产品，同专利、著作一样受法律的保护，任何未经授权的使用、复制都是非法的，按规定要受到法律的制裁。

人们在使用计算机软件或数据时，应遵照国家有关法律规定，尊重其作品的版权，这是使用计算机的基本道德规范，建议人们养成良好的道德规范，具体如下。

① 使用正版软件，坚决抵制盗版软件，尊重软件作者知识产权。

② 不对软件进行非法复制。

③ 不能为保护自己的软件资源而制造病毒保护程序。

④ 不能擅自篡改他人计算机的系统信息资源。

2. 维护计算机安全

计算机安全是指计算机信息系统的安全。

计算机信息系统是由计算机及其相关的和配套的设备、设施（包括网络）构成的。为维护计算机的安全，防止病毒的入侵，我们应该注意以下几点。

① 不蓄意破坏和损伤他人的计算机系统设备及资源。

② 不制造病毒程序，不使用带病毒的软件，更不得有意传播计算机病毒给其他计算机系统或传播带有病毒的软件。

③ 积极采取病毒预防措施，在计算机内安装防病毒软件；定期检查计算机系统内的文件是否被病毒感染，如发现病毒，应及时用杀毒软件清除。

④ 维护计算机的正常运行，保护计算机系统数据的安全。

⑤ 被授权者对自己享有的资源有保护责任，不得泄露口令和密码给他人。

3. 遵守网络行为规范

计算机网络改变着人们的行为方式、思维方式乃至社会结构，它对于信息资源的共享起到了巨大作用，并且蕴藏着巨大的潜能。但是网络的影响不是单方面的，在它广泛的积极作用背后，也有使人堕落的陷阱，这些陷阱产生着巨大的反作用。其主要表现在：网络文化的误导，传播暴力、色情内容；诱发不道德和犯罪行为；网络的神秘性"培养"了计算机"黑客"等。各个国家都制定了相应的法律法规，以约束人们使用计算机以及在计算机网络上的行为。

例如，我国公安部发布的《计算机信息网络国际联网安全保护管理办法》中规定，任何单位和个人不得利用国际联网制作、复制、查阅和传播下列信息。

① 煽动抗拒、破坏宪法和法律、行政法规实施的。

② 煽动颠覆国家政权，推翻社会主义制度的。

③ 煽动分裂国家、破坏国家统一的。

④ 煽动民族仇恨、民族歧视，破坏民族团结的。

⑤ 捏造或者歪曲事实，散布谣言，扰乱社会秩序的。

⑥ 宣扬封建迷信、淫秽、色情、赌博、暴力、凶杀、恐怖，教唆犯罪的。

⑦ 公然侮辱他人或者捏造事实诽谤他人的。

⑧ 损害国家机关信誉的。

⑨ 其他违反宪法和法律、行政法规的。

但是，在使用计算机时应该抱着诚实的态度、采取无恶意的行为，并要求自身在智力和道德意识方面取得进步。

作为当代青年，上网时应该遵守以下行为规范。

① 要加强思想道德修养，自觉按照社会主义道德的原则和要求规范自己的行为。

② 要依法律己，自觉遵守国家各项法律规定，法律禁止的事坚决不做，法律提倡的积极去做。

③ 要净化网络语言，坚决抵制网络有害信息和低俗之风，健康、合理、科学上网。

④ 不在网络上发布不真实的信息，不传播具有威胁性、不友好、有损他人声誉的信息。

⑤ 不在网络上制作、查阅、复制和散布思想内容反动的、不健康的、有碍社会治安和有伤风化的信息。

⑥ 不转让用户账号，不将口令随意告诉他人。

⑦ 不使用软件的或硬件的方法窃取他人口令、盗用他人 IP 地址、非法入侵他人计算机系统、阅读他人文件或电子邮件、滥用网络资源。

⑧ 不制造和传播计算机病毒，不破坏数据，不破坏网络资源，不私自修改网络配置。

⑨ 不利用网络窃取别人的研究成果或受法律保护的资源，不侵犯他人正当权益。

⑩ 不下载无法确定无害或来历不明的资料。

9.1.7　计算机用户的基本道德规范

① 不应该利用计算机去伤害他人。

② 不应干扰他人的计算机工作。

③ 不应到他人的计算机中窥探文件。

④ 不应用计算机进行偷窃。

⑤ 不得蓄意破译他人口令。

⑥ 不应用计算机做伪证。

⑦ 不应使用或复制不属于自己的且没有付费的软件。

⑧ 不应未经许可而使用他人的计算机资源。

⑨ 不能利用电子邮件做广播型的宣传。

⑩ 不应私自阅读他人的通信文件（如电子邮件）或伪造电子邮件信息。

⑪ 应该以深思熟虑和慎重的方式来使用计算机。

⑫ 要诚实可靠。

⑬ 要公正并且不采取歧视性行为。

⑭ 尊重知识产权。

⑮ 尊重他人的隐私。

⑯ 保守秘密。

⑰ 保护个人信息。

9.2 知识产权

在知识经济时代，加强对知识产权的保护显得尤为重要和迫切。世界贸易组织中的《与贸易有关的知识产权协定》明确规定：知识产权属于私权。我国的《中华人民共和国民法典》（以下简称《民法典》）也将知识产权作为一种特殊的民事权利予以规定。

9.2.1 知识产权的概念

知识产权是"基于创造成果和工商标记依法产生的权利的统称"。知识产权的英文为"Intellectual Property"。随着科技的进步，知识产权的外延在不断扩大。

知识产权就是民事主体对自己的智力劳动成果所依法享有的专有权利，是一种无形财产。知识产权包括专利权、商标权、著作权（也称版权）、商业秘密专有权等，其中，专利权与商标权又统称为"工业产权"。

知识产权具有如下特征。

（1）知识产权的客体是不具有物质形态的智力成果

这是知识产权的本质属性，是知识产权区别于物权、债权、财产继承权等民事权利的首要特征。智力成果是指人们通过智力劳动创造的精神财富或精神产品，本身凝结了人类的一般劳动，具有财产价值，可以成为权利标的，是与民法意义上的"物"相并存的一种民事权利客体，也有学者称之为"知识产品"或"知识财产和相关精神权益"。

（2）专有性

专有性即知识产权的权利主体依法享有独占使用智力成果的权利，他人不得侵犯。从本质上讲，知识产权是一种垄断权。这种垄断权必须符合法律规定并受到一定限制。正是由于知识产权权利主体能获得法定垄断利益，才使知识产权制度具有激励功能，促使人们不断开发和创造新的智力成果，推动技术的进步和社会的发展。知识产权和物权都是绝对权和对世权，从而有别于债权。

（3）地域性

地域性即知识产权只在特定国家或地区的地域范围内有效，不具有域外效力。各国的知识产权立法基于主权原则必然呈现出独立性，各国的政治、经济、文化和社会制度的差异，也会使知识产权保护的规定有所不同。一国的知识产权要获得他国的法律保护，必须依照有关国际条约、双边协议或按互惠原则办理。

（4）时间性

时间性即依法产生的知识产权一般只在法律规定的期限内有效，超出法定保护期后，有关智力成果进入公有领域，人们可以自由使用。须注意的是，商标权的期限届满后可通过续展依法延长保护期，少数知识产权没有时间限制，只要符合有关条件，法律可长期予以保护，如商业秘密权、地理标志权、商号权等。

9.2.2　软件知识产权

在我国，版权又被称为著作权，指的是作者就其创作的作品具有的权利，作品包含文字作品、音乐、戏曲、舞蹈、影视作品、计算机软件等。网络科技的进步带动信息时代的到来，人们的工作、生活都离不了计算机，而计算机软件同样是必不可少的。但计算机软件侵权盗版行为经常发生。版权登记是维护计算机软件权利人合法权益的关键一步，在计算机投入使用时应当加强对著作权的保护意识，以防被侵犯权益。

计算机软件著作权指的是软件的开发者或其他权利人根据相关著作权法律的要求，针对软件作品所具有的各项专有权利。就权利的性质来讲，它归属于民事权利，具有民事权利的共同特征。

软件知识产权就是计算机软件开发者对自己的智力劳动成果依法享有的权利。软件的开发需要大量的智力和财力的投入，软件本身是智慧的结晶也应受到法律的保护，以提高开发者的积极性和创造性，促进软件产业的发展，从而促进人类文明的进步。由于软件属于高新科技范畴，目前国际上对软件知识产权的保护法律还不是很健全，大多数国家使用著作权法来保护软件知识产权，与硬件密切相关的软件设计原理还可以申请专利保护。

打击侵权盗版，保护软件知识产权，建立一个尊重知识、尊重知识产权的良好市场环境是政府的意向，也是软件企业的愿望，它将关系到软件产业的发展和软件企业的存亡。

在保护软件知识产权方面，软件企业既要进行有效管理，充分利用我国现有的法律手段，在市场竞争中取得主动。同时，也应自觉依法办事，尊重他人知识产权，合法使用他人软件。

软件知识产权的法律适用范围如下。

① 作品版权：将研发成果中的文档、程序等视为作品，适用著作权法进行保护。

② 设计专利权：应用端的工程技术、技巧性设计方案，适用专利法进行保护。

③ 形式表现商标权：产品名称、软件界面等形式表现的智力成果，适用商标法进行保护。

9.2.3　软件盗版

软件盗版行为是指任何未经软件著作权人许可，擅自对软件进行复制、传播，或以其他方式超出许可范围传播、销售和使用的行为。

1. 正版和盗版的区别

首先是授权问题，正版软件有授权，盗版软件没有，这也意味着正版软件商提供的在线支持，以及后续服务，盗版软件使用者基本难以享受到。对很多专业的系统来说，特别是 ERP 系统以及各种财务管理系统、流程管理系统，售后极为重要。正版软件商会为使用者提供个性化的定制修改服务，同时还能解决使用者在日常使用中遇到的问题。

其次，正版软件会提供大量免费的附加资源，如果没有一定的技术水平，使用盗版软件很难得到这些资源。使用盗版的杀毒软件，很可能会受到木马等计算机病毒的威胁，特别是一些盗版软件实际上就是病毒软件，用户一旦安装，将会受到各种威胁，网上交易的平台也将变得不安全。因此对于安全类软件，及时地更新，保证正版的来源，是极为重要的。

最后，盗版软件很可能由于修改而变得不稳定，影响使用。

2. 企业使用正版软件的益处

使用正版软件，企业用户不必担心因质量问题而造成信息技术系统故障；软件产品可以得到必要的升级和维护，进而确保整个信息技术系统的及时更新和安全运行；可以树立良好的企业形象，规避法律风险，推动社会大众对企业品牌形象的认可。

3. 企业使用盗版软件的危害

盗版软件危害企业信息系统的安全和业务运行。盗版软件容易遭受病毒攻击，造成核心数据丢失等后果，给企业经营业务造成严重危害；使用盗版软件无法得到供应商提供的服务，企业用户不能得到升级保证和技术支持服务，从而影响了整个系统的安全、稳定。

另外，使用盗版软件也会给企业带来法律风险。使用盗版软件是侵犯知识产权的行为，是国家法律明令禁止的。企业如果使用非法复制的软件，将使自己面临法律的制裁，给企业带来巨大损失。

4. 常见的软件侵权盗版行为

（1）仿冒软件

仿冒软件指不经软件著作权人的授权，非法复制及销售享有著作权的软件。这种仿冒更多地出现在套装软件中。消费者在购买软件时应注意检查软件的真伪，应向诚实守信的销售商购买，并确认软件包括全部用户材料和特许协议。

（2）预装盗版

通常厂商、系统集成商或计算机销售商会在计算机中为客户事先安装操作系统或某些应用软件，这便是通常所指的软件预装。如果预先安装的软件并未得到软件著作权人的授权，并非从正常途径获得甚至是销售商自己非法复制的，那么这就是软件的预装盗版。

（3）用户盗版

这里所说的用户包括企业用户和个人用户，用户盗版指用户尤其是企业用户未经许可或超出许可范围商业性地使用他人软件。以下情形都存在因未经授权使用软件而构成侵权：用户购买了一套正版软件，只允许用户在一台计算机上使用该软件，用户却在两台或两台以上计算机使用该软件；将软件复制后交他人安装或散布之用；将非零售版软件出售给他人或企业；局域网服务器超出所限用户数量范围使用软件等。

（4）网络盗版

我们经常会发现有一些网站提供免费或有偿下载的软件，如果这些软件是没有经过合法的授权的，下载这些软件便是非法下载。这种在互联网上非法上传权利人的软件供他人下载的做法就构成网络盗版行为。

9.3 安全与隐私

我们要时刻重视安全，将安全谨记心中，时刻保持安全第一的观念，从根本上杜绝安全问题的发生。

9.3.1 隐私权和网络隐私权

隐私权是指自然人享有的私人生活安宁与私人信息秘密依法受到保护，不被他人非法侵扰、知悉、收集、利用和公开的一种人格权。《中华人民共和国民法典》第一千零三十二条的规定：自然人享有隐私权。任何组织或者个人不得以刺探、侵扰、泄露、公开等方式侵害他人的隐私权。隐私是自然人的私人生活安宁和不愿为他人知晓的私密空间、私密活动、私密信息。

隐私权的内容包括：

① 保持自己的隐私不为他人所知的权利。

② 对自己的隐私享有积极利用，以满足自己的精神、物质等方面需要的权利。

③ 对自己的隐私享有支配权，只要不违背公序良俗即可。

网络隐私权是隐私权在网络中的延伸，是指自然人在网上享有私人生活安宁、私人信息、私人空间和私人活动依法受到保护，不被他人非法侵犯、知悉、搜集、复制、利用和公开的一种人格权；也指禁止在网上泄露某些个人相关的敏感信息，包括事实、图像以及发表诽谤意见等。

9.3.2　侵害他人隐私权的常见行为

以下行为都属于侵害他人隐私权的行为。

① 以短信、电话、即时通信工具、电子邮件、传单等方式侵扰他人的私人生活安宁。

② 进入、窥视、拍摄他人的住宅、宾馆房间等私密空间。

③ 拍摄、录制、公开、窥视、窃听他人的私密活动。

④ 拍摄、窥视他人身体的私密部位。

⑤ 处理他人的私密信息。

⑥ 以其他方式侵害他人的隐私权。

公民的隐私权受到侵害的，受害人有权要求侵权人停止侵害，采取措施消除影响，恢复名誉，侵权人应向受害人赔礼道歉，受害人还有权要求侵权人赔偿损失。

9.3.3　侵犯网络隐私权的行为

面对日益严重的隐私权被侵犯的情况，人们需要知道有哪些侵犯网络隐私权的行为。

① 非法侵入。未经他人同意，非法侵入他人计算机、电信设施，构成侵害隐私权。

② 非法截取、覆盖。私人信息是最重要的隐私内容之一，未经同意在他人传播信息的过程中，对他人的个人信息进行拦截或非法截取，构成对他人隐私权的侵犯；对他人的个人信息进行覆盖，也构成对他人隐私权的侵犯。

③ 窃听、窃取、删除。未经他人同意，利用网络技术窃听他人网络电话或者网络聊天内容；窃取他人的图片、文字；窃取他人拨号上网的密码；恶意复制、删除他人资料等，这些都构成对他人隐私权的侵犯，应当承担侵权责任。

④ 伪造、修改他人私人资料。这种侵权行为是指非法侵入他人计算机、电信设施，恶意伪造、修改他人的资料，以使自己获得非法利益或者不获得任何利益。

⑤ 骚扰。这种行为主要是指利用恶意代码将浏览器的首页设置为色情网站；发送大量的电子邮件造成对方的电子邮箱爆炸、瘫痪；发送病毒；发送色情消息；直接将软件嵌入用户的浏览器上面；等等。

⑥ 披露。未经他人同意将他人的姓名等个人信息资料予以公开。

⑦ 监视。一般是指在网络传输的某一个环节设置监视软件，从而使他人的一举一动都在自己的监控之下，类似于现实世界中的隐形摄像头。

⑧ 跟踪刺探。通过聊天、邮件或实时软件进行跟踪，以言辞或文字引诱，获得私人信息，侵犯他人的隐私权。

9.3.4　个人信息安全的基本原则

个人信息是以电子或者其他方式记录的能够单独或者与其他信息结合识别特定自然人的各种信息，包括自然人的姓名、出生日期、身份证号、生物识别信息、住址、电话号码、电子邮箱、健康信息、行踪信息等。个人信息中的私密信息，适用有关隐私权的规定；没有规定的，适用有关个人信息保护的规定。

2020 年 10 月 1 日，由国家标准化管理委员会发布的《信息安全技术 个人信息安全规范》（以下简称《个人信息安全规范》）正式施行。作为第一个个人信息安全规范的国家标准性文件，《个人信息安全规范》对个人信息问题从收集到最终的删除、销毁均做出了严格的程序性及原则性要求。其中第四章，《个人信息安全规范》对个人信息安全的基本原则进行了阐述，对个人信息安全的保护有重要意义。

（1）目的明确原则

个人信息安全问题的起点在于个人信息的收集，即个人信息脱离了信息主体而由他人掌握的情形。因此，在个人信息收集过程中，必须遵循目的明确的原则。所谓目的明确，是指在收集个人信息时必须有合法、正当、明确的意图，例如，微博实名制下必须收集个人姓名及身份证号，外卖送餐时必须掌握订餐者的姓名、住址及电话号码，以保证配送正确。此所谓满足该项业务而必须掌握的个人信息，其最终目的是满足个人信息主体的需求。

（2）选择同意原则

当然，个人信息主体有权选择是否将自己的个人信息向他人提供服务，无论基于何种目的，除法律规定外，他人不得强制要求个人信息主体提供其个人信息。在网络运营过程中，个人信息主体若必须提供自己的个人信息方可从事该项活动，网络运营者必须事先向个人信息主体说明并提供选择，个人信息主体有权选择是否同意提供，从而有权决定是否接受该项服务。而网络运营者对个人信息的保存方式、获取方式、使用方式等，均在个人信息主体是否同意提供个人信息的考虑范围之内，因此网络运营者必须以明示方式提供服务，从而供个人信息主体自主选择是否接纳。

（3）最小必要原则

所谓最小必要原则，是指网络运营者或者其他的个人信息收集者，即使以合法、正当的途径收集他人的个人信息，也必须秉持信息收集最小化，即数量最少、频率最低、保存时间最短。其对于个人信息的收集只需要满足从事该业务所必需的最低标准即可，而不得在超出必要限度的范围内进行信息的收集或者保存。此举可最大限度地减少个人信息在非信息主体手中停留的时间及数量，以降低个人信息泄露的风险，提高个人信息安全程度。

（4）公开透明原则

因为个人信息的敏感性较强，信息收集者对个人信息的处理及保存方式备受关注。根据《个人信息安全规范》，信息持有者对于个人信息的获取、保存、使用方式必须公开透明，以接受包括个人信息主体在内的各方监督，以最大限度地避免因信息持有者内部违规导致的个人信息受到威胁的情形出现。

（5）确保安全原则

确保安全原则是对个人信息持有者技术能力层面的要求，其明确个人信息持有者必须有足够强大的技术支持来满足个人信息保存的秘密性及安全性要求，建立完善的规章制度以最大限度地保证个人信息的安全。

（6）权责一致原则

权责一致原则属于个人信息遭受侵害后的补救措施。其要求当个人信息被不当泄露、利用、篡改、删除时，负责个人信息安全的一方需要对由此给被侵害主体造成的损失承担相应的赔偿责任。实践中，网络运营商往往属于个人信息持有者，因此也往往成为最终的责任承担者。

（7）主体参与原则

向个人信息主体提供能够访问、更正、删除其个人信息，以及撤回同意、注销账户等方法。

《个人信息安全规范》中的 7 项原则，从维护个人信息的保密性出发，对个人信息持有者做出了明确的原则性要求，以期在"大数据时代"下最大限度地维护个人信息安全。

9.3.5　个人信息的合法处理

《中华人民共和国民法典》第一千零三十五条明确提出"个人信息的处理包括个人信息的收集、存储、使用、加工、传输、提供、公开等。"《中华人民共和国网络安全法》第四十一条就个人信息的收集和使用确立了基本原则。《中华人民共和国民法典》总结了这一立法经验，在其第一千零三十五条第一款明确了处理自然人个人信息应遵循的基本原则，即合法原则、正当原则和必要原则。同时，该条还明确，收集和处理自然人的个人信息，应当符合如下4项条件：一是征得该自然人或者其监护人同意，但是法律、行政法规另有规定的除外；二是公开处理信息的规则，例如，在很多购物网站上，都公示其收集消费者信息的规则；三是明示处理信息的目的、方式和范围，例如，学校因招生考试而要求学生提供身份证复印件，就要明示收集到的身份信息仅用于此次招生考试活动；四是不违反法律、行政法规的规定和双方的约定。

需要注意的是，就个人的敏感信息，其处理应当有更严格的法律规制。所谓敏感信息包括能够揭示个人的种族、政治倾向、宗教和哲学信仰、个人健康、基因信息和生物信息等。

在个人信息保护中，信息处理者的义务非常重要。《中华人民共和国民法典》第一千零三十八条明确了信息处理者的主要义务，如下。

①"不得泄露或者篡改其收集、存储的个人信息"的义务。从实践来看，泄露个人信息的事件时有发生，对个人信息造成严重威胁。电信诈骗往往都是因为个人信息被泄露引发的。

②"未经自然人同意，不得向他人非法提供其个人信息"的义务。这就意味着，除非经过信息权利人同意，否则，不得向他人提供个人信息。不过，本条同时明确了，"经过加工无法识别特定个人且不能复原"的个人信息，可以向他人提供。这一规定对于信息的共享和信息产业的发展，具有重要意义。

③"确保其收集、存储的个人信息安全"的义务。信息处理者应当采取技术措施和其他必要措施，确保其收集、存储的个人信息安全，防止信息泄露、篡改、丢失。

④ 个人信息泄露、篡改、丢失后的报告义务。这就是说，在发生或者可能发生个人信息泄露、篡改、丢失的，应当及时采取补救措施，依照规定告知信息权利人并向有关主管部门报告。

生活、工作中应当注意或做好以下5个方面，以保护个人信息。

① 保护身份证号、银行卡号、密码及其他个人隐私信息，不要随意把这些信息通过邮件、短信或电话告诉他人。

② 保护私人计算机和手机安全。例如，通过安装防火墙等方式，阻止入侵者远程访问个人计算机和手机；使用复杂密码，提高黑客破解密码难度。不使用计算机时，一定要关机。

③ 合理清理"信息垃圾"。丢掉含有私人信息的文件前，先清理个人隐私。

④ 仔细阅读银行对账单、账单及信用卡报告，确认没有可疑交易。

⑤ 网上购物需要注意，在输入信用卡和个人信息之前确认网站是否安全。如果发现有人利用你的个人信息损害你的任何权益，应立刻报警。

9.3.6　避免在网络上泄露隐私的方法

平时在使用手机和计算机的过程中，稍不注意我们就很容易泄露自己的隐私信息，我们要采取有力措施避免在网络上泄露隐私。

1. 登录网站要谨慎

在使用浏览器的过程中，不要打开来历不明的广告链接，这些链接很可能含有病毒。在网站中输入账号密码时，不要开启密码保存功能。

2. 定期清理浏览器数据

很多上网信息是可以被某些工具获取的，浏览器数据可能包含大量隐私信息，如 QQ 账号、银行账号等，记得定期清理浏览器数据，并设置浏览器保护。

3. 保护好个人密码

支付宝账号、银行账号等私人密码要定期更换，多个账号之间尽量用不同的密码，否则很容易被一举破解。密码尽量设置得复杂一些，最好采用数字、字母、符号的多重组合。在陌生的场合输入密码时，注意周围是否有摄像头，有的话最好避开或遮挡。

4. 谨慎连接公共 Wi-Fi

在连接公共 Wi-Fi 之前先确认其安全性，如是否为店家或企业安全 Wi-Fi，尤其是连接一些免费 Wi-Fi 更需注意，更不要在公共 Wi-Fi 环境中输入个人信息。

5. 下载官方正版软件

不要安装来历不明的软件，下载软件尽量去软件商店或应用官网下载。初次打开软件时，不要把权限全部选择为始终允许，对用不到的权限尽量选择禁止。

6. 数据清除要彻底

当需要清除手机或 U 盘中的数据时，直接删除是无法彻底清除的，它们还有被恢复的可能，应将数据彻底清除。

7. 文件加密再上传云端

不要太依赖云服务，云端账号一旦泄露，存储在云端的隐私信息也很可能会被获取。如果上传到云端的文件中包含隐私信息，可以在本地加密后再上传。

9.4 计算机犯罪概述

随着计算机技术的不断进步和互联网技术的发展，计算机犯罪已经是我们生活中一种比较常见的犯罪行为，计算机犯罪是一类关于计算机的犯罪行为的统称。

9.4.1 计算机犯罪的概念

所谓计算机犯罪，是指使用计算机技术来进行的各种犯罪行为，就是在信息活动领域中，利用计算机信息系统或计算机信息知识作为手段，或者针对计算机信息系统，对国家、团体或个人造成危害，依据法律规定，应当予以刑罚处罚的行为。它既包括针对计算机的犯罪，即把电子数据处理设备作为作案对象的犯罪，如非法侵入和破坏计算机信息系统等，也包括利用计算机的犯罪，即以电子数据处理设备作为作案工具的犯罪，如利用计算机进行金融诈骗、盗窃、贪污、挪用公款、窃取国家秘密或其他犯罪行为。

计算机犯罪是当代社会出现的一种新的犯罪形式，很难形成较一致的看法，其定义尚在深入研究之中。同时，计算机犯罪的内涵和外延又随信息科技的发展进步和推广应用不断扩展。

9.4.2 计算机犯罪的基本类型

1. 危害计算机信息网络运行安全的犯罪

该类计算机犯罪主要指非法侵入计算机信息系统的行为，包括侵入国家事务、国防建设、尖端科学技术的计算机信息系统；故意制造、传播计算机病毒、"蠕虫"程序，设置逻辑炸弹，发送邮件炸弹等攻击或毁坏计算机系统及网络，造成计算机和网络不能工作或不能正常运行，提供侵入计算机信息系统的一些工具以非法手段进入自己无权进入的计算机系统等，给使用者带来巨大的经济损失。

2. 利用计算机网络危害国家安全和社会稳定的犯罪

该类计算机犯罪包括利用互联网造谣、诽谤或发表、传播其他有害信息，煽动颠覆国家政权、破坏国家统一；通过互联网窃取、泄露国家秘密、情报；利用互联网煽动民族仇恨、破坏民族团结；组织邪教、联络邪教成员举行非法活动等。

3. 利用计算机网络系统危害社会经济秩序和管理的犯罪

该类计算机犯罪包括利用互联网销售假冒伪劣产品，对商品、服务做虚假宣传，在网上损害他人商业信誉和商品声誉，侵犯他人知识产权；利用互联网编造并传播影响证券期货交易或其他扰乱金融秩序的虚假信息，进行网上欺诈交易；在网上建立淫秽网站、网页，传播淫秽书刊、音像、影片和图片等。

4. 利用计算机网络危害自然人、法人及其他组织的人身、财产合法权益的犯罪

该类计算机犯罪包括在网上侮辱诽谤他人或捏造事实诽谤、恐吓他人；侵犯公民通信自由，非法截取、篡改、删除他人电子邮件或其他数据资料；通过互联网传播、散布虚假信息或广告，进行诈骗或教唆他人犯罪；利用互联网进行盗窃，敲诈勒索，侵占自然人、法人的金融财产等。

5. 复制、更改、删除计算机信息和盗窃计算机数据的犯罪

该类计算机犯罪指在他人不知情的情况下侵入信息系统，进行偷窥、复制、更改或者删除计算机信息，窃取计算机内部信息资料，损害使用者的合法利益等。

9.4.3 计算机犯罪的主要特点

由于计算机是一种高科技产品，并且由于计算机网络系统超越了地域时空的界限，从而也决定了计算机网络犯罪已不同于传统意义上的刑事犯罪。与一般传统的犯罪相比，计算机犯罪有着鲜明的特点。

1. 智能性

计算机犯罪的犯罪手段的技术性和专业化使得计算机犯罪具有极强的智能性。实施计算机犯罪，犯罪主体要掌握相当高超的计算机技术，需要对计算机技术具备较高专业知识并擅长使用操作技术，才能逃避安全防范系统的监控，掩盖犯罪行为。

2. 隐蔽性

网络的开放性、不确定性、虚拟性和超越时空性等特点，使得计算机犯罪具有极高的隐蔽性，增加了计算机犯罪案件的侦破难度。

3. 跨地域性

网络空间不同于地域空间，它是虚拟的，犯罪主体从网络上的任一节点都可以进入其他节点并对其进行破坏和攻击，因此，网络犯罪的主体可以轻而易举地跨界实施远程犯罪，从而造成司法管辖、刑法适用、司法协助等方面的诸多问题，导致司法诉讼的困难。

4. 匿名性

犯罪主体接收网络中的文字或图像信息的过程是不需要任何登记的，完全匿名，因而对其实施的犯罪行为也就很难控制。

5. 复杂性

计算机犯罪的复杂性主要表现如下。第一，犯罪主体的复杂性。任何犯罪主体只要通过一台联网的计算机便可以在计算机的终端与整个网络合成一体，调阅、下载、发布各种信息，实施犯罪行为。而且由于网络的跨国性，犯罪主体可能来自不同的国家或地区，网络的"时空压缩性"的特点为犯罪集团或共同犯罪提供了极大的便利。第二，犯罪对象的复杂性。计算机犯罪就是行为人利用网络所实施的侵害计算机信息系统和其他严重危害社会的行为。其犯罪手段越来越复杂和多样，有盗用、伪造客户网上支付账户的犯罪，电子商务诈骗犯罪；侵犯知识产权犯罪，非法侵入电子商务认证机构、金融机构计算机信息系统的犯罪；破坏电子商务计算机信息系统犯罪；恶意攻击电子商务计算机信息系统犯罪，虚假认证犯罪。

6. 犯罪后果的严重性

社会信息化程度的提高，使得国家、政府、组织及个人对数字化和网络化的依赖程度不断提高，一旦计算机系统遭到入侵和破坏，将可能产生极其严重的后果。尤其是涉及国家机密或战略决策的计算机系统，一旦遭到侵犯或破坏，就可能给国家主权与安全带来灾难性的后果。

操作训练

【操作训练 9-1】识别盗版软件

运用以下方法识别盗版软件。

（1）软件销售公司无法提供合法的版权证书

软件的版权证书，就相当于一个人的户口、身份证。它是软件所有人在完成软件设计后，向中国版权保护中心申请依法认证并核发的版权所有证明。一个公司销售的正版软件存在两种版权所有形式：一种是公司自主产品，版权所有者为该公司；另一种是销售别人的产品，版权所有者是为该公司提供软件的公司或个人。如果销售软件的公司不能提供以上合法的版权所有证明，那么该产品就可能是盗版软件。

（2）软件销售公司不能为用户提供售后服务

软件销售者以各种理由搪塞用户的服务请求、想尽办法逃脱售后责任的，也可充分说明其盗版了他人的软件。因为这类公司没有软件的源代码，不可能根据用户的需求修改软件。

（3）用户购买软件后长期得不到升级

由于盗版软件销售者没有软件的源代码，所以他们根本不可能升级该软件。

（4）软件销售价格极低

由于盗版软件销售者没有开发成本、维护成本、升级成本，只有软件销售成本，所以，他们可以以很低的价格出售该类软件。

（5）所售软件的版本较低

一般情况下，正版软件开发商都会在合适的机会推出其最新版本，如果软件销售者推销给用户的是一个过时的软件产品，则无论其怎样辩解，都不要上当受骗。

（6）软件设计时引用的是旧的国家标准、国家规范

任何行业软件都是根据当时最新的国家标准和规范来设计的。如果购买的软件是引用旧的国家标准和规范来设计的，那么可以肯定地说：这就是一个盗版软件！任何软件公司都不会出售其过时产品，因为这样既会损害软件公司自身的声誉、影响软件销售量，也会给用户带来巨大的经济损失而受到用户起诉。

【操作训练 9-2】网络犯罪危机预防与应对

运用以下方法预防与应对网络犯罪危机。

① 通过输入用户名和密码的方式实现身份认证以防止网上欺诈。

② 小心识别虚假网站。

③ 设置安全级别高的密码，保证网上财产的安全。

④ 尽量避免用公用计算机使用网上银行。

⑤ 了解一些网络欺诈惯用的手法，以免上当受骗。

⑥ 遇到财产损失，应及时报警。

练习测试

1. 黑客攻击造成网络瘫痪，这种行为是（　　　）。

    A. 违法犯罪行为　　　　B. 正常行为　　　　C. 报复行为　　　　D. 没有影响的

2. 我国在信息系统安全保护方面最早制定的一部法规，也是最基本的一部法规是（　　　）。

    A.《中华人民共和国计算机信息系统安全保护条例》

    B.《计算机信息网络国际联网安全保护管理办法》

    C.《信息安全等级保护管理办法》

    D.《计算机信息系统安全保护等级划分准则》

3. 对犯有《中华人民共和国刑法》第二百八十五条规定的非法侵入计算机信息系统罪的可处（　　　）。

    A. 三年以下的有期徒刑或者拘役

    B. 1000 元罚款

    C. 三年以上五年以下的有期徒刑

    D. 10000 元罚款

4. 以下选项中，（　　　）不属于知识产权的范围。

    A. 专利权　　　　　B. 商标权　　　　C. 著作权　　　　D. 名誉权

5. 专利权与（　　　）又统称为"工业产权"。

    A. 设计专有权　　　B. 商标权　　　　C. 著作权　　　　D. 商业秘密专有权

单元 10
新一代信息技术基础

云计算、大数据、物联网、人工智能、区块链等新一代信息技术的发展，正加速推进全球产业分工深化和经济结构调整，重塑全球经济竞争格局。我国应加快抓住全球信息技术和产业新一轮分化和重组的重大机遇，全力打造核心技术产业生态，进一步推动前沿技术突破，实现产业链、价值链和创新链等各环节协调发展，推动我国数字经济发展迈上新台阶。

分析思考

1. 探析物联网在生活领域中的典型应用

人们已经习惯了"互联网时代"的生活，如通过互联网浏览新闻、结交朋友、提高工作效率等。那么"物联网时代"又会是什么样子呢？

当你离开家后，智能物联网管家会自动切断家用电器，如电视、空调、洗衣机、冰箱、微波炉、电磁炉等的电源，帮助人们节能减排，预防用电过载事故。此外，智能物联网管家还会及时开启安防监控系统，时刻监视住宅安全，保护个人财产和家里老人、小孩的安全。

当你来到公司后，公司的物联网系统会自动识别你的身份，给你打开办公室门，启动办公计算机，推送一天的工作安排及行程；需要召集会议时，会定时开启会议室投影机、照明灯具、会议音响等，帮助你提高办公效率；当你回到家后，智能物联网管家已经提前为你开启照明系统，打开供暖设备，播放你最喜欢的音乐，甚至为你准备好温度适宜的洗澡水，让你在温暖舒适的家中享受智能物联生活带来的惬意。

物联网在生活领域中的典型应用如下。

（1）第二代身份证

第一代身份证采用聚酯膜塑封，后期使用激光图案防伪。第二代身份证是非接触式集成电路（Integrated Circuit，IC）芯片卡，有防伪膜、定向光变色"长城"图案、缩微字符串"JMSFZ"（居民身份证的汉语拼音首字母）、光变光存储"中国 CHINA"字样、紫外灯光下显现的荧光印刷"长城"图案等防伪技术。

第二代身份证内的非接触式 IC 芯片是更具有科技含量的射频识别（Radio Frequency Identification，RFID）芯片。芯片可以存储个人的基本信息，可近距离读取内里资料，需要时在读写器上一扫，即可显示出身份证所有人的基本信息。另外，芯片的信息编写格式、内容等只有特定厂家提供，因此防伪效果显著，不易被伪造。

（2）ETC 收费系统

现在很多高速公路收费站都有电子不停车收费（Electronic Toll Collection，ETC）功能，车辆只要减速行驶，不用停车，就可以完成车辆信息认证和计费，从而减少人工成本。

（3）一卡通

很多一卡通也运用了物联网技术，如校园一卡通、公交一卡通、市政一卡通都可以归为较为简单的物联网应用。

（4）学生卡

寒暑假使用学生卡购买火车票可以享受半价优惠，学生卡使用了可读写的 RFID 芯片，里面存储了该用户购票优惠使用次数信息，每使用一次就减少一次，且不易伪造、便于管理。

（5）列车车厢的管理

通过在每一节车厢安装一块 RFID 芯片，同时在铁路两侧间隔一段距离放置一个读写器，就能随时掌握列车在铁路线路上的位置，便于列车的调度、跟踪和安全控制。

物联网不仅为人们的日常生活提供便捷，其应用领域也涉及如工业、农业、环境、交通、物流、安保等方方面面。物联网有效地推动行业的智能化发展，使有限的资源得到更加合理、充分地使用和分配，从而提高了行业效率、效益；在家居、医疗健康、教育、金融与服务业、旅游业等与生活息息相关的领域，从服务范围、服务方式到服务质量等方面，都极大地改善了人们的生活质量。

2. 探析人工智能技术与人类衣食住行各种用具的结合

人工智能技术与人类衣食住行各种用具的结合，将彻底改变人类的生活方式。

（1）智能服装

智能服装是在传统服装的基础上，加入电子智能设备，使之能够读出人体心跳和呼吸频率；能够自动播放音乐；能够在胸前显示文字与图像，一件衣服能同时播放音乐、视频，调节温度，甚至上网"冲浪"。

（2）智能餐具

在餐具上植入智能设备，有两种用途，一是公用智能餐具，如智能餐盘，适用于食堂等公共场所，便于顾客结账、算账；二是家用智能餐具，如智能筷子，可以快速分析事物成分和能量比例，便于用户判断食物优劣。

（3）智能家电

智能冰箱、智能电视等智能家电现在已经进入了千家万户，利用语音识别、图像识别等技术，这些家电在便利操控和安全性能上无疑更具有优势。

（4）智能汽车

智能汽车的无人驾驶技术正在紧锣密鼓地发展之中，相信在不久的将来，人类将不必为交通堵塞、驾驶疲劳等事务烦心，而可以利用交通的时间更好地学习、工作。

学习领会

10.1 云计算技术基础

"云"实质上就是一个网络，"云"就像自来水厂一样，我们可以随时接水，并且不限量，按照用水量，付费给自来水厂就可以。

10.1.1 云计算的基本概念

从狭义上讲，云计算（Cloud Computing）就是一种提供资源的网络，使用者可以随时获取"云"

上的资源，按需求量使用，按使用量付费，并且可以将其看成是无限扩展的，只要按使用量付费的服务就可以。

从广义上说，云计算是与信息技术、软件、互联网相关的一种服务，这种计算资源共享池叫作"云"，云计算把许多计算资源集合起来，通过软件实现自动化管理，只需要很少的人参与，就能让资源被快速提供。也就是说，计算能力作为一种商品，可以在互联网上流通，就像水、电、天然气一样，可以方便地取用，且价格较为低廉。总之，云计算不是一种全新的网络技术，而是一种全新的网络应用概念，云计算的核心概念就是以互联网为中心，在网站上提供快速且安全的云计算服务与数据存储，让每一个使用互联网的人都可以使用网络上的庞大计算资源与数据中心。

云计算是一种基于并高度依赖互联网的计算资源交付模型，集合了大量服务器、应用程序、数据和其他资源，通过互联网以服务的形式提供这些资源，并且采用按使用量付费的模式。这种模式提供可用的、便捷的、按需的网络访问，提供可配置的弹性计算；提供按需付费的计算资源共享池，使用户无须关心太多基础设施；使用户与实际服务提供的计算资源相分离，并向用户屏蔽底层差异的分布式处理架构。用户可以根据需要从云提供商那里获得技术服务，如数据计算、存储和数据库，而无须购买、拥有和维护物理数据中心及服务器。云计算概念图如图 10-1 所示。

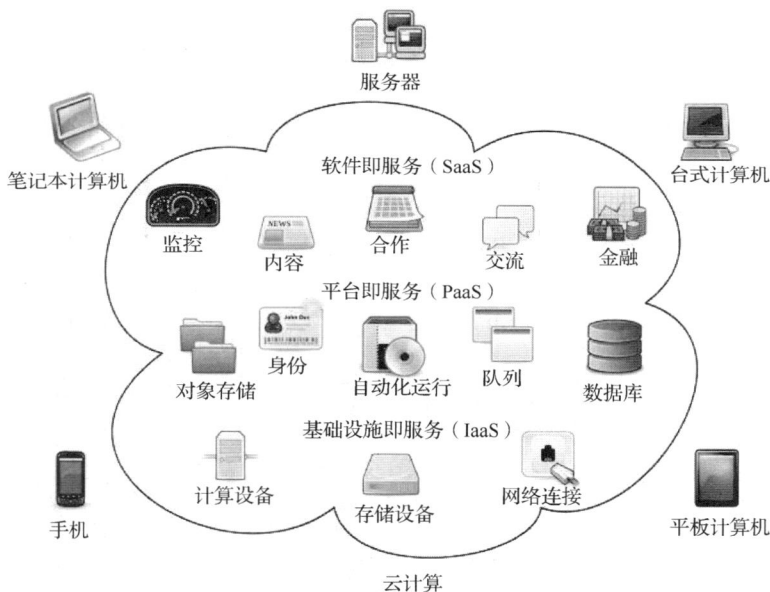

图 10-1　云计算概念图

简单地说，云计算是一种商业计算模式，它将任务分布在大量计算机构成的资源池上，用户可以按需获取存储空间、计算能力和信息等服务。云计算的"云"是一种比喻的说法，其实就是指互联网上的服务器集群上的资源，它包括硬件资源（如存储器、CPU、网络等）和软件资源（如应用软件、集成开发环境等），用户只需要通过网络发送一个需求信息，远端就会有成千上万的计算机为用户提供需要的资源，并将结果返回给本地设备。这样，本地客户端需要的存储和运算极少，所有的处理由云计算服务来完成。

云计算是分布式计算技术的一种，其工作原理是通过网络"云"将庞大的计算处理程序自动拆分成无数个较小的子程序，再交由多部服务器所组成的庞大系统经搜寻、计算、分析之后将处理结果回传给用户。通过这项技术，网络服务提供者可以在很短的时间内（数秒之内），完成对数以千万计甚至亿计数据的处理，实现和"超级计算机"同样效能强大的网络服务。现阶段所说的云服务已经不单单是一种分布式计算，而是分布式计算、效用计算、负载均衡、并行计算、网络存储、热备份冗杂和虚拟化等计算机技术混合演进并跃升的结果。

10.1.2　云计算的主要特点

云计算的可贵之处在于高灵活性、可扩展性和高性价比等，与传统的网络应用模式相比，其具有如下优势与特点。

（1）虚拟化

虚拟化突破了时间、空间的界限，是云计算显著的特点。云计算支持用户随时、随地利用各种终端获取应用服务，所请求的资源都来自"云"，而不是传统的固定有形的实体。物理平台与应用部署的环境在空间上是没有任何联系的，通过虚拟平台对相应终端进行操作以完成数据备份、迁移和扩展等。

（2）动态可扩展

云计算具有高效的运算能力，在原有服务器基础上增加云计算功能能够使计算速度迅速加快，最终满足动态扩展虚拟化要求，达到扩展应用的目的。

（3）按需服务

计算机包含许多应用，不同的应用对应的数据资源库不同，所以用户运行不同的应用需要较强的计算能力对资源进行部署，而云计算平台能够根据用户的需求快速配备计算能力及资源。云计算采用按需服务模式，像自来水、电、煤气那样计费，用户可以根据需求自行购买，降低了用户投入费用，并可获得更好的服务支持。

（4）灵活性高

目前市场上大多数信息技术资源、软硬件都支持虚拟化，如存储网络、操作系统和开发软件、硬件等。虚拟化要素统一放在云系统资源虚拟池当中进行管理，可见云计算的兼容性非常好，不仅可以灵活兼容低配置机器、不同厂商的硬件产品，还能够使用户获得更高性能的计算。

（5）可靠性高

云计算对于可靠性要求很高，在软硬件层面采用了数据多副本容错、计算节点同构可互换等措施来保障服务的高可靠性，在设施层面采用了冗余设计来进一步确保服务的可靠性。

即使出现服务器故障也不会影响计算与应用的正常运行，因为单点服务器出现故障可以通过虚拟化技术对分布在不同物理服务器上面的应用进行恢复或利用动态扩展功能部署新的服务器进行计算。

（6）性价比高

将资源放在虚拟资源池中统一管理，在一定程度上优化了物理资源，用户不再需要价格昂贵、存储空间大的主机，可以选择相对廉价的计算机组成云，一方面减少费用，另一方面计算性能不逊于大型主机。

（7）可扩展性高

云计算具有高扩展性，其规模可以根据应用的需要进行调整和动态伸缩，可以满足用户和应用大规模增长的需求。用户可以利用应用软件的快速部署条件来更为简单、快捷地对自身所需的已有业务以及新业务进行扩展。例如，云计算系统中出现设备故障，对用户来说，无论是在计算机层面上，抑或是在具体运用上均不会受到阻碍。利用云计算具有的动态扩展功能来对其他服务器开展有效扩展，这样一来就能够确保任务得以有序完成。在对虚拟化资源进行动态扩展的同时，能够高效扩展应用，提高云计算的操作水平。

（8）通用性好

云计算不针对特定的服务和应用，在"云"技术的支撑下，可以同时支持不同的服务和应用运行。

（9）规模庞大

"云"具有超大的规模，各大云服务商的"云"均拥有几十万甚至上百万台服务器，企业私有云一般也拥有成百上千台服务器。"云"能赋予用户前所未有的存储与运算能力。

（10）节约成本

云计算的自动化集中式管理使大量企业不需要负担高昂的数据中心管理成本，就可以享受优质的云计算资源与服务，通常只需要少量人员花费几天时间就能完成以前需要高额资金、数月时间才能完成的任务。

10.1.3　云计算的服务类型

云计算将统一管理和调度大量用互联网连接的计算资源，使其形成一个资源池，从而让用户能够通过互联网获得所需的资源和服务。大多数云计算的服务交付模式包括对存储和计算能力进行基于互联网访问的基础设施即服务、能够为开发人员提供用于创建和托管 Web 应用程序工具的平台即服务、基于 Web 的应用程序的软件即服务和无服务器计算。每种类型的云计算都提供不同级别的控制、灵活性和管理，因此用户可以根据需要选择正确的服务。云计算的服务类型如图 10-2 所示。

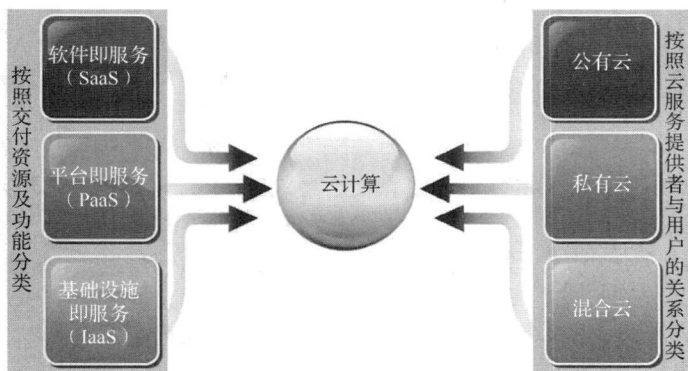

图 10-2　云计算的服务类型

1. 基础设施即服务

基础设施即服务（Infrastructure as a Service，IaaS）是云计算主要的服务类型之一，云计算服务提供商以即用即付的方式向用户提供虚拟化计算资源，如服务器、虚拟机、存储空间、网络和操作系统。IaaS 包含云信息技术的基本构建块。它通常提供对网络功能、计算机（虚拟或专用硬件）和数据存储空间的访问。IaaS 为用户提供最高级别的灵活性，并使用户可以对信息技术资源进行管理、控制。

IaaS 是指用户通过互联网可以获得信息技术基础设施硬件资源，然后根据用户资源使用量和使用时间进行计费的一种服务交付模式。在该服务交付模式下，云计算服务提供商提供给消费者的服务是对所有计算基础设施的利用，包括 CPU、存储空间、网络连接、负载均衡和防火墙等计算资源，用户能够部署和运行任意软件，包括操作系统和应用程序。

IaaS 的代表产品，国外主要有 IBM 公司的 BlueCloud、亚马逊公司的 Amazon EC2 和美国思科公司的 Cisco UCS 等，国内主要有百度云、腾讯云、金山云、阿里云等互联网企业旗下品牌，华为云、浪潮云等硬件厂商旗下品牌，天翼云、移动云、沃云等运营商旗下品牌等。

2. 平台即服务

平台即服务（Platform as a Service，PaaS）的主要用户是开发人员，为开发人员提供通过全球互联网构建应用程序和服务的平台，通过服务器平台把开发、测试、运行环境提供给用户，让开发人员能够更轻松地快速创建 Web 或移动应用，而无须考虑对开发所必需的服务器、存储空间、网络和数据库基础结构进行设置或管理，从而可以将更多精力放在应用程序的部署和管理上面。这有助于提高效率，因为用户不用操心资源购置、容量规划、软件维护、补丁安装或与应用程序运行有关的任何无差别的繁重工作。

PaaS 是介于 IaaS 和 SaaS 之间的一种服务交付模式，在该服务模式中，用户购买的是计算能力、存储、数据库和消息传送等服务，在该服务交付模式下，底层环境大部分 PaaS 平台已经搭建完毕，用户可以在一个包含软件开发工具包（Software Development Kit，SDK）、文档和测试环境等在内的开发平台上直接创建、测试和部署自己的应用及服务，并通过该平台和互联网将其传递给其他用户。该服务交付模式有助于大大降低应用程序的开发成本。

比较知名的 PaaS 平台有阿里云开发平台、华为 DevCloud 等。PaaS 提供商的典型代表包括高德地图、百度地图、搜狗地图等位置服务类服务商，科大讯飞、百度语音等语音服务类服务商，TalkingData、友盟等数据分析类服务商等。

3. 软件即服务

软件即服务（Software as a Service，SaaS）是一种通过互联网向用户提供软件的服务交付模式。SaaS 通过互联网提供按需付费应用程序，云计算提供商托管和管理软件应用程序，并允许其用户连接到应用程序，通过全球互联网访问应用程序。在该服务交付模式下，用户无须购买软件，而是通过互联网向服务提供商租用自己所需的基于 Web 的相关软件服务功能，以满足实际需求，并按定购的服务和时间长短向服务提供商支付费用。用户无须维护软件，也不能管理软件运行的基础设施和平台，只能进行有限的软件设置。SaaS 让软件访问泛化，把桌面应用程序转移到网络上去，用户可随时随地使用软件，增加了软件的使用频率和使用场景。SaaS 提供商的典型代表包括用友、金蝶等 ERP 类服务商，印象笔记、有道云笔记、腾讯文档、企业微信、石墨文档等文档协作类服务商，亿方云、坚果云、燕麦云等企业网盘类服务商，以及有赞、微店等电商类服务商。例如，微信小程序、钉钉、新浪微博、在线办公应用软件、在线教育平台、短视频服务就是 SaaS 的典型应用。

金山文档是 SaaS 的典型应用之一，金山文档是由珠海金山办公软件有限公司推出的一款可多人实时协作编辑的文档在线协作办公软件。金山文档主要特征如下：金山文档可应用于常见的办公软件，如文字 Word、表格 Excel、演示 PPT；具有多人协作、安全控制、完全免费、多格式兼容的特点；支持大型文件，支持最大 60 MB 的 Office 文件，超大表格文件、超大演示文件均可使用；可在多平台使用，无须下载，通过浏览器即可创作和编辑文件，手机、计算机等皆可使用；支持 Windows、macOS、Android、iOS、网页和微信小程序等各个平台，拥有一个账号即可在多个平台上管理文档。

这 3 类云计算服务中，IaaS 处于整个架构的底层；PaaS 处于中间层，可以利用 IaaS 层提供的各类计算资源、存储资源和网络资源来建立平台，为用户提供开发、测试和运行环境；SaaS 处于最上层，既可以利用 PaaS 层提供的平台进行开发，也可以直接利用 IaaS 层提供的各种资源进行开发。

云计算服务交付模式的典型应用如图 10-3 所示。

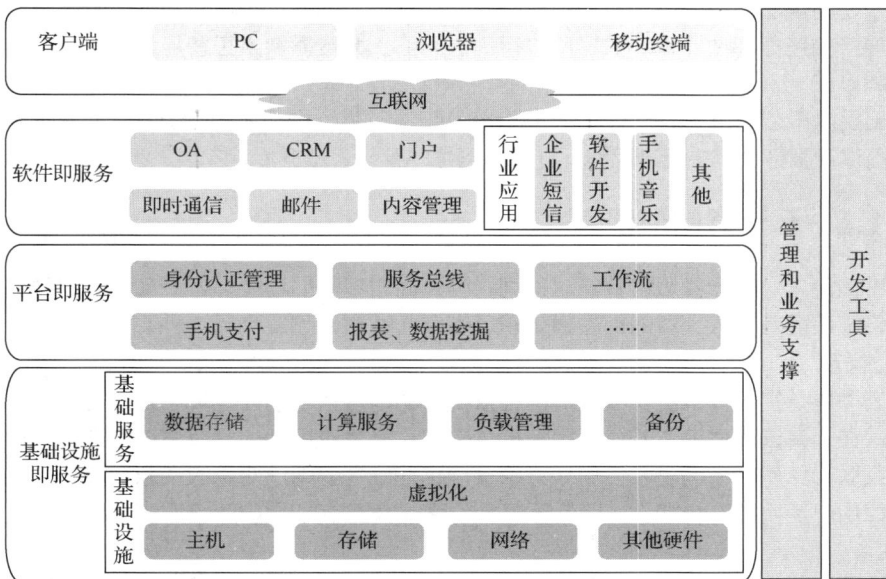

图 10-3 云计算服务交付模式的典型应用

10.1.4 主流云服务商及其产品

市场上的云计算产品、服务类型多种多样，在选择时不仅要看产品类型是否满足自身需求，还要看云产品服务商的品牌声誉、技术实力以及政府的监管力度。

目前国内外云服务商非常多，早期云服务市场主要被美国垄断，如亚马逊网络服务（Amazon Web Service，AWS）、微软 Azure 等，近年来国内云服务商发展迅速，已经占据国内外较大市场份额，知名的云服务商有华为云、阿里云、腾讯云等。

1. 国外主流云服务商及其产品

亚马逊公司是做电商起步的，刚开始因为业务需要购买了许多服务器等硬件资源用于搭建电商平台，后来由于平台的计算资源出现富余，于是开始对外出租这些资源，并逐渐成为世界上最大的云计算服务公司之一。目前，亚马逊旗下的 AWS 已在全球 20 多个地理区域内运营着 80 多个可用区，为数百万客户提供 200 多项云服务业务。其主要产品包括亚马逊弹性计算云、简单存储服务、简单数据库等，产品覆盖 IaaS、PaaS 和 SaaS。

2. 国内主流云服务商及其产品

（1）华为云

华为云隶属于华为公司，创立于 2005 年，在北京、深圳、南京等多地及海外设立有研发和运营机构。其主要产品包括弹性计算云、对象存储服务、桌面云等。

华为云是 IaaS 的典型应用之一，华为云是华为公有云品牌，致力于提供专业的公有云服务，具体提供弹性云服务器、对象存储服务、软件开发云等云计算服务，以"可信、开放、全球服务"三大核心优势服务全球用户。

华为云立足于互联网领域，提供云主机、云托管、云存储等基础云服务，以及超级计算、内容分发与加速、视频托管与发布、企业信息技术、云会议、游戏托管、应用托管等服务和解决方案。

（2）阿里云

阿里云是阿里巴巴集团旗下的云计算品牌，成立于 2009 年，在多地设有研发中心和运营机构。其主要产品包括弹性计算、数据库、存储、网络、大数据、人工智能等。

（3）腾讯云

腾讯云是腾讯公司旗下的产品，经过孵化期后，于 2010 年开放平台并接入首批应用，腾讯云正式对外提供云服务。其主要产品包括计算与网络、存储、数据库、安全、大数据、人工智能等。

10.1.5　云计算的部署模式

由于不同用户对云计算服务的需求不同，因此面对不同的场景，云计算服务需要提供不同的部署模式。一般而言，云计算的部署模式有公有云、私有云和混合云 3 种。

1. 公有云

公有云通常是指云计算服务提供商为公众提供的能够使用的云计算平台，其核心属性是共享资源服务。在公有云模式下，云计算服务提供商负责提供应用程序、资源、存储和其他服务，让用户通过互联网免费或按需求和使用量付费使用这些服务。用户使用的资源实际上是与其他用户共享的，但用户使用时不会察觉，而云服务提供商要负责保证用户所使用资源的安全性、可靠性和私密性。

对用户而言，使用云服务提供商提供的云服务，按需付费，使用成本较低，但不太可控，安全性存在问题。公有云的主要优点在于自身所使用的应用程序、服务及相关数据都是由公有云服务提供商提供的，用户自己仅需购买相应服务即可使用，无须进行硬件设施建设和软件开发。但是由于数据具有一定的共享性，且存储在公共服务器上，因而数据的安全性不高。同时，公有云的可用性主要取决于服务商，用户难以对其进行控制，因而为用户带来了一定的不确定性。

构建公有云的方式很多，云计算服务提供商既可以独立构建，也可以联合构建（即独立构建一部分软硬件，剩余部分直接购买），还可以直接购买商业解决方案。

2. 私有云

私有云是指为特定的组织机构建设的供其单独使用的云计算平台，它所有的服务只提供给特定的对象或组织机构使用，因而可对数据存储、计算资源和服务质量进行有效控制，其核心属性是专有资源服务，适合分支机构较多的大型企业或政府部门。相较于公有云，私有云通常建立在企业的内部网络中，企业可以自己控制私有云。私有云的数据安全性、系统可用性较高，可以提高资源使用率，但企业必须购买、建设及管理自己的云计算环境，因而会带来相对较高的购买、建设、管理和维护的成本。同时，私有云的规模相对较小，无法充分发挥规模效应。

创建私有云的方式主要有两种：对于预算少或者希望提高现有硬件利用率的企业和机构，使用 OpenStack 等开源软件将现有的硬件整合成一个云是较为合适的私有云创建方式；预算充裕的企业和机构则可以直接购买商业解决方案来创建私有云。

3. 混合云

混合云是公有云和私有云两种服务方式的结合，是介于公有云和私有云之间的一种折中方案。它所提供的服务既可以供别人使用，也可以供自己使用。相比较而言，混合云的部署方式对提供者的要求比较高。在使用混合云的情况下，用户需要解决不同云平台之间的集成问题。

在混合云部署模式下，公有云和私有云相互独立，但在云的内部又相互结合，可以发挥出公有云和私有云各自的优势。混合云可以使用户既享有私有云的私密性，又能有效利用公有云的低成本资源，从而获得最佳匹配效果，达到既省钱又安全的目的。用户在使用时，非核心应用程序在公有云上运行，核心程序及内部敏感数据则由私有云支持。

混合云的构建方式有两种，一种是企业负责搭建数据中心，将具体维护和管理工作外包给云服务提供商，或者让云服务提供商搭建并维护企业专用的云计算中心；另一种是购买私有云服务，即通过购买云服务提供商的私有云服务，将公有云纳入企业的防火墙内，并将这些计算资源与其他公有云资源隔离。

云计算的 3 种部署模式及主要特性比较如图 10-4 所示。

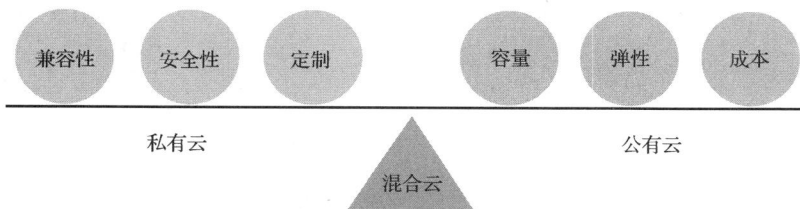

图 10-4　云计算的 3 种部署模式及主要特性比较

10.2　大数据技术基础

大数据技术的战略意义不在于掌握庞大的数据信息，而在于对这些含有意义的数据进行专业化处理。换言之，如果把大数据比作一种产业，那么这种产业实现盈利的关键，在于提高对数据的"加工能力"，通过"加工"实现数据的"增值"。

10.2.1　大数据的基本概念

随着计算技术的发展、互联网的普及，信息的积累已经到了非常庞大的地步，信息的增长也在不断加快，随着互联网、物联网建设的加快，信息更是呈爆炸式增长，收集、检索、统计这些信息越发困难，必须使用新的技术来解决这些问题。

大数据本身是一个抽象的概念，不同机构和组织对大数据的定义并不完全相同。一般意义上讲，大数据指无法在一定时间范围内用常规软件工具进行获取、存储、管理和处理的数据集，需要新型处理模式处理才能具有更强的决策力、洞察发现力和流程优化能力的海量、高增长率和多样化的信息资产。大数据由巨型数据集组成，这些数据集的大小常超出人类在可接受时间下收集、使用、管理和处理的能力。

大数据技术，是指从各种各样类型的数据中，快速获得有价值信息的能力。适用于大数据的技术，包括大规模并行处理（Massively Parallel Processing，MPP）数据库、数据挖掘、分布式文件系统（Distributed File System）、分布式数据库、云计算平台、互联网和可扩展的存储系统等。

10.2.2　大数据的基本特征

目前，业界对大数据还没有一个统一的定义，但是普遍认为，大数据具备 Volume（大量）、Velocity（高速）、Variety（多样）和 Value（低价值密度）这 4 个特征，简称"4V"，即数据体量巨大、数据产生和处理速度快、数据类型繁多和数据价值密度低，如图 10-5 所示。

（1）Volume（大量）：表示大数据的数据体量巨大

传感器、物联网、工业互联网、车联网、手机、平板计算机等无一不是数据来源或者数据承载的方式。当今的数字时代，人们日常生活（微信、QQ、上网搜索与购物等）都在产生着数量庞大的数据。

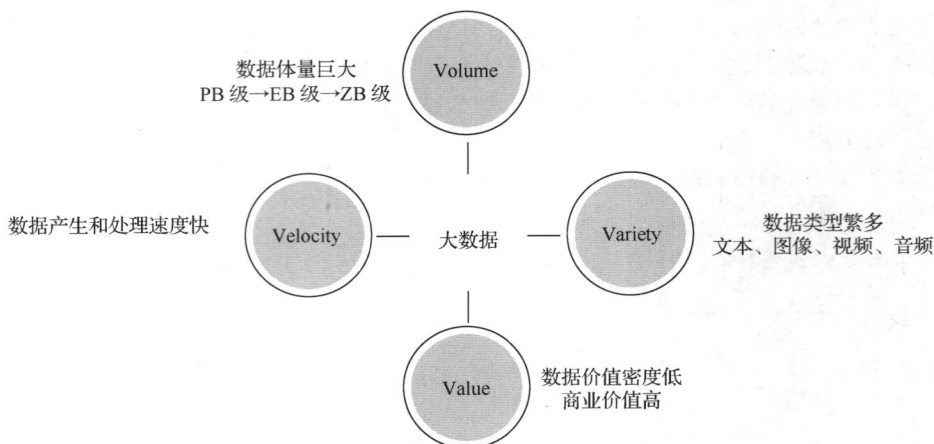

图 10-5　大数据的"4V"特征

大数据不再以 GB 或 TB 为单位来衡量，而是以 PB、EB 或 ZB 为计量单位，数据量从 TB 跃升到 PB、EB 乃至 ZB 级别。顾名思义，这就是大数据的首要特征。例如，一个中型城市的视频监控信息一天就能达到几十 TB 的数据量。百度首页导航每天需要提供的数据超过 1.5 PB （1 PB=1024 TB），如果将这些数据打印出来，会使用超过 5000 亿张 A4 纸。有资料表示，到目前为止，人类生产的所有印刷材料的数据量仅为 200 PB。

（2）Velocity（高速）：表示大数据的产生、处理和分析数据的速度在持续加快

很多大数据需要在一定的时间限度内得到及时处理，要求数据处理速度快也是大数据区别于传统数据挖掘技术的本质特征。有学者提出了与之相关的"一秒定律"，意思就是在这一秒有用的数据，下一秒可能就失效了。数据价值除了与数据规模相关，还与数据处理速度成正比关系，也就是数据处理速度越快、越及时，其发挥的效能就越大、价值越高。

（3）Variety（多样）：表示大数据的数据类型、格式和形态繁多

大数据不仅体现在量的急剧增长，数据类型亦是多样，可分为结构化、半结构化和非结构化数据。结构化数据存储在关系数据库中；半结构化数据包括电子邮件、文字处理文件以及大量的网络新闻等；而非结构化数据随着社交网络、移动计算和传感器等新技术应用的不断产生，广泛存在于社交网络、物联网、电子商务之中。

有报告称，全世界结构化数据和非结构化数据的增长率分别是 32%、63%，网络日志、音视频、图片、地理位置信息等数据中非结构化数据量占比达到 80% 左右，并在逐步提升。然而，产生"智慧"的大数据往往就是这些非结构化数据。

（4）Value（低价值密度）：表示大数据的数据价值密度低

大数据由于体量不断加大，单位数据的价值密度在不断降低，然而数据的整体价值在提高，大数据包含很多深度的价值，大数据分析挖掘和利用将带来巨大的商业价值。以监控视频为例，在时长为 1 h 的视频中，在不间断的监控过程中，有用的数据可能只有 1～2 s，但是却非常重要。

大数据的重点不在于其数据量的增长，而是在信息爆炸时代对数据价值的再挖掘，如何挖掘出大数据的有效信息，才是至关重要的。虽然价值密度低是日益凸显的一个大数据特征，但是对大数据进行研究、分析挖掘仍然是具有深刻意义的，大数据的价值依然是不可估量的。

10.2.3　大数据的关键技术

大数据技术是信息技术领域新一代的技术与架构，是从各种类型的数据中快速获得有价值

信息的技术。大数据本质也是数据，其关键技术主要有 4 大项：大数据采集和预处理、大数据存储和管理、大数据分析和挖掘、大数据展现和应用（大数据检索、大数据可视化、大数据安全等）。

1. 大数据采集和预处理技术

大数据技术的意义不在于掌握规模庞大的数据信息，而在于对这些数据进行智能处理，从中分析和挖掘出有价值的信息，但前提是拥有大量的数据。

采集是大数据价值挖掘非常重要的一环，一般通过传感器、通信网络、智能识别系统及软硬件资源接入系统，实现对各种类型海量数据的智能化识别、定位、跟踪、接入、传输、信号转换等。为了快速分析处理，大数据预处理技术要对多种类型的数据进行抽取、清洗、转换等操作，将这些复杂的数据转化为有效的、单一的或者便于处理的数据。

就算是大数据服务企业也很难就"哪些数据未来将成为资产"这个问题给出确切的答案。但可以肯定的是，谁掌握了足够的数据，谁就有可能掌握未来，现在的数据采集就是将来的流动资产积累。

2. 大数据存储和管理技术

按照不同的分类方法，数据可分为结构化数据、半结构化数据、非结构化数据；也可分为元数据、主数据、业务数据；还可以分为文本、语音、视频、业务交易类各种数据、地理信息系统（Geographical Information System，GIS）数据。传统的关系数据库已经无法满足数据多样性的存储要求。除了关系数据库，还有两种存储类型，一种是以 Hadoop 分布式文件系统（Hadoop Distributed File System，HDFS）为代表的可以直接应用于非结构化数据存储的分布式存储系统，另一种是 NoSQL 数据库，可以存储半结构化和非结构化数据。大数据存储与管理就是要用这些存储技术把采集到的数据存储起来，并对其进行管理和调用。

在一般的大数据存储层中，关系数据库、NoSQL 数据库和分布式存储系统 3 种存储方式都可能存在，业务应用根据实际的情况选择不同的存储模式。为了提高业务的存储和读取便捷性，存储层可能被封装成一套统一访问的数据即服务（Data as a Service，DaaS）。DaaS 可以实现业务应用和存储基础设施的彻底解耦，用户并不需要关心底层存储细节，只需要关心数据的存取。

3. 大数据分析和挖掘技术

大数据分析和挖掘就是从大量的、不完全的、有噪声的、模糊的、随机的实际应用数据中提取隐含在其中的、有用的信息和知识的过程。大数据分析和挖掘涉及的技术方法很多：根据挖掘任务可分为分类或预测模型发现、关联规则发现、依赖关系或依赖模型发现、异常和趋势发现等；根据挖掘方法可分为机器学习、统计方法、神经网络等。其中，机器学习又可细分为归纳学习、遗传算法等；统计方法可细分为回归分析、聚类分析、探索性分析等；神经网络可细分为前馈网络、反馈网络等。

面对不同的分析或预测需求，所需要的分析、挖掘算法和模型是完全不同的。上面提到的各种技术方法只是处理问题的思路，面对真正的应用场景时，都得按需求来选用合适的算法和模型。

4. 大数据展现和应用技术

大数据的使用对象远远不只是程序员和专业工程师，如何将大数据技术的分析成果展现给普通用户或者公司决策者，这就要看实现数据展现的可视化技术了，它是目前解释大数据最有效的手段之一。在数据可视化中，数据结果以简单、形象的可视化、图形化、智能化的形式呈现给用户，供其分析、使用。常见的大数据可视化技术有标签云、历史流、空间信息流等。

大数据时代对我们驾驭数据的能力提出了新挑战，也为获得更全面、敏锐的洞察力提供了空间和潜力。大数据领域已经涌现出了大量新技术，它们成为大数据采集、存储、处理和展现的有力武器。随着大数据等新兴技术的发展和应用，我国"十四五"规划提出的数字化转型、数字经济等一系列战略目标将获得更大的技术支撑。

10.2.4 大数据技术的典型应用领域

飞速发展的社会每时每刻都在产生并使用海量的数据，大到工程施工、环保监测，小到外卖点餐、网络购物等。大数据为政府、企业和个人都带来了极大的便利，政府可以利用大数据技术对各个领域的数据进行统筹分析，让整个社会更好地发展；企业可以利用大数据技术更好地监控采购、生产、销售等各个环节，提高企业的经营效率；个人可以根据自己的需要利用大数据技术获得以往无法得到的各种实用信息。

目前大数据技术被广泛应用在各个领域，它产生于互联网领域，并被逐步推广到电信、医疗、金融、交通等领域，大数据技术在众多行业中产生了实用价值。

1. 互联网领域

在互联网领域，大数据被广泛应用在三大场景中，分别是搜索引擎、推荐系统和广告系统。

① 搜索引擎：搜索引擎能够帮助人们在大数据集上快速检索信息，已经成为一个与人们生活息息相关的工具。很多开源大数据技术正是源于谷歌，谷歌在自己的搜索引擎中广泛使用了大数据存储和分析系统，这些系统被谷歌以论文的形式发表出来，进而被互联网界模仿。

② 推荐系统：推荐系统能够在用户没有明确目的的时候根据用户历史行为信息帮助他们发现感兴趣的新内容，已经被广泛应用于电子商务（如亚马逊、京东等）、电影视频网站（如爱奇艺、腾讯视频等）、新闻推荐（如今日头条等）等系统中。

③ 广告系统：广告是互联网领域常见的盈利模式，也是一个典型的大数据技术应用。广告系统能够根据用户的历史行为信息及个人基本信息，为用户精准推荐广告。广告系统通常涉及广告库、日志库等数据，需采用大数据技术处理。

2. 电信领域

电信领域是继互联网领域之后，大数据技术应用的又一次成功尝试。电信运营商拥有多年的数据积累，拥有诸如用户基本信息、业务发展量等结构化数据，也会涉及文本、图片、音频等非结构化数据。从数据来源看，电信运营商的数据涉及移动语音、固定电话、固网接入和无线上网等业务，积累了公众客户、政企客户和家庭客户等的相关信息，也能收集到电子渠道、直销渠道等所有类型渠道的接触信息，这些逐步积累下来的数据，最终形成大数据。目前电信领域主要将大数据技术应用在以下几个方面。

① 网络管理和优化，包括基础设施建设优化、网络运营管理和优化等。

② 市场与精准营销，包括客户画像、关系链研究、精准营销、实时营销和个性化推荐等。

③ 客户关系管理，包括客服中心优化和客户生命周期管理等。

④ 企业运营管理，包括业务运营监控和经营分析等。

⑤ 数据商业化，数据对外商业化，实现单独盈利。

3. 医疗领域

医疗领域的数据量巨大，数据类型复杂。医疗数据包括影像数据、病历数据、检验和检查结果、诊疗费用等在内的各种数据，合理利用这些数据可产生巨大的商业价值。大数据技术在医疗行业的应用包含以下方向：临床数据对比、药品研发、临床决策支持、实时统计分析、基本药物临床应用分析、远程病人数据分析、人口统计学分析、新农合基金数据分析、就诊行为分析、新的服务模式等。

4. 金融领域

银行拥有多年的数据积累，已经开始尝试通过大数据来驱动业务运营。银行大数据技术应用可以分为 4 大方面。

① 客户画像应用：客户画像应用主要分为个人客户画像和企业客户画像。个人客户画像包括人口统计学特征、消费能力、兴趣、风险偏好等数据；企业客户画像包括企业的生产、流通、运营、财务、销售、客户、相关产业链上下游等数据。

② 精准营销：在客户画像的基础上，银行可以有效地开展精准营销。银行可以根据客户的喜好进行服务或者银行产品的个性化推荐，如根据客户的年龄、资产规模、理财偏好等，对客户群进行精准定位，分析出其潜在的金融服务需求，进而有针对性地进行营销推广。

③ 风险管控：包括中小企业贷款风险评估和欺诈交易识别等手段。银行可以利用持卡人基本信息、卡基本信息、交易历史、客户历史行为模式、正在发生的行为模式（如转账）等，结合智能规则引擎进行实时的交易反欺诈分析（如从一个不常见的国家为一个特有用户转账或从用户一个不熟悉的位置进行在线交易）。

④ 运营优化：包括市场和渠道分析优化、产品和服务优化等。通过大数据技术，银行可以监控不同市场推广渠道（尤其是网络渠道）推广的质量，从而进行合作渠道的调整和优化；银行可以将客户行为转化为信息流，并从中分析客户的个性特征和风险偏好，更深层次地理解客户的习惯，智能化分析和预测客户需求，从而进行产品创新和服务优化。

10.3　物联网技术基础

生活在互联网时代的人们，已经习惯通过网络浏览新闻、结交朋友、高效工作。那么，进入物联网（Internet of Things，IoT）时代，人们的生活又会是什么样子呢？

当你离开家时，家中的物联控制中心会关闭一些电器，如电灯、空调、风扇等，防止因为忘了关闭电器而造成资源浪费，甚至是可能引发的意外事故。同时，物联安防系统将进入警戒状态，如果有外人入侵，这个系统就会报警，也会及时通知你和你的父母，甚至可以通知小区保安和警察。

你可以在到家前打开家里空调，当你到家门口时，防盗门会自动为你打开。空调在 10 分钟前就已经开始工作，而原来处于通风状态的门窗也随着空调的启动而自动关闭，室内刚好达到了你所喜欢的温度。此时，物联安防系统自动解除室内警戒，灯光自动亮起，背景音乐自动响起；冰箱会根据设置下单购买你需要的食物；家里的空调、新风系统会自动启动……

10.3.1　物联网的发展

物联网的来源最早可以追溯到 1990 年的可乐售卖机，而"物联网"一词则是在 20 世纪 90 年代由美国麻省理工学院的凯文·阿什顿（Kevin Ashton）教授在研究 RFID 时提出的。当时，这一概念主要是建立在物品编码、RFID 技术和互联网的基础上。2003 年，美国《技术评论》提出传感网络技术将是未来改变人们生活的十大技术之首。

2005 年，在突尼斯举行的信息社会世界峰会（The World Summit on Information Society，WSIS）上，国际电信联盟（International Telecommunications Union，ITU）发布了《ITU 互联网报告 2005：物联网》，正式提出了"物联网"的概念。

我国在《国家中长期科学与技术发展规划（2006—2020 年）》中将物联网列入重点研究领域。

物联网把新一代信息技术充分运用在各行各业，具体地说，就是把传感器嵌入和装备到电网、铁路、桥梁、隧道、公路、建筑、供水系统、大坝、油气管道等各种物体中，然后将物联网与现有的互联网整合起来，实现人类社会与物理系统的整合。在这个整合的网络当中，存在能力超级强大的中心计算机群，能够对整合网络内的人员、机器、设备和基础设施实施实时的管理和控制，在此基础上，人类可以以更加精细和动态的方式管理生产和生活，达到"智慧"状态，提高资源利用率和生产力水平，改善人与自然的关系。

10.3.2　物联网的概念

物联网的定义：万物相连的互联网。把人或各种物品通过射频识别、红外感应器、全球定位系统、激光扫描器等信息传感设备与互联网连接起来，进行信息交换和通信，实现智能化识别、定位、跟踪、监控和管理，或者提供相应服务。

物联网被视为互联网的应用拓展，应用创新是物联网发展的核心，以用户体验为核心的"创新 2.0"是物联网发展的灵魂。

物联网具有以下两层含义。

① 物联网的基础和核心仍然是互联网，物联网是基于互联网的延伸和扩展的网络。

② 将信息交换的用户端衍生和扩展到物品与物品之间，即"物物互联"。

物联网主要解决物品与物品、人与物品、人与人之间的互联，是通过将各种信息传感设备与网络结合起来而形成的一个巨大网络，形成人与物、物与物相联，实现在任何时间、任何地点，人、机、物的互联互通，实现信息化、远程管理控制和智能化。

在物联网上，每个人都可以应用电子标签将真实的物品与网络连接，利用物联网的中心计算机对机器、设备、人员进行集中管理和控制，以及搜索物品位置、防止物品被盗等。物联网通过连接各种物品的数据，最终聚集成物品大数据，从而实现物物相连。

物联网通过在物品上嵌入电子标签、条形码等能够存储物体信息的标志，通过无线网络的方式将其即时信息发送到后台信息处理系统，这些信息系统可相互连接，形成一个庞大的网络，达到对物品进行实时跟踪、监控等智能化管理的目的，从而实现人与物之间的信息交互。

物联网概念的问世，打破了之前的传统思维。过去的思路一直是将物理基础设施和信息技术基础设施分开，一方面是机场、公路、建筑物，另一方面是数据中心、个人计算机、宽带等。而在"物联网时代"，钢筋混凝土、电缆将与芯片、宽带整合为统一的基础设施，这意味着基础设施更像是一块新的地球工地，世界就在它上面运转，其中包括经济管理、生产运行、社会管理乃至个人生活。

10.3.3　物联网的主要特征

物联网以 RFID 技术、无线网络技术、人工智能技术、云计算技术和传感器技术为核心技术，主要具有以下 4 个特征。

（1）主动全面感知

物联网会依靠物体植入的各种感应芯片，主动利用 RFID、二维码、传感器等技术，感知物体的存在，随时随地对物体进行信息采集和获取，如物体的状态、位置等信息，再通过各种通信网络交互和传递信息，实现主动、全面地感知世界。全面感知解决的是物理世界的数据获取问题，相当于人的五官和皮肤，其主要功能是识别物体、采集信息，其技术手段是利用条码、RFID 设备、传感器、摄像头等各种感知设备对物品的信息进行采集获取。

（2）可靠传输

可靠传输是指通过各种网络融合，对接收到的感知信息进行实时远程传送，实现信息的交互和共享，并进行各种有效的处理。

物联网可以通过有线、无线等不同的传输方式，在任意时间、任意地点，对物体的实时信息进行分类管理，再准确、可靠、有指向性地传输给信息处理设备与环境，与任意物体进行可靠的信息交互与共享，以满足不同的应用需求。由于传感器网络是一个局部的无线网，因而 3G、4G 和 5G 网络也是承载物联网的有力的支撑载体。

（3）智能分析处理

物联网中存在海量数据，需要利用各种智能计算技术对其进行分析与处理，以更好地支持特定行业和特定场景的用户决策和行动，实现智能化的决策和控制。

智能分析处理是指利用模糊识别、云计算等各种智能计算技术，对随时接收到的跨行业、跨地域、跨部门的海量信息和数据进行分析处理，提升对经济社会各种活动、物理世界和变化的洞察力，实现智能化的决策和控制。

（4）嵌入式的灵敏服务

物联网把通信业务扩展成从感知、传输到处理的综合性嵌入式服务，各种物品和由物联网提供的网络服务都被嵌入人们的日常生活和工作中。而且，由于物联网能够感知规律、进行预判，向人类提供更智能的服务，因此这种嵌入式服务具有高灵敏度。

10.3.4　物联网系统的体系结构

目前，物联网还没有一个被广泛认同的体系结构，但是，我们可以根据物联网对信息感知、传输、处理的过程将其划分为 3 层结构，即感知层、网络层和应用层，如图 10-6 所示。

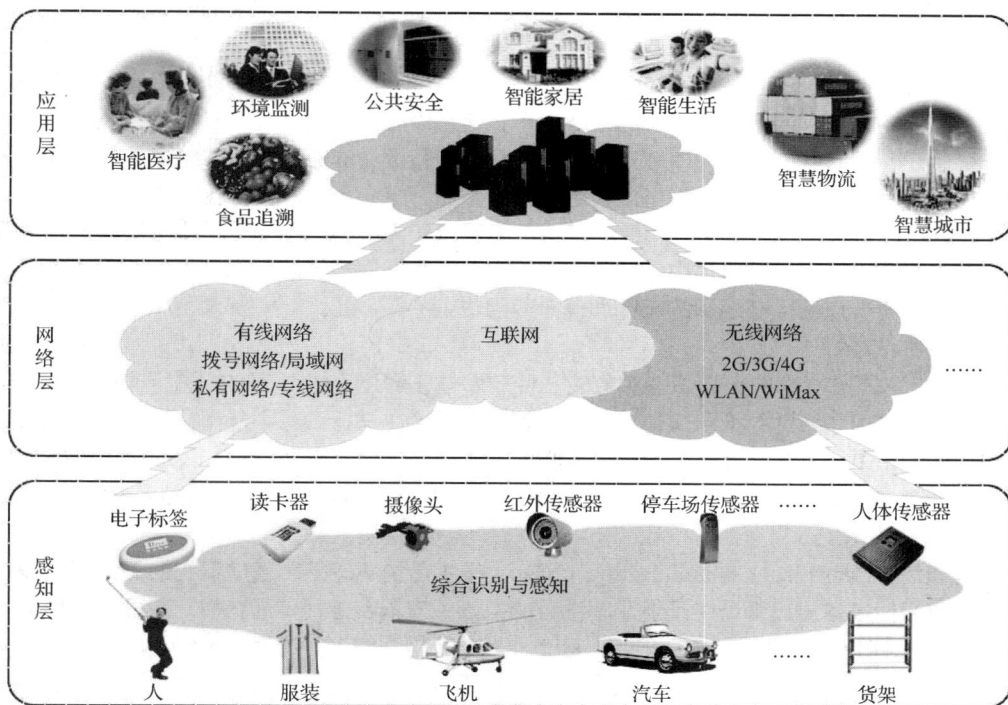

图 10-6　物联网系统的体系结构

（1）感知层

感知层主要对物理世界中的各类物理量、标志、音频、视频等数据采集与感知。感知层由各种传感器以及传感器网关构成，包括温度传感器、湿度传感器、电子标签、摄像头、红外传感器等感知终端。感知层的作用相当于人的眼、耳、鼻、喉和皮肤等，其主要功能是识别物体和采集信息，主要涉及传感器、RFID、二维码等技术。

（2）网络层

网络层主要实现更广泛、更快速的网络互联，从而对感知到的数据信息进行可靠、安全地传送。目前能够用于物联网的通信网络主要有互联网、无线通信网、卫星通信网与有线电视网。网络层由各种有线网络、无线网络、互联网以及网络管理系统和云计算平台等组成，相当于人的神经中枢和大脑，负责传递和处理感知层获取的信息。

（3）应用层

应用层是物联网和用户（包括人、组织和其他系统）的接口，它与行业需求相结合，实现物联网的智能应用，主要包含应用支撑平台子层和应用服务子层。应用支撑平台子层用于支撑跨行业、跨应用、跨系统之间的信息协同、共享和互通。应用服务子层包括智能交通、智能家居、智慧物流、智能医疗、智能电力、数字环保、数字农业、数字林业等领域。目前智能医疗、环境监测、公共安全、智能家具、智能生活、智慧物流、智慧城市等各个行业均有物联网应用的尝试。

10.3.5　物联网的相关技术

1．物联网感知层的关键技术

感知层承担着整个物联网的信息采集和物体识别工作，该层主要用于采集物理世界中发生的物理事件和数据，是物联网的数据来源。从现阶段来看物联网研究和发展的瓶颈也主要集中在感知层。物联网感知层的关键技术主要包括以下几项。

（1）传感器技术

在物联网中，传感器是获取信息的主要设备，它可以感知周围环境或者特殊物质，如气体感知、光线感知、温湿度感知、人体感知等，可以将各种待测量的信号转换成电信号，并通过处理装置处理后将其作为上层网络的信息源，所以以传感器为核心部件的传感器技术成为感知层的关键技术。在传感器技术的支持下，衍生出了传感器网络和无线传感器网络。传感器网络由大量的传感器节点组成，传感器节点则由传感器、通信单元及微处理器组成，无线传感器网络由具有特定功能的传感器节点采用自组织的无线通信方式组成。

（2）RFID 技术

RFID 技术是物联网能自动识别对象的一种技术。它通过无线射频方式进行非接触双向数据通信，利用无线射频方式对记录媒体（电子标签或射频卡）进行读写，从而达到识别目标和数据交换的目的。RFID 技术具有免接触、成本低、寿命长、多目标自动识别、读取高速准确和抗干扰能力强等诸多优点，应用非常广泛，被认为是 21 世纪最具发展潜力的信息技术之一。

（3）NFC 技术

近场通信（Near Field Communication，NFC）技术是构成短距离通信系统的无线通信技术。

短距离通信技术通过频谱中无线频率部分的电磁感应耦合方式传递信息，主要包括蓝牙、红外、超宽带、无线传感网络等技术。NFC 是一种提供轻松、安全、迅速的无线通信技术，具有距离近、带宽高、能耗低等特点。NFC 与现有非接触智能卡技术兼容，已经成为得到越来越多主要厂商支持的正式标准。

（4）二维码技术

二维码技术是指利用与二进制数据相对应的几何图形组装成复杂的条形码图案，从而记录不同的信息，简单地说，就是通过特殊的图文来进行信息的存储。二维码具有信息容量大、编码范围广和容错能力强等优点，分为堆叠式和矩阵式两种类型。目前，二维码技术已经被广泛应用在手机电商、手机支付和信息获取等领域，发展前景广阔。

（5）物联网网关

物联网网关是连接感知网络与传统通信网络的纽带。作为网关设备，它既可以实现感知网络与通信网络以及不同类型感知网络之间的协议转换，实现广域互联，也可以实现局域互联。此外，物联网网关还具备设备管理功能，即可以通过物联网网关设备管理底层的各感知节点，进而了解各节点的相关信息并实现远程控制。

2. 物联网网络层的关键技术

物联网的网络层建立在互联网和移动通信网等现有网络基础上，所以网络层的关键技术就是互联网和移动通信网的关键技术，包括远距离有线通信技术和网络技术，以及 2G、3G、4G、5G和 Wi-Fi 等无线通信技术。

在物联网网络层中，感知数据管理与处理技术是实现以数据为中心的物联网的核心技术。感知数据管理与处理技术主要是指物联网数据的搜索、存储、查询、分析、理解，以及基于感知数据决策和行为的技术。

3. 物联网应用层的关键技术

物联网的应用层主要为用户提供丰富多彩的业务体验，需要合理高效地处理从网络层传来的海量数据，并从中提取有效信息。因此，应用层的关键技术包括机器对机器（Machine to Machine，M2M）、云计算、人工智能、数据挖掘和中间件等技术。

（1）M2M 技术

M2M 是指数据从一台终端传送到另一台终端，也就是机器与机器的对话，其作用是使机器之间具备相互连接和通信的能力。M2M 系统结构包含移动网络运营商平台、M2M 平台和 M2M应用业务平台 3 个部分。M2M 技术又包含大规模随机接入、海量边缘计算、端到端网络虚拟化和低功耗等关键技术，被广泛应用于家庭应用、工业应用、零售和支付、物流运输行业、医疗行业等领域，是实现万物互联的主要载体之一。

（2）云计算技术

云计算是分布式计算的一种，是指通过"云"将巨大的数据计算处理程序分解成无数个小程序，然后通过由多部服务器组成的系统处理和分析这些小程序，得到结果并将结果返回给用户。

云计算为物联网提供了一种海量数据处理的方式，它可以为物联网提供后端处理能力与应用平台，并为物联网发展带来一种新型计算和服务模式。云计算技术将多个成本较低的计算系统整合成一个具有强大计算功能的整体运行系统，可以为网络终端用户提供强大的计算服务能力，为用户提供更加可靠的信息。云计算技术可以有效解决物联网系统内部信息不可靠的问题，并有效控制物联网成本，对完善物联网功能、保障物联网数据的高效利用具有重大意义。

（3）人工智能技术

人工智能也称为机器智能，是指在拥有类似人类智能的机器中模拟人类智能的过程，从而使得机器能够像人类一样思考和行动。人工智能作为物联网的"大脑"，可以为设备提供收集数据的能力，然后通过分析数据来做出类似人类的决策，从而有助于物联网的智能化应用。人工智能技术的核心包括知识与数据智能处理、人机交互等。人工智能技术在物联网中的应用有无人驾驶、智能穿戴式设备、生物识别技术等，促进了物联网水平的不断提高。

（4）数据挖掘技术

海量连接的物联网终端时刻产生着海量的物联网数据，人们迫切希望能对海量数据进行深入分析，发现并提取隐藏在其中的信息，以更好地利用这些数据。数据挖掘技术能够使物联网中的海量数据信息得到有效利用，因此在物联网中得到了广泛应用，包括用于增强内部质量管理、提升物流服务效率和合理分配资源等。

（5）中间件技术

凡是能批量生产、高度复用的软件都算是中间件，包括通用中间件、嵌入式中间件、数字电视中间件、RFID 中间件和 M2M 物联网中间件等。在物联网中，中间件是连接云端和智能硬件的桥梁，是数据管理、设备管理、事件管理的中心，是物联网应用集成的核心部件。

10.3.6　物联网技术的应用领域与常用应用场景

万物互联的时代早已来临，各种各样设备所产生的数据呈现指数级的增长，各种产品应用让不同地区的人们都能享受到物联网带来的便利。

1. 智慧物流

智慧物流是指运用条形码、传感器、RFID 技术、全球定位等先进的物联网通信技术，实现物流业运输、仓储、配送、装卸等各个环节的智能化，大大地降低各行业运输的成本，提高运输效率，提升整个物流行业的智能化和自动化水平。物流是物联网落地的最佳场景之一，物联网在物流领域的应用场景非常丰富，主要有以下 4 个方面。

① 仓库存储：通常采用基于远距离无线电（Long Range Radio，LoRa）、窄带物联网（Narrow Band Internet of Things，NB-IoT）等传输网络的物联网仓库管理信息系统，完成收货入库、盘点、调拨、拣货、出库，以及整个系统的数据查询、备份、统计、报表生成及报表管理等任务。尤其在无人仓、智能立体库、金融监管库里面，有着大量的物联网设备，通过物联网设备实时监控货品的状态，指引设备运营。

② 运输监测：实时监测货物运输中的车辆行驶情况以及货物运输情况，包括货物位置、状态环境，以及车辆的油耗、油量、车速及刹车次数等。

③ 冷链物流：冷链物流对温度要求比较高，利用温湿度传感器可将仓库、冷链车的温度实时传输到后台，便于监管。

④ 智能快递柜：将云计算和物联网等技术结合，实现快件存取和后台中心数据处理，通过RFID 或摄像头实时采集、监测货物收发等数据。

2. 智能交通

交通被认为是物联网所有应用场景中最有前景的应用之一。而智能交通是物联网的体现形式，通过将先进的信息技术、数据传输技术以及计算机处理技术等，集成到交通运输管理体系中，人、车和路能够紧密地配合，改善交通运输环境、保障交通安全以及提高资源利用率。行业内应用较多的场景如下。

① 智能公交车：结合公交车辆的运行特点，建设公交智能调度系统，对线路、车辆进行规划调度，实现智能排班。

② 共享单车：运用带有定位系统或 NB-IoT 模块的智能锁，实现精准定位、实时掌控车辆状态等。

③ 汽车联网：利用先进的传感器及控制技术等实现自动驾驶或智能驾驶，实时监控车辆运行状态，降低交通事故发生率。

④ 智慧停车：通过安装地磁传感器，连接进入停车场的智能手机，实现停车自动导航、在

线查询车位等功能。

　　⑤ 智能红绿灯：依据车流量、行人及天气等情况，动态调控灯信号来控制车流，提高道路承载力。

　　⑥ 汽车电子标识：采用 RFID 技术，实现对车辆身份的精准识别、车辆信息的动态采集等功能。

　　⑦ 充电桩：通过物联网设备，实现充电桩定位、充放电控制、状态监测及统一管理等功能。

　　⑧ 高速无感收费：通过摄像头识别车牌信息，根据路径信息进行收费，提高通行效率、缩短车辆等候时间等。

3. 智能安防

　　安防是物联网的一大应用市场，传统安防对人员的依赖性比较大，非常耗费人力，而智能安防能够通过设备实现智能判断。目前，智能安防核心的部分在于智能安防系统，该系统对拍摄的图像进行传输与存储，并对其进行分析与处理。一个完整的智能安防系统主要包括门禁、监控和报警三大部分，行业中主要以视频监控为主。

　　① 门禁系统：以感应卡式、指纹、虹膜以及面部识别等为主，有安全、便捷和高效的特点，能联动视频抓拍、远程开门、手机位置探测及轨迹分析等。

　　② 监控系统：以视频为主，分为警用和民用。通过视频实时监控，使用摄像头进行抓拍记录，对视频和图片进行数据存储和分析，实时监测、确保安全。

　　③ 报警系统：主要通过报警主机进行报警，同时，部分研发厂商会将语音模块以及网络控制模块置于报警主机中，缩短报警反应时间。

　　由于采集的数据量足够大，且时延较低，因此目前城市中大部分的视频监控采用的是有线的连接方式，而对于偏远地区以及移动物体的监控则采用的是无线技术。

4. 智慧能源

　　智慧能源是智慧城市的一个部分，当前，将物联网技术应用在能源领域，主要用于水、电、燃气等表计以及根据外界天气对路灯的远程控制等，基于环境和设备进行物体感知，通过监测提升利用效率，减少能源损耗。根据实际情况，智慧能源分为四大应用场景。

　　① 智能水表：可利用先进的 NB-IoT 技术远程采集用水量，以及提供用水提醒等服务。

　　② 智能电表：自动化、信息化的新型电表具有远程监测用电情况并及时反馈等功能。

　　③ 智能燃气表：通过网络技术，将用气量传输到燃气公司，无须入户抄表，且能显示燃气用量及用气时间等数据。

　　④ 智慧路灯：通过搭载传感器等设备，实现远程照明控制以及故障自动报警等功能。

5. 智能医疗

　　在智能医疗领域，新技术的应用必须以人为中心，而物联网技术是获取数据的主要途径，能有效地帮助医院实现对患者的智能化管理和对物的智能化管理。对患者的智能化管理指的是通过传感器对患者的生理状态（如心跳频率、体力消耗、血压高低等）进行捕捉，将其记录到电子健康文件中，方便个人或医生查阅。对物的智能化管理指的是通过 RFID 技术对医疗物品进行监控与管理，实现医疗设备、用品可视化。智能医疗的两大主要应用场景：医疗可穿戴式设备和数字化医院。

　　① 医疗可穿戴式设备：通过传感器采集人体及周边环境的参数，经网络传输，上传到云端，经数据处理后，反馈给用户。

　　② 数字化医院：对传统的医疗设备进行数字化改造，实现数字化设备远程管理、远程监控以及电子病历查阅等功能。

6. 智能建筑

智能建筑越来越受到人们的关注，是集感知、传输、记忆、判断和决策于一体的综合智能化解决方案。当前的智能建筑主要体现在用电照明、消防监测以及楼宇控制等，对设备进行感知、传输并远程监控，不仅能够节约能源，同时也能减少负责运维楼宇的人数。还可以对古建筑中的白蚁进行监测，进而达到保护古建筑的目的。

7. 智能制造

物联网技术赋能制造业，实现工厂的数字化和智能化改造。制造领域的市场体量巨大，是物联网的一个重要应用领域，主要体现在数字化以及智能化的工厂改造上，包括工厂机械设备监控和工厂的环境监控。通过在设备上加装物联网装备，设备厂商可以随时随地远程对设备进行监控、升级和维护等操作，更好地了解产品的使用状况，完成产品全生命周期的信息收集，指导产品设计和售后服务；工厂可以实现对空气温湿度、烟感报警等情况的监控。

8. 智能家居

智能家居指的是使用各种智能技术和智能设备来改善人们的生活方式，使家庭生活变得更舒适、安全和便捷。物联网应用于智能家居领域，能够对家居类产品的位置、状态、变化进行监测，分析其变化特征，同时根据人的需要，在一定程度上进行反馈。

智能家居的发展主要分为 3 个阶段，单品连接、物物联动以及平台集成，当前处于单品连接向物物联动的过渡阶段。

① 单品连接：这个阶段是指将各个产品通过传输网络（如 Wi-Fi、蓝牙、ZigBee 等）进行连接，对每个单品进行单独控制。

② 物物联动：目前，各个智能家居企业对自家的所有产品进行联网、系统集成，使得各产品能联动控制，但不同企业的单品还不能联动。

③ 平台集成：这是智能家居发展的最终阶段，根据统一的标准，使各企业单品能相互兼容，目前还没有发展到这个阶段。

9. 智能零售

智能零售通过对传统的售货机和便利店进行数字化升级、改造，打造无人零售模式。通过数据分析，并充分运用门店内的客流和活动，为用户提供更好的服务，为商家提供更高的经营效率。智能零售依托于物联网技术，主要体现了两大应用场景，即自动售货机和无人便利店。

① 自动售货机：自动售货机也叫无人售货机，分为单品售货机和多品售货机，通过物联网平台进行数据传输、客户验证、购物车提交和扣款回执。

② 无人便利店：采用 RFID 技术，用户仅需扫码开门，便可进行商品选购，关门之后系统会自动识别所选商品，并自动完成扣款结算。

10. 智能农业

智能农业是指利用物联网、人工智能、大数据等现代信息技术与农业进行深度融合，实现农业生产全过程的信息感知、精准管理和智能控制，可实现农业可视化诊断、远程控制以及灾害预警等功能。

11. 智慧城市

智慧城市就是利用物联网、移动网络等技术感知和使用各种信息，整合各种专业数据，建设一个包含行政管理、城市规划、应急指挥、决策支持、社交等综合信息的城市服务、运营管理系统。智慧城市管理运营体系涉及公安、娱乐、餐饮、消费、土地、环保、城建、交通、环卫、规划、城管、林业和园林绿化、质管、食药、安全监督、水电、电信等领域。

10.4　人工智能技术基础

随着智能家电、穿戴式设备、智能机器人等的出现和普及，人工智能技术已经进入人们生活、工作的各个领域，实际被应用于机器视觉、指纹识别、人脸识别、视网膜识别、虹膜识别、掌纹识别等，也引发了越来越多的关注。

10.4.1　人工智能的概念

"人工智能"一词最早出现在 1956 年的达特茅斯会议上，科学家运用数理逻辑和计算机的成果，旨在通过形式化计算和处理的理论，探索模拟人类某些智能行为的基本方法和技术，构造具有一定智能的人工系统，让计算机去完成需要人的智力才能胜任的工作。同时，图灵奖获得者麦卡锡提议用"人工智能"作为学科的名称，定义其为制造智能机器的科学与工程，从而标志着人工智能学科的诞生。

1. 人工智能的定义

人工智能是研究、开发用于模拟、延伸和扩展人的智能的理论、方法、技术及应用系统的一门新的技术科学，是认知、决策、反馈的过程。人工智能是一个模拟人类能力和智慧行为的跨领域学科，是计算机学科的一个重要分支。对于人工智能这一概念，不同领域的研究者从不同的角度给出了不同的定义。

美国斯坦福大学人工智能研究中心的尼尔斯·尼尔森（Nils Nilsson）教授认为人工智能是关于知识的科学，即怎样表示知识、获取知识和使用知识的科学。

"人工智能之父"、首位图灵奖获得者马文·明斯基（Marvin Minsky）把人工智能定义为让机器做本需要人的智能才能够做到的事情的一门科学。

美国麻省理工学院的温斯顿教授认为人工智能就是研究如何使计算机去做过去只有人才能做的智能工作。

中国《人工智能标准化白皮书（2018 版）》中提出：人工智能是利用数字计算机或者数字计算机控制的机器模拟、延伸和扩展人的智能，感知环境、获取知识并使用知识获得最佳结果的理论、方法、技术及应用系统。

2. 人工智能的特征

人工智能发展至今，表现出了以下 3 大特征。

（1）以人为本

人工智能是人类设计的，按照人类设定的算法，依托于人类发明的芯片等硬件载体来运行。人工智能的本质是计算，以数据为基础，通过采集、加工、处理、分析数据，模拟出人类期望的智能行为，从而更好地为人类服务，而不是伤害人类。

（2）能感知环境并做出反应，并且与人类交互、互补

人工智能可以借助传感器等设备对外界环境进行感知，从而实现像人一般通过感官（如耳、眼、鼻、皮肤等）接收外界信息，从而产生文字、语音、表情、动作等必要的反应，甚至影响环境或人类。同时，人类与人工智能也可以借助屏幕、手势、表情等方式进行交互，在这个过程中，人工智能可以越来越"了解"人类，进而更好地与人类配合，完成各项工作。同时，人工智能可以完成一些重复性、机械性、枯燥的工作，让人类有机会去完成更具创造性、想象力和情感的工作，实现人类与人工智能的互补。

（3）具备自适应、自学习能力，可以演化迭代

在理想情况下，人工智能具备一定的自适应、自学习能力，可以根据环境、数据或任务的变化自行调节参数或更新优化模型。此外，人工智能还能够广泛、深入地与云、人、物连接，使机器客体实现演化迭代，从而使系统具备更好的适应性、拓展性、灵活性，以应对变化莫测的社会环境，最终使人工智能应用到更多行业和场景中。

10.4.2　人工智能的发展趋势

人工智能技术有着广阔的应用前景，能够极大地促进社会经济发展。近年来，人工智能与电子终端和垂直行业加速融合，已经涌现出了智能家居、智能汽车、可穿戴式设备、智能机器人等一批人工智能产品，而且人工智能正在全面重塑家电、机器人、医疗、教育、金融等行业，将带来大量的经济效益。

展望未来，人工智能将会给人类社会带来更多的惊喜和许多难以预料的变化，人工智能大致会呈现出以下发展趋势。

（1）人工智能在各行业垂直领域应用具有巨大的潜力

人工智能市场在零售、交通运输和自动化、制造业及农业等各行业垂直领域具有巨大的潜力。而驱动市场的主要因素是人工智能技术在各种终端用户垂直领域的应用数量不断增加，尤其是提升对终端消费者的服务方面。

（2）人工智能导入医疗保健行业维持高速发展

医疗保健行业大量使用大数据及人工智能，进而精准改善疾病诊断、医疗人员与患者之间人力的不平衡，降低医疗成本，促进跨行业合作关系。此外人工智能还被广泛应用于临床试验、大型医疗计划、医疗咨询与宣传推广和销售开发。

（3）人工智能取代屏幕成为新用户界面/用户体验（User Interface/User Experience，UI/UX）接口

过去用户接口都是通过屏幕或键盘来互动的。随着智能音箱（Smart Speaker）、虚拟现实/增强现实（VR/AR）与自动驾驶系统陆续进入人类生活环境，在不需要屏幕的情况下，人们也能够很轻松自在地与运算系统沟通。这表示人工智能通过自然语言处理与机器学习让技术变得更为直观，也变得较易操控，未来将可以取代屏幕在用户接口与用户体验中的地位。人工智能除了在企业后端扮演重要角色外，在技术接口也可扮演更重要的角色。例如，使用视觉图形的自动驾驶车，通过人工神经网络实现实时翻译。也就是说，人工智能让接口变得更简单且更智能，也因此设定了未来互动的高标准模式。

（4）未来手机芯片内建人工智能运算核心

现阶段主流的 ARM 架构处理器速度不够快，若要进行大量的图像运算仍有不足，所以未来的手机芯片会内建人工智能运算核心。

（5）人工智能芯片关键在于成功整合软硬件

人工智能硬件主要是要求更快指令周期与低功耗。人工智能芯片的核心是半导体及算法，包括 GPU、DSP、ASIC、FPGA 和神经元芯片，且须与深度学习算法相结合，而成功结合的关键在于先进的封装技术。

（6）人工智能自主学习是终极目标

人工智能"大脑"变聪明是分阶段进行的，从机器学习进化到深度学习，再进化到自主学习。目前，仍处于机器学习及深度学习的阶段。

（7）最完美的架构是把 CPU 和 GPU（或其他处理器）结合起来

未来，还会推出许多专门的领域所需的具有超强性能的处理器，但是 CPU 通用于各种设备，几乎所有场景都可以使用。所以，最完美的架构是把 CPU 和 GPU（或其他处理器）结合起来。

（8）AR 成为人工智能的"眼睛"，两者互补、不可或缺

未来的人工智能需要 AR，未来的 AR 也需要人工智能，可以将 AR 比喻成人工智能的"眼睛"。为了机器人学习而创造的虚拟世界，本身就是虚拟现实。如果要让人进入虚拟环境去对机器人进行训练，还需要更多其他的技术。

10.4.3　人工智能的主要研究方向

未来，人工智能产品必然会逐渐被应用到社会的各个领域和各个行业，但这需要一个非常漫长的过程，其过程也是非常曲折和艰难的。

人工智能的主要研究方向如下。

1. 大数据

大数据，或者称之为巨量资料，指的是需要经过全新的处理模式处理，才能具有更强的决策力、洞察力和流程优化能力的海量、高增长率和多样化的信息资产。从各种各样的数据中快速获得有价值的信息的技术，就是大数据技术。大数据是人工智能的智能化程度升级和进化的基础，拥有大数据，人工智能才能够不断地进行模拟演练，不断向着真正的人的智能靠拢。

2. 计算机视觉

计算机视觉，顾名思义就是让计算机具备像人眼一样观察和识别的能力，进一步地说，就是指用摄像机和计算机代替人眼对目标进行识别、跟踪和测量，并进一步对其做图形处理，将其处理为更适合人眼观察或传送给仪器检测的图像。

3. 语音识别

语音识别技术的通俗讲法就是对语音进行识别、认知和处理，将其转化为文字。语音识别技术就是让计算机通过识别和理解过程，把语音信号转变为相应的文本或命令的高新技术。语音识别技术主要包括特征提取、模式匹配及模型训练 3 个方面的技术。语音识别是人机交互的基础，主要解决让计算机理解人说什么的难题。

人工智能目前落地较成功的就是语音识别技术，目前主要被应用在车联网、智能翻译、智能家居、自动驾驶方面，国内极具代表性的语音识别企业是科大讯飞。

4. 自然语言处理

自然语言处理包括自然语言理解和自然语言生成两个部分。实现人机间自然语言通信，意味着要使计算机既能理解自然语言文本的意义，也能以自然语言文本来表达给定的意图、思想等，前者称为自然语言理解，后者称为自然语言生成。

自然语言处理是计算机科学领域与人工智能领域中的一个重要方向。自然语言处理的终极目标是用自然语言与计算机进行通信，使人们可以用自己最习惯的语言来使用计算机，而无须花大量的时间和精力去学习各种计算机语言。

5. 机器学习

机器学习就是指让计算机具备人一样学习的能力，专门研究怎样模拟或实现人类的学习行为，以获取新的知识或技能，重新组织已有的知识结构，使计算机不断改善自身的性能。它是人工智能的核心。

近年来，人工智能正在不断释放科技革命和产业变革积蓄的巨大能量，深刻改变着人类生产、生活方式和思维方式，推动社会生产力整体跃升。

6. 深度学习

深度学习作为人工智能领域的一个应用分支，基于现有的数据进行学习操作，其动机在于建立、模拟人脑进行分析、学习的神经网络，它通过模仿人脑的工作机制来解释数据。

10.4.4 人工智能技术的应用领域

近年来，随着"数字化时代"的到来，人工智能迅速融入经济、社会、生活等各行各业，在金融、物流等多个领域中，人工智能也将发挥更大的作用，如支付、结算、保险、个人财富管理、仓库选址、智能调度等众多方面已经开始与人工智能融合。人工智能的未来发展方向将更为广阔，未来的人工智能将更多地进入人们生活的方方面面。

1. 智能制造

随着"工业 4.0 时代"的推进，传统的制造业在人工智能的推动下迅速发展。人工智能在制造领域的应用主要分为 3 个方面。

① 智能装备：主要包括自动识别设备、人机交互系统、工业机器人和数控机床等。

② 智能工厂：包括智能设计、智能生产、智能管理及集成优化等。

③ 智能服务：包括个性化定制、远程运维及预测性维护等。

2. 智慧金融

人工智能在金融方面可以实现身份识别、大数据风控、智能投顾、智能客服和金融云等服务。

3. 智慧教育

智慧教育主要是指人工智能在教育领域，利用数字化、网络化、智能化和多媒体化等实现信息化。其基本特征是通过开放、交互、共享、协作促进教育现代化。

4. 智能安防

智能安防主要是指利用人工智能系统实施的安全防范控制，在当前安全防范意识不断加强的环境下，智能安防的应用广泛，其主要被应用于人体、行为、车辆、图像等方面的分析。

5. 智慧物流

物流行业在人工智能、5G 技术的推动下迅速发展。物流利用智能搜索、推理规划及计算机视觉等技术进行仓储、运输、配送和装卸等自动化改革，实现了无人操作一体化。

6. 智慧零售

人工智能在零售领域应用广泛，包括无人便利店、智慧供应链、客流统计、无人车和无人仓等。

7. 智能农业

农业中已经用到很多的人工智能技术，包括无人机喷洒农药、除草、农作物状态实时监控、物料采购、数据收集、灌溉、收获、销售等。人工智能设备终端等的应用，大大提高了农业的产量，大大减少了人工成本和时间成本。

综上所述，人工智能应用领域广泛，相信未来在人工智能的推动下，人工智能系统将被应用到更多的领域中。

操作训练

【操作训练 10-1】大数据在营销领域的应用

本质上，市场营销策略方面的大数据应用，就是通过对用户行为特征进行深度分析和挖掘，得到用户的喜好与购买习惯，甚至做到"比用户更了解用户自己"。试分析大数据在营销领域的具体应用。

大数据应用在营销领域的产品定位、市场评估、消费习惯以及需求预测与营销活动方面都具有巨大的商业价值，从产品定位的角度，通过数据采集与分析可以充分了解市场信息，掌握竞品动向和产品在竞争群中所占有的市场份额；在市场评估过程中，区域人口、消费者水平、消费者习惯爱好、对产品的认知程度决定了产品对市场的供求状况；通过积累和挖掘消费者档案及历史消费数据，分析消费者行为和价值取向，构建消费者画像，实现精准营销；通过需求预测来制定和更新产品服务功能价格，从而对不同细分市场的政策进行优化，最大化地实现各个细分市场的利益。

1. 应用大数据优化企业广告投放策略

通过对人群的定向，企业可以将广告准确投放给目标顾客，特别是互联网广告，现在能够做到根据不同的人，向其发布最合适的广告。同时，谁看了广告，看了多少次广告，都可以通过数据化的形式来了解、监测，这使得企业可以更好地评测广告效果，从而也使企业的广告投放策略更加有效。

2. 应用大数据实施精准推广策略

一方面，企业可以实时、全面地收集、分析消费者的相关数据，从而根据其不同的偏好、兴趣以及购买习惯等有针对性、准确地向他们推销最适合他们的产品或服务。另一方面，企业可以通过适时、动态地更新、丰富消费者的数据，并利用数据挖掘消费者下一步或更深层次的需求，进而加大推广力度，最终达到增加企业利润的目标。

3. 应用大数据实施个性化产品策略

传统市场营销产品策略主要是，同样包装、同等质量的产品卖给所有的客户，或同一个品牌，若干不同包装、不同质量层次的产品卖给若干大群客户，这使很多企业的很多产品越来越失去对消费者的吸引力，越来越不能满足消费者的个性化需求。大数据可以通过相关性分析，将客户和产品进行有机关联，对用户的产品偏好、客户的关系偏好进行个性化定位，并将其反馈给企业的品牌、产品研发部门，从而推出与消费者个性相匹配的产品。

4. 制定科学的价格体系策略

通过大数据迅速搜集消费者的海量数据，分析、洞察和预测消费者的偏好、消费者价格接受度，分析各种渠道的销量与价格相关性，以及消费者对企业所规划的各种产品组合的价格段的反应，企业能够利用大数据技术了解客户行为和反馈，深刻理解客户的需求、关注客户行为，进而高效分析数据并做出预测，不断调整产品的功能方向，验证产品的商业价值，制定科学的价格策略。

就大数据分析而言，其主要内容还是对用户行为数据进行收集，然后通过标签规则进行用户区分标识（打上标签）。对用户做了丰富的标识后，企业就可以制定因人而异的营销活动，并将不同的营销信息推送给不同的用户。

【操作训练 10-2】典型物联网应用系统的安装与配置

随着互联网技术和通信技术的快速发展，物联网已经和人们的生活紧密地联系在一起，众多的物联网应用系统足以满足人们日常生活中的多样化需求。

物联网应用系统就是指搭建物联网模块，实现多个领域的智能化应用。目前常见的物联网应用系统包括智能家居、考勤管理、停车管理、生产管理、智能楼宇、公共交通管理、智能小区管理、仓储物流管理、智能农业生产、集装箱管理、远程医疗、智能支付、环境监控、路灯智能管

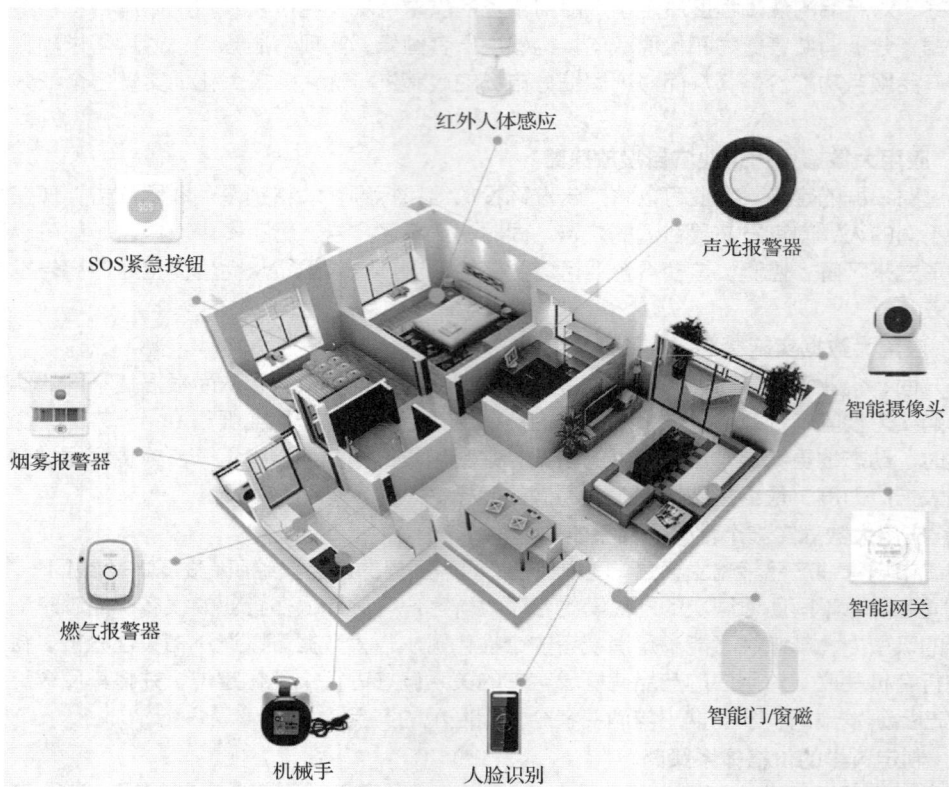

理、无人驾驶、智能导航、ETC 等。例如，在家庭网络中通过互联网将计算机、手机、空调、电视机、音箱、吸尘器、窗帘、灯、各种厨房电器等连接起来，通过计算机或手机进行日常控制和使用，这是物联网模块的家庭应用系统，也被称为智能家居系统。智能家居系统是常见的物联网应用系统之一，是在家庭局域网的基础上搭建智能家电、智能影音、中央空调和安防监控等模块，由这些模块组合而成的小型网络系统，如图 10-7 所示。

图 10-7　智能家居系统

　　下面以搭建智能家居的智能家电物联网应用系统为例，在无线局域网中使用手机连接并控制空调。

　　操作步骤如下。

　　① 在家中搭建一个小型的无线局域网，其主要设备为一台无线路由器，通过配置无线路由器连接到互联网，并设置无线路由器的密码。

　　② 进入控制端的操作界面，连接局域网。这里使用手机找到无线局域网选项，进入无线局域网设置界面。先在网络列表中选择已经搭建好的无线局域网，输入设置好的登录密码，再加入该局域网，如图 10-8 所示。

　　③ 在控制端通过网络下载并安装各种智能设备的管理程序。这里在手机中下载并安装各种智能设备对应的 App，如图 10-9 所示。

　　④ 启动智能设备，并在控制端启动管理程序。先将程序与智能设备进行匹配连接（通常可以通过蓝牙设备进行），然后在管理程序中查找无线局域网，并输入密码，将智能设备连接到无线局域网中，最后通过管理程序对智能设备进行管理。图 10-10 至图 10-12 所示为利用手机连接并遥控空调的主要过程。

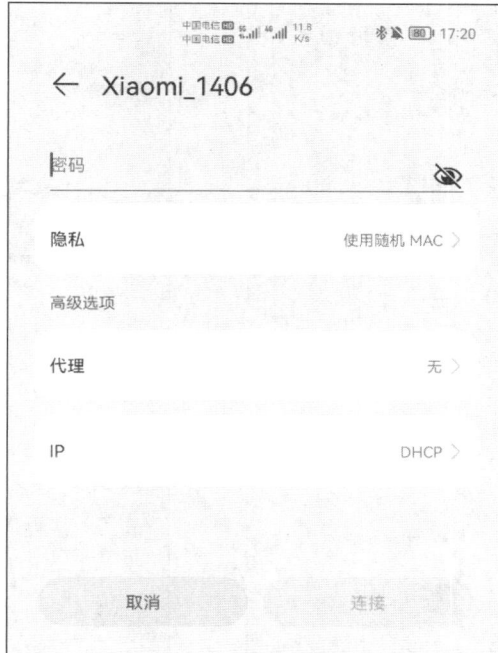

图 10-8　使用手机连接无线局域网

图 10-9　安装智能设备对应的 App

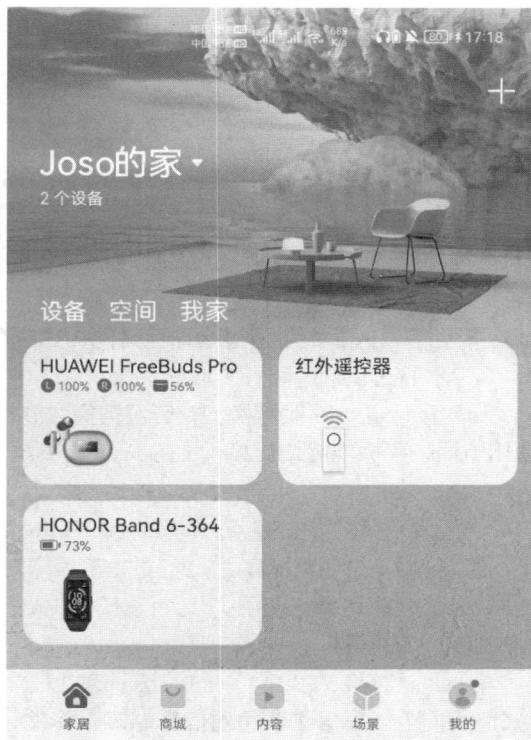

图 10-10　手机中"智能家居"设置界面

图 10-11 手机中"智能遥控"管理界面

图 10-12 "格力空调"遥控界面

练习测试

1. 云计算是一种基于并高度依赖（　　）的计算资源交付模型。

A. 服务器　　　　　B. 互联网　　　　　C. 应用程序　　　　D. 服务

2. 能为开发人员提供通过全球互联网构建应用程序和服务平台的云计算服务类型是（　　）。

A. IaaS　　　　　B. PaaS　　　　　C. SaaS　　　　　D. 无服务器计算

3. 使用（　　）服务类型，云服务提供商托管并管理软件应用程序和基础结构。用户（通常使用电话、平板电脑或计算机上的 Web 浏览器）通过互联网连接到应用程序。

A. IaaS　　　　　B. PaaS　　　　　C. SaaS　　　　　D. 无服务器计算

4. 大数据具有"4V"特点，即 Volume、Velocity、Variety、Value，其中 Value 表示的是（　　）。

A. 数据价值密度高　　B. 数据价值密度低　C. 数据量大　　　D. 数据类型多

5. 人工智能是研究使用（　　）来模拟人的某些思维过程和智能行为（如学习、推理、思考、规划等）的学科。

A. 计算机　　　　　B. 云计算　　　　　C. 物联网　　　　D. 大数据

6. 我们可以根据物联网对信息感知、传输、处理的过程将其划分为 3 层结构，即感知层、（　　）和应用层。

A. 硬件层　　　　　B. 网络层　　　　　C. 传输层　　　　D. 处理层

304

7. 在物联网体系结构中，用于实现物体的智能化识别、定位、跟踪、监控和管理等实际应用的层是（　　　）。

    A．感知层　　　　　　B．网络层　　　　　　C．应用层　　　　　　D．传输层

8. 下列选项中，不属于云计算特点的是（　　　）。

    A．虚拟化　　　　　　B．超大规模　　　　　　C．价格高　　　　　　D．通用性

9. 下列选项中，不属于人工智能核心技术的是（　　　）。

    A．定位服务　　　　　　B．机器学习　　　　　　C．语音识别　　　　　　D．计算机视觉

10. 大数据的特征不包括（　　　）。

    A．海量的数据规模　　　　　　　　　　B．快速的数据流转

    C．数据价值密度低　　　　　　　　　　D．单一的数据类型

11. 下列关于人工智能的说法中，错误的是（　　　）。

    A．人工智能在智能制造方面的应用主要表现在智能装备和智能工厂两个方面

    B．人工智能在医疗方面的应用包括辅助诊疗和疾病预测

    C．电子不停车收费（ETC）系统没有采用人工智能技术

    D．物流企业可以使用人工智能技术实现货物自动化搬运

12. 从研究现状上看，下面不属于云计算特点的是（　　　）。

    A．超大规模　　　　　　B．虚拟化　　　　　　C．私有化　　　　　　D．高可靠性

13. 物联网的核心和基础是（　　　）。

    A．无线通信网　　　　　　B．传感器网络　　　　　　C．互联网　　　　　　D．有线通信网

14. 与大数据密切相关的技术是（　　　）。

    A．蓝牙　　　　　　B．云计算　　　　　　C．博弈论　　　　　　D．Wi-Fi

参考文献

[1] 刘金岭,肖绍章,宗慧.计算机导论[M].2 版.北京:人民邮电出版社,2021.

[2] 周舸,白忠建.计算机导论[M].北京:人民邮电出版社,2020.

[3] 杜俊俐,韩玉民.计算机导论[M].北京:人民邮电出版社,2021.

[4] 白玉羚,姚卫国,王春玲.计算机导论[M].上海:上海交通大学出版社,2019.

[5] 杨月江.计算机导论[M].3 版.北京:清华大学出版社,2022.

[6] 方志军.计算机导论[M].北京:中国铁道出版社有限公司,2021.

[7] 黄国兴,丁岳伟,张瑜.计算机导论[M].4 版.北京:清华大学出版社,2022.

[8] 陈卫军.计算机导论[M].北京:科学出版社,2019.

[9] 袁方,王兵.计算机导论[M].4 版.北京:清华大学出版社,2020.

[10] 张海藩.软件工程导论[M].6 版.北京:清华大学出版社,2013.